普通高等学校"十四五"规划机械和计算机类专业精品教材

大数据技术原理与实践

（第二版）

主 编 李少波 杨 静

华中科技大学出版社
中国·武汉

内 容 简 介

本书围绕大数据技术的基本原理与实践,介绍了大数据获取、存储、分析,以及数据挖掘和机器学习技术,内容涵盖 Hadoop、MapReduce、关联规则、大规模监督机器学习、数据流、集群、NoSQL 系统(Pig、Hive)等。

本书共分 9 章。第 1 章概括介绍了大数据的发展历史、定义、生命周期等。第 2 章介绍了 Python 编程基础,包括基本数据类型、基本控制流程、Python 的面向对象机制,以及 Numpy、Scipy、Pandas、Matplotlib 数据分析库等。第 3 章介绍了大数据技术基础与软硬件设施、大数据存储与管理技术、大数据的分布式处理平台等内容。第 4 章主要介绍了大数据分析的理论与方法,如机器学习基础、机器学习要解决的问题及评价方法、并行机器学习算法等。第 5 章介绍了大数据分析技术,包括 MapReduce 编程基础、基于 Storm 的流数据分析、文本大数据分析与处理、大数据关联分析、相似项的发现、基于大数据的推荐技术等内容。第 6 章主要介绍了大数据流式处理的基本原理、流式处理模型、流式处理引擎 Apache Spark 和 Apache Flink。第 7 章介绍了基于大数据的深度学习技术与应用,包括深度学习基本原理、深度学习典型应用、Keras 基础入门以及相应的应用案例。第 8 章介绍了大数据安全与隐私保护理论、关键技术及大数据安全与隐私保护展望等。第 9 章主要是进行经典大数据案例的分析。此外,本书还提供了部分案例的数据集和代码,可通过微信端扫描书中二维码下载。

本书内容深入浅出,可作为数据科学与技术、人工智能、计算机科学、制造科学、机械工程等学科相关专业的本科生、研究生的教材或课程教学参考书,对工程技术人员、科研人员而言也是非常实用的工具书。

图书在版编目(CIP)数据

大数据技术原理与实践/李少波,杨静主编. —2 版. —武汉:华中科技大学出版社,2023.3
ISBN 978-7-5680-8717-9

Ⅰ.①大… Ⅱ.①李… ②杨… Ⅲ.①数据处理 Ⅳ.①TP274

中国国家版本馆 CIP 数据核字(2023)第 047376 号

大数据技术原理与实践(第二版) 　　　　　　　　　　　　　　李少波　　杨静　　主编
Dashuju Jishu Yuanli yu Shijian (Di-er Ban)

策划编辑:余伯仲
责任编辑:姚同梅
封面设计:原色设计
责任监印:周治超
出版发行:华中科技大学出版社(中国·武汉)　　　　电话:(027)81321913
　　　　　武汉市东湖新技术开发区华工科技园　　　　邮编:430223
录　　排:武汉市洪山区佳年华文印部
印　　刷:武汉市籍缘印刷厂
开　　本:787mm×1092mm　1/16
印　　张:26
字　　数:643 千字
版　　次:2023 年 3 月第 2 版第 1 次印刷
定　　价:69.80 元

编写委员会

前　　言

当前,数据已成为新型生产要素,发展大数据技术已成为国家战略。党的二十大报告提出"实施科教兴国战略,强化现代化建设人才支撑",并且强调要加快实施创新驱动发展战略,坚持面向世界科技前沿、面向经济主战场、面向国家重大需求,面向人民生命健康,加快实现高水平科技自立自强。

近年来,贵州在大数据技术的推动下发生了历史性变化,实现了高质量发展,为全国发展大数据技术坚定了信心,为数据成为新型生产要素做出了贡献,为国家积累了大数据发展经验,探索了大数据发展新路。习近平总书记肯定"贵州发展大数据确实有道理"。

习近平总书记等党和国家领导人的充分肯定,是贵州大数据产业发展的强大动力;贵州大数据发展政策环境持续优化,营造了发展沃土;《国务院关于支持贵州在新时代西部大开发上闯新路的意见》(国发〔2022〕2 号)等国家系列文件和战略部署,为贵州大数据产业发展提供了政策支撑。贵州抢占大数据产业发展先机,率先建设了我国首个大数据国家重点实验室——省部共建公共大数据国家重点实验室。

贵州牢记习近平总书记"在实施数字经济战略上抢新机"殷切嘱托,把大数据战略行动向纵深推进,助推数字产业化、产业数字化、数字化治理、数字科技创新、数据价值化、数字新基建、数字合作交流。省部共建公共大数据国家重点实验室聚焦公共大数据治理融合、安全可控、流通共享中的关键科学问题展开研究。

大数据专业化研究与应用的核心是高端人才。不可否认的是,目前大数据人才在世界范围内仍处于紧缺状态。大数据所具有的规模性、多样性、流动性和价值高等特征,决定了大数据人才必须是复合型人才,需要具备超强的综合能力。大数据的分析与应用,决定了大数据人才是多学科交叉型人才,既要有数据库和软件等计算机方面的知识,又要有应用领域的学科专业知识。因此,各高等院校必须进一步完善人才培养模式,修订本科生、硕士生、博士生培养方案和课程体系,尝试用多种模式培养跨界型大数据人才。

笔者基于国家大数据战略需求,在数据科学与技术的基础上,结合学科交叉、"新工科"建设,开展了大数据与实体经济深度融合的复合型、创新型人才培养体系建设与实践研究,以解决学生复合型能力不强、教学团队单一、教学资源共享不足等问题。在近年来教学、科研及人才培养实践的基础上,组织教学、科研一线教师,对《大数据技术原理与实践》进行了再版。

本书是目前少有的将深度学习与大数据技术相结合的教材之一。在教材的编写过程中,注重以企业对人才的需求为导向,同时根据本专业培养目标和学生就业岗位实际,在广泛调研基础上,精选了政务、材料、旅游、交通、工业、医疗等领域具有代表性的大数据应用案例进行分析展示,并结合学生的认知规律,循序渐进、由浅入深地逐步进行讲解。

全书共 9 章,主要内容如下。

第 1 章概括介绍了大数据技术的基本概念,主要包括大数据发展历史、大数据的定义、大数据的生命周期等。

第 2 章介绍了 Python 编程基础,主要包括基本数据类型、基本控制流程、Python 的面向对象机制,以及 Numpy、Scipy、Pandas、Matplotlib 数据分析库等内容。

第 3 章介绍了大数据的软硬件架构,主要包括大数据技术基础与软硬件设施概述、大数据存储与管理技术、大数据的分布式处理平台等。

第 4 章介绍了大数据分析的理论与方法,主要包括机器学习基础、机器学习要解决的问题及评价方法、并行机器学习算法、利用 Mahout 解决大数据推荐优化问题实践等。

第 5 章介绍了大数据分析技术,主要包括 MapReduce 编程基础、基于 Storm 的流数据分析、文本大数据分析与处理、大数据关联分析、相似项的发现、基于大数据的推荐技术、基于大数据的图与网络分析、大数据聚类分析、时空大数据分析、非结构化大数据分析与处理、利用 MLlib 解决大数据并行分类问题实践等。

第 6 章介绍了大数据流式处理,主要包括流式处理的基本原理、流式处理模型、流式处理引擎 Apache Spark、新一代流式处理引擎 Apache Flink、基于 Flink 的人体生命体征数据分析与告警等。

第 7 章介绍了基于大数据的深度学习技术与应用,主要包括深度学习基本原理、深度学习典型应用、Keras 基础入门以及相应的应用案例等。

第 8 章介绍了大数据安全与隐私保护关键技术,主要包括大数据安全与隐私保护理论、大数据安全与隐私保护的关键技术、大数据安全与隐私保护展望等。

第 9 章主要是进行经典大数据案例的分析,包括材料大数据与材料热导率预测、旅游大数据分析、交通大数据分析、工业大数据分析、产品创新大数据分析、基于医药网站数据的医疗知识图谱、车间生产安全监测、人工智能安全案例、司法大数据分析等。

本书有如下特色。

(1) 内容由浅入深、循序渐进,语言通俗易懂。本书按照读者的接受度搭建知识体系,由浅入深、循序渐进,并尽可能地将学术语言转化为让读者容易理解的语言。

(2) 内容全面,应用性强。本书构建了从大数据概念到 Python 编程基础,再到机器学习、深度学习的整体架构,并在第 9 章通过几个经典的案例分析进行了展示。

此次再版对本书进行了全面改进和完善,并增加了大数据流式处理技术、大数据安全与隐私保护关键技术,以及基于医药网站数据的医疗知识图谱、车间生产安全监测、人工智能安全案例、司法大数据分析等内容。

　　全书由省部共建公共大数据国家重点实验室李少波、杨静主编并统稿，由秦永彬、杨观赐、陈玉玲、张安思担任副主编，参加本书编写的还有徐昊、陈艳平、唐向红、徐计、陆丰、蓝善根、王阳、王崎、周鹏、张钧星、张星星、宋启松、杨磊、张仪宗、廖子豪等一线教学科研人员。

　　本书既可作为本科生教学用书，也可作为研究生教材，同时可供广大工程技术人员，以及对大数据感兴趣的研究人员参考。

　　在本书编写过程中得到了省部共建公共大数据国家重点实验室学术委员会梅宏院士、杨义先教授、过敏意教授、马建峰教授、王建民教授、周志华教授、崔斌教授、陈刚教授、王国胤教授、林东岱教授、王晓阳教授、刘建伟教授、徐勇教授、孟小峰教授、张群教授、彭长根教授的指导，对此表示衷心的感谢。

　　由于时间仓促，且编者水平有限，书中难免有疏漏和不足之处，恳请广大读者批评指正。

李少波

2023 年 1 月

目　　录

第1章 大数据技术概览

1.1 数据发展历史

数据是事实或观察的结果。数据可以是连续的,比如声音、图像,称为模拟数据;也可以是离散的,如符号、文字,称为数字数据。在计算机系统中,各种字母和数字符号的组合、语音、图形、图像等统称为数据。

1.1.1 数据形态演化

我们以数据与技术、自然科学研究与社会科学研究的关系为依据,将数据的发展分为三个历史阶段:

第一阶段是数据的产生。数据作为一种计量工具与技术相融合,充分体现了其精确性和实用性特征。

第二阶段是科学数据的形成。除了作为计量工具外,数据也成为认识事物的基础和依据,融入自然哲学的研究方法,使定量研究成为自然科学的基本研究范式。

第三阶段是大数据的诞生。数据成为一种重要的社会资源,影响着整个社会的发展进程。大数据为社会科学提供了定量研究方法,实现了数据与社会科学的结合,大数据出现后,基于数据的社会管理、服务应运而生。

1. 数据的产生

数据与数有着密不可分的联系。数的概念始于原始人采集、狩猎等生产活动,通过对不同类事物的比较,原始人逐渐认识到事物存在某种共通的特征,就是在同类事物中存在最小事物个体,此即事物的单位性。同时,意识到非同类事物之间数量的其他共同特点,如数量上相互间可以构成一一对应的关系,这种非同类事物所共有的数量的抽象性质,就是数。

量是数学中最基本的概念之一,是客观事物所具有的能区别程度异同的属性。我们将量的内涵理解为事物存在的规模、等级、范围、程度及内部组成要素的结构,是事物可以用数来表示的规定性。量由以抽象数字组成的数的集合(数学领域)与计量单位构成。

英语中数据(data)一词出现在 13 世纪,由于数据的概念是在量的基础上进一步扩展而建立起来的,量成为数据的基本单位。数据并不仅仅限于表征事物特定属性,它还是推演事物运动、变化规律的依据和基础。

目前学术界对数据尚未有一个统一的定义。对数据内涵的最新认识基于近年来计算机技术发展的结果。在计算机领域,数据被理解为能够客观反映事实的数字和资料,其内涵包括:

(1)数据是对客观事物的符号表示,是用于表示客观事物的未经加工的原始素材,如图形、数字、字母等。

(2)数据是通过物理观察得来的事实和概念,是关于现实世界中的地方、事件及其他对象或概念的描述。

(3)数据是对客观对象的表示,是信息的表达。信息则是数据内涵的意义,是数据的内容和解释。数据经过加工后就成为信息。数据和信息是不可分离的。数据本身没有意义,它只有在对实体行为产生影响时才成为信息。数据是信息的表现形式和载体,在计算机系统中,数据通常以二进制信息单元0或1的形式表示。

(4)数据的格式往往与计算机系统有关,并随承载它的物理设备的形式而改变。

哲学家们认为数据是事物现象的表征,只有通过数据才能获知事物的现象。

2. 科学数据的形成

对数据的理性认识是从古希腊哲学家开始的。弗朗西斯·培根对技术的高度评价以及倡导的"实验观察-分析-归纳"方法和笛卡儿倡导的数理演绎的科学方法都将数据的使用提高到了科学方法论的地位,收集数据成为归纳、演绎和验证科学理论的依据。近代科学的研究方法将定性研究转向定量研究,不仅提高了认识的精确性,而且为科学的数学化奠定了基础。14世纪,经院哲学家以及笛卡儿、伽利略、牛顿等科学家经过不懈努力,实现了科学的数学化变革,以方程式的形式完成了不同物理量之间的数值关系表达,使数据成为自然科学研究的基本要素。

近代科学的最主要特征是将数据融入自然科学研究范式。17世纪的自然哲学家开普勒大量使用天文观察数据,推导出行星运动三大定律;伽利略对地球表面物体运动数据进行测量,发现了自由落体运动规律;牛顿利用大量天文观察数据和实验室测量数据,在前人研究的基础上创立了牛顿力学体系,为近代科学确立了数理方法的研究范式。我们认为,在近代科学建立之时,技术与科学已经从相互独立转向相互联系、相互影响,这得益于长期作为技术工具的数据被应用于科学研究,数据成为技术与科学联结的媒介。

科学数据是在科学研究活动中通过观察和测量获得的数据,科学家以此为依据推导自然界和人类自身的变化规律,或用以验证已有理论。科学数据是用于科学研究的一种普适语言,具有简洁、精确、易交流等特征。科学数据因其对不同学科的可通约性而具有共享性、精确性以及数据自身的生命周期性等特性,从而产生了科学价值。

3. 大数据的诞生

大数据(big data),或称巨量资料,指的是所涉及资料量规模巨大到无法用常规软件工具,在合理时间内被撷取、存储、管理和处理以帮助企业进行经营决策,实现更积极目的的数据集合。

自20世纪中期以来,始于生物学领域的基因组测序技术飞速发展,积累了大量的生物学数据,如何理解这些数据,成为一种新的挑战。相同的数据问题也出现在其他各个学科领域,大到宏观的天文学研究,小到微观的基本粒子研究,以及复杂系统的研究,如气象学、社会学研究等各个研究领域都存在此问题。在这一背景下,以大量观察和观测数据、理论数据和计算机模拟数据为研究对象,通过挖掘、提取等手段,寻求研究对象内在规律的学科——数据科学①应运而生。

数据科学(data science,dataology)作为科学术语于 1960 年由 Peter Naur 提出。1996年,在国际分类联合会(The International Federation of Classification Societies,IFCS)于日本东京召开的双年会上,"数据科学"一词第一次被用于会议题目——数据科学、分类和相关方法(*Data science,classification and related methods*)。

将数据科学作为一门独立的学科,最早是由美国普渡大学统计学教授 Williams. Cleveland 在 2001 年提出的。他首次将数据科学作为一个单独的学科,并将数据科学定义为由统计学延伸出来的、以数据作为研究对象、与信息和计算机科学技术相结合的学科,并建立了数据科学的 6 个技术领域:多学科研究、数据模型和方法、数据计算、教育、工具评估、理论。

1998 年,《科学》(*Science*)上刊登的一篇介绍计算机软件 HiQ 的文章《大数据的处理程序》(*A Handler for BigData*)中第一次使用了大数据(bigdata)一词。2008 年 9 月《自然》(*Nature*)杂志出版"big data"专刊,使"大数据"这一概念在学术界得到认可和广泛使用。学者们在互联网经济、超级计算、生物医药等多个方面关注大数据带来的技术挑战、现有大数据技术以及大数据技术未来的发展方向。2010 年,Bollier 指出,计算机存储技术、产生数据流的设备(如摄像机、望远镜和交通监视设备)、云计算、面向消费者的应用(如 Google Earth 和 Map Quest)成为大数据产生的几个重要因素,并首次提出"一种新的知识基础设施正在实现,大数据时代正在出现"的观点。究竟何为大数据? Manyika 等人认为:"大数据是指其大小已经超出了典型数据库的获取、存储、管理和分析能力的数据集合。"至于达到多大的量的数据称为大数据,目前还没有一个公认的结论。一般认为,大数据的量级应该是太字节,即 2^{40} 字节。大数据的意义在于,为人类所"分析和使用"的数据的量在增加,通过对大数据的交换、整合、挖掘和分析,人们可以发现新的知识,创造新的价值,实现大知识、大科技、大利润和大发展。

4. 大数据发展历程

大数据不是凭空产生的,它有自己的发展过程。大数据的发展过程大致分为三个阶段。

1) 萌芽时期(20 世纪 90 年代至 21 世纪初)

1997 年,美国国家航空航天局武器研究中心的大卫·埃尔斯沃思和迈克尔·考克斯在数据可视化研究中首次使用了"大数据"的概念。1998 年,《科学》杂志上发表了一篇题为《大数据的处理程序》的文章,大数据作为一个专用名词正式出现在公共期刊上。在这一阶段,大数据只是被视为一个概念或假设,少数学者对其进行了研究和讨论,但仅限于数据量方面,没有进一步对数据的收集、处理和存储进行探索。

2) 发展时期(21 世纪初至 2010 年)

21 世纪前十年,互联网行业迎来了一个快速发展的时期。2001 年,美国 Gartner 公司率先开发了大型数据模型。同年,Doug. Lenny 提出了大数据的 3V 特性。2005 年,Hadoop技术应运而生,成为数据分析的主要技术。2007 年,数据密集型科学出现,其不仅为科学界

---

① 对这一新学科是否应称为"数据科学"目前尚有争论,有的学者如李国杰院士认为应该称作数据工程或数据技术等。但无论如何,以数据为对象的相关研究已经得到学术界的关注。

提供了一种新的研究范式,而且为大数据的发展提供了科学依据。2008 年,《科学》杂志推出一系列大数据专刊,详细讨论了一系列大数据的问题。2010 年,美国信息技术顾问委员会发布了一份题为"规划数字化未来"的报告,详细描述了政府工作中大数据的收集和使用。在这一阶段,大数据作为一个新名词,开始受到学术界的关注,其概念和理论得到进一步丰富,相关的数据处理技术层出不穷,大数据开始显现出活力。

3）兴盛时期（2011 年至今）

2011 年,通用商用机械公司开发了沃森超级计算机,通过每秒扫描和分析 4 TB 数据的高强性能打破了世界纪录,使大数据计算速度达到了一个新的高度。随后,麦肯锡研究院(MGI)发布了题为《大数据:创新、竞争和生产力的下一个前沿》报告,详细介绍了大数据在各个领域的应用,以及大数据的技术框架。2012 年 1 月,在瑞士举行的世界经济论坛上,一篇题为《大数据,大影响》的报告被发布出来,正式宣布了大数据时代的到来。

2011 年之后大数据的发展进入全面兴盛的时期,越来越多的学者对大数据的研究从基本的概念、特性转到数据资产、思维变革等多个角度。大数据也渗透到各行各业之中,促使原有行业的技术不断变革与创新,大数据的发展呈现出蓬勃之势。

1.1.2　电子数据的类型

在计算机系统中,数据以二进制信息单元 0 和 1 的形式表示。数据结构则是计算机存储、组织数据的方式,是相互之间存在一种或多种特定关系的数据元素的集合。通常情况下,精心选择的数据结构可以带来更高的运行或者存储效率。数据结构往往同高效的检索算法和索引技术有关。

一般认为,数据结构是由数据元素依据某种逻辑联系组织起来的。对数据元素间逻辑关系的描述称为数据的逻辑结构;数据必须在计算机内存储,数据的存储结构是数据结构的实现形式,是其在计算机内的表示。讨论一个数据结构,必须同时讨论在该类数据上执行的运算才有意义。

好的代码必须要使用好的设计方法,可以根据不同的需求选择不同的方法。如想要实现随机查询,那么可以选择数组(即顺序表)作为数据结构。这样做的缺点是删除元素的时候,需要移动后面的元素。链表的删除元素操作速度快,效率高,但是查找元素却很费时。所以需要根据不同的需求选择数据的组织形式(数据在计算机里的表示形式)。

数据在计算机中常见的数据结构有以下几种。

(1) 数组(array)　在程序设计中,为了处理方便,把具有相同类型的若干变量按有序的形式组织起来,这些按序排列的同类数据元素的集合称为数组。在 C 语言中,数组属于构造数据类型。一个数组可以分解为多个数组元素,这些数组元素可以是基本数据类型或是构造数据类型。因此按数组元素的类型不同,数组又可分为数值数组、字符数组、指针数组、结构数组等各种类别。

(2) 栈(stack)　栈是只能在某一端进行插入和删除操作的特殊线性表。它按照后进先出的原则存储数据,先进入的数据被压入栈底,最后进入的数据位于栈顶,读取数据时从栈顶开始弹出数据,即最后进入的数据被第一个读出来。

(3) 队列(queue)　队列是一种特殊的线性表,它只允许在表的前端(front)进行删除操作,而在表的后端(rear)进行插入操作。进行插入操作的端称为队尾,进行删除操作的端称为队头。队列中没有元素时,称为空队列。

(4) 链表(linked list)　链表是一种物理存储单元上非连续、非顺序的存储结构,数据元素的逻辑顺序是通过链表中的指针链接次序实现的。链表由一系列节点(链表中元素称为节点)组成,节点可以在运行时动态生成。每个节点包括两个部分:一个是存储数据元素的数据域,另一个是存储下一个节点地址的指针域。

(5) 树(tree)　树是包含 n 个节点的有穷集合 K,且在 K 中定义了一个关系 N,N 满足以下条件:① 有且仅有一个节点 k,它对关系 N 来说没有前驱,称 k 为树的根节点,简称为根(root)。② 除根节点外,K 中的每个节点,对关系 N 来说有且仅有一个前驱。③ K 中各节点,对关系 N 来说可以有 m 个后继。

(6) 图(graph)　图由节点的有穷集合 V 和边的集合 E 组成。其中,为了与树形结构加以区别,在图结构中常常将节点称为顶点,边是顶点的有序偶对。若两个顶点之间存在一条边,就表示这两个顶点具有相邻关系。

(7) 堆(heap)　在计算机科学中,堆是一种特殊的树形数据结构,每个堆都存储一个数值。通常我们所说的数据结构堆,是指二叉堆。堆的特点是根节点的值最小(或最大),且根节点的两个子树也是一个堆。

(8) 散列表(hash)　若结构中存在关键字和 K 相等的记录,则该记录必定在 $f(K)$ 的存储位置上。由此,不需比较便可直接取得所查记录。称这个对应关系函数 $f(K)$ 为散列函数(hash function),按这一思想建立的表为散列表。

1.2　什么是大数据

1.2.1　大数据的定义

大数据是需要新处理模式才能实现更强的决策力、洞察发现力和流程优化能力的海量、高增长率和多样化的信息资产,主要用于解决海量数据存储和海量数据的分析计算问题。

1.2.2　大数据的特点

大数据是以容量大、类型多、存取速度快、应用价值高为主要特征的数据集合,大数据技术正快速发展为对数量巨大、来源分散、格式多样的数据进行采集、存储和关联分析,从中发现新知识、创造新价值、提升新能力的新一代信息技术。

IBM 提出了大数据的“5V”特点(见图 1-1):

(1) 大量(volume):数据量,包括采集量、存储量和计算量,都非常大。大数据的起始计量单位至少是 PB。

(2) 多样(variety):种类和来源多样化。大数据包括结构化、半结构化和非结构化数据,具体表现为网络日志、音频、视频、图片、地理位置信息等等,多类型的数据对数据的处理能力提出了更高的要求。

(3) 低价值密度(value):数据价值密度相对较低,从大数据中寻找有价值的信息如浪里淘沙。随着互联网以及物联网的广泛应用,信息感知变得无处不在,如何结合业务逻辑并

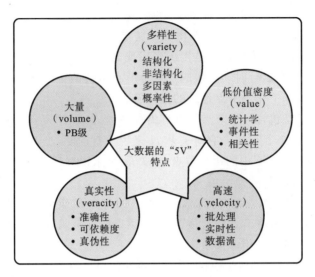

图 1-1　大数据的"5V"特点

通过强大的机器算法来挖掘数据价值,是大数据时代最需要解决的问题。

(4) 高速(velocity):数据增长速度快,处理速度也快,时效性要求高。比如搜索引擎要求几分钟前的新闻能够被用户查询到,个性化推荐算法要求尽可能实时完成推荐。这是大数据区别于传统数据的显著特征。

(5) 真实性(veracity):数据的准确性差,可信赖度低,即数据的质量差。

大数据具备多源异构、规模巨大、快速多变等特性,因此大数据计算不能像小样本数据集计算那样依赖于对全局数据的统计分析和迭代计算,传统的计算方法已不能有效支持大数据的处理、分析和计算。因此,研究面向大数据的新型高效计算范式,提供处理和分析大数据的基本方法,支持价值驱动的特定领域应用,是大数据计算的核心问题。另外,大数据体量大,内在联系密切而复杂,价值密度分布不均衡,需要研究大数据条件下以数据为中心的计算模式,突破机器式计算方法,构建以数据为中心的推送式计算模式。

冗余和噪声数据不仅会造成大量的存储耗费,降低学习算法运行效率,而且还会影响学习精度。因此依据一定的性能标准(如保持样本的分布、拓扑结构及保持分类精度等)选择有代表性的样本,形成原样本空间的一个子集,之后在这个子集上构造学习方法,完成学习任务更好,这样能在不降低甚至提高某方面性能的基础上,最大限度地降低时间空间的耗费。

1.2.3　大数据的技术支撑

目前,在大数据领域每年都会涌现出大量新的技术,成为大数据获取、存储、处理分析或可视化的有效手段。大数据技术能够将大规模数据中隐藏的信息和知识挖掘出来,为人类社会经济活动提供依据,提高各个领域的运行效率,甚至整个社会经济的集约化程度。

存储成本的下降、计算速度的提高和人工智能技术的发展,是全球数据高速增长的动力。存储技术、计算、人工智能技术则是大数据重要的技术支撑。下面将从存储、计算、智能这三大方面进行详细阐述,如图 1-2 所示。

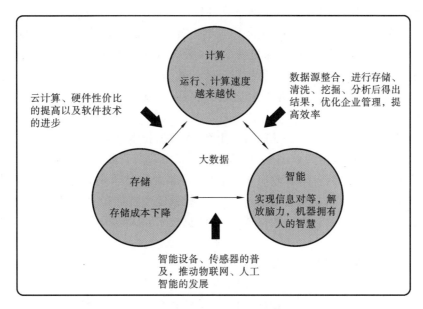

图1-2　大数据的技术支撑

1) 存储：存储成本下降

在云计算出现之前，数据存储的成本是非常高的，例如，企业要建设网站，需要购置和部署服务器，安排技术人员维护服务器，保证数据存储的安全性和数据传输的畅通性，还需要定期清理数据，腾出空间以便存储新的数据，机房整体的人力和管理成本都很高。

云计算出现后，数据存储服务衍生出了新的模式。数据中心的出现降低了企业的计算和存储成本，例如，企业现在要建设网站，不需要去购买服务器，不需要去雇用技术人员维护服务器，只需要租用硬件设备即可解决问题。存储成本的下降，也改变了人们对数据的看法，从而更加愿意把一年前、两年前甚至时间更久远的历史数据保存下来。有了历史数据的沉淀，才可以通过对比，发现数据之间的关联和价值。正是由于存储成本的下降，我们才能搭建最好的大数据基础设施。

2) 计算：运行计算速度越来越快

分布式系统基础架构 Hadoop 的出现，为大数据带来了新的曙光。Hadoop 分布式文件系统（HDFS）为海量数据提供了存储空间，MapReduce 则为海量数据提供了并行计算功能，从而大大提高了计算效率。同时，Spark、Storm、Impala 等各种各样的技术进入人们的视野。

在海量数据从作为原始数据源到产生价值的过程中，存在存储、清洗、挖掘、分析等多个环节，如果计算速度不够快，很多事情是无法实现的。所以，在大数据的发展过程中，计算速度是非常关键的因素。

3) 智能：实现信息对等，解放脑力，机器拥有人的智能

大数据带来的最大价值就是"智能"，今天我们能看到的谷歌 AlphaGo 大胜世界围棋冠军李世石、阿里云小 Ai 成功预测出《我是歌手》的总决赛冠军，以及 iPhone 上智能语音助手为用户提供对答式服务等，背后都有海量数据的支撑。换句话说，大数据让机器变得更智能。

2015 年 4 月 14 日,国内第一家大数据交易所——贵阳大数据交易所正式挂牌运营,完成首批大数据交易。该交易所秉承"贡献中国数据智慧,释放全球数据价值"的发展理念,通过自主开发的电子交易系统面向全球提供 7×24 小时全天候数据交易服务,旨在推动政府数据公开、行业数据价值发现。交易所提供完善的数据确权、数据定价、数据指数开发、数据交易、结算、交付、安全保障、数据资产管理和融资等配套服务,为我国大数据的高速发展提供了重要支撑。

当前,我国政府对大数据产业发展极为重视,大数据技术已成为我国推动"互联网＋"战略的重要技术。发展大数据产业已成为国家战略,我国政府密集出台了多项专门政策对大数据产业予以支持。同时,各地方政府积极响应,瞄准大数据产业,加快产业集聚与竞争布局的步伐,设立新兴产业创业基金与创新平台,开始制定一批推动大数据产业发展的行动计划和发展规划,并开始构建包含大数据资源、大数据技术和大数据应用在内的大数据产业生态系统。

为整合资源,推动大数据产业发展,广州、贵阳、南昌等 50 多个城市在中国大数据产业峰会暨中国电子商务创新发展峰会上共同发起并成立了中国城市大数据产业发展联盟。中国城市大数据产业发展联盟联合各城市相关机构整合多方资源,各城市协同创新,通过研讨交流、推广应用、标准研制、人才培养、业务合作等方式,服务大数据生态建设,协助制定大数据各领域的发展政策,助推大数据生态系统创新,推进深度合作。同时,还将构建政策标准讨论平台,积极推动大数据领域产业政策、标准研究及大数据产业发展等工作。

1.3　大数据的生命周期

1.3.1　大数据的获取技术

1. 大数据的来源

1) 传感数据产生

传感器(transducer,sensor)是一种检测装置,能感受到被测量的信息,并能将感受到的信息按一定规律变换成为电信号或其他所需形式输出,以满足信息的传输、处理、存储、显示、记录和控制等要求。传感器根据其基本感知功能通常分为热敏元件、光敏元件、气敏元件、力敏元件、磁敏元件、湿敏元件、声敏元件、放射线敏感元件、色敏元件和味敏元件等十大类。

传感数据是由感知设备或传感设备感受、测量及传输的数据。感知设备或传感设备可以包括一个或多个传感器。这些设备实时和动态地收集大量物联网中的时序传感数据资源。传感数据种类有很多,如人身体的传感数据、网络信号的传感数据和气象传感数据。机器生成的传感数据(machine-generated sensor data)包括呼叫记录(call detail record)、设备日志(通常是 digital exhaust,即数字尾气)、交易数据等,可以用于各领域的数据分析。能创建或生成数据的功能设备如智能电表、智能温度控制器、工厂机器和连接互联网的家用电器等,既可以配置为与互联网络中的其他节点通信,还可以自动向中央服务器传输数据,这样就可以对数据进行分析。机器生成的传感数据是新兴的物联网(IoT)数据的实例。来自物联网的数据可以用于构建分析模型,连续监测预测性行为(如当传感器测量值表示有问题时进行识别),提供规定的指令(如警示技术人员在设备真正出问题之前进行检查)。

2) 网络数据获取与非传感器数据产生

人们在信息时代可随时分享数据资源,留下记录,记录则变成数据。通过对大数据进行分析,可以发现政治治理、文化活动、社会行为、商业发展、人体健康等各个领域的各种信息,进而可以预测未来发展。从社会宏观角度,根据其使用主体可以将此类数据分为以下三类。

(1) 政府的大数据:各级政府各个机构拥有海量的原始数据,包括环保、气象、电力、道路交通、自来水、住房等方面的公共数据,安全、海关、旅游等方面的管理数据,教育、医疗、信用及金融等方面的服务数据。在单一部门里面数据可能没有任何价值,但如果关联这些数据,对其予以综合分析并有效管理,这些数据将产生巨大的社会价值和经济价值。大数据是智慧城市的核心资本,早在 2012 年年底就已经有 180 个国内城市开始投资建设智慧城市,总的投资规模(包括数据平台的投入和通信网络方面的各种基础设施)约 6000 亿元人民币。政府作为国家的管理者应该将数据逐步开放,提供给更多有能力的机构组织或个人来分析利用,以加速造福人类。

(2) 企业的大数据:企业的有效决策离不开数据支持,合理利用大数据有利于企业快速发展,实现利润,维护客户,传递价值,支撑规模,增加影响,带来差异,服务买家,提高质量,节省成本,扩大影响,打败对手,开拓市场。企业需要大数据的帮助,以便对消费者群体提供差异化的产品或服务,实现精准营销。网络企业应该依靠大数据实现服务升级与方向转型;传统企业同样必须谋求变革,实现融合,不断前进。

(3) 个人的大数据:每个人都能通过互联网建立属于自己的信息中心,积累、记录、采集、储存个人的大数据信息。此外,信息技术也使得各种可穿戴设备,各种植入的芯片都可以通过感知技术获得个人大数据,包括但不限于体温、心率、视力等各类身体数据以及社会关系、地理位置、购物活动等相关的各类社会数据。个人可以选择将身体数据授权提供给医疗服务机构,以便监测当前自己的身体状况,制定私人健康计划;能把个人金融数据授权给专业的金融理财机构,以便制定相应的理财规划并预测收益;等等。

2. 大数据的采集

1) 传感数据采集

数据采集方式通常有两种:一种是从数据源收集、识别和选取数据;另一种是由数字化、电子扫描系统的记录获取数据。工业上的数据采集系统大致可以分为以下四类。

(1) 基于通用微型计算机(如 PC 机)的数据采集系统　这种系统的主要功能是将采集来的信号通过模/数(A/D)转换后变成数字信号,通过接口电路送入微机进行处理,然后再显示处理结果或经过数/模(D/A)转换后输出。它主要有以下几个特点:① 具有功能强大的软硬件的支持。通用微型计算机系统所有的软、硬件资源都可以用来支持系统进行工作。② 具有自主开发能力。③ 软硬件的应用配置比较低,成本较高,但二次开发时,软硬件扩展能力较好。④ 在工业环境中运行的可靠性差,对安放的环境要求较高。程序在随机存取存储器(RAM)中运行,易受外界干扰破坏。

(2) 基于单片机的数据采集系统　它是由单片机及其一些外围芯片构成的数据采集系统,具有如下特点:① 系统不具有自主开发能力。因此,系统的软硬件开发必须借助于开发工具。② 系统的软硬件设计与配置规模都是以满足数据采集系统功能要求为原则,因此系统的软硬件配置比接近于1,系统具有最佳的性价比;系统的软件一般都有应用程序。③ 系统的可靠性好,使用方便。应用程序在只读存储器(ROM)中运行时不会因外界的干扰而破坏,而且上电后系统将立即进入用户状态。

(3) 基于数字信号处理器(DSP)的数据采集系统　数据采集系统设计器有能力响应和处理采样得到的数据流,如可进行乘法和累加求和运算等。常用的数字信号处理芯片有两种类型,一种是专用DSP芯片,另一种是通用DSP芯片。基于DSP的数据采集系统的特点是精度高,灵活性、可靠性好,容易集成,可分时复用等,但同时其价格不菲。

(4) 混合型计算机数据采集系统　这是一种近年来出现而在计算机应用领域中并迅速发展的一种系统结构形式。它是由通用计算机(PC机)与单片机通过标准总线(例如RS-485总线)相连而成的。单片机及其外围电路构成的部分是专为数据采集等功能的要求而配置的,主机则承担数据采集系统的人机对话、大容量的计算、记录、打印、图形显示等任务。混合型计算机数据采集系统有以下特点:① 通常具有自开发能力。② 系统配置灵活,易构成各种大中型测控系统。③ 主机可远离现场而构成各种局域网络系统。④ 可充分利用主机资源,但不会占用主机的全部CPU(中央处理器)时间。

2) 网络数据获取/非传感数据采集

(1) 利用网络爬虫采集　网络爬虫可根据统一资源地址(URL),按照一定的规则爬取网页内容,存储进库,是一种按照一定的规则,自动地抓取万维网信息的程序或者脚本。

网络爬虫按照系统结构和实现技术,大致可以分为以下几种类型:通用网络爬虫(general purpose web crawler)、聚焦网络爬虫(focused web crawler)、增量式网络爬虫(incremental web crawler)、深层网络爬虫(deep web crawler)。实际的网络爬虫系统通常是将几种爬虫技术相结合而实现的。

通用网络爬虫又称全网爬虫(scalable web crawler),爬行对象从一些种子URL扩充到整个Web,主要为门户站点搜索引擎和大型Web服务提供商采集数据。由于商业原因,它们的技术细节很少公布出来。这类网络爬虫的爬行范围广、数量巨大,对爬行速度和存储空间要求较高,对爬行页面的顺序要求相对较低,同时由于待刷新的页面太多,通常采用并行工作方式,但需要较长时间才能刷新一次页面。通用网络爬虫适用于为搜索引擎搜索广泛的主题,虽然其存在一定缺陷,但仍有较强的应用价值。

聚焦网络爬虫又称主题网络爬虫(topical crawler),是指选择性地爬行那些与预先定义好的主题相关页面的网络爬虫。和通用网络爬虫相比,聚焦网络爬虫只需要爬行与主题相关的页面,可极大地节省硬件和网络资源,保存的页面也由于数量少而更新快,还可以很好地满足一些特定人群对特定领域信息的需求。聚焦网络爬虫和通用网络爬虫相比,增加了链接评价模块以及内容评价模块。聚焦网络爬虫爬行策略实现的关键是页面内容和链接的重要性评价,采用不同的方法得出的重要性不同,由此导致链接的访问顺序也不同。

增量式网络爬虫是指对已下载网页进行增量式更新和只爬行新产生的或者已经发生变化网页的爬虫,它能够在一定程度上保证所爬行的页面是尽可能新的页面。和周期性爬行和刷新页面的网络爬虫相比,增量式爬虫只会在需要的时候爬行新产生或发生更新的页面,并不重新下载没有发生变化的页面,可有效减少数据下载量,及时更新已爬行的网页,减小时间和空间上的耗费,但是增加了爬行算法的复杂度和实现难度。增量式网络爬虫的体系结构包括爬行模块、排序模块、更新模块、本地页面集、待爬行URL集以及本地页面URL集。

深层网络爬虫(deep web crawler)是指爬取深层网页的网络爬虫。网页按存在方式可以分为表层网页(surface web)和深层网页(deep web/invisible web pages/hidden web)。表层网页是指传统搜索引擎可以索引,通过超链接可以到达的以静态页面为主构成的网页。深层网页是那些大部分内容不能通过静态链接获取的隐藏在搜索表单后,只有用户提交一些关键词才能获得的网页。例如那些用户注册后内容才可见的网页就属于深层网页。2000年 Bright Planet 指出:深层网页中可访问信息容量是表层网页的几百倍,是互联网上最大、发展最快的新型信息资源。

(2)通过数据埋点采集　数据埋点,即根据用户的特定请求,触发采集事件,从而获取用户行为数据,也称打点。借助数据埋点(写代码)来采集数据,在需要监测用户行为数据的地方加上一段代码,这种数据采集模式称为捕获(capture)模式。通过在客户端/服务端埋下确定的点,采集相关数据到云端,最终在云端呈现。经过数据校验后的埋点数据非常准确,稳定性高,适合用于监控和分析,对非探索式分析来说数据埋点是一种非常行之有效的方法;且埋点往往可以添加较多的业务属性,方便产品经理对事件进行业务属性拆解和下钻分析,能很好地从业务逻辑切入行为分析,理解行为背后的业务思路。

无埋点,事实上并不是真正的不需要写代码,而是前端自动采集全部事件并上报所有的数据,并通过"圈选"来获取需要使用的事件。区别于埋点的捕获模式,无埋点时采用的是记录(record)模式,用机器来替代人的经验。以业内领先的 GrowingIO 无埋点技术为例,GrowingIO 产品不需手动一个一个埋点,只需在首次使用时加载一段 SDK(software development kit,软件开发工具包)代码,即可采集全量、实时的用户行为数据。

一个用无埋点采集方式就能解决的问题,若使用埋点,既不能立刻看到数据,也会浪费工程资源;一个用埋点采集方式才能解决的问题,采用无埋点采集方式可能会导致数据不稳定,业务维度少等问题。这就需要我们能基于不同的业务场景,选取不同的数据采集方式,从而高效高质地完成数据采集。

3)数据集成

(1)日志收集　Flume 是 Cloudera 公司的一款高性能、高可用性的分布式日志收集系统。现在已经是 Apache 顶级项目。同 Flume 相似的日志收集系统还有 Facebook Scribe、Apache Chuwka、Apache Kafka。

Flume 传输的数据的基本单位是 Event(事件),在文本文件中通常一行记录就是一个 Event。Event 也是事务的基本单位。Flume 运行的核心是 Agent。Agent 是一个完整的数据收集工具,含有三个核心组件,分别是 Source、Channel、Sink。Event 从 Source 流向 Channel,再到 Sink。Event 本身为一个字节(byte)数组,并可携带 headers 信息(头信息)。Event 代表着一个数据流的最小完整单元,从外部数据源来,向外部的目的地去。Source 用于完成对日志数据的收集,分成 Transtion 和 Event 两部分进入 Channel。Channel 主要提供队列功能,对 Source 提供的数据进行简单的缓存。Sink 负责取出 Channel 中的数据,存储到相应的文件系统、数据库,或者提交到远程服务器。

Source 是客户端操作消费数据的来源。Flume 支持 Avro、log4j、syslog 和带有 JSON 体的 Http POST。可以让应用程序同已有的 Source 直接连接,如 Avro Source、SyslogTCP Source。也可以写一个 Source,以 IPC(进程间通信)或 RPC(远程过程调用)的方式接入自己的应用(application),采用 Avro 和 Thrift 协议都可以(二者分别由 NettyAvroRpcClient

和 ThriftRpcClient 实现了 RpcClient 接口），其中 Avro 是默认的 RPC 协议。对现有程序改动最小的使用方式是直接读取程序原来记录的日志文件，基本可以实现无缝接入，不需要对现有程序进行任何改动。

Channel 包括 MemoryChannel、JDBC Channel、MemoryRecoverChannel、FileChannel。MemoryChannel 可以实现高速吞吐，但是无法保证数据的完整性。MemoryRecoverChannel 已经逐渐被 FileChannel 替代。FileChannel 可保证数据的完整性与一致性。对于具体配置不限的 FileChannel，应将 FileChannel 设置目录和程序日志文件保存在不同的磁盘，以提高效率。

Sink 在设置存储数据时，可以向文件系统、数据库、Hadoop 存储数据。在日志数据较少时，可以将数据存储在文件系统中，并且设定一定的时间间隔来保存数据。在日志数据较多时，可以将相应的日志数据存储到 Hadoop 中，便于日后进行相应的数据分析。

（2）其他平台的数据源接入　Sqoop 作为 Hadoop 与传统数据库之间的桥梁，对数据的导入/导出有着重要作用。Sqoop 是 Cloudera 公司开发的 Apache 开源项目，"Sqoop"是 SQL-to-Hadoop 的缩写。Sqoop 主要用于在 Hadoop（Hive）与传统的数据库（MySQL、PostgreSQL 等）间进行数据的传递，可以将一个关系型数据库（例如 MySQL、Oracle、Postgres 等）中的数据导入 Hadoop 的 HDFS 中。在导入数据的时候，既可以导入整个数据库，也可以选择导入单个表、所有表或表的部分数据到 HDFS，同时可以将数据以各种格式导入。Sqoop 也可以从 HDFS 导出数据到数据库，即 Sqoop 拥有双向传递数据的功能。

Sqoop 的工作也是基于计算框架 MapReduce 的，MapReduce 会把提交的 SQL 导数转换成 MapReduce 作业，然后提交到集群。这一过程总体来说可分成三个步骤：① 检查表详情；② 创建和提交作业到集群；③ 获取表记录并写入数据到 HDFS。

1.3.2　大数据的存储技术

1.3.2.1　数据存储的发展历史

存储的数据是对过去的记载，数据存储的发展历史更多地体现为存储介质的发展（见图 1-3）。存储介质作为载体承载数据、承载历史，让人们能够通过过去的数据规律推演未来的发展走向。

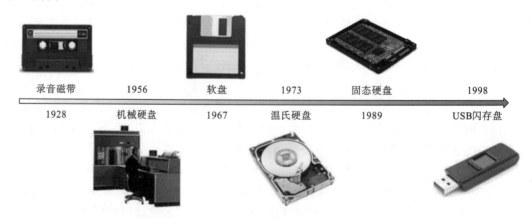

图 1-3　20 世纪 20 年代以来存储介质发展简史

从龟甲、竹简、纸张等久远的载体,发展到磁带、硬盘、软盘、闪存盘等,再到新一代的 HDD(机械硬盘)、SSD(固态硬盘),存储介质在不断变化,其单位存储能力也在不断地增强。数据存储的方式与架构不断演进,以适应现代社会不断增长的大数据存储需求。

现行的数据存储架构主要分为五个层次,从下至上分别为存储介质、组网方式、存储类型和协议、存储方式、连接方式,如图 1-4 所示。

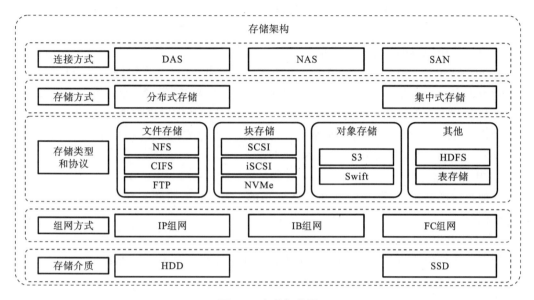

图 1-4 存储架构图

1. 存储介质

如上文所述,目前的存储介质主要有 HDD、SSD 等,以 HDD 和 SSD 为介质的存储系统最多。

2. 组网方式

目前主要有三种组网方式,互联网协议(Internet protocol,IP)组网、无线带宽(infini band,IB)组网、光纤通道(fiber channel,FC)组网。

(1) IP 组网:采用以太网技术进行组网,其主要优势在于兼容性较高、价格低廉,常见存储速率有 1 Gb/s、10 Gb/s、25 Gb/s、100 Gb/s。

(2) IB 组网:采用光纤技术进行组网,其主要优势在于组网的效率较高,但同时带来了相对较高的采购成本和维护难度,常见存储速率有 8 Gb/s、16 Gb/s、32 Gb/s。

(3) FC 组网:采用 Infini Band 技术进行组网,其主要优势在于时延较小、速率较高,但网络的可扩展性较差且设备采购成本较高。

3. 存储协议和类型

1) 文件存储

文件存储的基本特征体现为存储文件的格式。通过构建文件系统来存储文件,再经由网络将所存储的文件提供给服务器或应用软件使用。其主要使用的存储协议有网络文件系统(network file system,NFS)协议、通用 Internet 文件系统(common internet file system,CIFS)协议、文件传输协议(file transfer protocol,FTP)等三种。一般而言,网络附接存储

(network attached storage,NAS)都属于文件存储。

2) 块存储

它是指将物理存储介质上的物理空间按照固定大小的块构成逻辑磁盘,并直接映射到服务器的存储方式。块存储的常用协议包括小型计算机系统接口(small computer system interface,SCSI)协议、Internet 小型计算机系统接口(internet small computer system inter-face,iSCSI)协议、非易失性内存主机控制器接口规范(NVM express,NVMe)等。

3) 对象存储

对象是系统中数据存储的基本单元。对象存储内容实际上是文件数据和一组属性信息(meta data)的组合。这些属性信息可以定义基于文件的 Raid 参数、服务质量和数据分布。所有对象都有一个对象 ID,可以通过对象 ID OSD(屏幕菜单式调节)命令访问该对象。

对象存储方式是针对互联网数据存储规模大、增长快的问题而被提出的,用于存储和管理大量视频、图片、网页、音频和其他数据。对象存储采用基于互联网的访问接口,其实质是通过互联网或移动互联网访问相关内容。

4) 其他存储类型

其他存储类型还包括在大数据中广泛使用的 Hadoop 分布式文件系统(HDFS)存储和表格存储等。

4. 存储架构

按存储系统架构,存储系统可分为集中式存储系统和分布式存储系统。

1) 集中式存储系统

直观地说,集中式存储系统是由一个或多个存储服务器组成的中心节点。此中心节点存储所有数据。终端部署的设备只负责数据采集和接收,后续的数据存储和控制由主节点完成。集中式存储系统具有较强的纵向扩展(scale-up)能力和一定的横向扩展(scale-out)能力,集中式存储的特点有高可靠性、高可用性、高性能等。

2) 分布式存储系统

分布式存储系统在空间上的分布具有分散性和随意性。分布式存储系统对中心节点和分节点没有明晰规定的界限,因其缺乏统一的全局时钟,对数据的备份存储难以区分时间的先后顺序,因此具备并发性的特点。分布式存储系统往往具备多个副本,系统通过这种冗余方式束提升数据的可用性和可靠性。分布式存储设备之间通过交换消息来确认彼此的状态。因为在实际操作中,系统可能会将某个业务功能单独设置在某个分布区,某分布区发生的故障称为单点故障。解决单点故障通常有两种方法:一是所有分布式集群中都设置该功能点;二是做好该功能点的相关数据备份,通过提高找回数据的可能性来降低重点故障发生的概率。

5. 存储方式

目前存储系统与服务器等的连接方式可分为直接附接存储(direct attached storage,DAS)、网络附接存储、存储区域网络(storage area network,SAN)附接存储三种方式,这三种方式各有优缺点。

1) 直接附接存储

直接附接存储采用 SCSI 接口或光纤通道将存储设备直接连接到主机。主机管理自己的文件系统,不能与其他主机共享资源。它通常用于数据交换量小、性能要求低的单一网络环境,技术出现早。

2）网络附接存储

网络附接存储是一种专业的网络文件存储方式,通常是直接将存储设备连在网络上,为不同的主机和应用服务器提供文件访问服务,拥有较高的性价比。

3）SAN 附接存储

SAN 是一种高速专用存储网络,它使用高速 I/O 连接方式,通过高速光纤通道交换机、以太网交换机和其他连接设备将磁盘阵列与相关服务器连接起来。SAN 应用在对网络速度要求高、对数据的可靠性和安全性要求高、对数据共享的性能要求高的应用环境中,特点是成本高,性能好。

表 1-1 所示为以上三种存储连接方式优缺点比较。

表 1-1　存储连接方式优缺点比较

比 较 项 目	DAS	NAS	SAN
建设价格	较低	中等	中等到高等
部署难易程度	不一定	简单	困难
数据传输协议	SCSI/FC/ATA	TCP/IP	FC
传输存储对象	数据块	文件	数据块
标准文件共享协议	否	是(NFS/CIFS)	否
不同操作系统文件共享	否	是	需要转换设备
集中式管理	不一定	是	需要管理工具
管理难度	不一定	以网络为基础来管理,简单	不一定,一般情况下很难
是否提高服务器效率	否	是	是
容错性	一定的容错性	一定的容错性	容错性很好
灾难忍受度	低	高	高,定制方案
扩容能力	低	中	高
适用场景	中小企业服务器	中小企业 企业部门	大型企业数据中心
应用环境	局域网 文档共享 独立操作平台 服务器数量少	局域网 文档高度共享 多格式存储需求高	光纤通道局域网 网络环境复杂 文档共享程度高 不同操作系统平台 大量服务器
业务模式	一般服务器	WEB 服务器 多媒体资料存储 大量文件资料共享	大型资料库 大型数据库
操作系统的支持	任何服务器提供商	华为、IBM、Dell、HP、Network Appliance	华为、EMC、HP、IBM、Network Appliance

注:FC 指光纤通道协议;ATA 指高技术配置协议。

1.3.2.2 大数据存储

1. HDFS 的基本概念

HDFS 是 Hadoop 项目的核心子项目,是分布式计算中数据存储管理的基础,它是基于流数据模式访问和处理超大文件的需求而开发的,可以在廉价的商业服务器上运行。它具有高容错性、高可靠性、高可扩展性、高获得性、高吞吐率等特征,为海量数据提供了良好的存储能力,为超大数据集的处理和应用带来了极大的便利。

2. HDFS 的特点

1) 优势

(1) 可存储超大文件。HDFS 存储文件的大小可以大于网络中任何磁盘的容量。所有文件块不需要存储在同一个磁盘上。因此,集群上的任何磁盘都可以用于存储。由于采用分布式存储方式,可以存储大小达到 GB、TB 甚至 PB 级别的文件,处理文件数量能够在百万规模以上。能够处理节点的规模达到 10^4。HDFS 是一个文件系统,它的文件块比普通单个磁盘上的文件系统大得多,默认值为 64 MB,以便将寻址开销降至最低。

(2) 高容错性。数据自动保存在多个副本中。它通过添加副本来提高容错能力。副本丢失后,可以自动恢复,这是通过 HDFS 的内部机制实现的。

(3) 适合批处理。它是通过移动计算而不是移动数据来处理数据的,它会把数据位置暴露给计算框架。它更具备大容量的优势,因此适合高吞吐率的场景,比如在某一时间内写入大量的数据(批处理)。

(4) 流式文件访问。一次写入,多次读取。文件一旦写入就不能修改,只能追加。它能在保证数据的一致性的同时提高数据访问的吞吐量。

(5) 可构建在廉价机器上。它通过多副本机制、容错和恢复机制来提高可靠性、安全性和可用性,比如某一个副本丢失,可以通过其他副本来恢复,因此对部署的硬件要求不高。

2) 劣势

(1) 在低延时数据访问方面:HDFS 做不到以毫秒级速率来存储数据,没有办法保证流式处理要求的实时性和低时延。

(2) 在小文件存储方面:小文件定义为远小于 HDFS 的数据块(block)大小(默认为 64 MB)的文件。基于 HDFS 的存储机制,每个小文件都会产生 MetaData 并需要名称节点(name node)来分配这些文件而进行存储,这样会占用大量的内存来存储文件、目录和块信息。这样是不可取的,因为的内存总是有限的。

(3) 在并发写入、文件随机修改方面:在 HDFS 中,一个文件只能有一个写操作,不允许多个线程同时进行写操作。仅支持数据追加(append),不支持文件的随机修改。

3. HDFS 的体系架构

1) 总体架构

HDFS 是一个主/从(master/slave)体系架构,如图 1-5 所示。由于分布式存储的性质,集群拥有两类节点:名称节点和数据节点(data node)。名称节点只有一个,数据节点有多个。从提升系统的容错性能的角度,文件系统会对所有数据块进行副本复制。Hadoop 默认采用三副本管理,即复制三个副本,第一个副本放在运行客户端的节点处(随机选择一个节点),第二个副本放在与第一个不同且随机另外选择的机架中节点处,第三个副本与第二个副本放在相同机架上随机选择的另一个节点处。名称节点负责副本的统一决策,并且周期性地收集数据节点的心跳（Heartbeat）和块报告（BlockReport）。心跳表示本数据块的状态，块报告表示该节点的所有块的状态。

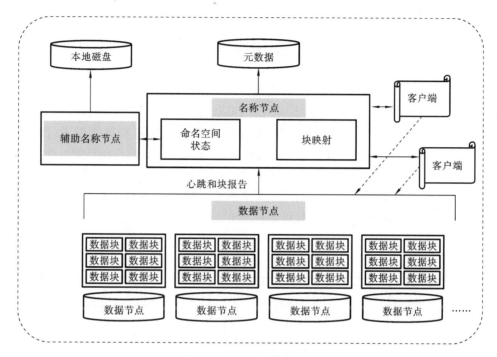

图 1-5 HDFS 总体架构图

用户通过与名称节点和数据节点交互访问 HDFS 中的文件。客户端提供一个文件系统接口供用户调用。

名称节点是 HDFS 的主节点。在 Hadoop 集群中只有一个名称节点，它是整个系统的"管家"。其主要功能是管理 HDFS 的目录树和相关文件元数据信息。这些信息以 Fsimage（HDFS 元数据映像文件）和 Editlog（HDFS 文件更改日志）的形式存储在本地磁盘上。HDFS 重新启动时，对其进行重建，监视每个数据节点的运行状况。

辅助名称节点（secondary name node）作用于本地磁盘与名称节点之间，负责定期将名称节点管理的两个文件 Fsimage 和 Editlog 合并，并将它们传输给名称节点，也就是负责名称节点中 HDFS 元数据（MetaData）信息的备份。

数据节点是 HDFS 的从节点（slave node），负责实际的、具体的数据存储，并可以通过 HDFS 的读操作将数据传输给名称节点。

2）读过程

HDFS 的文件读取过程主要包括以下几个步骤：

首先，用户通过文件系统的 Open 函数打开文件，获取一个分布式文件系统（distributed file system，DFS）的实例。

然后，DFS 通过远程过程调用（remote procedure call，RPC）功能调用名称节点存储的信息，获得文件第一批数据块的地址（location），即获得数据块信息。对于每一个数据块（包括副本数据块），名称节点返回保存数据块的数据节点的地址。所有的地址按照 Hadoop 拓扑结构排序,距离客户端近的排在前面。

接着,DFS 会返回一个 FS Data Input Stream 对象,该对象会被封装成 DFS Input Stream 对象,用来读取数据。DFS Input Stream 可以方便地管理数据节点和名称节点数据流。客户端调用 Stream 的 Read()函数,开始读取数据,DFS Input Stream 就会找出离客户端最近的数据节点并连接数据节点。然后,数据从数据节点源源不断地流向客户端。

读取第一个数据块的数据后,DFS Input Stream 断开和此数据节点的连接,然后连接与此文件下一个数据块最近的数据节点,接着读取下一个数据块。这些操作对客户端来说是透明的,从客户端的角度来看只是读一个持续不断的数据流。

如果有多个批次的数据块需要读取,那么这一批次的数据块都读完了,DFS Input Stream 就会去名称节点取下一批数据块的地址,然后重复上面读数据的步骤。当客户端读取完数据的时候,调用 FS Data Input Stream 的 Close 函数,关闭文件,结束读操作。

在读取数据的过程中,如果客户端与数据节点通信时出错,客户端将尝试连接到包含此数据块的下一个数据节点,记录发生故障的数据节点,并且将来不会再连接该节点。

读过程如图 1-6 所示。

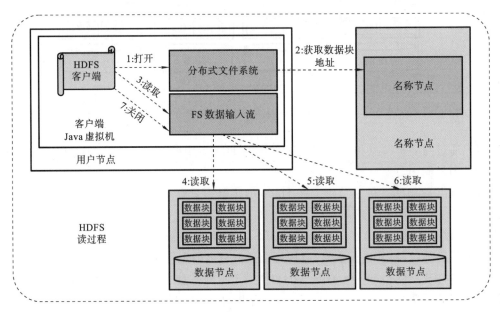

图 1-6　HDFS 读过程示意图

3) 写过程

HDFS 的文件写入过程(见图 1-7)主要包括以下几个步骤。

首先,客户端通过调用 DFS 的 Create 方法,创建一个新的文件。

然后,DFS 通过 RPC 功能调用名称节点,在分布式文件系统的命名空间内创建一个没有数据块关联的新文件。创建前,名称节点会做各种校验,比如校验文件是否存在,客户端有无权限去创建新文件等。如果校验通过,数据块就会记录下新文件,否则就会抛出 I/O 异常。

接着,DFS 会返回 FS Data Output Stream 对象。与读文件时相似,FS Data Output Stream 对象被封装成 DFS Output Stream,用来写数据。DFS Output Stream 可以协调名

称节点和数据节点。客户端开始写数据到 DFS Output Stream，DFS 会把数据切成一个个小数据包（packet），然后排成数据队列（Data Queue）。

最后，数据队列将由 Data Streamer 读取，并通知名称节点分配数据节点，它会问询名称节点这个新的数据块最适合存储在哪几个数据节点里，比如重复数是 3，那么就找到三个最适合的数据节点，把它们排成一个数据管道（Pipeline）。Data Streamer 将数据块写入 Pipeline 中的第一个数据节点。第一个数据节点将数据块发送给第二个数据节点。第二个数据节点将数据发送给第三个数据节点。

DFS Output Stream 还有一个队列称为确认队列（Ack Queue），它也是由数据包组成的。当 Pipeline 中的所有数据节点都收到响应消息时，Ack Queue 对应的数据包才会被移除。客户端完成写数据后，调用 Close 函数关闭文件，结束写入流操作。

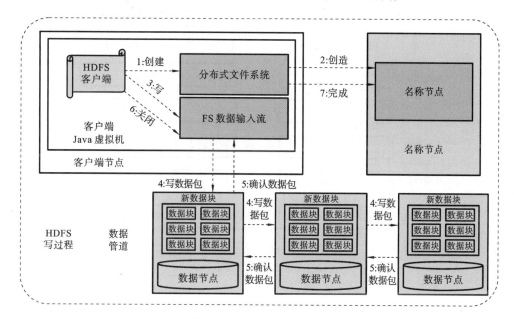

图 1-7　HDFS 写过程示意图

1.3.2.3　下一代存储技术

1. 大数据存储的痛点

1）数据爆发式增长

根据《IDC：2025 年中国将拥有全球最大的数据圈》报告，2018 年中国新增数据量为 7.6 ZB，成为世界第一数据生产国；2025 年中国新增数据量将达到 48.6 ZB，年平均增长率为 30%。数据存储量的增长是爆发式的，这是互联网技术发展的必然结果。

2）存储异构化

原有数据和新增长数据的异构性，对数据的分析应用造成了巨大的障碍，且存在"数据孤岛"的现象。另外，现有的增长数据是相对动态的数据，可能在某个时间段存在数据量突增现象，因此对数据存储结构在动态扩展性和调度性上的需求与原有数据相比有质的差异。

3）运维管理难度颇高

新架构与老架构之间藕断丝连的关系，使得系统的运维表现出多样性和复杂性，且存在缺乏统一的管理平台和技术、运维效果不理想、运维成本居高不下等问题。

4）存储产品的兼容交互性差

随着数据的动态变化,系统与系统之间的互相访问必然会达到一个新的高度,如何提升现有存储方案的交互性能和数据输入/输出效率,也是大数据环境下需要突破的问题。

5）单位存储效率有待提升

在存储数据更多的基本条件下,应使存储系统空间占比更小,能耗值表现更优异。从碳中和长远发展的角度来看,提升单位存储性能是有必要考虑的发展方向。

2. 下一代存储技术的演变

在移动互联网时代,存储应用场景发生了巨大的变化,下一代数据存储技术应运而生。下一代数据存储技术主要是指在存储介质、存储协议、存储架构、应用模式、运维模式等方面不断迭代创新的技术集合(见图1-8),总体上呈现出高性能、易扩展、服务化、智能化的特点。

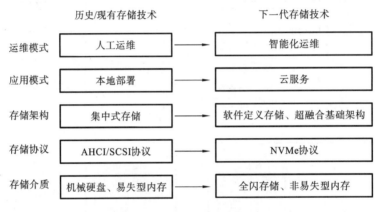

图 1-8　下一代存储技术的演变

注:AHCI 指高级主机控制器接口。

1.3.3　大数据应用及商业模式

1.3.3.1　大数据的应用

对于大数据的应用,目前主要是从行业融合应用的角度来考虑。大数据融合应用不是独立的,而是与整个大数据产业链密不可分。从大数据行业的角度来看,可对大数据产业链进行业务和业态划分。

1. 大数据产业链的业务划分

按照大数据产业的传统定义,大数据产业链业务一般分为三种类型:核心业务类型、关联业务类型和衍生业务类型。核心业务包括围绕整个数据生命周期的大数据关键业务,包括大数据采集、服务、数据交易、数据安全和运营以及相关平台建设;关联业务以软件和电子信息制造业业务为代表,包括智能终端、集成电路、软件、服务外包等大数据产业所需的软硬件制造业务;衍生业务包括金融、政务、农业和医疗教育等行业的大数据融合应用业务。

2. 基础支撑、数据服务和融合应用三层业态划分

大数据产业链可分为三个层次:基础支撑、数据服务和融合应用。基础支撑层包括网络、存储和计算相关硬件设施、资源管理平台以及与数据采集、分析、处理和显示相关的技术和工具;数据服务层围绕各种应用和市场需求,提供数据交易、数据采集与处理、数据分析与可视化、数据安全等辅助服务;融合应用层包括与政府、教育、医疗等行业密切相关的应用软件和整体解决方案。

3. 基于数据价值实现过程的四层业态划分

基于数据价值的实现过程,大数据产业应划分为四个层次:大数据资源供给、大数据设备供给、大数据技术服务和大数据融合应用。基于互联网、物联网等信息技术渠道产生和提供数据资源的经济活动,构成大数据产业链的第一层。

从上面的大数据产业链业务和业态划分来看,大数据产业的活动主要围绕大数据基础、大数据服务、大数据融合应用来展开。大数据基础与大数据服务是大数据融合应用的重要支撑,三者既互相关联,又相对独立。大数据产业链结构如图 1-9 所示。

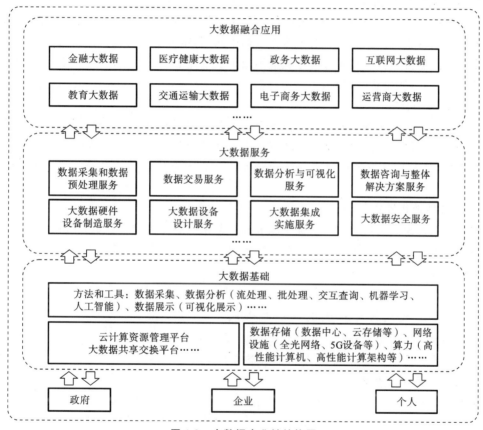

图 1-9　大数据产业链结构图

1.3.3.2　大数据产业的商业模式

大数据产业拥有多元化的商业模式,目前有以下五种主要模式。

1. 数据买卖模式

采用这种商业模式的大数据企业通过买卖数据直接获得收入。该模型的主体是大数据运营商,大数据交易是其业务的核心,大数据的重用是其发展的动力。这些企业还拥有强大的大数据技术能力。大多数时候,大数据技术主要用于企业自身运营,比如互联网企业通过运营大数据交易平台和大数据 API(应用程序接口)开发获利。

2. 信息服务模式

采用这种模式的企业通过隐含在信息服务中的大数据获得利润。这类企业往往具备多种能力,甚至同时可作为大数据提供者、技术提供者、服务提供者。这些企业既包括传统的信息技术服务和软件服务企业,也包括提供咨询、审计、财务、金融服务等的非传统意义上的企业及 IT 应用企业。信息服务模式是大数据核心产业与其衍生产业的相互融合表现最突出的一种模式。其主要的表现形式为数据资源拥有或使用者提供数据分析、挖掘、可视化等第三方数据服务,如情报挖掘、舆情分析、精准营销、个性化推荐、提供可视化工具等,这些服务以付费工具或产品的形式向客户提供;或者提供一体化解决方案,为缺乏技术能力但需要引入大数据系统支撑企业或组织业务升级转型的用户定制化构建和部署一整套完整的大数据应用系统,并负责运营、维护、升级,等等。

3. 第三方数据服务模式

在这种模式下,企业既不是数据的提供者,也不是数据服务的应用者,其通过提供第三方数据服务取得收入。这类企业的主体为数据中间商,本身不具有创造数据的能力,需从各处方搜集数据进行整合。其通过搭建或提供数据交易平台,从数据中提取有用信息予以利用或者进行交易,从而获取利润。

4. 融合服务模式

融合服务模式是指将数据隐含在传统产品及服务中而取得收入的模式。采用这种模式的企业包括提供信息服务的咨询、审计、财务等类企业,以及利用大数据在产业链上下游提供金融、物流等服务而获取利润的制造业企业。融合服务模式是大数据产业发展的重要方向。

5. 软硬件销售模式

软硬件销售模式是指通过直接提供服务和产品来盈利的模式。这是大数据产品提供方主要的盈利模式。具体的表现形式为提供数据资源本身或数据库、各类 Hadoop 商业版本、大数据软硬件结合一体机等技术产品。

因大数据产业的丰富度和不断的创新,其商业模式也一直处在不断更新中。

1.3.3.3 大数据商业模式的承载形式

大数据的商业应用主要发生在政府与企业、企业与企业、企业与个人之间,其主要的承载形式体现为大数据交易所、企业类的数据交易平台。

1. 政府主导的大数据交易中心

在我国,2014 年是大数据交易元年;2014—2016 年是大数据交易中心成立最多的时期(13 个),这一时期全国都在探索大数据交易的运营模式和相关的流程。但实际取得的成绩不尽如人意,其主要原因在于核心竞争力的缺乏和我国还未落实数据交易涉及的相关法律。随着中央提出加快培育数据要素市场的愿景,以及新的市场环境和技术条件的形成,大数据交易市场又显现了新的生机,我国国内的数据交易产业重新起航。自 2019 年年底开始,各地重新布局数据交易产业。2019 年 12 月,山东数据交易有限公司成立;之后,湖南大数据交易中心、北部湾大数据交易中心、北京国际大数据交易所相继挂牌成立。粤港澳大湾区数据平台、湖北省大数据交易中心、北方大数据交易中心等正在筹备中。截至 2021 年,已成立或预成立的大数据交易场所共计 20 余家。图 1-10 为 2014—2021 年我国大数据交易中心成立时间轴图。

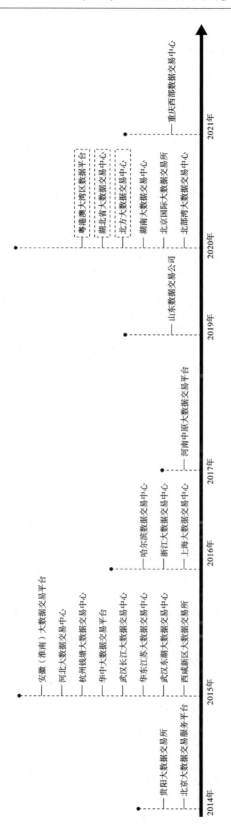

图 1-10　2014—2021 年我国大数据交易中心成立时间轴图

2. 主要的企业大数据交易平台

以企业为主导的大数据交易平台包含大数据基础、大数据服务、大数据融合应用等三个部分。目前主要的企业大数据交易平台如表 1-2 所示。

表 1-2　现有主要的企业大数据交易平台

序号	平台名称	平台简介
1	APIX	APIX 是黑格科技旗下的一款 SaaS 云服务产品,专注为机构提供实时在线用户数据分析、信用评估、第三方数据接入服务
2	HaoService	数据互联服务平台,提供 30 大类以上基础数据 API 服务、热门源码交易服务
3	iDataAPI	数据服务提供商,已推出 1300 多种数据产品和 50 多种数据分析产品,涵盖 30000 个网站平台和全球移动 APP 平台,数据服务涉及社交、电商、新闻资讯、工商企业、泛娱乐、POI 以及创新创业应用场景等多个方面
4	阿凡达数据平台	提供 API 数据接口云服务,专注于数据的采集与分析处理工作,拥有 106 个数据种类
5	百度 APIStore	百度旗下产品,为开发者提供最全面的 API 服务,汇集了国内外应用开发所需的 Android/IOS API 和 SDK,涉及设计开发、运维管理、云服务、APP 推广、数据服务等五个方面的服务
6	百度智能云市场	由百度智能云建立的云计算软件和商品的交易与交付平台,下设多个商品品类,包括镜像环境、建站推广、企业应用、人工智能、数据智能、区块链、泛机器人、软件工具、安全服务、上云服务、API 服务等,商品数量达数千种
7	大数据挖掘模型交易平台	模型算法交易平台,配套完整建模数据、模型实现过程说明及源代码
8	发源地	大数据应用平台和大数据解决方案提供商。提供数据交易服务,目前总共拥有两万多个数据源
9	中源数聚	平台运营商+数据供应商,完整构建了管理大数据相关模型和数据体系,通过"互联网+人工智能+管理大数据"的平台模式,帮助企业实现对管理数据资产的管控和数据挖掘
10	环境云	环境大数据开放平台,拥有三千七百多家注册用户,收录 10 亿多条环境数据,以积分兑换和免费下载两种方式提供数据服务
11	京东万象	以数据开放、数据共享、数据分析为核心的综合性数据开放平台,拥有金融、征信、电商、质检、海关、运营商等方面数据
12	聚合数据	以 API 数据接口的形式提供数据服务;以大数据技术,提供数据应用服务,主要涉及金融、政务、政法等领域
13	企查查	提供企业工商信息、法院判决信息、关联企业信息、法律诉讼信息、失信信息、被执行人信息、知识产权信息、公司新闻、企业年报等企业数据交易服务,覆盖全国 1.8 亿家企业信息

序号	平 台 名 称	平 台 简 介
14	数据宝	中国领先的国有数据资产增值运营服务商,提供公安、运营商、银联、交通、车辆、企业、税务、气象大数据
15	数据堂	专注于人工智能数据服务,致力于为全球人工智能企业提供数据获取及数据产品服务,实现数据价值最大化,推动人工智能技术、应用和产业的创新
16	数粮	大数据领域的流通平台,供企业进行数据资源和大数据技术应用产品交易,支持 API 接口、数据包下载、定制等交易模式
17	天眼查	收录了 1.8 亿以上社会实体(含企业、事业单位、基金会、学校、律所等)信息,实现了 90 多种维度信息全量实时更新
18	天元数据	中国领先的云计算、大数据服务商,数据产品涵盖线上零售、生活服务、企业数据、农业等十大类,提供 API 接口、数据集、数据报告、政府开放数据
19	中国数据商城 (DATASTORE)	中国领先的大数据交易平台
20	中原大数据交易中心	数据资源提供商、数据资产运营商和数据交易服务商,向客户提供大数据全产业链平台与技术服务,提供 API 接口、数据集、数据报告、数据应用服务
21	抓手数据	运用区块链底层技术,以生产数据产品、建立数据交易生态圈为主要目标,促进数据的开放共享和数据价值的释放

1.3.3.4　数字经济的发展模式

大数据的商业模式是数字经济发展模式中应用数字价值化的具体体现,是数字经济发展的基础。

1. 数字经济的"四化"架构

数字经济是以数字化的知识和信息作为关键生产要素,以数字技术为核心驱动力量,以现代信息网络为重要载体,通过数字技术与实体经济深度融合,不断提高经济社会的数字化、网络化、智能化水平,加速重构经济发展与治理模式的新型经济形态。具体包括四大部分(见图 1-11):数据价值化、数字产业化、产业数字化、数字化治理。

1)数据价值化

数据价值化包括但不限于数据采集、数据定价、数据流转、数据保护、数据确权、数据交易、数据标注、数据标准等。

2)数字产业化

数字产业化即发展信息通信产业,具体包括电子信息制造业、电信业、软件和信息技术服务业、互联网行业等。

3)产业数字化

产业数字化即传统产业应用数字技术所带来的产出增加和效率提升,包括但不限于实现工业互联网、两化融合、智能制造、车联网、平台经济等融合型新产业、新模式、新业态。

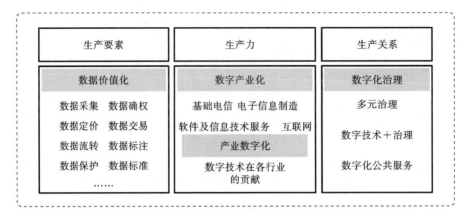

图 1-11　数字经济的"四化"架构

4) 数字化治理

数字化治理包括但不限于多元治理,以"数字技术+治理"为典型特征的技管结合,以及数字化公共服务等。

2. 数字经济的发展模式

我国在数字经济的发展上多采用因地制宜的指导思想,结合发展地区的资源、政策、产业等多个角度来考虑,制定本地区的发展模式。目前主要有以下几种模式。

1) 梯度发展模式

数字经济高梯度地区凭借领先的科技创新能力、产业结构高度、经济基础实力、资源配置能力,对于数字经济的发展能够抢占先机,并且能够全面布局数字经济的发展,数据经济发展处于全国领先地位,如北京市、广东省。中梯度地区区具备一定的技术力量和较好的经济产业基础,通过引进和承接高梯度地区数字技术、数字人才等,大力发展数字经济产业,推动传统产业数字化转型,如重庆市、辽宁省。数字经济低梯度地区创新资源存量相对匮乏,产业结构及技术缺乏创新活力,可依托自身区位特色及自然资源禀赋,融入中高梯度地区产业链,发展劳动密集型产业和资源密集型产业,实现渐进式发展,如甘肃省。

2) 区域极核模式

将某一中心城市作为数字经济增长极,通过支配、乘数、极化与扩散效应对区域数字经济活动产生辐射带动作用。数字经济区域极核发展模式以数字经济发达城市为中心向周边地区推开。在数字经济发展初期,增长极产生虹吸效应,吸纳周围区域的资金、人才、技术等生产要素,削弱周围区域的数字经济发展能力,出现区域极化现象。随着时间推移,增长极会带动周边区域发展,为周边区域人们提供就业机会,并促使周边区域技术水平、管理方式、思想观念、价值观念等发生改变。当数字经济增长极的极化效应达到一定程度、增长极发展足够强大时,会对周围区域产生辐射和扩散效应,推动要素向周围区域扩散,刺激周边数字经济增长,带动经济整体发展。当前,我国已经在数字价值化、数字产业化、产业数字化、数字化治理等多个方面出现增长极。

3) 点轴发展模式

随着数字经济发展中心城市逐渐增加,点与点之间由于生产要素交换需要相互连接起来成为"轴"线。具体来说,增长极在发展过程中从周边获得数字经济发展所需的资源、要素,同时也为周边输送数字技术、数字产品、数字服务,刺激沿线地区的数字经济发展。

4) 多极网络模式

数字经济的多极网络模式是以增长极为基础的网络状结构,其形成的基础条件为区域内具备多个增长极、增长极间存在空间或产业关联,即多极支撑、轴带衔接、网络关联。在多极网络模式下,增长点之间相互连通,形成具有不同层次、功能各异、分工合作的区域经济系统。目前,我国已有多个主要城市群形成数字经济的多极网络模式,同时也有部分城市群的数字经济模式在向多极网络模式转变。

第 2 章　Python 编程基础

2.1　基本数据类型

Python 的基本数据类型有数字(number)、字符串(string)、元组(tuple)、列表(list)、字典(dictionary)、集合(set),其中数字、字符串、元组型数据是不可变数据,列表、字典、集合型数据是可变数据。

(1) 数字:此类数据组成是数字。

(2) 字符串:此类数据组成是字符。

(3) 列表:列表用来表示一组有序元素,后期数据可以修改。

(4) 元组:元组用来表示一组有序元素,后期数据不可修改。

(5) 集合:集合用来表示一组无序不重复元素。

(6) 字典:此类数据用来以键值对的形式保存一组元素。

2.1.1　数字

数字型数据包含:整型(int)数据、浮点型(float)数据、布尔型(bool)数据、复数型(complex)数据。

1. 整型数据

整型数据是用于定义整数类型变量的标识符,整型数据的范围是 $-2147483648\sim$ 2147483647,如 10、660、-88、1995 等。整型数据的相关操作方法如下。

(1) 直接赋值。如将一个整数直接赋给 number1,输入以下程序代码:

```
number1=1216
print(number1)
```

则系统输出结果:

```
1216
```

(2) 转换数据类型。如将字符串'200'赋给 str1,再用 int 函数强制将字符串型数据转换为整型数据,输入以下程序代码:

```
str1='200'
number2=int(str1)
print(number2)
```
则系统输出结果：
```
200
```

2. 浮点型数据

关于浮点型数据的相关操作方法如下。

（1）直接赋值。如将一个浮点数直接赋给 number3，输入以下程序代码：
```
number3=15.0
print(number3)
```
则系统输出结果：
```
15.0
```

（2）转换数据类型。float 函数用于将整数和字符串转换成浮点数。例如，输入以下程序代码：
```
number4=float(1995)
print(number4)
```
则系统输出结果：
```
1995.0
```

3. 布尔型数据

布尔型数据是整型数据的子类，布尔型数据指 1(True) 和 0(False)，用于判断对错。布尔型数据的相关操作方法如下。

（1）直接使用。例如，输入以下程序代码：
```
t=True
f=False        # 注意布尔型数据要区分大小写
print(t,f)
```
则系统输出结果：
```
True False
```

（2）使用 bool 函数强制转换。bool 函数用于将给定参数转换为布尔型数据，如果没有参数，返回 False。例如，输入以下程序代码：
```
F=bool(0)
T=bool(9)
print(F,T)
```
则系统输出结果：
```
False True
```

（3）判断表达式的对错。例如，输入以下程序代码：
```
a=3
b=4
print(a>b)
```
则系统输出结果：
```
False
```

4. 复数型数据

复数型数据的基本结构为 $a+bj$，其中 a 为实部。a、b 分别为常数，必须满足复数组合要求,数据类型必须是浮点型,虚数必须有 j 或 J。

2.1.2　字符串

字符串是一系列的字符,如'hello!'、'1234'、"Up and down"等等。字符包括字母、数字、标点符号以及其他一些特殊符号和不可打印的字符。

1. 字符串的标识

在 Python 中,字符串主要以下三种形式来标识:

(1) 单引号,如'data'、'23'、'jdk_ijk'、'1.995';

(2) 双引号,如"Zxx"、"sqs1"、"12,lza"、"8399";

(3) 三引号,如"" "hello python" " "。

注:在字符串中可以包含'和",如"It's beautiful"。

2. 字符串的长度

字符串的长度可用函数 len(s)来得到。例如,输入以下程序代码:

```
A=len("numpy")
Print(A)
```

则系统输出结果:

```
5
```

输入以下程序代码:

```
B=len('numpy,scipy,pandas')
Print(B)
```

则系统输出结果:

```
18
```

输入以下程序代码:

```
C=len('')        #  ''表示空字符串,还可用" "来表示
Print(C)
```

则系统输出结果:

```
0
```

3. 字符串的拼接

将两个或多个字符串"相加",得到一个新的字符串,这种运算被称为拼接。也可以通过"乘法运算",快速得到同一个字符串的多次拼接结果。

例如,输入以下程序代码:

```
A='zhang'+'xingxing'
print(A)
```

则系统输出结果:

```
zhangxingxing
```

输入以下程序代码:

```
B='I'+'love'+'python'
print(B)
```

则系统输出结果:

```
I love python
```

输入以下程序代码：

```
C=3*'numpy'+3*'?'
print(C)
```

则系统输出结果：

```
numpynumpynumpy???
```

2.1.3　元组

元组是一种不可变的序列，也就是说创建元组后将不能对其进行修改。它包含零个或者更多个值并且可以包含任何 Python 值或其他元组。元组用圆括号括起来，元素之间用逗号隔开。

输入以下程序：

```
yuanzu=((1,4),'python',1216)        # 创建元组
print(yuanzu)
```

则系统输出结果：

```
((1,4),'python',1216)
```

在上述代码下继续输入以下程序代码：

```
A=len(yuanzu)      # 元组的长度
print(A)
```

则系统输出结果：

```
3
```

在上述代码下继续输入以下程序代码：

```
B=yuanzu[-2]       # 元组的索引,从后往前数第二个值
print(B)
```

则系统输出结果：

```
'python'
```

在上述代码下继续输入以下程序代码：

```
C=yuanzu[0][1]        # 从左边数的第一个元组里的第二个值
print(C)
```

则系统输出结果：

```
4
```

只有一个元素的元组称为单元素元组，采用固定的表示方法 $(x,)$，末尾必须有逗号，多元素元组中末尾的逗号可有可无，如 $(1,2,3,4,)$ 等价于 $(1,2,3,4)$。

输入以下程序代码：

```
star=(1,)
print(star)
```

则系统输出结果：

```
(1,)
```

输入以下程序代码：

```
star1=(1,2,3,4)
star2=(1,2,3,4,)
print(star1,star2)
```

则系统输出结果：

(1,2,3,4)(1,2,3,4)

若省略单元素元组中的逗号，则数据类型将变为整型。例如，输入以下程序代码：

```
A=type(())
print(A)
```

则系统输出结果：

```
tuple
```

输入以下程序代码：

```
B=type((5,))
print(B)
```

则系统输出结果：

```
tuple
```

输入以下程序代码：

```
C=type((5) )
print(C)
```

则系统输出结果：

```
int
```

常用的元组函数如表 2-1 所示。

表 2-1　元组函数

函　数　名	返　回　值
i in tp	若 i 是元组 tp 中的一个元素，则返回 true,否则返回 false
len(tp)	元组 tp 包含的元素个数
tp. count(i)	元素 i 在元组 tp 中出现的次数
tp. index(i)	元组 tp 中第一个元素 i 的索引

以上函数的应用实例如下。

输入以下程序代码：

```
mla=('KNN','BAYS','DTREE','CNN')
print(mla)
```

则系统输出结果：

```
('KNN','BAYS','DTREE','CNN')
```

在上述代码下继续输入以下程序代码：

```
print('KNN' in mla)
```

则系统输出结果：

```
True
```

在上述代码下继续输入以下程序代码：

```
A=len(mla)
print(A)
```

则系统输出结果：

```
4
```

在上述代码下继续输入以下程序代码：

```
B=mla.count('BAYS')
print(B)
```

则系统输出结果：

```
1
```

在上述代码下继续输入以下程序代码：

```
C=mla.index('CNN')
print(C)
```

则系统输出结果：

```
3
```

2.1.4　列表

1. 列表的创建与删除

列表的创建方法有两种。

（1）直接赋值给变量，创建空列表。

输入以下程序代码：

```
zhang=[ ]
xing=['zhang','xing','xing']
print(xing)
```

则系统输出结果：

```
['zhang','xing','xing']
```

（2）用 list() 函数创建列表。

在上述代码下继续输入以下程序代码：

```
zhang=list()
print(zhang)
```

则系统输出结果：

```
[ ]
```

继续输入以下程序代码：

```
xing1=list((2,4,6,7))
print(xing1)
```

则系统输出结果：

```
[2,4,6,7]
```

删除列表则可采用以下方式（以上述代码为例）：

```
del zhang        # 删除列表
print(zhang)     # 删除后该列表将不存在,输出将报错
```

2. 常用列表函数

常用列表函数如表 2-2 所示。

表 2-2　常用列表函数

函　数　名	返　回　值
list()函数	把元组、字符串等转换为列
append()函数	在列表末尾追加新对象
count()函数	统计某个元素在列表中出现的次数
extend()函数	通过写列表扩展原来的列表
index()函数	找到元素下标
insert()函数	将对象插入列表
pop()函数	移除列表元素,默认移除列表的最后一个元素
remove()函数	移除列表中第一个匹配项
reverse()函数	将列表中元素反向存放

以上函数的实例演示如下。

1) 添加列表元素

添加列表元素有以下三种情况。

(1) 在列表最后面添加一个元素。例如,输入以下程序代码:

```
list= [1,2,3,'hello world',[1,2,3]]
list.append(2)     # 在列表最后添加一个元素 2
print('append:',list)
```

则系统输出结果:

```
append:[1,2,3,'hello world',[1,2,3],2]
```

append(A)表示在列表最后添加一个元素 A。

(2) 在列表最后面添加多个元素。例如,输入以下程序代码:

```
list= [1,2,3,'hello world',[1,2,3],2]
list.extend([12,4,'python'])      # 在列表最后一个元素后面添加 12,4,'python'
print('extend:',list)
```

则系统输出结果:

```
extend:[1,2,3,'hello world',[1,2,3],2,12,4,'python']
```

extend($[A,B,\cdots]$)表示在列表的最后一个元素后面添加元素 A、B 等。

(3) 在列表某处添加元素。例如,输入以下程序代码:

```
list= [1,2,3,'hello world',[1,2,3],2,12,4,'python']
list.insert(1,2019)     # 在列表第 1 个元素后面加入 2019
print('insert:',list)
```

则系统输出结果:

```
insert:[1,2019,2,3,'hello world',[1,2,3],2,12,4,'python']
```

insert(A,B)表示在列表里的第 A 个元素后面加入元素 B。

2) 删除列表元素

删除列表元素有以下三种情况。

(1) 删除列表中某个指定的元素。例如,输入以下程序代码:

```
list= [1,2019,2,3,'hello world',[1,2,3],2,12,4,'python']
list.remove('hello world')      # 删除列表里的'hello world'
print('remove:',list)
```

则系统输出结果：

```
remove:[1,2019,2,3,[1,2,3],2,12,4,'python']
```

remove(A)表示移除列表中的元素 A。

（2）删除列表中指定索引位置的某个元素。例如,输入以下程序代码：

```
list= [1,2019,2,3,[1,2,3],2,12,4,'python']
del list[4]      # 删除列表索引位置为 4 的元素,即第 5 个元素
print('del:',list)
```

则系统输出结果：

```
del:[1,2019,2,3,2,12,4,'python']
```

（3）删除列表中的最后一个元素。例如,输入以下程序代码：

```
list= [1,2019,2,3,2,12,4,'python']
final= list.pop()
print('pop:',list)
print('final:',final)      # 列表里最后一个元素
```

则系统输出结果：

```
pop:[1,2019,2,3,2,12,4]
final:python
```

pop()表示删除列表中的最后一个元素。

3）其他命令

这些操作命令包括列表分片、计数、索引、翻转、排序等。

（1）列表分片。例如,输入以下程序代码：

```
list= [1,2019,2,3,2,12,4]
m= list[2 :4]      # 选取列表里索引分别为 2,3,4 的元素,即第 3,4,5 个元素
print('m:',m)
```

则系统输出结果：

```
m:[2,3,2]
```

list[:]表示列表分片。

（2）计数,即计算某元素在列表中出现的次数。例如,输入以下程序代码：

```
list= [1,2019,2,3,2,12,4]
count= list.count(2)      # 元素 2 在列表中出现的次数
print('count:',count )
```

则系统输出结果：

```
count:2
```

count(A)表示元素 A 在列表中出现的次数。

（3）索引,即求某元素在列表中的索引值,采用 index()函数实现。例如,输入以下程序代码：

```
list= [1,2019,2,3,2,12,4]
index= list.index(2019)      # 求元素 2019 在列表中的索引值
print('index:',index)
```

则系统输出结果：

```
index:1
```

index(A)表示求元素 A 在列表中的索引值。

（4）翻转，即将列表进行前后翻转，采用 reverse()函数实现。例如，输入以下程序代码：

```
list= [1,2019,2,3,2,12,4]
list.reverse( )
print('list:',list)
print('reverse:',list)
```

则系统输出结果：

```
list:[4,12,2,3,2,2019,1]
reverse:[4,12,2,3,2,2019,1]
```

（5）排序，即对列表元素进行排序，采用 sort()函数实现。例如，输入以下程序代码：

```
list= [1,2019,2,3,2,12,4]
list.sort(reverse= True)        # 将列表元素从大到小排序
print('sort1:',list)
list.sort(reverse= False)       # 将列表元素从小到大排序
print('sort2:',list)
```

则系统输出结果：

```
sort1:[2019,12,4,3,2,2,1]
sort2:[1,2,2,3,4,12,2019]
```

2.1.5　字典

1. 字典的创建与删除
字典的删除命令同列表。

（1）用{ }来创建字典。例如，输入以下程序代码：

```
zhang={ }
zhang1={'z':1,'x':2,'h':3}
print(zhang1)
```

则系统输出结果：

```
{'z':1,'x':2,'h':3}
```

字典类型数据的基本形式为键:值，构成键值对。

（2）用内置函数 dict()根据给定的键值对来创建字典。例如，输入以下程序代码：

```
star=dict(name='xingxing',age='22')
print(star)
```

则系统输出结果：

```
{'name':'xingxing','age':'22'}
```

2. 常用字典函数
常用字典函数如表 2-3 所示。

表 2-3　常用字典函数

函　数　名	返　回　值
len()函数	返回字典 x 中键值对的数量,len(x)
clear()函数	清除字典中所有的项,类似于 list.sort(),没有返回值
copy()函数	这里是指浅复制,返回具有相同键值对的新字典
fromkeys()函数	使用给定的键,建立新的字典,值为 None,返回新的字典
get()函数	访问字典,一般用 d[]访问,如果字典不存在,会报错,用 d.get('name'),会返回 None
keys()函数	获得键的列表 d.keys(),将键以列表形式返回
values()函数	获得值的列表,同上
pop()函数	删除键值对 d.pop(k),没有返回值
update()函数	更新成员,若成员不存在,相当于加入,没有返回值
items()函数	获得由键值对组成的列表,返回列表 d.items()

例如,输入以下程序代码:

```
d={ 1:'a',2:'b',3:'c',4:'d'}
print(len(d))
c=d.copy()
print(c)
print( {}.fromkeys(['str']))
print(d.get(1) )
print(d.get(888) )
print(d.keys())
print(d.values())
d.pop(1)
print(d)
print(d.items())
```

则系统输出结果:

```
4
{ 1:'a',2:'b',3:'c',4:'d'}
{'str' :None}
a
None
dict_keys([1,2,3,4])
dict_values(['a','b','c','d'])
{2:'b',3:'c',4:'d'}
dict_items([(2,'b'),(3,'c'),(4,'d')])
```

2.1.6　集合

在 Python 中,集合是一系列不重复的元素。集合与字典的不同之处在于,集合只有键,没有对应的值。集合可分为可变集合和不可变集合,可变集合创建后还可以添加和删除元素,不可变集合创建之后就不允许做任何修改。集合函数的作用一般是去重(即删除列表中重复的元素)。

1. 集合的创建与元素的删除

集合的创建方法有两种。

(1) 用{ }来创建集合。例如,输入以下程序代码:

```
zhang={1,2,3}
zhang.add(8)
print(zhang)
```

则系统输出结果:

```
{1,2,3,8}
```

(2) 用内置函数 set( )来创建集合。例如,输入以下程序代码:

```
zhang1=set(range(2,9))
zhang1.pop()        # 弹出并删除某个元素
zhang1.remove(3)    # 删除某个元素
print(zhang1)
```

则系统输出结果:

```
{4,5,6,7,8}
```

"del"命令也可用来删除某个元素。

2. 集合的作用

可用集合去掉列表中的重复元素。例如,输入以下程序代码:

```
zhang1=list((1,3,4,1,2,3,8,5,3))
xing=set(zhang1)
print(xing)
```

则系统输出结果:

```
{1,2,3,4,5,8}
```

3. 常用集合函数

常用集合函数如表 2-4 所示。

表 2-4　常用集合函数

函　数　名	返　回　值
add( )函数	添加新元素,没有返回值,如果添加重复元素,不会报错,只是不添加而已
pop( )函数	随机删除集合中的一个元素,返回值为删除的元素

2.2　基本控制流程

2.2.1　分支结构

1. if 嵌套结构

if 嵌套结构的形式如下。

```
if 条件 1:
        语句
if 条件 2:
        语句
…
if 条件 n:
        语句
```

例如,输入以下程序代码:

```
score=input('请输入学生成绩:')
score=int(score)
if score>90:
    print('A')
if score>=80 and score<90:
    print('B')
if score>=70 and score<80:
    print('C')
if score>=60 and score<70:
    print('D')
if score<60:
    print('E')
```

则系统输出结果:

```
请输入学生成绩:88
B
```

2. if-else 结构

if-else 嵌套结构的形式如下:

```
if 条件 1:
        语句
else:
        语句
```

例如,输入以下程序代码:

```
score=input('请输入学生成绩:')
score=int(score)
if score>60:
    print('及格')
else:
    print('不及格')
```

在系统提示用户输入学生成绩后,输入"56",则系统输出结果:

```
不及格
```

3. if-elif-else 结构

if-elif-else 嵌套结构的形式如下:

```
if 条件 1:
        语句
```

```
elif 条件 2:
        语句
...
else:
        语句
```

例如,输入以下程序代码:

```
score=input('请输入学生成绩:')
score=int(score)
if score>90:
    print('A')
elif score>=80:
    print('B')
elif score>=70:
    print('C')
elif score>=60:
    print('D')
else
    print('E')
```

在系统提示输入学生成绩后,输入"66",则系统输出结果:

```
D
```

2.2.2　循环结构

1. for 循环

for 循环的语法格式如下:

```
for  迭代变量  in  字符串|列表|元组|字典|集合
    代码块
```

以上格式中,迭代变量用于存放从序列类型变量中读取出来的元素,所以一般不会在循环中对迭代变量手动赋值;代码块指的是具有相同缩进格式的多行代码,由于和循环结构联用,因此代码块又称为循环体。

例如,输入以下程序代码:

```
for letter in 'Python':        # 实例 1
  print('当前字母:',letter)
fruits=['banana','apple','orange']
for fruit in fruits:            # 实例 2
  print('当前水果:',fruit)
```

则系统输出结果:

```
当前字母 :P
当前字母 :y
当前字母 :t
当前字母 :h
当前字母 :o
```

```
当前字母 :n
当前水果 :banana
当前水果 :apple
当前水果 :orange
```

2. while 循环

while 循环的结构如下。

```
while 判断条件:
执行语句
```

执行语句可以是单个语句或语句块。判断条件可以是任何表达式,任何非零或非空 (null)表达式的值均为 true。

当判断条件假(false)时,循环结束。

例如,输入以下程序代码:

```
a=1
while a<10:
    print(a)
    a+=2
```

则系统输出结果:

```
1
3
5
7
9
```

又如,输入以下程序代码:

```
numbers=[3,41,66,9,107,12]
even=[ ]                  #建立一个偶数的空列表
odd=[ ]                   #建立一个奇数的空列表
while len(numbers)>0:             #len 表示计算列表长度
    number=numbers.pop( )            #pop 表示移除列表中元素,默认为最后一位
    if number%2 ==0:
        even.append(number)             #append 表示在空列表中增加元素
    else:
        odd.append(number)
print('even:',even)
print('odd:',odd)
```

则系统输出结果:

```
even:[12,66]
odd:[107,9,41,3]
```

2.2.3　break 和 continue 命令的区别

1. break 命令

break 命令用来终止循环语句,采用 break 命令时,即使循环条件没有达到 false 条件或者

序列还没被完全递归完,也会停止执行循环语句。break 命令用在 while 循环和 for 循环中。

例如,输入以下程序代码:

```
for letter in 'python':              # 第一个实例
    if letter=='h':                  # 当字母等于 h 时退出
        break
    print('当前字母:',letter)
a=10                                 # 第二个实例
while a>0:
    print('当前变量值:',a)
    a=a-1
    if a==5:                         # 当变量 a 等于 5 时退出循环
        break
```

则系统输出结果:

```
当前字母 :p
当前字母 :y
当前字母 :t
当前变量值 :10
当前变量值 :9
当前变量值 :8
当前变量值 :7
当前变量值 :6
```

2. continue 命令

continue 命令用来通知 Python 系统跳过当前循环的剩余语句,继续进行下一轮循环。continue 命令用在 while 和 for 循环中。

例如,输入以下程序:

```
for letter in 'python':       # 第一个实例
    if letter =='h':          # 当字母等于 h 时退出局部循环
        continue
    print('当前字母:',letter)
a=10                          # 第二个实例
while a>0:
    print('当前变量值:',a)
    a=a-1
    if a ==5:                 # 当变量 a 等于 5 时退出局部循环
        continue
    print('当前变量值:',a)
```

则系统输出结果:

```
当前字母 :p
当前字母 :y
当前字母 :t
当前变量值 :9
当前变量值 :8
```

```
当前变量值 :7
当前变量值 :6
当前变量值 :5
当前变量值 :4
当前变量值 :3
当前变量值 :2
当前变量值 :1
当前变量值 :0
```

结论:continue 命令用于跳出本次循环,而 break 命令用于跳出整个循环。

2.3　Python 的面向对象机制

2.3.1　Python 中的面向对象思想简介

面向对象思想是一种程序设计思想,如 Python 和 Java 语言就是一种面向对象的编程语言。在 Python 中,面向对象程序设计(object oriented programming,OOP)以对象为核心,将程序视为由一系列对象组成。程序中的类由属性和方法组成,是程序对现实世界的抽象。对象则是类的实例化,是组成程序的基本模块。面向对象程序设计具有封装性、继承性和多态性等特点。封装性使得程序可以在保证外部接口不变的情况下对内部进行改变,从而有效地避免代码改动引起的相互干扰;继承性使得系统中冗余的代码大幅减少,并且可以方便地扩展现有代码,提高编码效率,降低软件维护的难度;多态性则使得功能实现的方式更加灵活多变,为编码提供了更多选择。这些特性使得面向对象程序设计方法相较于结构化程序设计方法更加适合用于复杂系统的开发。

2.3.2　Python 定义和使用类

一个典型的类由属性(数据)和方法(对数据的操作)组成。一般定义一个类首先要对我们想要描述的群体进行抽象,提取出群体中共同的特征和行为,作为类的属性和方法。为了更好地理解类的定义和使用,我们举例如下:

```python
class Person():
    def __init__(self, name, gender, age=18):
        self.name=name
        self.gender=gender
        self.age=age

    def changeAge(self, age):
        self.age=age

    def showInfo(self):
    print("name: "+self.name)
    print("gender: "+self.gender)
    print("age: "+str(self.age))
```

　　上面的代码定义了一个名为 Person 的类,代表"人"这个类别的抽象表示。在类中,定义"人"具有 name、gender 和 age 属性,以及 changeAge() 和 showInfo() 方法。

　　类中第一个定义的方法__init__()是一个特殊的方法,每当创建 Person 类的新实例时,Python 都会自动调用它。在这个方法中,程序完成对新实例的初始化。__init__()方法中包含四个形参:self、name、gender 和 age。可以看到,其他的两个方法 changeAge()和 showInfo()也都有形参 self。在方法的定义中,形参 self 必不可少,且必须位于其他形参的前面。这是因为 self 是一个指向实例本身的引用,它的存在让实例能够访问类中的属性和方法,并且在进行参数传递的时候,self 将会自动传递,不需要进行显式的传递。

　　__init__()函数中形参 age 不同于其他形参,后面带了一个赋值的操作。这代表 age 的默认值为 18,即当输出参数没有 age 时,age 的值为 18。需要注意的是,在使用此格式定义函数时,具有默认值的形参必须放在所有没默认值的形参的后面,否则会产生语法错误。

　　接下来继续输入以下代码:进行 Person 类的实例化和使用该实例:

```
person1=Person("张三", "男")
person2=Person("李四", "男", 20)
print(person1.age)
print(person2.age)
```

系统输出结果:

```
18
20
```

　　在上面的代码片段中,我们创建了两个 Person 类的实例。代码片段的输出结果,可以佐证上文对默认值的叙述,并且可以看到在创建 Person 类的实例后,可以通过 person1.age 和 person2.age 来直接访问实例 person1 和 person2 的 name 值:

```
person1.age=24
print(person1.age)
person1.changeAge(20)
print(person1.age)
```

系统输出结果:

```
24
20
```

　　对于实例 person1,直接在后面加上句点还有类中的函数名,就可以引用对应的类中定义的函数,例如在以上代码下输入:

```
person1.showInfo()
```

则系统输出结果:

```
name: 张三
gender: 男
age: 18
```

　　修改实例属性值最常采用两种方法:第一种是通过实例直接访问进行修改,这种也是最简单的修改属性的方法;第二种是通过定义的函数进行属性值的修改,采用这种方法时不需直接访问属性值,只需要将值传递给对应的方法即可。

2.3.3　Python 实现类的继承和多态性

面向对象的编程带来的主要好处之一是代码的重用,实现这种重用的方法之一是通过继承机制。通过继承创建的新类称为子类或派生类,被继承的类称为基类、父类或超类。继承语法如下:

```
class 派生类名(基类名):
    ······
```

在 Python 中继承机制的特点:

(1)如果子类需要父类的构造方法,可以显式地调用父类的构造方法,或者不重写父类的构造方法(子类不重写__init__,实例化子类时,会自动调用父类定义的__init__)。

(2)子类在调用父类的方法时,需要加上基类的类名前缀,且需要带上 self 参数变量。

(3)Python 总是首先查找对应类型的方法,如果不能在派生类中找到对应的方法,它才开始到基类中逐个查找。(先在本类中查找调用的方法,找不到再去基类中找)。

举例如下:

```python
class Person(object):
    def __init__(self, name, gender):
        self.name=name
        self.gender=gender

    def work(self):
        print("doing some work…")

class Student(Person):
    def __init__(self, name, gender, score):
        #显式调用父类的构造方法,如果不写该方法,会自动调用父类的构造方法
        #还有另外一种写法:父类名称.__init__(self, 参数1,参数2,...)
        super(Student, self).__init__(name, gender)
        self.score=score

    def work(self):
        print("doing homework...")

people=Student("Tim", "Male", 90)
people.work()　#优先使用派生类方法
```

系统输出结果:

```
doing homework...
```

多态性依赖于继承。从一个父类派生出多个子类,可以使子类之间有不同的行为,这种行为称之为多态。更直白地说,就是子类重写父类的方法,使子类具有不同的方法实现。下面沿用上面的例子进行说明:

```python
class Person(object):
    def __init__(self, name, gender):
```

```
        self.name=name
        self.gender=gender


class Teacher(Person):
    def __init__(self, name, gender, subject):
        super(Teacher, self).__init__(name, gender)
        self.subject=subject

    def work(self):
        print("giving a lecture...")

class Student(Person):
    def __init__(self, name, gender, score):
        super(Student, self).__init__(name, gender)
        self.score=score

    def work(self):
        print("doing homework...")

    def startWork(people):
        people.work()

teacher=Teacher("Job", "Male", "语文")
startWork(teacher)
student=Student("Tim", "Male", 88)
startWork(student)
```

系统输出结果:

```
giving a lecture...

doing homework...
```

　　Teacher 和 Student 都继承了 People 类,并各自重写了 work 方法。startWork()函数接收一个 people 参数,并调用它的 work 方法。可以看出,无论给 people 参数传递的是 Teacher 还是 Student,都能正确地调用相应的方法,打印对应的信息。这就是类的多态性。

　　实际上,由于 Python 的动态语言特性,传递给函数 startWork()的参数 people 可以是任何类型的,只要它有一个 work()的方法即可。动态语言调用实例方法时不检查类型,只要方法存在,参数正确,就可以调用。这就是动态语言的“鸭子类型”(duck typing),它并不要求严格的继承体系,它的判断方法是:一个对象只要看起来像鸭子,走起路来像鸭子,那它就可以被看作鸭子。

　　另外,与 C++一样,Python 中一个类可以从多个基类派生出来,此即多重继承。多重继承的目的是从两种继承树中分别选择并继承出子类,以便组合功能使用,如图 2-1 所示。

　　在 Python 中使用多重继承会涉及 MRO 问题。MRO 即方法解析顺序(method resolution order),用于判断子类调用的属性来自于哪个父类。在 Python2.3 之前,MRO 是基于

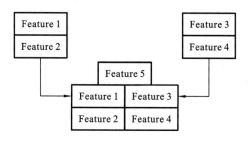

图 2-1　Python 使用多重继承组合功能

深度优先算法的。Python 自 2.3 版开始使用 C3 算法,定义类时需要继承 object,这样的类称为新式类,否则为旧式类。Python 多重继承的语法与单继承类似,如下所示(新式类):

```
class 派生类名(基类 A 名称,基类 B 名称,基类 C 名称,...,object):
    ……
```

2.4　Numpy、Scipy 和 Pandas

2.4.1　Numpy 模块

Numpy(Numerical Python)是 Python 语言的一个扩展程序库,支持大量的维度数组与矩阵运算,此外也针对数组运算提供了大量的数学函数库。

Numpy 是一个运行速度非常快的数学库,主要用于数组计算,它包含一个强大的 N 维数组对象 ndarray,以及广播功能函数、整合 C/C++/Fortran 代码的工具,并提供了线性代数、傅里叶变换、随机数生成等功能。

根据 Python 语言的习惯,可以使用 import 命令来导入 Numpy 模块,命令如下:

```
import numpy as np
```

"import"的作用和 C 语言中的"include"一样,表示将文件加入该程序。"as np"表示将"numpy"重命名为"np",这样做的目的是减少单词拼写量。

1. 利用 Numpy 创建数组

(1)创建一维数组。例如,输入以下程序代码:

```
import numpy as np
data1=[1,4,7,10]        # 列表,创建一维数组
arr1=np.array(data1)
print(arr1)
```

则系统输出结果:

```
array([1,4,7,10])
```

也可以按以下方式创建一维数组:

```
import numpy as np
data2=(1,4,7,10)        # 列表,创建一维数组
arr2=np.array(data1)
print(arr2)
```

则系统输出结果：

```
array([1,4,7,10])
```

（2）创建多维数组。例如，输入以下程序代码：

```
import numpy as np
data3=[[1,4,7,10],[95,12,16,9]]      # 创建多维数组
arr3=np.array(data3)
print(arr3)
```

则系统输出结果：

```
array([[1,4,7,10],
       [95,12,16,9]])
```

2. 生成全 0 数组

（1）生成全 0 一维数组。例如，输入以下程序代码：

```
import numpy as np
A=np.zeros(8)       # 生成全 0 一维数组
print(A)
```

则系统输出结果：

```
array([0.,0.,0.,0.,0.,0.,0.,0.])
```

（2）生成全 0 多维数组。例如，输入以下程序代码：

```
import numpy as np
B=np.zeros((3.4))        # 生成全 0 多维数组
Print(B)
```

则系统输出结果：

```
array([[0.,0.,0.,0.]
       [0.,0.,0.,0.]
       [0.,0.,0.,0.]])
```

3. 生成全 1 数组

（1）生成全 1 一维数组。例如，输入以下程序代码：

```
import numpy as np
A=np.ones(8)       # 生成全 1 一维数组
print(A)
```

则系统输出结果：

```
array([1.,1.,1.,1.,1.,1.,1.,1.])
```

（2）生成全 1 多维数组。例如，输入以下程序代码：

```
import numpy as np
B=np.ones((3.4))        # 生成全 1 多维数组
print(B)
```

则系统输出结果：

```
array([[1.,1.,1.,1.]
       [1.,1.,1.,1.]
       [1.,1.,1.,1.]])
```

4. 生成单位矩阵

例如，输入以下程序代码：

```
import numpy as np
np.eye(3)        # 3表示 3×3 的矩阵
```

则系统输出结果：

```
array([[1.,0.,0.]
       [0.,1.,0,]
       [0.,0.,1.]])
```

5. 数组与数组的算术运算

（1）数组与数组的乘除法运算。例如，输入以下程序代码：

```
import numpy as np
m=np.array((1,6,3))
n=np.array(([1,3,5],[2,4,6],[7,9,1]))
q=m*n        # 数组与数组的乘法运算
print(q)
```

则系统输出结果：

```
array([[1,18,15],
       [2,24,18]
       [7,54,3]])
```

接着输入以下程序代码：

```
print(q/m)
```

则系统输出结果：

```
array([[1.,3.,5.],
       [2.,4.,6.]
       [7.,9.,1.]])
```

（2）数组的加法运算。例如，输入以下程序代码：

```
m=np.array((1,6,3))
n=np.array((1,3,5))
print(m+n)        # 数组的加法
```

则系统输出结果：

```
array([2,9,8])
```

6. 二维数组转置

例如，输入以下程序代码：

```
import numpy as np
z=np.array([1,3,5],[2,4,6],[7,9,1])
print(z.T)
```

则系统输出结果：

```
array([[1,2,7],
       [3,4,9],
       [5,6,1]])
```

7. 向量内积

采用 dot()函数来求向量内积。例如，输入以下程序代码：

```
import numpy as np
m=np.array((1,2,3))
n=np.array((1,3,2))
print(np.dot(m,n))        # dot()函数用于求 m 和 n 的内积
```

则系统输出结果：

```
13
```

8. 对数组不同维度上的元素计算

(1) 采用 arrange( )函数可在一定范围内生成一个序列,采用 reshape( )函数可改变一个数组的格式。例如,输入以下程序代码：

```
import numpy as np
x=np.arange(0,10) .reshape(2,5)
print(x)
```

则系统输出结果：

```
array([ [0,1,2,3,4],
        [5,6,7,8,9] ])
```

(2) 求数组中所有元素的和。例如,输入以下程序代码：

```
import numpy as np
x=np.arange(0,10) .reshape(2,5)
A=np.sum(x)      #  sum(x)表示对 x 内所有的数求和
print(A)
```

则系统输出结果：

```
45
```

(3) 求数组中各列元素的和。例如,输入以下程序代码：

```
import numpy as np
x=np.arange(0,10) .reshape(2,5)
B=np.sum(x,axis=0)      # axis 表示将该数组中各列元素相加
print(B)
```

则系统输出结果：

```
array([5,7,9,11,13])
```

(4) 求数组中各行元素的和。例如,输入以下程序代码：

```
import numpy as np
x=np.arange(0,10) .reshape(2,5)
C=np.sum(x,axis=(1) )      # axis(1) 表示将该数组中各行元素相加
print(C)
```

则系统输出结果：

```
array([10,35])
```

9. 计算矩阵不同维度上元素的均值

array(a,axis=0)表示对数组的列求均值,average(x,axis=1)表示对数组的行求均值。

例如,输入以下程序代码：

```
import numpy as np
x=np.arange(0,10) .reshape(2,5)
A=np.array(a,axis= 0)      # 对数组的列求均值
print(A)
```

则系统输出结果：

```
array([2.5,3.5,4.5,5.5,6.5])
```

输入以下程序代码：

```
import numpy as np
x=np.arrange(0,10).reshape(2,5)
B=np.average(x,axis=1)        # 对数组的行求均值
print(B)
```

则系统输出结果：

```
array([2.,7.])
```

10. 计算数据的标准差和方差

输入以下程序代码：

```
import numpy as np
x=np.random.randint(0,10,size=(3,3))        # 0~10 之间的数随机产生一个 3*3 的数组
print(x)
```

则系统输出结果：

```
array([[3,4,8],
       [5,2,4],
       [6,1,2]])
```

在上述代码下继续输入以下程序代码：

```
print(np.std(x)) # 用函数 std()求标准差
```

则系统输出结果：

```
2.8588178511708016
```

接着再输入以下程序代码：

```
print(np.var(x))      # 用函数 var()求方差
```

则系统输出结果：

```
8.172839506172838
```

11. 切片操作

在利用 Python 解决各种实际问题的过程中，经常会遇到从某个对象中抽取部分值的情况，切片操作正是专门用于完成这一任务的操作。

```
import numpy as np
x=np.arange(0,50,10).reshape(-1,1)        # 在 0~50 中每间隔 10 个数字取一个值
y=np.arange(0,5)
print(x+y)
```

则系统输出结果：

```
array([[ 0, 1, 2, 3, 4],
       [10, 11, 12, 13, 14],
       [20, 21, 22, 23, 24],
       [30, 31, 32, 33, 34],
       [40, 41, 42, 43, 44]])
```

12. 广播

广播是指在不同维度的数组之间进行算术运算的一种执行机制，其通过对向量数据进行高效的运算，而不是按照传统的方法对标量数据进行循环运算来达到目的。广播是 Numpy 中一种非常强大的功能，可以实现高效快速的向量化数据运算。

例如，输入以下程序代码：

```
import numpy as np
x=np.arange(10)
print(x)
print(x[::- 1])              # 将输出倒序排列
print(x[::2])               # 将输出按偶数间隔取值
print(x[:5])                # 取输出的前五个值输出
```

则系统输出结果:

```
[0 1 2 3 4 5 6 7 8 9]
[9 8 7 6 5 4 3 2 1 0]
[0 2 4 6 8]
[0 1 2 3 4]
```

13. 分段函数

分段函数根据自变量的取值范围决定不同的计算方式,Numpy 中提供了多种计算分段函数的方法。

例如,输入以下程序代码:

```
import numpy as np
x=np.random.randint(0,10,size=(1,10) )     # 用 0~10 之间的数随机产生一个 1*10 的数组
print(x)
```

则系统输出结果:

```
array([ [1,4,2,7,8,7,4,1,1,2] ])
```

在上述代码下继续输入以下程序代码:

```
y=np.where(x<5,0,1)          #  如果小于 5 就返回 0,大于或等于 5 就返回 1
```

则系统输出结果:

```
array([ [0,0,0,1,1,1,0,0,0,0] ])
```

输入以下程序代码:

```
import numpy as np
B=[8,8,5,6,1,5,6,3,7]
B=np.piecewise(x,[x>7,x<4],[lambda x:x* 2,lambda x:x* 3,0])     # 如果大于 7 就返回 x*2,
                                                        表示小于 4 就返回 x*3,否则返回 0
print(B)
```

则系统输出结果:

```
array([[16,16,0,0,3,0,0,0,9,0]])
```

14. 矩阵运算

例如,输入以下程序代码:

```
import numpy as np
x_list=[1,4,5]
x_mat=np.matrix(x_list)
print(x_mat)
```

则系统输出结果:

```
matrix([[1,4,5]])
```

在上述代码下继续输入以下程序代码:

```
A=np.shape(x_mat)          #  返回数组的行列维数
print(A)
```

则系统输出结果：

```
(1,3)
```

接着再输入以下程序代码：

```
import numpy as np
y_mat=np.matrix((2,5,3))
print(y_mat)
```

则系统输出结果：

```
matrix([[2,5,3]])
```

继续输入以下程序代码：

```
B=x_mat * y_mat.T    #  T表示转置
print(B)
```

则系统输出结果：

```
[[3  7]]
```

2.4.2　Scipy 模块

Scipy 模块在 Numpy 函数的基础上增加了大量用于数学计算、科学计算以及工程计算的模块，包括线性代数、常微分方程数值求解、信号处理、图像处理和稀疏矩阵模块等。Scipy 主要模块如表 2-5 所示。

表 2-5　Scipy 主要模块

模　　块	说　　明
Constants	定义的值为常量，且在程序执行过程中不可改变
Optimize	用于数值优化算法，可生成拟合数据
Interpolate	主要用于插值计算
Integrate	实现对一维数值和二维数值积分
Signal	基于 Linux 系统进行信号处理
Ndimage	用于删除图像
Stats	用于实现特定的数值统计

2.4.3　Pandas 模块

Pandas(Python 数据分析库)是基于 Numpy 的数据分析模块，提供了大量标准数据模型和高效操作大型数据集所需要的工具，可以说 Pandas 是 Python 能够成为高效且强大的数据分析平台的重要因素之一。

Pandas 主要提供了三种数据结构：①Series，带标签的一维数组；②DataFrame，带标签且大小可变的二维表格结构；③Panel，带标签且大小可变的三维数组。

可以在命令提示符环境下使用 Pip 工具下载和安装 Pandas，然后按照 Python 社区的习惯，使用下面的语句导入 Pandas：

```
import pandas as pd
```

Pandas 模块可以实现以下功能。

1. 生成一维数组

导入 Pandas 提供的数据结构 Series,便可生成带标签的一维数组。Pandas 会默认使用 $0 \sim n-1$ 来作为 Series 的标签。例如,输入以下程序代码:

```
from pandas import Series,DataFrame
import pandas as pd
obj=Series([1,-2,3,-4])
print(obj)
```

则系统输出结果:

```
0    -1
1    -2
2     3
3    -4
dtype:int64
```

2. 生成二维数组

首先,利用 Nmupy 生成一个二维数组 narr,然后通过 DataFrame 创建列表型数据结构。DataFrame 既有行索引也有列索引,可以看作是由 Series 组成的字典。例如,输入以下程序:

```
import pandas as pd
import numpy as np
narr= np.arange(12).reshape(3,4)
# DataFrame 对象里包含两个索引,行索引(0轴,axis=0),列索引(1轴,axis=1)
DF=pd.DaraFrame(data=narr,index=['A','B','C'],
              Columns=['views','loves','comments','transfers'])
print(DF)
```

则系统输出结果:

	views	loves	comments	transfers
A	0	1	2	3
B	4	5	6	7
C	8	9	10	11

3. 查看二维数据

查看二维数据的目的是简单快速地获取列表中的数据。例如,在上述代码下继续输入以下程序代码:

```
C=DF.values #  查看二维数据
print(C)
```

则系统输出结果:

```
array([[ 0, 1, 2, 3 ],
       [ 4, 5, 6, 7 ],
       [ 8, 9, 10,11 ]])
```

4. 排序

sort()函数用于对原列表进行排序。如果参数已指定,则使用指定的比较函数。例如,在上述代码下继续输入以下程序代码：

```
DF.sort_index(axis=1,ascending=False)        # 对 1 轴进行排序
DF.sort_index(axis=0,ascending=False)        # 对 0 轴进行排序
DF.sort_values(by='views')                   # 对数据进行排序
DF.sort_values(by='views',ascending=False)   # 对数据进行降序排列
DF.head( )                                    # 默认显示前 5 行
DF.head(2)                                    # 查看前 2 行
DF.tail(2)                                    # 查看最后 2 行
A=DF.index                                    #  查看二维数据的索引
print(A)
```

则系统输出结果：

```
Index([ 'A','B','C' ],dtype='object')
```

在上述代码下继续输入以下程序：

```
B=DF.columns       # 查看二维数据的列名
print(B)
```

则系统输出结果：

```
Index( ['views','loves','comments','transfers'],dtype='object')
```

5. 数据选取

Pandas 作为著名的 Python 数据分析工具包,提供了多种数据选取的方法。本书主要介绍 Pandas 的几种数据选取的方法。在 DataFrame 中选取数据大致包括三种情况：

(1) 行(列)选取(单维度选取)：DF[]。这种情况一次只能选取行或者列,即一次选取,只能为行或者列设置筛选条件。

(2) 区域选取(多维度选取)：DF.loc[],DF.iloc[],DF.ix[]。这种方式可以同时为多个行和列设置筛选条件。

(3) 单元格选取(点选取)：DF.at[],DF.iat[]。这种方式可以准确定位一个单元格。

例如可以在上述代码下继续输入以下程序代码进行数据选取：

```
DF['loves']                           # 选择列
DF[0:2]                               # 通过切片选择多行
DF.loc[:,['views','transfer']]        # 选择多列
DF.loc[['A','B'],['views','transfers']]   # 同时指定多行多列进行选择
DF.iloc[2]                            # 查询第三行数据
DF.iloc[2,1]                          # 查询第三行第二列的数据值
DF.iloc[[1,2],[0,1]]                  # 查询指定的多行多列数据
DF[DF.loves<5]                        # 按指定条件查询
```

6. 数据操作

在编写程序的过程中,通常会频繁地对数据进行操作。数据操作主要包括数据的拆分、合并、移位、选择等。

例如可以在上述代码下继续输入以下程序代码进行数据操作：

```
DF.mean( )        # 取各列的平均值
DF.mean(1)        # 取各行的平均值
DF.shift(1)       # 数据移位
```

```
DF['views'].value_counts( )                    # 直方图统计
DF1=pd.DataFrame(np.random.randn(10,4) )       # 随机生成 10 行 4 列的数据
p1=DF1[:2]                                      # 拆分数据行
p2=DF1[2:7]
p3=DF1[7:]
DF2=pd.concat([ p1,p2,p3 ])                     # 合并数据行
DF1=DF2                                          # 测试两个二维数据是否相等
```

2.5　Matplotlib 软件包

Matplotlib 是 Python 最流行的画二维图形和图表的软件包。它依赖于 Numpy 模块和 Tkinter 模块,可以用于绘制多种类型的图形和图表(如线形图、直方图、散点图、饼状图等等),简便快捷地实现计算结果的可视化。

Matplotlib 常用的基本函数及其功能如表 2-6 所示。

表 2-6　Matplotlib 常用函数及其功能

函 数 名	函 数 功 能
plot()	展现变量的变化趋势
scatter()	绘制散点图
xlim()	设置 x 轴的数值显示范围
xlabel()	设置 x 轴标签
annotate()	添加图形内容细节的指向型注释文本
title()	添加图形内容的标题
bar()	绘制柱状图
barh()	绘制条形图
hist()	绘制直方图
pie()	绘制饼状图

下面将介绍使用 Matplotlib 模块来绘制多种类型图形的方法。

1. 绘制线形图

使用 Matplotlib 常用函数 plot()来绘制线形图。plot()函数的基本用法如下:

```
plt.plot(x,y,ls= "_",lw= 2)
```

x 表示 x 轴上坐标,y 表示 y 轴上坐标,ls 表示线型,lw 表示线宽。示例程序代码如下:

```
import matplotlib.pyplot as plt
import numpy as np
x=np.linspace(0.5,3.5,100)              # 在 0.5 至 3.5 之间均匀地取 100 个数
y=np.sin(x)
plt.plot(x,y,ls='-',lw=2,label='plot figure')   # label 表示标记图形内容的标签文本
plt.legend( )
plt.show( )
```

最后,通过命令 plt.show( )将线形图可视化,所得结果如图 2-2 所示。

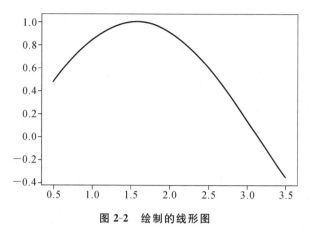

图 2-2　绘制的线形图

2. 绘制散点图

使用 Matplotlib 常用函数 scatter()来绘制散点图。scatter()函数的基本用法如下:

```
plt.scatter(x,y1,c='b',label='scatter figure')
```

x 表示 x 轴上坐标,y1 表示 y 轴上坐标,c 表示颜色,label 表示标记图形内容的图例。
示例程序代码如下:

```
import matplotlib.pyplot as plt
import numpy as np
x=np.linspace(0.5,3.5,100)        # 在 0.5 至 3.5 之间均匀地取 100 个数
y1=np.random.randn(100)           # 生成标准正态分布的伪随机数 100 个
plt.scatter(x,y1,c='b',label='scatter figure')
plt.legend( )
plt.show( )
```

所得结果如图 2-3 所示。

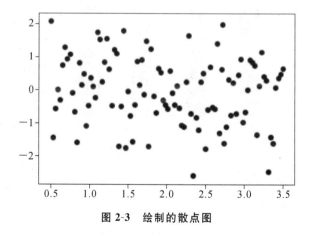

图 2-3　绘制的散点图

3. 绘制柱状图

使用函数 bar()来绘制柱状图。bar()函数的基本用法如下:

```
plt.Bar(x,y2,alpha=0.9,width=0.35,facecolor='blue',lable='xxx')
```

x 表示 x 轴上坐标,y2 表示 y 轴上坐标,alpha 表示透明度,width 表示柱状图的宽度,facecolor 表示柱状图填充的颜色,lable 表示整个图像代表的含义。示例程序代码如下:

```
import pandas as pd
import numpy as np
import matplotlib.pyplot as plt
from numpy import arange
data=pd.read_csv('fandango_scores.csv')      # 打开数据
cols=['RT_user_norm','Metacritic_user_norm','IMDB_norm','Fandango_Ratingvalue','
Fandango_Stars']
bar_heights=data.loc[0,cols].values      # 表示 cols 所对应的值
bar_positions=arange(5)+1      # arange(5) 用于创建等差数组[0,1,2,3,4]
tick_position=range(1,6)
fig,ax=plt.subplots()
ax.bar(bar_positions,bar_heights,0.4)
ax.set_xticks(tick_positions)
ax.set_xticklabels(cols,rotation=30)
ax.set_xlabel('Rating Source')      # 设置 x 轴的标签
ax.set_ylabel('Average Rating')      # 设置 y 轴的标签
ax.set.title('Average User Rating For Avengers:Age of Ultron(2015)')      # 图形内容的
                                                                              标题
plt.show()
```

所得结果如图 2-4 所示。

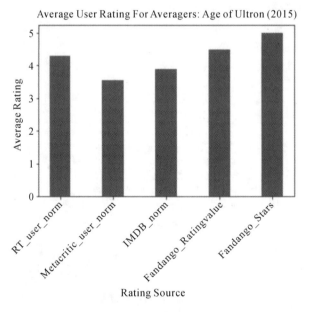

图 2-4　绘制的柱状图

4. Matplotlib 应用实例

以下是寻找函数最优值的示例程序代码:

```
import sys
import matplotlib.pyplot as plt
b=-120
w=-4
lr=1
iteration=100000
b_history=[b]
w_history=[w]
# lr_b=0
# lr_w=0
for i in range(iteration):
    b_grad=0.0
    w_grad=0.0
    for n in range(len(x_data)):
        b_grad=b_grad-2.0*(y_data[n]-b-w*x_data[n])* 1.0
        w_grad=w_grad-2.0*(y_data[n]-b-w*x_data[n])*x_data[n]
    #lr_b=lr_b+b_grad**2
    #lr_b=lr_w+w_grad**2
    b=b -lr/np(lr_b)*b_grad
    w=w -lr/np(lr_w)*w_grad
b_history.append(b)
w_history.append(w)
plt.contourf(x,y,z,50,alpha=0.5,cmap=plt.get_cmap("jet"))
x_data=[338.,333.,328.,207.,226.,25.,179.,60.,208.,606.]
y_data=[640.,633.,619.,393.,428.,27.,193.,66.,226.,1591.]
```

得到函数最优值的输出结果如图 2-5 所示。

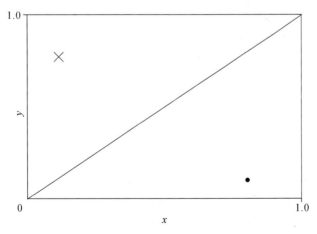

图 2-5　函数最优值输出结果

本 章 小 结

本章介绍了 Python 的六种基本数据类型,即数字型、字符串型、元组型、列表型、字典型、集合型,并介绍了这六种数据类型的定义、创建方式、相关操作方法及其常用函数;介绍了 Python 语言的基本控制流程;讨论了 Numpy、Scipy、Pandas 三种用 Python 语言进行科学计算的函数的功能和特性;介绍了用于数据可视化的程序包 Matplotlib,包括 Matplotlib 的使用方法、常用函数以及绘制线形图、散点图、柱状图等计算可视化的实例。

习　　题

1. 编写程序,生成包含 1000 个在 0～100 之间的随机整数的数组,并统计每个元素的出现次数。

2. 编写程序,至少使用两种不同的方法计算 100 以内所有奇数的和。

3. 用 0、1、2、3、4、5、6、7、8、9 来组成一个三位数,要求个位、十位和百位所使用的数字不能重复。

第 3 章　大数据的软硬件架构

3.1　大数据技术基础与软硬件设施概述

3.1.1　大数据技术基础

大数据平台可以分为硬件平台和软件平台。

硬件平台一般如 Open Stack、Amazon 云平台、阿里云计算平台等,其核心功能是虚拟化,即把多台机器或一台机器虚拟成一个资源池,供成千上万人使用,用户各自租用相应的资源服务等。而软件平台则包括 Hadoop、MapReduce、Spark 等,也可以狭义理解为 Hadoop 生态圈,其功能是把多个节点资源(可以是虚拟节点资源)进行整合,作为一个集群对外提供存储和运算分析服务。

Hadoop 在业内得到了广泛的应用,几乎成为了大数据的代名词。Hadoop 生态圈中的大数据平台大概可以分为三种。

(1) Apache Hadoop　它是原生开源 Hadoop,用户可以直接访问该平台或更改其代码。它是完全分布式的,配置内容包含用户权限、访问控制策略等,再加上多种生态系统软件支持,比较复杂。该版本的 Hadoop 软件比较适合用来学习并理解顶层细节以及用来了解 Hadoop 的详细配置及优化方式等。

(2) Hadoop Distribution　它是 Hadoop 发行版,该版本简化了用户的操作以及开发任务,可以实现一键部署等,而且有配套的开发生态圈,如业内广泛使用的 CDH、HDP、MapR 等平台。CDH 是最成熟的发行版本,拥有众多的部署案例。HDP 是开源 Apache Hadoop 的唯一提供商,其开发公司 Hortonworks 为 HDP 开发了很多增强特性,而且为入门者提供了一个非常好的、易于使用的沙盒。MapR 支持本地 UNIX 文件系统而不是 HDFS(使用非开源的组件),可以使用本地 UXIX 命令来代替 Hadoop 命令,因而具有更好的运行性能和易用性。除此以外,MapR 还凭借诸如快照、镜像或有状态的故障恢复之类的高可用性功能来与同类平台相区别。当需要一个简单的学习环境时,就可以选用这个版本,当然,企业也可以选择这个版本的收费版,收费版也是有很多软件支持的。

(3) Big Data Suite　它是大数据开发套件,是建立在 Eclipse 之类的集成开关环境

(IDE)之上的,其附加的插件极大地方便了大数据应用的开发。用户可以在自己熟悉的开发环境之内创建、构建并部署大数据服务,并且生成所有的代码,从而做到不用编写、调试、分析和优化 MapReduce 代码。大数据套件提供了图形化的工具来为大数据服务进行建模,所有需要的代码都是自动生成的,只需要配置某些参数即可实现复杂的大数据作业。当企业用户需要不同的数据源集成、自动代码生成或大数据作业自动图形化调度功能时,就可以选择使用大数据套件。

3.1.2　大数据软件基础设施

1. Hadoop 简介

Hadoop 是 Apache 软件基金会旗下的一个开源的、可运行于大规模集群上的分布式计算平台,为用户提供了系统底层细节透明的分布式基础架构。Hadoop 是基于 Java 语言开发的,具有很好的跨平台特性。程序员可以在其基础上编写分布式并行程序,将其部署在廉价的计算机集群中,完成海量数据的存储与处理分析。

Hadoop 的核心是 HDFS 和 MapReduce。HDFS 是针对谷歌文件系统(Google file system,GFS)的开源实现,是面向普通硬件环境的分布式文件系统,具有较高的读写速度、很好的容错性和可伸缩性,支持大规模数据的分布式存储,其冗余数据存储的方式可很好地保证数据的安全性。Hadoop MapReduce 是针对谷歌 MapReduce 的开源实现,允许用户在不了解分布式系统底层细节的情况下开发并行应用程序,整合分布式文件系统上的数据,并可保证分析和处理数据的高效性。借助于 Hadoop,程序员可以轻松地编写分布式并行程序,使其在廉价计算机集群上运行,完成海量数据的存储与计算。

Hadoop 被公认为行业大数据标准开源软件,在分布式环境下提供了海量数据的处理能力。

2. Hadoop 的发展简史

Hadoop 源自 Apache Lucene 项目的创始人 Doug Cutting 开发的文本搜索库。

2002 年,Apache Nutch(它也是 Lucene 框架的一部分)开发人员遇到了难题:该搜索引擎框架无法扩展应用到拥有数十亿网页的因特网。而恰好在 2003 年,谷歌公司发布了关于其分布式文件系统 GFS 的论文,用于解决大规模数据存储的问题。于是,在 2004 年,Aapche Nutch 项目组模仿 GFS 开发了自己的分布式文件系统,这就是 HDFS 的前身。

2004 年,谷歌公司的另一篇论文阐述了 MapReduce 分布式编程思想。2005 年,Apache Nutch 开源实现了谷歌的 MapReduce。2006 年 2 月,Apache Nutch 中的 HDFS 和 MapReduce 被独立出来,成为 Apache Lucene 项目的一个子项目,称为 Hadoop。2008 年 1 月,Hadoop 正式成为 Apache 顶级项目。同时 Doug Cutting 加盟雅虎,Hadoop 也逐渐开始被雅虎之外的其他公司使用。2008 年 4 月,Hadoop 打破世界纪录,成为最快完成 1 TB 数据排序的系统,它采用一个由 910 个节点构成的集群进行运算,排序时间只用了 209 s。2009 年 5 月,雅虎团队利用 Hadoop 把 1 TB 数据排序时间缩短到 62 s。Hadoop 从此声名大噪,迅速发展成为大数据时代最具影响力的开源分布式开发平台,并成为事实上的大数据处理软件的标准。

3. Hadoop 的特性

Hadoop 是一个能够对大量数据进行分布式处理的软件框架,并且是以一种可靠、高效、可伸缩的方式进行数据处理的,它具有以下几个方面的特性。

(1) 高可靠性。采用冗余数据存储方式,即使一个副本发生故障,其他副本也可以保证正常对外提供服务。

(2) 高效性。作为并行分布式计算平台,Hadoop 采用分布式存储和分布式处理两大核心技术,能够高效地处理 PB 级数据。

(3) 高可扩展性。Hadoop 的设计目标是可以高效稳定地运行在廉价的计算机集群上,可以扩展到数以千计的计算机节点上。

(4) 高容错性。采用冗余数据存储方式,能够自动保存数据的多个副本,并且能够自动对失败的任务进行重新分配。

(5) 成本低。Hadoop 采用廉价的计算机集群,成本比较低,普通用户也很容易用个人计算机搭建 Hadoop 运行环境。

(6) 运行在 Linux 平台上。Hadoop 基于 Java 语言开发,运行于 Linux 平台,同时也支持多种编程语言,如 C++。

4. Hadoop 的应用现状

目前,Hadoop 已经在多个领域得到了广泛的应用,而互联网领域是其应用的主阵地。

2007 年,雅虎公司在其 Sunnyvale 总部建立了一个包含 4000 个处理器、1.5 PB 容量的 Hadoop 集群系统。此后,卡耐基梅隆大学、加州大学伯克利分校、斯坦福大学、华盛顿大学、密歇根大学、普渡大学等 12 所大学加入该集群系统的研究,推动了开放平台下的开放源代码发布。

Facebook 是全球知名的社交网站,目前拥有超过 29.34 亿的月活跃用户,其中,约有 19.68 亿用户每天都在使用 Facebook。截至 2013 年 11 月,用户平均每天上传照片数量达 3.5 亿张,每天有约 47.5 亿条内容被分享。因此,Facebook 需要存储和处理的数据量同样是非常巨大的。Facebook 主要将 Hadoop 平台用于日志处理,以及用在推荐系统和数据仓库等中。

国内最早采用 Hadoop 的公司包括百度、阿里巴巴、网易、华为、中国移动等,其中,阿里巴巴旗下的淘宝网的 Hadoop 集群比较大。据悉,淘宝 Hadoop 集群拥有 5000 个节点,其总存储容量达到 50 PB,实际使用容量超过 40 PB,日均作业数高达 15 万,服务于阿里巴巴集团各部门。数据来源于各部门产品的线上数据库(Oracle、MySQL)备份、系统日志以及网络爬虫,在 Hadoop 集群上每天运行着多种 MapReduce 任务,如数据魔方、量子统计、推荐系统、排行榜等。

作为全球最大的中文搜索引擎公司,百度对海量数据的存储和处理要求非常高。因此,百度部署 Hadoop,主要用于日志的存储和统计、网页数据的分析和挖掘、商业分析、在线数据反馈、网页聚类等。百度目前拥有 10 个 Hadoop 集群,计算机节点数量在 4000 个左右,并且规模还在不断增加中,每天的数据生成量在 3PB 以上。

5. Hadoop 的版本

Hadoop 有两代,第一代 Hadoop 为 Hadoop1.0,第二代 Hadoop 为 Hadoop2.0。Hadoop1.0 包含 0.20.x、0.21.x 和 0.22.x 三大版本,其中,0.20.x 最后演化成 1.0.x,成为稳定版。其后的 0.21.x 和 0.22.x 主要增加了 HDFS 等重要的组成部分。Hadoop2.0 包含 0.23.x 和 2.x 两大版本,它们完全不同于 Hadoop1.0,是一套全新的架构,均包含 HDFS

Federation 和 Yarn 两个系统。

除了免费开源的 Apache Hadoop 以外,还有一些商业公司推出了 Hadoop 的发行版。2008 年,Cloudera 成为第一个 Hadoop 商业化公司,并在 2009 年推出了第一个 Hadoop 发行版。此后,很多大公司也加入了开发商业化 Hadoop 软件的行列,比如 MapR、Horton-works、星环等公司。一般而言,商业化公司推出的 Hadoop 发行版也是以 Apache Hadoop 为基础的,但是免费的开源版本比商业化公司推出的版本具有更好的易用性、更多的功能以及更高的性能。

3.1.3　大数据硬件基础设施

传统大数据中心的资源配置模式存在硬件资源耦合过于紧密、自动化程度低、存储设备直接连接不便等一系列问题,无法有效承载大数据等业务。因此,基于云计算技术的新一代数据中心应运而生。

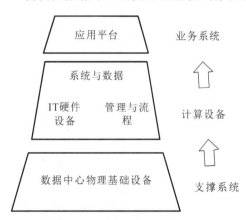

图 3-1　数据中心的逻辑构成

数据中心在逻辑上包括硬件和软件。硬件是指数据中心的基础设施,包括支撑系统和计算设备等。图 3-1 所示为数据中心的逻辑构成。

对进行大数据处理的信息系统而言,数据中心好像系统的心脏,网络好像系统的血管,数据中心通过网络向企业和公众提供数据处理服务。具体来说,服务器作为数据中心业务处理的主要载体,同时与数据中心的其他设备如计算设备、存储设备和网络设备相连,是数据中心的核心组件。除此以外,数据中心还包括防火墙等安全设备,它们为数据中心的安全隔离、安全接入提供了保障。

数据中心的硬件架构的设计原则是,通过融合技术更好地集成 IT 基础设施的离散组件,达到降低成本、降低管理复杂度、提高安全性等目的。就现阶段而言,支持融合基础设施(CI)理念的关键技术主要有以太网光纤通道(FCoE)技术、数据中心桥接(DCB)技术以及多链接透明互联(TRILL)技术等。以太网光纤通道,通过在以太网上传输光纤总线(FC)数据,从而实现输入/输出(I/O)接口整合,降低了数据中心的复杂性。数据中心桥接是数据中心内部网络融合的关键技术,其核心是将以太网发展成为拥有堵塞管理和流量控制功能的低时延、不丢弃数据包的传输技术,从而拥有以太网的低成本、可扩展特性和光纤总线的可靠性。

从未来的发展方向来看,在全国经济运行节能降耗的总体态势要求下,数据中心的硬件建设对 PUE(电源使用效率)的要求不断提高。2017 年,全国在用超大型数据中心的平均 PUE 为 1.63,大型数据中心的平均 PUE 为 1.54。2019 年,全国在用超大型数据中心的平均 PUE 降至 1.49。2016 年,阿里巴巴千岛湖数据中心采用湖水自然冷却系统、高压直流等技术,年均 PUE 达到 1.28;2017 年,腾讯青浦数据中心采用天然气三联供、磁悬浮冷机等技术,实现年均 PUE 为 1.31;2018 年,阿里巴巴、张北云联数据中心采用无架空地板弥散送风、全自动 BA 系统(楼宇设备自动控制系统)实现自然冷源最大化,年均 PUE 达到 1.23。

3.2　大数据存储与管理技术

3.2.1　NoSQL

传统的关系数据库以关系代数为理论基础,具有高效的查询处理引擎和完善的事务管理机制,能够很好地满足各类商业公司的业务数据管理需求,因此一直占据商业数据库应用的主流位置。关系数据库的事务机制具有原子性(atomicity)、一致性(consistency)、隔离性(isolation)、持久性(durability)等四性(简称 ACID 四性)。有了事务机制,数据库中的各种操作可以保证数据修改一致性。关系数据库还拥有非常高效的查询处理引擎,可以对查询语句进行语法分析和性能优化,保证查询的高效执行。但是,在 Web 2.0 时代,关系数据库在传统业务中所表现出来的这些关键特性,在大数据应用中变得无关紧要。同时,在大数据的背景下,各种类型的非结构化数据的大规模存储需求,使得关系数据库的弱点(如数据模型不灵活、水平扩展能力较差等)被放大。由此,在新的应用需求驱动下,各种新型的 No-SQL 数据库应运而生。

1. NoSQL 兴起的原因

关系数据库具有规范的行和列结构,因此其存储的数据被称为"结构化数据"。用来查询和操作关系数据库的语言称为结构化查询语言(structural query language,SQL)。目前主流的关系数据库有 Oracle、SQL Server、DB2、MySQL、Sybase 等。随着 Web 2.0 技术的兴起和大数据时代的到来,关系数据库暴露出众多难以克服的缺陷,主要体现在以下三个方面。

1) 无法满足海量数据的管理需求

在 Web 2.0 时代,每个用户都是信息的发布者,用户的各类网络行为都在产生大量数据。据统计,在 1 min 内,新浪微博可以发送 2 万条微博,苹果应用商店可以下载 4.7 万次应用,淘宝网可以卖出 6 万件商品,百度搜索引擎可以进行 90 万次搜索查询。一个网站在极短时间内就可以产生过亿条记录。在有过亿条记录的关系数据库中进行 SQL 查询,效率将极其低下。

2) 无法满足数据高并发的需求

传统网站设计采用动态页面静态化技术,浏览者通过事先访问数据库生成静态页面,从而保证在大规模访问时,也能够获得较好的实时响应性能。但是,在 Web 2.0 时代,用户购物记录、搜索记录、微博粉丝数等信息需要实时更新,这就会导致高并发的数据库访问,可能产生每秒上万次的读写请求,这对很多关系数据库而言是十分繁重的负荷。

3) 无法满足高可扩展性和高可用性的需求

在 Web 2.0 时代,突发的热点新闻或者爆炸性的社会事件,会在短时间内引来大量用户在社交媒体上的大量信息交流互动,导致数据库读写负荷急剧增加,数据库需要在短时间内迅速提升性能以应对突发需求。但是,关系数据库通常是难以水平扩展的,没有办法像应用服务器那样,简单地通过添加更多的硬件和服务节点来扩展性能和负载能力。

在弱点被放大的同时,关系数据库的关键特性(包括完善的事务机制和高效的查询机制)也无从发挥。

综上所述,关系数据库能很好地满足传统企业的数据管理需求。但是随着 Web 2.0 时代的到来,各类网站的数据管理需求已经与传统企业大不相同,在这种新的应用背景下,关系数据库难以满足新时期的要求,于是 NoSQL 数据库应运而生。

2. NoSQL 简介

NoSQL 数据库采用了不同于关系数据库的数据库管理系统设计方式,其数据模型是非关系模型。NoSQL 数据库没有固定的表结构,通常也不存在连接操作,也没有严格遵守 ACID 约束。因此,与关系数据库相比,NoSQL 具有灵活的水平可扩展性,可以支持海量数据的存储。此外,NoSQL 数据库支持 MapReduce 风格的编程,可以较好地用于大数据时代各种数据的管理。

当应用场合要求数据模型简单、IT 系统灵活、数据库性能较高,同时对数据库一致性的要求较低时,NoSQL 数据库是一个很好的选择。NoSQL 数据库通常具有以下三个特点。

1) 灵活的可扩展性

传统的关系数据库一般很难实现横向扩展,当数据库负载大规模增加时,需要通过升级硬件来实现纵向扩展。但是,当前的计算机硬件性能提升的速度已开始趋缓,硬件性能提升速度远远赶不上数据库系统负载的增加速度,而且配置高端的高性能服务器价格不菲,因此通过纵向扩展满足实际业务需求,已经变得越来越不经济。相反,横向扩展仅需要普通廉价的标准化服务器,不仅具有较高的性价比,也提供了理论上近乎无限的扩展空间。NoSQL 数据库在设计之初就考虑了横向扩展的需求,因此天生具备良好的水平扩展能力。

2) 灵活的数据模型

关系模型是关系数据库的基石,它以完备的关系代数理论为基础,具有规范的定义,遵守各种严格的约束条件。这种做法虽然保证了业务系统对数据一致性的需求,但是数据模型过于死板,也意味着无法满足各种新兴的业务需求。相反,NoSQL 数据库在产生之初就摆脱了关系数据库的各种束缚条件,摈弃了流行多年的关系数据模型,转而采用键/值、列族等非关系模型,允许在一个数据元素里存储不同类型的数据。

3) 与云计算紧密融合

云计算环境具有很好的水平扩展能力,可以根据资源使用情况进行自由伸缩,各种资源可以动态加入或退出云计算环境。NoSQL 数据库可以凭借自身良好的横向扩展能力,充分自由利用云计算基础设施,很好地融入云计算环境,构建基于 NoSQL 的云数据库服务。

3. NoSQL 与关系数据库的比较

如前所述,关系数据库的核心优势在于以完善的关系代数理论作为基础,有严格的标准,支持事务机制 ACID 四性,借助索引机制可以实现高效的查询。其劣势在于:可扩展性较差,无法较好地支持海量数据存储;数据模型缺乏灵活性,无法较好地支持 Web 2.0 应用;事务机制影响了系统的整体性能;等等。NoSQL 数据库的明显优势在于可以支持超大规模数据存储,灵活的数据模型可以很好地支持 Web 2.0 应用,具有强大的横向扩展能力等;其劣势在于缺乏数学理论基础,复杂查询性能不高,一般都不能实现事务强一致性,很难实现数据完整性,同时,其技术尚不成熟,而且缺乏专业团队的技术支持,维护较困难。关系数据库与 NoSQL 的比较如表 3-1 所示。

表 3-1　关系数据库与 NoSQL 的比较

比 较 项 目	关系数据库	NoSQL
数据库原理	完全支持,有关系代数理论作为基础	部分支持,没有统一的理论基础
数据规模	很难实现横向扩展,纵向扩展的空间也比较有限,性能会随着数据规模的增大而降低	在设计之初就考虑了横向扩展的需要,可以容易地通过添加更多设备来支持更大规模的数据
数据库模式	需要定义数据库模式,严格遵守数据定义和相关约束条件	不存在数据库模式,可以自由、灵活地定义并存储各种不同类型的数据
查询效率	借助于索引机制可以实现快速查询	可以实现高效的简单查询,但是没有面向复杂查询的索引。虽然 NoSQL 可以使用 MapReduce 来加速查询,但复杂查询的性能不如关系数据库
一致性	严格遵守事务机制 ACID 四性	很多 NoSQL 数据库放松了对事务机制 ACID 四性的要求,而只符合 BASE 模型,只能保证最终一致性
数据完整性	容易实现,如通过主键或非空约束来实现实体完整性,通过主键、外键来实现参照完整性,通过约束或者触发器来实现用户自定义完整性	很难实现
可用性	在任何时候都以保证数据一致性为优先目标,其次才是优化系统性能。随着数据规模的增大,关系数据库为了保证严格的一致性,只能提供相对较弱的可用性	大多数 NoSQL 都能提供较高的可用性
标准化	已经标准化	还没有行业标准,不同的 NoSQL 数据库都有各自的查询语言,很难规范应用程序接口

在一些特定应用领域,关系数据库的地位和作用仍然无法被取代,银行、超市等领域的业务系统仍然需要高度依赖于关系数据库来保证数据的一致性。此外,对于一些复杂查询分析型应用,基于关系数据库的数据仓库产品仍然可以比 NoSQL 数据库具有更好的性能。对于 NoSQL 数据库,Web 2.0 领域是未来的主战场,Web 2.0 网站系统对数据一致性要求不高,但是对数据量和并发读写要求较高,NoSQL 数据库可以很好地满足这些需求。

通过对关系数据库和 NoSQL 数据库的对比可以看出,二者各有优劣。在实际应用中,二者针对各自的目标用户群体和市场空间,不存在被完全取代的问题。在实际应用中,一些公司也会采用混合的方式构建数据库,比如亚马逊公司就使用不同类型的数据库来支撑它的电子商务应用。对于"购物篮中的商品"这种临时性数据,采用键值存储会更加高效,而当前的产品和订单信息则适合存放在关系数据库中,大量的历史订单信息则保存在类似 MongoDB 的文档数据库中。

4. NoSQL 的四大类型

近些年,NoSQL 数据库(http://nosql-database.org)发展势头非常迅猛。比较常见的

NoSQL 数据库包括 Riak、MongoDB、Apache CouchDB、Neo4j 和 Redis 等。NoSQL 数据库一般划分为键值数据库、列族数据库、文档数据库和图数据库,如图 3-2 所示。

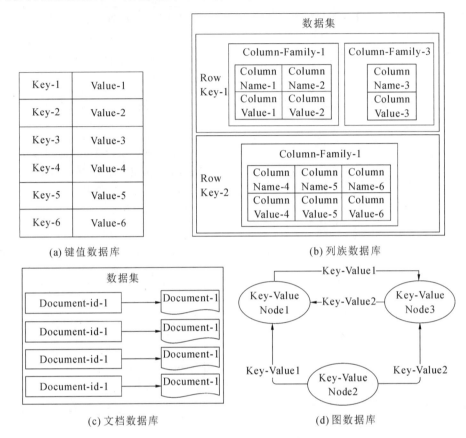

图 3-2　不同类型的 NoSQL 数据库

1) 键值数据库

键值数据库(key-value database)使用了哈希表,这种表中有一个特定的键和一个指向特定的值的指针。键可以用来定位值,即存储和检索具体的值。值对数据库是透明不可见的,不能对值进行索引和查询,只能通过键进行查询。值可以用来存储任意类型的数据,包括整型数据、字符型数据、数组、对象等。在存在大量写操作的情况下,键值数据库具有比关系数据库更好的性能。这是因为,关系数据库需要建立索引来加速查询,当存在大量写操作时,索引会频繁更新,由此会产生高昂的索引维护代价。关系数据库通常很难水平扩展,但是键值数据库具有良好的伸缩性,理论上几乎可以实现数据量的无限扩展。键值数据库可以进一步划分为内存键值数据库(数据保存在内存中,如 Memcached、Redis 数据库)和持久化键值数据库(数据保存在磁盘中,如 Berkeley DB 数据库、Riak 数据库)。

键值数据库的局限性主要体现在条件查询方面,如果只对部分值进行查询或更新,效率就会比较低下。此外,键值数据库在发生故障时不支持回滚操作,因此无法支持事务。

2) 列族数据库

列族数据库由多个数据行构成,每行数据包含多个列族,不同的行可以具有不同数量的列族,属于同一列族的数据会被存放在一起。每行数据通过行键进行定位,与这个行键对应的是一个列族。列族可以被配置成支持不同类型的访问模式,一个列族也可以被设置成放入内存当中,以消耗内存为代价来换取更好的响应性能。

　　3)文档数据库

　　在文档数据库中,文档是数据库的最小单位。虽然每一种文档数据库的部署都各不相同,但都假定文档以某种标准化格式封装,同时用多种格式进行解码,包括 XML、YAML、JSON 和 BSON 等,或者使用二进制格式(如 PDF、DOC 等)。文档数据库通过键来定位一个文档,因此可以看成键值数据库的一个衍生品,而且前者比后者具有更高的查询效率。对于那些可以把输入数据表示成文档的应用而言,文档数据库是非常合适的。一个文档可以包含非常复杂的数据结构,如嵌套对象,并且不需要采用特定的数据模型,每个文档可能具有完全不同的结构。文档数据库既可以根据键来构建索引,也可以基于文档内容来构建索引。基于文档内容的索引和查询能力是文档数据库不同于键值数据库的地方,因为在键值数据库中,值对数据库而言是透明不可见的,不能根据值来构建索引。

　　4)图数据库

　　"图"是图论中用来表示一个对象集合的数学概念,包括顶点以及连接顶点的边。图数据库使用图作为数据模型来存储数据,可以高效地存储不同顶点之间的关系。图数据库用于处理高度相关的数据,可以高效地处理实体之间的关系,比较适合用于社交网络、推荐系统,以及模式识别、依赖分析、路径寻找等。有些图数据库(如 Neo4j)完全遵循 ACID 原则。图数据库在图和关系的处理等方面具有很好的性能,但在别的方面性能不如其他 NoSQL 数据库。

　　不同类型的 NoSQL 数据库的特性比较如表 3-2 所示。

表 3-2　不同类型的 NoSQL 数据库的特性比较

比较项目	键值数据库	列族数据库	文档数据库	图数据库
相关产品	Redis、Riak、Memcached、SimpleDB、Chordless、Scalaris	BigTable、Cassandra、HBase、HadoopDB、GreenPlum	MongoDB、Terrastore、ThruDB、 RavenDB、SisoDB、CloudKit	Neo4j、OrientDB、InfoGrid、GraphDB
优点	可扩展性好,灵活性好,进行大量写操作时性能高	查找速度快,可扩展性好,容易进行分布式扩展,复杂性低	性能高,灵活性好,复杂性低,数据结构灵活	灵活性好,支持复杂的图算法,可用于构建复杂的关系图谱
缺点	无法存储结构化信息,条件查询效率较低	功能较少,大都不支持强事务一致性	缺乏统一的查询语法	复杂性高,只能支持一定的数据规模
典型应用	内容缓存,如会话、配置文件、购物车缓存等	分布式数据存储与管理	存储、索引并管理面向文档的数据或者类似的半结构化数据	应用于大量复杂、互连接、低结构化的图结构场合,如社交网络、推荐系统等

续表

比较项目	键值数据库	列族数据库	文档数据库	图数据库
应用案例	百度云数据库,GitHub、BestBuy、Twitter、Instagram、YouTube、Wikipedia数据库	eBay、Instagram、Twitter、Facebook、雅虎数据库	百度云数据库,SAP、Foursquare、NBC News 数据库	Adobe、Cisco、T-Mobile 数据库

3.2.2 HDFS

HDFS 是 Hadoop 项目的两大核心之一。HDFS 是为在廉价的大型服务器集群上的应用而设计的,因此在设计之初就把硬件故障作为一种常态来考虑,在部分硬件发生故障的情况下仍然能够保证文件系统的整体可用性和可靠性。HDFS 放宽了一部分可移植操作系统接口(POSIX)要求,从而实现以流的形式访问文件系统中的数据。HDFS 在访问应用程序数据时可以具有很高的吞吐率,因此对超大数据集的应用程序而言,选择 HDFS 用于底层数据存储是较好的选择。

3.2.3 MapReduce

Hadoop MapReduce 是谷歌 MapReduce 的开源实现。MapReduce 用于大规模(大于 1 TB)数据集的并行运算,它将复杂的、运行于大规模集群上的并行计算过程高度地抽象到了两个函数——Map 函数和 Reduce 函数上,并且允许用户在不了解分布式系统底层细节的情况下开发并行应用程序,并将其运行在廉价计算机集群上,以完成海量数据的处理。通俗地说,MapReduce 的核心思想就是"分而治之",它把输入的数据集切分为若干独立的数据块,分发给一个主节点管理下的各个分节点来共同并行完成;最后,通过整合各个节点的中间结果得到最终结果。

3.2.4 HBase

HBase 是一个提供高可靠性、高性能的可伸缩、实时读写、分布式列式数据库,一般采用 HDFS 作为其底层数据存储系统。HBase 是谷歌 BigTable 的开源实现,二者都采用了相同的数据模型,具有强大的非结构化数据存储能力。HBase 与传统关系数据库的一个重要区别是,前者采用基于列的存储方式,而后者采用基于行的存储方式。HBase 具有良好的横向扩展能力,可以通过不断增加廉价的商用服务器来增强存储能力。

3.2.5 Hive

数据仓库系统在大型企业内部十分常见,随着数据量的迅猛增长,使用关系数据库的传统数据仓库系统已经无法支持海量数据的存储与分析。MapReduce 虽然可以处理海量数据,但其编程模型与传统数据仓库系统差异巨大,系统开发和程序移植难度过高。

Hive 的出现正好解决了这类问题,弥补了 Hadoop 体系中数据仓库系统的空白。作为 Hadoop 系统中的数据仓库,Hive 构建在 HDFS 之上。Hive 通过引入 schema 元数据的概念,使数据可以使用关系型模型存储在其中。同时 Hive 还对外提供了标准的 SQL 数据查询接口,底层再将 SQL 数据转化为 MapReduce 任务。这样一来就大大降低了学习编程和程序移植的难度。

Hive 是一个基于 Hadoop 的数据仓库工具,可以用于对 Hadoop 文件中的数据集进行数据整理、特殊查询和分析存储。Hive 的学习门槛较低,因为它提供了类似于关系数据库 SQL 的查询语言——Hive QL,可以通过 Hive QL 语句快速实现简单的 MapReduce 统计,Hive 自身可以将 Hive QL 语句转换为 MapReduce 任务运行,而不必开发专门的 MapReduce 应用,因而十分适合用来进行数据仓库的统计分析。

3.2.6　Pig

Pig 是一种数据流语言和运行环境,适合于使用 Hadoop 和 MapReduce 平台来查询大型半结构化数据集。虽然 MapReduce 应用程序的编写不是十分复杂,但也需要一定的开发经验。Pig 的出现大大简化了 Hadoop 常见的工作任务,它在 MapReduce 的基础上创建了简单的过程语言抽象模型,为 Hadoop 应用程序提供了一种更加接近结构化查询语言(SQL)的接口。Pig 语言相对简单,当需要从大型数据集中搜索满足某个给定搜索条件的记录时,采用 Pig 要比采用 MapReduce 的优势明显,前者只需要编写一个简单的脚本在集群中进行自动并行处理与分发即可,而后者则需要编写一个单独的 MapReduce 应用程序。

3.2.7　其他主要的大数据工具

1. Mahout

它是 Apache 旗下的一个开源项目,提供了一些可扩展的机器学习领域经典算法,用于帮助开发人员更加方便快捷地创建智能应用程序。Mahout 包含许多算法,如聚类、分类、推荐过滤、频繁项集挖掘算法。此外,通过使用 Apache Hadoop 库,Mahout 可以有效扩展到数据云中。

2. Zookeeper

它是谷歌 Chubby 的开源实现,是高效和可靠的协同工作系统,提供分布式锁之类的基本服务(如统一命名服务、状态同步服务、集群管理、分布式应用配置项的管理等),用于构建分布式应用,减轻分布式应用程序所承担的协调任务。Zookeeper 使用 Java 编写,很容易实现编程接入。它使用了一个和文件树结构相似的数据模型,可以使用 Java 或者 C 语言来进行编程接入。

3. Flume

它是 Cloudera 提供的一个高可用的、高可靠的、分布式的海量日志采集、聚合和传输系统。Flume 支持在日志系统中定制各类数据发送方,用于收集数据;同时,Flume 提供了对数据进行简单处理并将数据写入各种数据接收方的能力。

4. Sqoop

它是 SQL-to-Hadoop 的缩写,主要用来在 Hadoop 和关系数据库之间交换数据,可以改进数据的互操作性。通过 Sqoop 可以方便地实现数据在 MySQL、Oracle 等传统关系数据库与 Hadoop 数据库之间的迁移,使得关系数据库和 Hadoop 数据库之间的数据迁移变得非常方便。Sqoop 主要通过 JDBC(Java database connectivity)接口与关系数据库进行交互,理论上,支持 JDBC 接口的关系数据库都可以实现 Sqoop 和 Hadoop 之间的数据交互。Sqoop 专门为大数据集设计,支持增量更新,可以将新记录添加到最近一次导出的数据源上,或者指定上次修改的时间戳。

5. Ambari

它是一种基于 Web 的工具,支持 Hadoop 集群的安装、部署、配置和管理。Ambari 支持大多数 Hadoop 组件,包括 HDFS、MapReduce、Hive、Pig、HBase、Zookeeper、Sqoop 等。

3.3　大数据的分布式处理平台

3.3.1　MapReduce 编程框架原理

1. MapReduce 模型简介

MapReduce 的设计理念是"计算向数据靠拢",而不是"数据向计算靠拢"。因为在大规模数据环境下,移动数据需要的网络传输开销十分惊人,所以,移动计算比移动数据更加经济。本着这个理念,在一个集群中,只要有可能,MapReduce 框架就会在 HDFS 数据所在的节点运行 Map 程序,即将计算节点和存储节点放在一起运行,从而减少节点间的数据移动开销。

根据上述理念,MapReduce 将存储在分布式文件系统中的大规模数据集切分成许多独立的小数据块,这些小数据块可以被多个 Map 任务并行处理。MapReduce 框架为每个 Map 任务输入一个数据子集,Map 任务生成的结果继续作为 Reduce 任务的输入,最终由 Reduce 任务输出最后的结果,并写入分布式文件系统。由此可以看出,数据集需要满足一个前提条件才适合采用 MapReduce 来处理:可以分解成许多小的数据集,而且每一个小数据集都可以完全并行地得到处理。

MapReduce 模型的核心是 Map 函数和 Reduce 函数。MapReduce 框架负责处理编程中的其他各种复杂问题,如分布式存储、工作调度、负载均衡、容错处理、网络通信等,程序员只要关注如何编程实现 Map 函数和 Reduce 函数,由此降低了 MapReduce 编程的开发难度。

2. MapReduce 的工作流程

Map 函数和 Reduce 函数都是以〈key,value〉作为输入,按一定的映射规则转换成另一批〈key,value〉进行输出的。

Map 函数的输入来自分布式文件系统的文件块,这些文件块的格式是任意的,可以是文档格式,也可以是二进制格式。文件块是一系列元素的集合,这些元素也是任意类型的,同一个元素不能跨文件块存储。Map 函数将输入的元素转换成〈key,value〉形式的键值对,键和值的类型也是任意的,其中键不同于一般的标志属性,即键没有唯一性,不能作为输出的身份标识,即使是同一输入元素,也可通过一个 Map 任务生成具有相同键的多个键值对。

Reduce 函数的任务是将输入的一系列具有相同键的键值对以某种方式组合起来,输出处理后的键值对,输出结果会合并成一个文件。用户可以指定 Reduce 任务的个数,并通知实现系统,然后主控进程通常会选择一个哈希(Hash)函数,Map 任务输出的每个键都会经过哈希函数计算,并根据哈希结果将该键值对输入相应的 Reduce 任务来处理。对于处理键为 K 的 Reduce 任务,输入为 $\langle k, \langle v_1, v_2, \cdots, v_n \rangle \rangle$,输出为 $\langle k, V \rangle$。

下面以"单词计数"为例来分析 MapReduce 的逻辑过程,如图 3-3 所示。MapReduce 程序一般会经过以下几个阶段:输入(input)、输入分片(splitting)、映射(map)、洗牌(shuffle)、归约(reduce)、输出(output)。

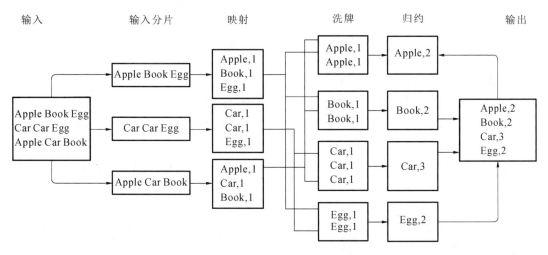

图 3-3　Hadoop MapReduce 单词计数逻辑

(1) 输入阶段:数据一般放在 HDFS 中,而且文件是被分块的。

(2) 输入分片阶段:MapReduce 框架会根据输入文件计算输入分片,每个输入分片对应一个 Map 任务,输入分片与 HDFS 块的大小有关。例如,HDFS 块的大小是 128 MB,如果输入两个文件,大小分别是 29 MB、129 MB,那么 29 MB 的文件会作为一个输入分片(不足 128 MB 的文件会被当作一个输入分片),而 129 MB 文件则是两个输入分片(129 MB−128 MB=1 MB,不足 128 MB,所以 1 MB 的部分也会被当作一个输入分片)。所以,一般来说,一个文件块会对应一个分片。

(3) 映射阶段:这个阶段需要用户编写 Map 函数。因为一个输入分片对应一个 Map 任务,并且是对应一个文件块,所以这里其实是数据本地化的操作,也就是所谓的移动计算而不是移动数据。如图 3-3 所示,这里的操作是把每句话进行分割,然后得到每个单词,再对每个单词进行映射,得到单词和"1"的键值对。

(4) 洗牌阶段:MapReduce 的核心就是"洗牌"。洗牌就是将 Map 任务的输出进行整合,然后作为 Reduce 的输入发送给 Reduce。简单理解就是把所有 Map 任务的输出按照键进行排序,并且把相同键的键值对整合到同一个组中。如图 3-3 所示,"Apple""Book""Car""Egg"是经过了排序的,并且"Book"这个键有两个键值对。

(5) 归约阶段:与 Map 类似,Reduce 也是用户编写的程序,可以针对分组后的键值对进行处理。如图 3-3 所示,针对同一个键 Book 的所有值进行一个加法操作,得到〈Book,2〉这样的键值对。

(6) 输出阶段:Reduce 的输出直接写入 HDFS,同样这个输出文件也是分块的。

总结起来,MapReduce 的本质可以用一张图完整地表现出来,如图 3-4 所示。把一组键值对〈K_1,V_1〉经过映射阶段映射成新的键值对〈K_2,V_2〉;接着进行洗牌和排序,给键值对排序,同时对相同的键的值进行整合;最后经过归约阶段,对整合后的键值对组进行逻辑处理,

图 3-4 MapReduce 的本质

输出到新的键值对⟨K_3,V_3⟩。这样的一个过程,其实就是 MapReduce 的本质。

3. MapReduce 过程解析

总结起来说,MapReduce 过程可以解析为如下过程:

(1) 文件在 HDFS 中被分块存储,DataNode 存储实际的块。

(2) 在 Map 阶段,针对每个文件块建立一个 Map 任务,Map 任务直接运行在 DataNode 上,即移动计算,而非数据。

(3) 每个 Map 任务处理自己的文件块,然后输出新的键值对,如图 3-5 所示。

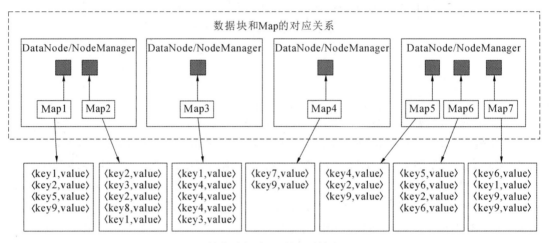

图 3-5 Map 处理阶段

(4) Map 任务输出的键值对经过洗牌阶段后,相同键的记录会被输送到同一个 Reducer 中,同时键是经过排序的,值被放入一个列表,如图 3-6 所示。

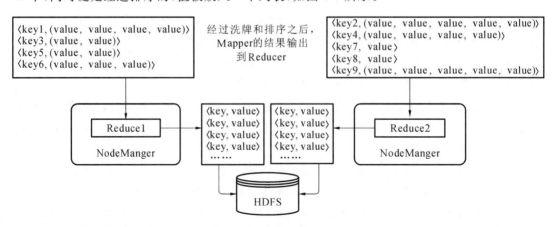

图 3-6 Map 输出结果阶段流程

（5）每个 Reducer 处理 Map 任务输送过来的键值对，然后输出新的键值对，一般输出到 HDFS 中。

3.3.2　Spark 结构与原理

1. Spark 概述

Spark 是基于 MapReduce 算法的通用并行计算框架，其拥有 MapReduce 的所有优点。它们之间的不同点在于，Spark 将中间结果、计算数据都存储在内存中，从而不需要读写 HDFS，因此 Spark 更适合迭代运算比较多的数据挖掘与机器学习。

1）Spark 的特点

（1）快：Spark 的突出特点是"快"，在诸如大数据或集群等相关工作场景中需要快速计算，Spark 无须再学习其他架构，就能很好地满足需求。Spark 的数据全部在内存中，而不涉及类似于磁盘等低传输速率的硬件，以此保证数据处理快速而有效。与 Hadoop 的 MapReduce 相比，Spark 基于内存的运算速度要快 100 倍以上，基于硬盘的运算速度也要快 10 倍以上。但这也意味着系统需要很好的硬件配置。Spark 实现了高效的有向无环图执行引擎，可以基于内存来高效处理数据流。Spark 是基于线程模型的，也是有线程池的。

（2）易用：Spark 不仅支持 Java、Python 和 Scala 的 API，还支持许多种高级算法，让用户可以快速构建不同的应用。操作人员即使只接触过 SQL 或者 R 等编程语言，也能利用 Spark 挖掘大数据。

（3）通用性好：Spark 提供了统一的解决方案，可以用于批处理、交互式查询（Spark SQL）、实时流式处理（Spark Streaming）、机器学习（Spark MLlib）和图计算（GraphX）。

（4）兼容性好：Spark 可以非常方便地与其他的开源产品进行融合。比如，Spark 可以使用 Hadoop 的 Yarn 和 Apache Mesos 作为它的资源管理和调度器，并且可以处理所有 Hadoop 支持的数据。

2）Spark 核心组件

Spark 核心组件如图 3-7 所示。

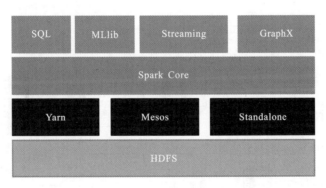

图 3-7　Spark 核心组件

（1）Spark Core：Spark Core 提供了 Spark 最基础与最核心的功能，Spark 其他的功能如 Spark SQL、Spark Streaming、GraphX、MLlib 都是在 Spark Core 的基础上扩展的。

（2）Spark SQL：Spark SQL 是 Spark 用来操作结构化数据的组件。同时 Spark SQL

也提供了 Hive、HBase 及 RDBMS(关系数据库管理系统,如 MySQL、Oracle、Derby 等)的相应接口,在已拥有 Hadoop 的一整套家族产品的情况下,可以直接使用 Spark 来完成相应的操作。

(3) Spark Streaming:Spark Streaming 是 Spark 平台上针对实时数据进行流计算的组件,提供了丰富的处理数据流的 API。例如,网站的流量是每时每刻都在发生的,若需要了解过去 1 小时或 15 分钟的流量,就可以使用该组件来解决这个问题。需要说明的是,对于流式处理,现在一般会考虑使用 Storm 流式框架。

(4) Spark MLlib:MLlib 是 Spark 提供的一个机器学习算法库。MLlib 不仅提供了模型评估、数据导入等额外的功能,还提供了一些更底层的机器学习语言。

(5) Spark GraphX:GraphX 是 Spark 面向图计算提供的框架与算法库。在大多数情况下,图计算应用需处理的数据量都相对庞大,利用图相关算法进行处理和挖掘,可以解决用户所编写相关图计算算法在集群中应用难度巨大的问题。

3) Spark 的适用场景

(1) 复杂的批量处理。侧重点在于处理海量数据的能力,数据处理的实时性较差,通常的时间可能在数十分钟到数小时之间。

(2) 基于历史数据的交互式查询。通常所需的时间在数十秒到数十分钟之间。

(3) 基于实时数据流的数据处理。处理时间通常在数百毫秒到数秒之间。

2. Spark 与 Hadoop 的不同点

Spark 与 Hadoop 之间的不同点如图 3-8 所示。

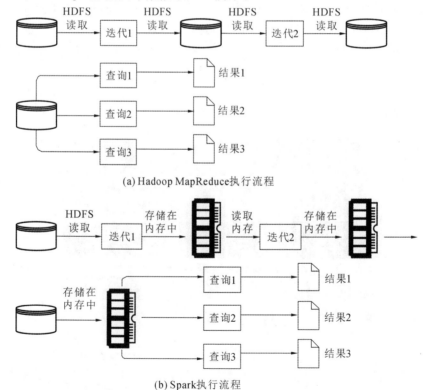

图 3-8   Hadoop 与 Spark 的执行流程对比

一方面,Spark 的中间数据放在内存中,有更高的迭代运算效率,而 Hadoop 每次迭代的中间数据存放在 HDFS 中,涉及硬盘的读写,明显降低了运算效率。因此 Spark 更适合用于迭代运算较多的机器学习和数据模型运算。另一方面,Hadoop 只提供了 Map 和 Reduce 两种操作,而 Spark 提供了更多针对数据集的操作类型。Spark 针对数据集提供了诸如 map、filter、sample、groupByKey、reduceByKey、join、mapValues、sort、partionBy 等多种类型的转换(transformation)操作,同时提供了 count、collect、reduce、lookup、save 等多种行为(action)操作。

但是,由于 Spark 中的数据集 RDD(弹性分布式数据集)的特性,Spark 不适合异步细粒度更新状态的应用,例如 Web 服务的存储或者增量的 Web 爬虫和索引。即对于增量修改的应用模型,Spark 并不适用。

3. RDD 的设计与运行原理

Spark 的核心建立在统一的抽象 RDD 之上,使得 Spark 的各个组件可以无缝地进行集成,在同一个应用程序中完成大数据计算任务。

1) RDD 设计背景

在实际应用中,存在许多迭代式算法(比如机器学习算法、图算法等)和交互式数据挖掘工具,这些工具的应用场景的共同之处是,不同计算阶段之间会重用中间结果,即一个阶段的输出结果会作为下一个阶段的输入。但是,MapReduce 框架都是将中间结果写入 HDFS 的,这样就带来了大量的数据复制、磁盘 I/O 和序列化开销。虽然诸如 Pregel 等图计算框架也是将结果保存在内存当中的,但是这些框架只能支持一些特定的计算模式,并没有提供一种通用的数据抽象方法。RDD 针对这种需求,提供了一个抽象的数据架构,用户不必担心底层数据的分布式特性,只需将具体的应用逻辑表达为一系列转换处理操作。不同 RDD 之间的转换操作形成依赖关系,从而避免了中间结果的存储开销。

2) RDD 的概念

RDD 可认为是 Spark 在执行分布式计算时的一批具有相同来源、相同结构、相同用途的数据集,也可理解为一个分布式数组,而数组中每个记录可采用用户自定义的任何数据结构。RDD 本质上是一个只读的分区记录集合,每个 RDD 可以分成多个分区,每个分区就是一个数据集片段,并且一个 RDD 的不同分区可以被保存到集群中不同的节点上,从而可以在集群中的不同节点上进行并行计算。

RDD 提供了高度受限的共享内存模型,即 RDD 是只读的记录集合,不能直接修改,只能基于稳定的物理存储中的数据集来创建 RDD,或者通过在其他 RDD 上执行确定的转换操作(如 map、join 和 groupBy)来创建新的 RDD。RDD 针对数据运算提供的操作类型主要分为两大类,如表 3-3 所示。

RDD 的设计中采用了惰性调用,如图 3-9 所示,RDD 的计算过程发生在 RDD 的行为操作中,对于之前的所有转换操作,Spark 只是记录下操作应用的一些基础数据集以及 RDD 生成的轨迹,即相互之间的依赖关系,而不会进行真正的计算。好比学生在进行考试时,首先需要完成试卷,并且反复检查修改,最终确定后才提交试卷,并获得成绩。这个例子中的"反复修改"对应 RDD 中的某些操作,主要指 RDD 执行计划的优化等。

表 3-3　RDD 针对数据运算提供的操作类型

类型	功能	数据转换操作	主要区别
行动 (action)	用于执行计算并指定输出的形式,即把 RDD 存储到硬盘或触发转换执行	如 count、collect 等	接收 RDD 但是返回非 RDD(即输出一个值或结果)
转换 (transformation)	指定 RDD 之间的相互依赖关系,即从原始数据集加载到 RDD 中以及把一个 RDD 转换为另外一个 RDD	如 map、filter、groupByKey、join 等	接收 RDD 并返回 RDD

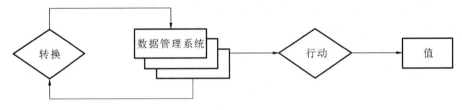

图 3-9　Spark 的转换和行为操作

下面给出 RDD 执行过程的一个实例:如图 3-10 所示,由输入逻辑上生成 A 和 C 两个 RDD,经过一系列转换操作,逻辑上生成 F(也是一个 RDD)。之所以说是逻辑上,是因为这时候计算并没有发生,Spark 只是记录了 RDD 之间的生成和依赖关系。当 F 要进行输出时,也就是当 F 进行行为操作时,Spark 才会根据 RDD 的依赖关系生成有向无环图,并从起点开始真正的计算。

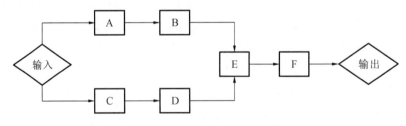

图 3-10　RDD 执行过程的一个实例

经过上述这一系列处理将建立一个"血缘关系"(lineage),即有向无环图拓扑排序的结果。采用惰性调用,通过"血缘关系"连接起来的一系列 RDD 操作就可以实现管道化,避免多次转换操作之间的等待(因数据同步),而且不必担心有过多的中间数据,因为这些具有"血缘关系"的操作都管道化了,一个操作得到的结果不需要保存为中间数据,而是直接管道式地流到下一个操作进行处理。同时,这种通过"血缘关系"把一系列操作进行管道化连接的设计方式,也使得管道中每次操作的计算变得相对简单,保证了每个操作在处理逻辑上的单一性。相反,在 MapReduce 的设计中,为了尽可能地减少 MapReduce 过程,在单个 MapReduce 中会写入过多复杂的逻辑。

3) RDD 之间的依赖关系

上述 RDD 中不同的操作,会使得不同 RDD 中的分区产生不同的依赖关系,分为窄依赖(narrow dependency)与宽依赖(wide dependency)。两种依赖关系之间的区别,主要体现在父 RDD(Parent RDD)和子 RDD(Child RDD)之间的关系上。如图 3-11 所示,每个小方格代表一个分区,而一个大方格(比如包含三个或两个小方格)代表一个 RDD,线段起点为父 RDD,箭头指向子 RDD。

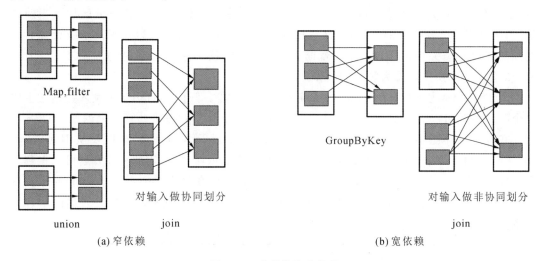

图 3-11　窄依赖和宽依赖

窄依赖表现为一个父 RDD 的分区对应于一个子 RDD 的分区,或多个父 RDD 的分区对应于一个子 RDD 的分区。会产生窄依赖关系的典型操作包括 map、filter、union 等。

宽依赖表现为存在一个父 RDD 的一个分区对应一个子 RDD 的多个分区的情况。会使父 RDD 分区与子 RDD 分区间产生宽依赖关系的典型操作包括 groupByKey、sortByKey 等。

总体而言,如果父 RDD 的一个分区只被一个子 RDD 的一个分区所使用就是窄依赖,否则就是宽依赖。

对于 join 操作,可以分为两种情况,如图 3-11 所示。

(1) 对输入做协同划分,父 RDD 与子 RDD 分区间产生窄依赖关系。所谓协同划分(co-partitioned)是指多个父 RDD 的某一分区的所有键落在子 RDD 的同一个分区内,不会产生同一个父 RDD 的某一分区落在子 RDD 的两个分区的情况。

(2) 对输入做非协同划分,父 RDD 与子 RDD 分区间产生宽依赖关系。

对于窄依赖的 RDD,可以以流水线的方式计算所有父分区,不会造成网络之间的数据混合。宽依赖的 RDD 则通常伴随着洗牌操作,即首先需要计算好所有父分区数据,然后在节点之间进行洗牌操作。

Spark 的这种依赖关系设计,使其具有天生的容错性。因为 RDD 数据集通过“血缘关系”记住了它是如何从其他 RDD 中演变过来的,通过“血缘关系”记录的是粗颗粒度的转换操作行为,当这个 RDD 的部分分区数据丢失时,它可以通过“血缘关系”获取足够的信息来重新运算和恢复丢失的数据分区,由此带来性能的提升。在两种依赖关系中,窄依赖的失败恢复更为高效,它只需要根据父 RDD 分区重新计算丢失的分区即可(不需要重新计算所有分区),而且可以并行地在不同节点上进行重新计算。而对宽依赖而言,单个节点失效通常意味着重新计算过程会涉及多个父 RDD 分区,开销较大。

4)分区划分

Spark 将每一个作业分为多个不同的阶段(Spage),而各个阶段之间的依赖关系则形成了有向无环图。Spark 通过分析各个 RDD 分区之间的依赖关系来决定如何划分阶段,具体方法是:在有向无环图中进行反向解析,遇到窄依赖关系就把当前的 RDD 分区加入当前的阶段;将具有窄依赖关系的 RDD 分区尽量划分在同一个阶段中,可以实现流水线计算。而遇到具有宽依赖关系的 RDD 分区就断开,由于宽依赖关系通常意味着洗牌操作,因此Spark 会将洗牌操作定义为阶段的边界。

图 3-12 所示为根据 RDD 分区的依赖关系划分阶段。假设从 HDFS 中读入数据后生成三个不同的 RDD 分区(即 A、C 和 E),通过一系列转换操作后再将计算结果返回 HDFS 保存。在有向无环图中进行反向解析,由于从 RDD A 到 RDD B 的转换以及从 RDD B 和RDD F 到 RDD G 的转换都会使 RDD 分区之间产生宽依赖关系,因此在断开后可以得到三个阶段,即阶段 1、阶段 2 和阶段 3。由图 3-12 可以看出,在阶段 2 中,map、union 操作实现的都是窄依赖关系,这两步操作可以形成流水线操作。这样的流水线操作大大提高了计算的效率。

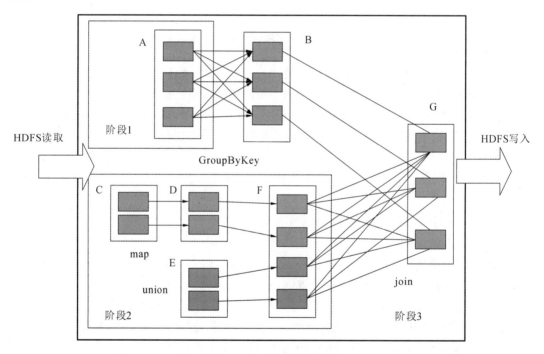

图 3-12　Spark 的阶段划分

由上述论述可知,把一个有向无环图划分成多个阶段以后,每个阶段都代表了一组关联的、相互之间没有依赖关系的任务组成的任务集合。

5)Spark 的核心原理

通过上述对 RDD 概念、依赖关系和阶段划分的介绍,结合之前介绍的 Spark 运行基本流程,可以总结 RDD 在 Spark 架构中的运行过程,如图 3-13 所示。用户代码(如 RDD1.join...)转换为有向无环图后,交给 DAGScheduler,由其将 RDD 的有向无环图分割成各个阶段的有向无环图,并形成任务集(TaskSet),再提交到任务调度器中,由任务调度器把任务提交给每个工作进程上的执行器执行具体的任务。任务调度器并不知道每个阶段的存在,只针对具体任务运行。

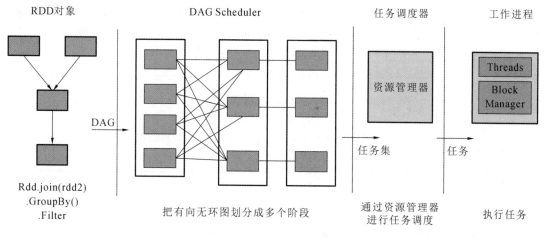

图 3-13　Spark 工作过程

6) RDD 的持久化

(1) 持久化　在内存中持久化(或缓存)数据集是 Spark 最重要的功能之一。当持久化一个 RDD 时,每个节点都会把它计算出的任何分区保存到内存中,并在该数据集(或从它派生的数据集)的其他操作中重用它们。持久化使得在后续的操作中调用该数据集可以更快(通常超过 10 倍)。

可以使用 persist( )或 cache( )方法将 RDD 标记为持久化的。在程序中第一次计算时,RDD 将保存在节点的内存中。Spark 的缓存是容错的,RDD 的任何分区丢失,RDD 都将使用最初创建它的转换操作自动重新进行计算。

(2) 存储级别　每个持久化的 RDD 可以使用不同的存储级别进行存储,比如,允许将数据集持久化存储在磁盘上,或将其持久化存储在内存中。可以通过传递一个 StorageLevel 对象给 persist( )方法来设置存储级别。cache( )方法使用默认存储级别——MEMORY_ONLY。

表 3-4 给出了所有的存储级别。

表 3-4　存储级别

存 储 级 别	说　　明
MEMORY_ONLY	将 RDD 作为非序列化的 Java 对象存储在 JVM(Java 虚拟机)中。如果 RDD 不适合存在内存中,一些分区将不会被缓存,从而在每次需要这些分区时都需重新对它们进行计算。这是系统默认的存储级别
MEMORY_AND_DISK	将 RDD 作为非序列化的 Java 对象存储在 JVM 中。如果 RDD 不适合存在内存中,将这些不适合存在内存中的分区存储在磁盘中,每次需要时读出它们
MEMORY_ONLY_SER	将 RDD 作为序列化的 Java 对象存储(每个分区一个 Byte 数组)。这种方式比非序列化方式更节省空间,特别是用到快速的序列化工具时,但是会更耗费 CPU 资源——密集的读操作

续表

存储级别	说　明
MEMORY_AND_DISK_SER	和 MEMORY_ONLY_SER 类似，但不是在每次需要时重复计算这些不适合存储到内存中的分区，而是将这些分区存储到磁盘中
DISK_ONLY	仅仅将 RDD 分区存储到磁盘中
MEMORY_ONLY_2，MEMORY_AND_DISK_2…	和上面的存储级别类似，但是复制每个分区到集群的两个节点上面
OFF_HEAP（experimental）	类似于 MEMORY_ONLY_SER，但将数据存储在堆外内存中，这就需要启用堆外内存

7）共享变量

一般情况下，传递给 Spark 操作（例如 map 或 reduce）的函数在集群节点上执行时，它会处理函数中使用的所有变量的单独副本。这些变量被复制到集群中的每台机器上，对远程机器上的变量的更新不会被传回驱动程序。通常跨任务读写共享变量效率是非常低的，但是，针对这种情况 Spark 提供了两种有限类型的共享变量：广播变量和累加器变量。

（1）广播变量　对于广播变量，可以在每台机器上缓存一个只读变量，而不是随任务一起传送它的副本。例如，利用广播变量，能够以一种更有效率的方式将一个大数据量输入集合的副本分配给每个节点。

Spark 操作通过一组 Stage 执行，通过分布式洗牌操作来分隔。Spark 自动广播每个 Stage 内任务所需的公共数据，以这种方式广播的数据以序列化形式缓存，并在运行每个任务之前反序列化。

（2）累加器变量　顾名思义，累加器变量是一种只能通过关联操作进行"加"操作的变量，因此，它能够高效地应用于并行操作中。这种变量可用来实现计数和求和。

3.3.3　基于 Storm 的大规模数据流的分布式处理技术

大数据包括静态数据和流数据（动态数据），相应地，大数据计算包括批量计算和实时计算。传统的 MapReduce 框架采用离线处理计算的方式，主要用于静态数据的批处理，并不适合用于流数据的处理，因此业界设计出了 Storm 等流式处理框架，用于流计算。

1. 流计算概述

数据总体上可以分为静态数据和流数据。

1）静态数据

数据仓库系统为了支持决策分析，存放了大量静态历史数据。这些数据来自不同的数据源，利用抽取-转换-加载（extract-transform-load，ETL）工具加载到数据仓库中，不会发生数据更新，程序员可利用联机分析处理（on line analytical processing，OLAP）工具从这些静态数据中找到有价值的信息。这类业务分析采用分布式离线计算方式，即将数据先保存起来，然后间隔一定的时间进行离线分析，其结果必然会导致一定的时延。

2）流数据

在 Web 应用、网络监控、传感监测、电信金融、生产制造等领域，分析业务对实时性要求高,以利于根据实时分析结果及时地做出决策。由此在业界兴起了一种密集型应用数据——流数据(或数据流),即以大量、快速、时变的流形式持续到达的数据。

流数据是指在时间分布和数量上无限的一系列动态数据集合体;数据记录是流数据的最小组成单元。流数据具有如下特征:

(1)数据快速持续到达,潜在的量也许是无限大的。

(2)数据来源众多,格式复杂。

(3)数据量大,但不特别关注存储,数据中的元素经过处理后要么丢弃,要么归档存储。

(4)注重数据的整体价值,不过分关注个别数据。

(5)系统无法控制将要处理的新到达的数据元素的顺序。

2. 批量计算和实时计算

对静态数据和流数据的处理,对应着两种截然不同的计算模式:批量计算和实时计算。批量计算以静态数据为对象,在充裕的时间内对海量数据进行批量存储和计算。Hadoop就是典型的批处理模型:由 HDFS 和 HBase 存放静态数据,由 MapReduce 负责对海量数据执行批量计算。

流数据则不适合采用批量计算方式。流数据被处理后,一部分进入数据库成为静态数据,其他部分则直接被丢弃。对流数据必须采用实时计算方式,实时计算最重要的一个需求是能够实时得到计算结果,一般要求响应时间为秒级。当只需要处理少量数据时,实时计算并不是问题;但是,在大数据时代,数据不仅格式复杂、来源众多,而且数据量巨大,这就对实时计算提出了很大的挑战。因此,针对流数据的实时计算——流计算应运而生。

流计算适合于需要处理持续到达的流数据、对数据处理有较高实时性要求的场景,比较典型的几个流计算应用场景如下。

(1)传感监测:PM2.5 传感器实时监测大气污染浓度,监测数据源源不断地实时传输回数据中心,监测系统对回传数据进行实时分析,预测空气质量变化趋势,以便及时地启动应急响应机制。

(2)个性化推荐:在淘宝网"双 11"的促销活动中,商家在淘宝店铺上投放广告来吸引用户,同时基于用户访问行为的分析,对广告样式、文案进行调整。以往这类分析采用分布式离线分析,而"双 11"的促销活动只持续一天,较长时间后的分析结果便失去了价值。

(3)实时交通导航:导航系统要达到根据实时交通状态进行导航路线规划的目的,就需要获取海量的实时交通数据并进行实时分析,这对传统的导航系统来说是一个巨大的挑战。而借助于流计算的实时特性,导航系统不仅可以根据交通情况确定路线,而且在行驶过程中可以根据交通情况的变化实时更新路线,始终为用户提供最佳的行驶路线。

3. 流计算的概念及主流框架

流计算的设计原则,是在数据出现时就立即进行分析,而不是将数据存储起来进行批处理。为了及时处理流数据,需要一个低时延、可扩展、高可靠性的处理引擎。这样的流计算系统需要具备以下性能特征。

(1)高性能,如每秒处理几十万条数据,这是大数据处理的基本要求。

(2)海量式,支持 TB 级甚至是 PB 级的数据规模。

(3)实时性,必须保证时延较低,达到秒数量级,甚至是毫秒数量级。

(4)分布式,支持大数据的基本架构,必须能够平滑扩展。

(5) 易用性,能够快速进行开发和部署。

(6) 可靠性,能可靠地处理流数据。

针对不同的应用场景,相应的流计算系统会有不同的需求,但是对于针对海量数据的流计算,无论在数据采集还是在数据处理中时延都应达到秒数量级。

Hadoop 是面向大规模数据的批处理而设计的,在使用 MapReduce 处理大规模文件时,一个大文件会被分解成许多个块分发到不同的机器上,每台机器并行运行 MapReduce 任务,最后对结果进行汇总输出。有时候,完成一个任务甚至要经过多轮的迭代。因此,这种批量任务处理方式在时延方面是无法满足流计算的实时响应需求的。这时,我们可能会很自然地想到用一种变通的方案来降低批处理的时延——将基于 MapReduce 的批处理转为小批处理,将输入切分成小的片段,每隔一个周期就启动一次 MapReduce 作业。但是这种方案会存在以下问题。

(1) 将输入切分成小的片段虽然可以降低时延,但是也会增加任务处理的附加开销,而且还要处理片段之间的依赖关系,因为后一个片段可能需要用到前一个片段的计算结果。

(2) 需要对 MapReduce 进行改造以支持流式处理,Reduce 阶段的结果不能直接输出,而是保存在内存中,这会大大增加 MapReduce 框架的复杂程度,导致系统难以维护和扩展。

(3) 降低用户程序的可伸缩性,因为用户必须使用 MapReduce 接口来定义流式作业。

总之,流式处理和批处理是两种截然不同的数据处理模式,MapReduce 是专门面向静态数据的批处理的,内部各种实现机制都为批处理做了高度优化,不适合用于处理持续到达的动态数据。正所谓"鱼和熊掌不可兼得",设计一个既适合流计算又适合批处理的通用平台是很难的。因此,当前业界诞生了许多专门的流数据实时计算系统来满足数据流式处理需求。目前业内的流计算平台大致分为三大类:

第一类是商业级的流计算平台,代表系统有 IBM InfoSphere Streams 和 IBM StreamBase。

第二类是开源流计算平台,主要是 Twitter Storm 平台和 Yahoo! S4 平台。

第三类是公司为支持自身业务开发的流计算框架,主要有 Facebook Puma 平台、DStream 平台(百度旗下)、银河流数据处理平台(淘宝旗下)等。

4. 流计算的处理流程

图 3-14 所示为传统数据处理流程与流计算处理流程对比。

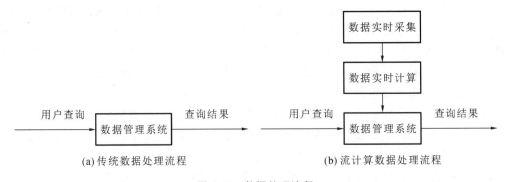

(a) 传统数据处理流程　　　　　　　　(b) 流计算数据处理流程

图 3-14　数据处理流程

在传统的数据处理流程中,需要先采集数据并将其存储在关系数据库等数据管理系统中,之后用户便可以通过查询操作和数据管理系统进行交互,最终得到查询结果。但是,这样的处理流程隐含了两个前提。

（1）存储的数据是旧的。当对数据进行查询时，存储的静态数据已经是过去某一时刻的快照，这些数据在查询时可能已不具备时效性了。

（2）需要用户主动发出查询。也就是说，用户主动发出查询来获取结果。

流计算的处理流程一般包含三个阶段：数据实时采集、数据实时计算、实时查询服务。

1）数据实时采集

通常采集多个数据源的海量数据，需要保证实时性、稳定性、可靠性以及低时延。以日志数据为例，由于分布式集群的广泛应用，数据分散存储在不同的机器上，因此需要实时汇总来自不同机器的日志数据。目前有许多互联网公司发布的开源分布式日志采集系统，如Facebook 的 Scribe、LinkedIn 的 Kafka、淘宝的 TimeTunnel，以及基于 Hadoop 集群的 Chukwa 和 Flume 等均可满足每秒数百兆字节的数据采集和传输需求。

2）数据实时计算

流式处理系统接收数据采集系统不断发来的实时数据，实时地进行分析计算，并反馈实时结果。经流式处理系统处理后的数据，可视情况进行存储，以便之后再进行分析计算。在时效性要求较高的场景中，处理之后的数据也可以直接丢弃。

3）实时查询服务

经由流计算框架得出的结果可供用户进行实时查询、展示或存储。传统的数据处理流程中，用户需要主动发出查询请求才能获得想要的结果。而在流式处理流程中，实时查询服务可以不断自动更新结果，并将用户所需的结果实时推送给用户。虽然通过对传统的数据处理系统进行定时查询也可以实现结果不断更新和结果推送，但通过这样的方式获取的仍然是根据过去某一时刻的数据得到的结果，与实时结果有着本质的区别。

由此可见，流式处理系统与传统的数据处理系统有如下不同之处。

（1）流式处理系统处理的是实时的数据，而传统的数据处理系统处理的是预先存储好的静态数据。

（2）用户通过流式处理系统获取的是实时结果，而通过传统的数据处理系统获取的是过去某一时刻的结果。并且，流式处理系统不需用户主动发出查询，它可以通过实时查询服务主动将实时结果推送给用户。

5. 开源计算框架 Storm

Storm 是 Twitter 开源的分布式实时计算系统，可以简单、高效、可靠地处理流数据，并支持多种编程语言。Storm 框架可以方便地与数据库系统进行整合，从而开发出强大的实时计算系统。目前，Storm 框架已成为 Apache 项目。

Twitter 是全球访问量最大的社交网站之一，Twitter 之所以开发 Storm 流式处理框架也是为了应对其不断增长的流数据实时处理需求。为了处理实时数据，Twitter 采用了由实时系统和批处理系统组成的分层数据处理架构。一方面，由 Hadoop 和 ElephantDB（专门用于从 Hadoop 中导出键/值数据的数据库）组成批处理系统；另一方面，由 Storm 框架和 Cassandra 数据库组成实时系统。在计算查询时，该系统会同时查询批处理视图和实时视图，并把它们合并起来以得到最终的结果。实时系统处理的结果最终会由批处理系统来修正，这种设计方式使得 Twitter 的数据处理系统显得与众不同。

Storm 的主要特点如下。

（1）具备整合性。Storm 可方便地与队列系统和数据库系统进行整合。

（2）具备简易的 API。Storm 的 API 在使用上既简单又方便。

（3）具备可扩展性。Storm 的并行特性使其可以运行在分布式集群中。

（4）具备高容错性。Storm 可以自动进行故障节点的重启，以及出现节点故障时任务的重新分配。

（5）消息处理可靠。Storm 能保证每个消息都得到完整处理。

（6）支持各种编程语言。Storm 支持使用各种编程语言来定义任务。

（7）能实现快速部署。Storm 仅需要少量的安装和配置就可以快速进行部署和使用。

（8）免费、开源。Storm 作为开源框架，可以免费学习使用。

Storm 可以用于许多领域中，如实时分析、在线机器学习、持续计算、远程过程调用（RPC）、ETL 等。Storm 目前已经广泛应用于流计算。

6. Storm 的框架设计

Storm 运行在分布式集群中，其运行任务的方式与 Hadoop 类似：在 Hadoop 上运行的是 MapReduce 作业，而在 Storm 上运行的是 Topology(拓扑)作业。但两种作业大不相同，其中主要的不同是 MapReduce 作业最终会完成计算并结束运行，而 Topology 作业将持续处理消息，直至人为终止处理。

Storm 集群采用"Master-Worker"的节点方式，其中 Master 节点运行名为"Nimbus"的后台程序(类似 Hadoop 中的 JobTracker)，负责在集群范围内分发代码、为 Worker 节点分配任务和监测故障。而每个 Worker 节点运行名为"Supervisor"的后台程序，负责监听分配给它所在机器的工作，即根据 Nimbus 分配的任务来决定启动或停止工作进程。

Storm 集群架构如图 3-15 所示。Storm 采用了 Zookeeper 来作为分布式协调组件，负责 Nimbus 和多个 Supervisor 之间的所有协调工作。

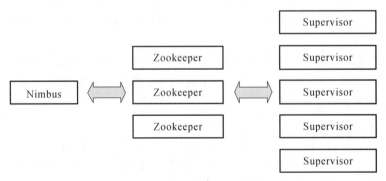

图 3-15 Storm 集群架构示意图

此外，Nimbus 后台进程和 Supervisor 后台进程都是快速失败（fail-fast）和无状态（stateless）的，Master 节点并不直接和 Worker 节点通信，而是借助 Zookeeper 将状态信息存放在 Zookeeper 中或本地磁盘中，以便出现节点故障时进行快速恢复。这意味着，在 Nimbus 进程或 Supervisor 进程终止后，一旦进程重启，它们将恢复到之前的状态并持续工作。这种设计使 Storm 极其稳定。

基于这样的架构设计，Storm 的工作流程如图 3-16 所示。其包含四个过程：

（1）客户端提交 Topology 到 Storm 集群中。

（2）Nimbus 将分配给 Supervisor 的任务写入 Zookeeper。

（3）Supervisor 从 Zookeeper 中获取所分配的任务，并启动 Worker 进程。

（4）Worker 进程执行具体的任务。

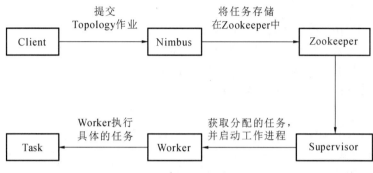

图 3-16　Storm 工作流程示意图

本 章 小 结

Hadoop 被视为事实上的大数据处理标准，具备高可靠性、高可扩展性、高容错性，并具有低成本、支持多种语言等特性。其目前已经在各个领域得到广泛的应用，如 Facebook、百度、阿里巴巴等公司都建立了自己的 Hadoop 集群。

本章首先介绍了 NoSQL 数据库的相关知识，并由此介绍了 HDFS 在大数据时代解决大规模数据存储问题的解决方案。其后，本章介绍了 MapReduce 模型的相关知识。MapReduce 将复杂的、运行于大规模集群上的并行计算过程抽象为 Map 和 Reduce 两个函数，极大地方便了分布式编程开发工作。

经过多年发展，Hadoop 生态系统已经变得非常成熟和完善。图 3-17 所示为 Hadoop 生态系统框架，其中包括 Zookeeper、HDFS、MapReduce、HBase、Hive 等子项目。其中，HDFS 和 MapReduce 是 Hadoop 的两大核心组件。

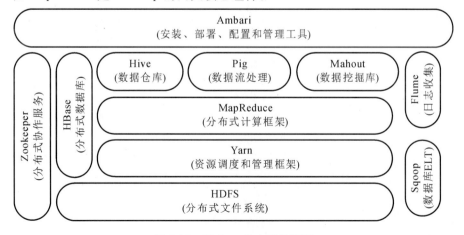

图 3-17　Hadoop 生态系统框架

习　题

1. 试述 Hadoop 和谷歌 MapReduce、GFS 技术之间的关系。

2. 为什么说关系数据库的一些关键特性在 Web2.0 时代成为"鸡肋"?

3. 试述关系数据库与 NoSQL 数据库的优缺点。

4. 试说明适合用 MapReduce 来进行大数据处理的任务或者数据集需要满足怎样的要求。

5. MapReduce 的设计原则:移动计算比移动数据更经济。试论述 MapReduce 为什么要采用本地计算方式。

6. 试作图说明使用 MapReduce 对英文句子"Whatever is worth doing is worth doing well"进行词频统计的过程。

7. Spark 是基于内存计算的大数据平台,其出现是为了弥补 MapReduce 的不足,试述 Spark 的优点。

8. MapReduce 框架为什么不适合用于处理流数据?

第4章 大数据分析的理论与方法

4.1 机器学习基础

机器学习中常见的数据类型有数值型、二值型、枚举型等。下面通过表 4-1 所示的鸟类物种的案例对这几种数据类型进行说明。

表 4-1 中的体重和翼展是数值型数据，通常用十进制数字表示，它的取值是连续的实数，例如 1000.1、220.3 和 75 等。脚蹼是二值型数据，只有两种状态，即有脚蹼和没有脚蹼，通常用 0 表示无，1 表示有。后背颜色和种类是枚举型数据，枚举型数据的值是一些符号或事物的名称，代表某种类别、编码或状态，需要对枚举型数据进行数字转化，例如：对于鸟的后背颜色，取 0 代表灰色、1 代表棕色、2 代表黑色、3 代表绿色；对于鸟的种类，取 0 代表红尾鵟、1 代表鹭鹰、2 代表普通潜鸟、3 代表瑰丽蜂鸟、4 代表象牙喙啄木鸟。这些数值是不具备大小的，因此对枚举型数据进行数学运算是没有意义的。由于计算机只能识别数字，对表 4-1 中的数据进行数字转化，结果如表 4-2 所示。

表 4-1 鸟类物种分类

体重/g	翼展/cm	脚蹼	后背颜色	种属
1000.1	125	无	棕色	红尾鵟
3000.7	200	无	灰色	鹭鹰
3300	220.3	无	灰色	鹭鹰
4100	136	有	黑色	普通潜鸟
3	11	无	绿色	瑰丽蜂鸟
570	75	无	黑色	象牙喙啄木鸟

表 4-2 数字转换结果

体重/g	翼展/cm	脚蹼	后背颜色	种属
1000.1	125	0	1	0
3000.7	200	0	0	1

续表

体重/g	翼展/cm	脚蹼	后背颜色	种属
3300	220.3	0	0	1
4100	136	1	2	2
3	11	0	3	3
570	75	0	2	4

表中使用了四种不同的属性值来区分不同鸟类。我们称使用的这四种属性(体重、翼展、脚蹼和后背颜色)为特征,称种属为目标变量。表中的每一行都是一个具有相关特征的实例或称样本。在现实中,可能会想用更多的特征来描述鸟,比如体长、嘴型、嘴的颜色、瞳孔颜色等,通常的做法是列出所有可测的特征,然后从中挑选出重要的特征,挑选的过程也称特征提取。

4.2　典型机器学习问题

4.2.1　分类

分类是一个将事物贴上标签的过程。在分类问题中,输入变量可以是离散的,也可以是连续的。输出变量是有限个离散值,离散值的数量称为类。当离散值的数量为 2 时,该分类问题称为二分类问题;当离散值的数量大于 2 时,该分类问题称为多分类问题。

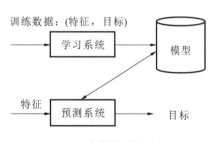

图 4-1　分类器的训练过程

分类属于监督学习,包括学习和分类两个过程。学习过程是指从现有数据中学习出一个分类模型或分类决策函数,即分类器。学习后的分类器可以对新的数据进行类别判断。分类相关的算法有 k-近邻算法、决策树法、朴素贝叶斯法、逻辑回归法、支持向量机(SVM)法等。训练一个分类器通常需要如图 4-1 所示的三个步骤。

(1)使用训练数据的特征和目标变量训练模型,这就好比教育一个小孩通过观察来识别苹果,我们要让他反复看到各种样式的苹果的照片以及其他不是苹果的物体的照片(训练数据的特征),并且告诉他哪些照片是苹果,哪些不是(训练数据的目标变量),通过这样的过程让小孩子认识苹果。

(2)将验证数据输入模型,比较验证数据的目标变量和模型分类结果的区别,进而评价算法分类器的学习效果,分类器的准确率或者其他指标就是在验证数据上得到的。这就好像我们教小孩识别苹果一段时间之后,拿一张葡萄的照片(在之前的教育过程中,小孩只见过苹果,这是和训练数据不同的验证数据,“不是苹果”这个结论就是验证数据的目标变量),问小孩这是不是苹果,看小孩能否答对,进而评价小孩的学习效果。

（3）将模型已经训练得足够好，在数据验证中取得了很好的效果之后，就将这个模型真正地应用于实践，代替人们完成任务。就像小孩子认识了什么是苹果，那么他就可以基本正确地分辨出哪些照片上是苹果而哪些不是，从而能完成对照片进行分类的工作。

4.2.2　回归

回归也是一种监督学习。对于回归问题，要研究的是因变量（目标变量）和自变量（特征变量）之间的关系。回归和分类的区别在于，分类问题的目标变量是有限个枚举型数据，回归问题的目标变量是数值型数据，取值是连续的实数。回归分析可以表明自变量（x）和因变量（y）之间的显著关系，以及多个自变量对一个因变量的影响强度。回归分析常用的算法有线性回归算法、树回归算法等。

回归问题按自变量的个数，分为一元回归问题和多元回归问题。回归问题的学习等价于函数拟合：选择一条函数曲线（fit1），使其很好地拟合已知数据和预测未知数据，如图 4-2 所示。

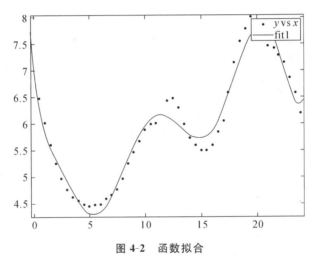

图 4-2　函数拟合

许多领域的任务都可以视为回归问题，比如，在当前的经济条件下，要估计一家公司的销售额增长情况。已知公司最新的运营数据，这些数据显示出销售额增长大约是经济增长的 2.5 倍。通过回归分析，就可以根据当前和过去的信息来预测未来公司的销售情况。

为了预测我国人口自然增长率，研究人口自然增长率与国民总收入、居民消费价格指数增长率（CPI）、人均国内生产总值（GDP）之间的关系，收集我国 1988—2006 年间的数据作为样本，如表 4-3 所示。

表 4-3　我国人口自然增长率及相关数据

年份	人口自然增长率/%	国民总收入/亿元	CPI/%	人均 GDP/元
1988	15.73	15037	18.8	1366
1989	15.04	17001	18	1519
1990	14.39	18718	3.1	1644
1991	12.98	21826	3.4	1893

年份	人口自然增长率/%	国民总收入/亿元	CPI/%	人均GDP/元
1992	11.60	26937	6.4	2311
1993	11.45	35260	14.7	2998
1994	11.21	48108	24.1	4044
1995	10.55	59811	17.1	5046
1996	10.42	70142	8.3	5846
1997	10.06	78061	2.8	6420
1998	9.14	83024	−0.8	6796
1999	8.18	88479	−1.4	7159
2000	7.58	98000	0.4	7858
2001	6.95	108068	0.7	8622
2002	6.45	119096	−0.8	9398
2003	6.01	135174	1.2	10542
2004	5.87	159587	3.9	12336
2005	5.89	184739	1.8	14103
2006	5.28	211808	1.5	16084

采用多元线性回归方法对表4-4中的数据进行回归分析,得到的预测模型为:

$$\hat{Y}_t = 15.60851 + 0.000332X_2 + 0.047918X_3 - 0.005109X_4 \tag{4-1}$$

模型结果表明,假定在其他变量不变的情况下,当年国民总收入每增长1亿元,人口自然增长率增长0.000332;在假定其他变量不变的情况下,当年居民消费价格指数增长率每增长1%,人口自然增长率增长0.047918;在假定其他变量不变的情况下,当年人均GDP每增加1元,人口自然增长率降低0.005109。

同时,也可以预测出当国民总收入为285600亿元时,居民消费价格指数增长率为1.2%,则人均GDP为17000元时,有

$$Y = 15.60851 + 0.000332 \times 285600 + 0.047918 \times 1.2 - 17000 \times 0.005109$$
$$= 23.6322 \tag{4-2}$$

即人均GDP为17000元时的人口自然增长率为23.6322%。

4.2.3 聚类

聚类是一种探索性的分析,在分类的过程中,人们不必事先给出一个分类的标准,聚类分析能够从样本数据出发,自动进行分类。聚类分析所使用方法不同,常常会得到不同的结论。不同研究者对同一组数据进行聚类分析,所得到的聚类数未必一致。聚类和分类的区别在于,分类问题中划分的类别(目标变量)是已知的,聚类问题中划分的类别是未知的(无目标变量)。

通过上述表述,我们可以把聚类定义为将数据集中在某些方面具有相似性的数据成员

进行分类组织的过程。因此,聚类就是形成一些数据实例的集合,这个集合中的元素彼此相似,但是它们都与其他聚类中的元素不同。图 4-3 显示了一个二维数据集聚类结果,虽然通过目测可以十分清晰地发现隐藏在二维数据集中的聚类,但是随着数据集维数的不断增加,要想做到这一点就很难甚至不可能了。聚类相关的算法有 k-均值算法、Apriori 算法等。

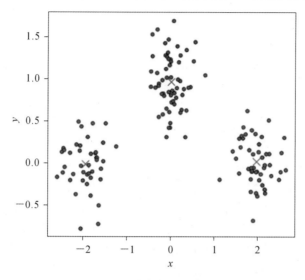

图 4-3　二维数据集聚类结果

例如:在某大型化工厂厂区附近挑选最具有代表性的 8 个大气取样点,在固定的时间每日 4 次抽取 6 种大气样本,测定其中包含的 8 个取样点中的每种气体的平均浓度,数据如表 4-4 所示。

表 4-4　采集数据

序号	氯	硫化氢	二氧化硫	碳四	环氧氯丙烷	环己烷
1	0.056	0.084	0.031	0.038	0.0081	0.022
2	0.049	0.055	0.1	0.11	0.022	0.0073
3	0.038	0.13	0.079	0.17	0.058	0.043
4	0.034	0.095	0.058	0.16	0.2	0.029
5	0.084	0.066	0.029	0.32	0.012	0.041
6	0.064	0.072	0.1	0.21	0.028	1.38
7	0.048	0.089	0.062	0.26	0.038	0.036
8	0.069	0.087	0.027	0.05	0.089	0.021

采用 k-均值算法对上述 8 个样本进行聚类,得到表 4-5 所示的结果。由表 4-5 可以看出,8 个样本聚为四类。第一类包括样本 1、2 和 8;第二类包括样本 5 和 7;第三类包括样本 6;第四类包括样本 3 和 4。进一步分析 4 个聚类中 6 种气体的浓度,得到表 4-6 所示的结果。

表 4-5　聚类结果

案　例　号	聚　类	距　离
1	1	0.049
2	1	0.071
3	4	0.074
4	4	0.074
5	2	0.042
6	3	0.000
7	2	0.042
8	1	0.06

通过聚类,我们将 8 个地点的空气质量分为优、良、中、差四类。从表 4-6 中的结果可以看出,第一类为这四类气体浓度值最低的一类,也就是说第一类气体取样点处的环境污染不严重,空气质量的级别为优;第二类气体浓度比较低,取样点处环境污染有些严重,空气质量的级别为良;第三类气体浓度最高,取样点处环境污染最为严重,空气质量的级别为差;第四类气体浓度较高,取样点处环境污染较为严重,空气质量的级别为中。

表 4-6　聚类中心

气　体	聚　类			
	一	二	三	四
X_1	0.058	0.066	0.064	0.036
X_2	0.0753	0.0775	0.072	0.1123
X_3	0.0527	0.0455	0.1	0.0685
X_4	0.066	0.29	0.21	0.165
X_5	0.0397	0.025	0.028	0.129
X_6	0.0168	0.0385	1.38	0.036

表 4-6 中,$X_1,X_2,\cdots,X_6$ 表示 6 种气体。表中 4 列数据分别表示 4 个聚类中 6 种气体的浓度构成数据。

4.2.4　协同过滤与推荐

推荐技术从被提出到现在已有十余年,在多年的发展历程中诞生了很多新的推荐算法。协同过滤作为最早、最知名的推荐算法,不仅在学术界得到了深入研究,而且至今仍有广泛的应用。协同过滤可分为基于用户的协同过滤和基于物品的协同过滤。当我们想听歌却不知道听什么的时候,会向身边与自己品味类似的朋友求助,从而获得他的推荐,这样的推荐方式称为基于用户的协同过滤。基于物品的协同基于这一观点:物品 A 和物品 B 具有很大的相似度,因为喜欢物品 A 的用户大多也喜欢物品 B。例如,采用基于物品的协同算法时,系统会因为你购买过《数据挖掘导论》而给你推荐《机器学习实战》,因为买过《数据挖掘导论》的用户多数也购买了《机器学习实战》。

在上述场景中,核心的技术是相似度的计算。基于用户的协同过滤和基于物品的协同过滤的区别是,前者要计算用户间的相似度,而后者要计算物品间的相似度。计算相似度通常采用的方法是计算样本间的"距离",常见的距离计算方法有欧氏距离法、皮尔逊相关系数法和余弦距离法等。

欧氏距离是欧几里得距离的简称。欧氏距离法是最易于理解的一种距离计算方法,是空间中两点间距离的计算公式。假设 n 维空间里两个向量 $\boldsymbol{X}=(x_1,x_2,\cdots,x_n)$,$\boldsymbol{Y}=(y_1,y_2,\cdots,y_n)$,则二者之间的欧氏距离为

$$\mathrm{dist}(X,Y) = \sqrt{\sum_{i=1}^{n}(x_i - y_i)^2} \tag{4-3}$$

余弦距离又称余弦相似度,是 $\boldsymbol{X}$ 和 $\boldsymbol{Y}$ 两个向量在空间中的夹角大小,值域为 $[-1,1]$。余弦距离的计算严格要求两个向量必须在所有维度上都有数值,$\boldsymbol{X}$ 向量和 $\boldsymbol{Y}$ 向量间的余弦相似度为

$$\cos\theta = \frac{\sum\limits_{i=1}^{n}(x_i \times y_i)^2}{\sum\limits_{i=1}^{n}(x_i)^2 \times \sum\limits_{i=1}^{n}(y_i)^2} \tag{4-4}$$

皮尔逊相关系数法是对维度值缺失情况下的余弦相似度计算方法的一种改进。把缺失值的维度都填上 0,然后让所有其他维度减去这个向量各维度的平均值,这样的操作称为中心化。中心化之后所有维度的平均值为 0,也满足进行余弦计算的要求。然后再进行余弦计算,得到结果。将向量都先进行中心化,再通过余弦计算得到的相关系数就是皮尔逊相关系数。$\boldsymbol{X}$ 向量和 $\boldsymbol{Y}$ 向量间的皮尔逊相关系数为

$$\rho_{x,y} = \frac{\mathrm{cov}(\boldsymbol{X},\boldsymbol{Y})}{\sigma_X \sigma_Y} = \frac{E((\boldsymbol{X}-\mu_X)(\boldsymbol{Y}-\mu_Y))}{\sigma_X \sigma_Y} = \frac{E(\boldsymbol{XY})-E(\boldsymbol{X})E(\boldsymbol{Y})}{\sigma_X \sigma_Y} \tag{4-5}$$

式中:μ_x,μ_y 分别表示 X、Y 的均值。

基于用户的协同过滤算法符合人们对于"趣味相投"的认知,即兴趣相似的用户往往有相同的物品喜好。当目标用户需要个性化推荐时,可以先找到和目标用户有相似兴趣的用户群体,然后将这个用户群体喜欢而目标用户没有购买过的物品推荐给目标用户。基于用户的协同过滤算法的实现过程主要包括两个步骤:

(1) 找到和目标用户兴趣相似的用户集合;

(2) 找到该集合中用户所喜欢且目标用户没有购买过的物品推荐给目标用户。

图 4-4 为基于用户的协同过滤示意图。

给定用户 u 和用户 v,令 $N(u)$ 表示用户 u 感兴趣的物品集合,令 $N(v)$ 为用户 v 感兴趣的物品集合,使用余弦相似度进行用户相似度计算:

$$w_{uv} = \frac{|N(u) \bigcap N(v)|}{\sqrt{|N(u)||N(v)|}} \tag{4-6}$$

由于很多用户相互之间并没有对同样的物品产生过行为,因此其相似度公式的分子为 0,相似度也为 0。在这样的情况下,可以利用物品到用户倒排表(每个物品所对应的、对该物品感兴趣的用户列表,见图 4-5),仅对有对相同物品产生过行为的用户进行计算,如图 4-5 所示。用户间的相似度用相似度矩阵表示。

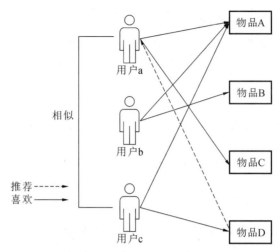

图 4-4 基于用户的协同过滤

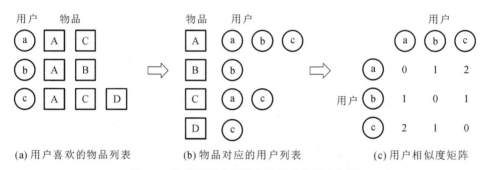

(a) 用户喜欢的物品列表   (b) 物品对应的用户列表   (c) 用户相似度矩阵

图 4-5 物品到用户倒排表及用户相似度矩阵

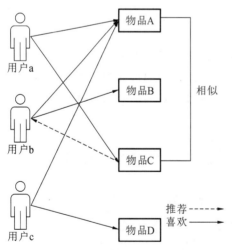

图 4-6 基于物品的协同过滤

得到用户间的相似度后,再使用如下公式来度量用户 u 对物品 i 的感兴趣程度 $p(u,i)$:

$$p(u,i)=\sum_{v\in S(u,K)\cap N(i)} w_{uv}\, r_{vi} \qquad (4\text{-}7)$$

式中:$S(u,K)$ 是和用户 u 兴趣最接近的 K 个用户的集合;$N(i)$ 是喜欢物品 i 的用户集合;w_{uv} 是用户 u 和用户 v 的相似度;r_{vi} 是用户 v 对物品 i 的感兴趣程度。为简化计算,可令 $r_{vi}=1$。对所有物品计算感兴趣程度 $p(u,i)$ 后,对所得结果进行降序排列,取前 N 个物品作为推荐结果展示给用户 u(称为 Top-N 推荐)。

基于物品的协同过滤算法是给目标用户推荐那些和他们之前喜欢的物品相似的物品,如图 4-6 所示。基于物品的协同过滤算法主要通过分析用户的行为记录来计算物品之间的相似度,其实现过程包括以下两个步骤:

(1) 计算物品之间的相似度;

(2) 根据物品的相似度和用户的历史行为,生成推荐列表并推荐给用户。

　　基于物品的协同过滤算法计算的是物品相似度,通过建立用户到物品倒排表(每个用户喜欢的物品的列表,见图 4-7)来计算物品相似度,然后再计算用户对物品的感兴趣程度。

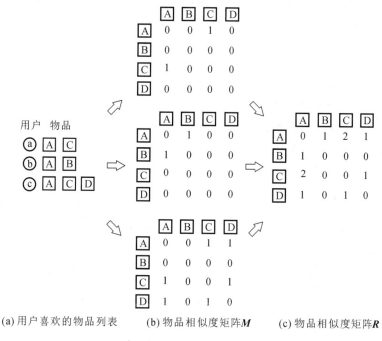

(a) 用户喜欢的物品列表　　　(b) 物品相似度矩阵 **M**　　　(c) 物品相似度矩阵 **R**

图 4-7　用户到物品倒排表及物品相似度矩阵

　　基于用户的协同过滤和基于物品的协同过滤算法的思想、计算过程都很相似。基于用户的协同过滤算法的推荐更偏向社会化,适合应用于新闻推荐、微博话题推荐等场景,其推荐结果在新颖性方面有一定的优势;基于物品的协同过滤算法的推荐更偏向于个性化,适合应用于电子商务等领域。

　　用户喜欢的物品列表中,每一行代表一个用户感兴趣的物品集合。对于每个物品集合,计算出同时喜欢两物品的用户数,得到物品相似度矩阵 M,将矩阵 M 归一化后得到物品相似度矩阵 R,R 表示物品之间的余弦相似度。

4.3　机器学习评价方法

　　在使用机器学习算法的过程中,针对不同的问题需要不用的模型评估标准,这里主要介绍分类问题与回归问题的评价方法。

4.3.1　分类问题

　　训练好的分类模型是基于给定训练样本的,它将被用来预测独立于训练样本之外的测试样本。如果分类模型在训练样本中表现优越,而在测试集中表现不佳,就会出现过拟合现象。如果模型在训练过程中没有学习到足够的特征,导致训练出来的模型不能很好地匹配测试集,则会出现欠拟合现象。因此,需要一些指标对模型的性能进行评价。常用的模型性能指标包括正确率、精准率、召回率、F1 值等。

1. 混淆矩阵

混淆矩阵(confusion matrix)也称误差矩阵,用于衡量分类模型性能,为 n 阶矩阵。混淆矩阵的列表示预测类别,每一列的总数代表预测为该类别的样本数;行表示真实类别,每一行的总数代表该类别的实际样本数。假设分类目标只有两类:正例(positive),用 1 表示;负例(negative),用 0 表示,它们是模型的结果。此外有:

True Positives(TP):被正确分类为正例的样本个数。

False Positives(FP):被错误分类为正例的样本个数。

False Negatives(FN):被错误分类为负例的样本个数。

True Negatives(TN):被正确分类为负例的样本个数。

根据以上描述,典型混淆矩阵的形式如图 4-8 所示。

	1	0	
1	TP	FN	Actual Positive(TP+FN)
0	FP	TN	Actual Negative(FP+TN)
	Predicted Positive (TP+FP)	Predicted Negative (FN+TN)	TP+FP+FN+TN

图 4-8　典型混淆矩阵的形式

2. 评价指标

(1) 正确率(Accuracy),它是最常见的评价指标,用于描述被模型正确分类的样本的比例。它反映了模型的整体性能。一般来说,正确率越高,模型性能越好。有

$$Accuracy = (TP + TN)/(TP + FP + TN + FN) \tag{4-8}$$

与正确率相反的是错误率(ErrorRate),它用于描述被模型错误分类的样本的比例。对一个实例而言,正确分类和错误分类是互斥的,即 ErrorRate=1−Accuracy。

(2) 精准率(Precision),它是精确性的度量,指预测值与真实值之间的吻合程度,即预测正确的正例数占预测为正例的样本总量的比率。有

$$Precision = TP/(TP + FP) \tag{4-9}$$

正确率和精准率是不一样的。在正确率计算中把预测正确的样本数目作为分子,把全部样本数目作为分母,表明正确率是对全部样本的判断,是对模型整体性能的评价;精准率在分类中对应具体的某个类别,在其计算中分子是预测类别正确的样本数目,分母是预测为该类别的所有样本数目,即精准率是对模型预测正确率的评价。在正负样本数量不均衡的情况下,正确率评价存在一定的缺陷,此时采用更多的是精准率;当正负样本数量均衡分布时才选择正确率作为评价指标。

(3) 召回率(Recall),又称"查全率",是覆盖面的度量,是预测对的正例数占真实的正例数的比例,即

$$Recall = TP/(TP + FN) \tag{4-10}$$

(4) F1 值(F1-Score),它是精准率和召回率的调和均值。一般而言,精准率和召回率从两个角度反映了模型性能,单独根据某一指标无法全面地衡量模型的整体性能。为了均衡二者的影响,引入 F1 值作为综合指标,全面地评估模型性能。有

$$\text{F1-Score} = (2 \times \text{Precision} \times \text{Recall})/(\text{Precision} + \text{Recall}) \tag{4-11}$$

（5）负正类率（false positive rate，FPR），用于衡量模型对正例样本的判别能力，表示被错误判断为正例的负例占所有负例的比例，即

$$\text{FPR} = \text{FP}/(\text{FP} + \text{TN}) \tag{4-12}$$

（6）特异性（Specificity），又称真负类率（true negative rate，TNR），用于衡量模型对负例样本的判别能力，表示所有负例中被正确分类的样本的比例。

$$\text{Specificity} = \text{TN}/(\text{FP} + \text{TN}) = 1 - \text{FPR} \tag{4-13}$$

（7）其他指标，有如下几种：

① 计算速度：模型训练和预测耗费的时间。

② 鲁棒性：模型应对缺失值和异常值的能力。

③ 可扩展性：模型处理大数据集的能力。

④ 可解释性：模型预测标准的可理解性。

4.3.2　回归问题

回归问题主要是求值，主要评价标准是求得值与实际结果的偏差，所以，对回归问题主要采用以下方法来评价模型。

1. 平均绝对误差法

在统计学中，平均绝对误差（mean absolute error，MAE）用于衡量实验数据集的预测值与实际值的接近程度。

平均绝对误差的计算公式如下：

$$\text{MAE} = \frac{1}{n} \sum_{i=1}^{n} |f_i - y_i| = \frac{1}{n} \sum_{i=1}^{n} |e_i| \tag{4-14}$$

顾名思义，平均绝对误差是绝对误差的平均值。绝对误差为 $e_i = |f_i - y_i|$，其中 f_i 是预测值，y_i 是真实值。

2. 均方误差

若 $\hat{\boldsymbol{Y}}$ 是 n 个预测值的向量，$\boldsymbol{Y}$ 是真值向量，那么预变量的均方误差（mean square error，MSE）是

$$\text{MSE} = \frac{1}{n} \sum_{i=1}^{n} (\hat{Y}_i - Y_i)^2 \tag{4-15}$$

3. 均方根误差

均方根误差（root-mean-square error，RMSE）与均方根偏差（root-mean-square deviation，RMSD）等价。相对于估计参数 θ 的估计量 $\hat{\theta}$ 的均方根误差被定义为均方误差的平方根：

$$\text{RMSD}(\hat{\theta}) = \sqrt{\text{MSE}(\hat{\theta})} = \sqrt{E((\hat{\theta} - \theta)^2)} \tag{4-16}$$

对于无偏估计，均方根误差是方差的平方根，称为标准误差。对于 n 个不同的预测，回归问题的因变量 y 在时间 t 内的预测值的平均值为 $\hat{y}_t$，则：

$$\text{RMSD} = \sqrt{\frac{\sum_{t=1}^{n} (\hat{y}_t - y_t)^2}{n}} \tag{4-17}$$

4. 归一化均方根偏差

归一化均方根偏差(normalized root-mean-square deviation,NRMSD)是均方根偏差除以预测变量的最大值和最小值之差,即

$$NRMSD = \frac{RMSD}{y_{max} - y_{min}} \tag{4-18}$$

4.4　并行机器学习算法

经过多年的发展,互联网应用已获得巨大的成功。由此,人们可以在不同时间与地域获取自己希望获得的数据。随着数据量的激增,如何有效获得并通过机器学习技术来更好地利用这些数据已成为信息产业继续兴旺发展的关键。因此,机器学习算法和技术就成为解决这类问题的有力工具。

在中小规模问题上,机器学习已经从理论研究阶段逐渐上升到了实际应用阶段。但是在大规模的实际应用中,特别是在大数据环境下,数据的体量大、结构多样、增长速度快、整体价值大而部分价值稀疏等特点,对数据的实时获取、存储、传输、处理、计算与应用等诸多方面带来了全新挑战。传统的面向小数据的机器学习技术已很难满足大数据时代人们的种种需求,并且使用单个计算单元进行运算的集中式机器学习算法难以在大规模的运算平台上执行。因此,在大数据时代,突破传统的思维定势和技术局限,研究和发展革命性的、可满足时代需求的并行机器学习的新方法和新技术,从大数据中萃取大价值,具有重要的意义。

目前,机器学习应用非常广泛的很多领域都已经面临了大数据的挑战。如在互联网和金融领域,训练实例的数量是非常大的,每天会有几十亿事件的数据集。另外,越来越多的设备(包括传感器)持续记录观察的数据可以作为训练数据,这样的数据集可以轻易地达到几百 TB。再如淘宝网的商品推荐系统中,用户点击推荐商品的行为会被淘宝网的服务器记录下来,作为机器学习系统的输入。输出是一个数学模型,该模型可以用来预测一个用户喜欢看到哪些商品,从而在下一次展示推荐商品的时候,多展示那些用户喜欢的商品。类似的,在互联网广告系统中,展示给用户的广告,以及用户点击的广告也都会被记录下来,作为机器学习系统的训练数据,以训练点击率预估模型。在下一次展示推荐商品时,这些模型会被用来预估每个商品被展示之后被用户点击的概率。由这些例子我们可以看出,这些大数据之所以大,是因为它们记录的是数十亿互联网用户的行为。而人们每天都会产生行为,以至于一些大公司的互联网服务器每天都会收集到很多块硬盘才能装下的数据。而且这些数据会随时间增加,永无止境。传统机器学习技术在大数据环境下的低效率以及大数据分布式存储的特点,使得并行化的机器学习技术成为解决利用大规模、海量数据进行学习这一问题的重要途径。

并行机器学习随着大数据概念和云计算技术的普及而得到了迅速发展。大数据给并行机器学习带来了需求;云计算给并行机器学习创造了条件。所谓并行机器学习,就是在并行运算环境(例如云计算平台)下,利用大量运算单元完成机器学习任务。进行并行机器学习的主要目的有二:一是处理在单个运算单元上、在可容忍的时间范围内无法解决的超大规模

问题;二是充分利用多运算单元的优势,提高机器学习效率,缩短整个任务的完成时间。

面向大数据环境的并行机器学习算法研究在近年来得到了高度的关注和快速的发展。从目前主要技术进展来看,并行机器学习算法的研究在以下一些方面取得了重要的成果。

(1)并行化编程技术　　目前比较流行的研究是通过 MapReduce、MPI(多点接口)、CUDA(统一计算设备架构)、OpenMP 等并行编程模型对传统的机器学习技术进行并行化的改造和拓展,出现了并行聚类算法、并行分类算法、并行关联规则挖掘算法和神经网络并行化算法等。由于各种并行化技术的通用性和效率不一样,对不同的机器学习算法,在并行化的过程中必须结合其自身特点以及被处理问题的特点而选择合适的并行化技术。在云计算时代,云计算平台为机器学习算法的并行化提供了强大的并行与分布式处理平台。因此,结合云计算平台在大数据环境下开展并行与分布式机器学习算法的研究与应用成为机器学习算法研究领域的一个重要发展方向。一个典型的例子就是 Zhao 等人于 2009 年最早提出了适用于大数据聚类的多节点并行 k 均值算法——PKMeans,给出了基于 Hadoop 云平台的并行聚类方法的具体并行方法和详细策略。

(2)学习数据的并行化处理　　面对超多样本和超高维度的数据进行学习和挖掘,传统的机器学习和数据挖掘方法无论是在处理时间还是在求解性能上都失去了实际的应用价值。另一方面,传统机器学习方法大多数都需要将学习样本和挖掘对象装载到内存中,然后再进行处理。但是在大数据环境下,大数据已经不可能在单一的存储节点上进行集中存储,这就给学习过程带来了困难和挑战,分布式存储成为了必然的选择。如何针对大数据本身的特征进行高效分拆以及对分拆后的处理结果进行高效组装,是能否有效利用并行化机器学习技术对分拆大数据后得到的小数据进行求解的关键。并行化机器学习技术的本质在于应用并行运行的算法处理一些可解的数据,因此实现大数据的分拆是并行化机器学习技术能够在大数据环境下使用的前提。大数据的分拆问题可以理解为一个优化问题。随机拆分、平均拆分、基于实验设计方法的拆分等各种方法,都可以在一定意义上为并行化的机器学习提供算法可解的数据输入。然而,这些拆分方法不一定是最优的,如何对大数据进行最优分拆是一个困难的问题。作为一种高效的全局最优化方法,计算智能优化方法一直以来都被研究者认为是能够辅助机器学习技术提高性能的有效途径。然而,面对大数据的分拆,由于传统集中式的计算智能方法在处理时间和规模上存在严重的瓶颈,分布式计算智能方法成为在大数据时代下实现问题优化的新途径。通过分布式计算智能算法,可以为大数据的最优分拆提供有效的手段,并使得大数据成为并行机器学习技术可解的数据输入,最终将并行机器学习技术得到的结果进行高效组装而实现对大数据应用问题的求解。将分布式计算智能优化方法与并行机器学习技术有机结合,是并行机器学习技术未来重要发展方向之一。

(3)并行算法协同处理技术　　一些高准确性的学习算法,基于复杂的非线性模型而实现或者采用了内存开销非常大的计算子程序。在这两种情况下,将计算分配到单个处理单元是大数据机器学习算法的关键。单台机器的学习过程可能会非常慢,采用并行多节点或者多核处理方式,可提高在大数据应用中复杂算法和模型的计算速度,而如何在多个处理单元上对这些机器学习算法进行协同成为制约学习效率的关键问题。很多应用,如自动导航或智能推荐等,都需要进行实时预测。在这些情形下,由于推理速度的限制,需要推理算法能实现并行化。决定系统计算时间的因素一般有两个:一个因素是单任务的处理时间,该情况下计算时间的缩短可以通过提高系统的单机处理能力和吞吐量来解决;另一个因素是时延,在绝大多数应用场合,任务由多个相互关联的进程组成(例如,自动导航需要基于多个传感器做出路径规划决策,智能推荐需要综合用户的特征分析、历史记录等),不同进程的处理时间不一样,任务整体的处理实际取决于各个进程的结果,如某一进程处理时间增加会造成时延,整个任务的处理速度会随着时延的增加快速下降。因此,如何对这些分布在不同处理单元的并行程序进行协同,提高学习效率,成为并行机器学习算法的一个重要研究内容。

　　并行机器学习技术作为解决大数据挖掘和学习的重要手段得到了高度重视。目前,多核技术和计算机集群技术的实现,使得单个任务在成百上千,甚至数万个计算单元上同时运行变得可行。我们可用的计算资源在飞速发展。虽然单个计算单元运算能力的提高已经逐步陷入停滞状态,尤其在个人计算机的处理器上,纳米级的颗粒度已经难以逾越,但是新的处理器多核技术带了巨大的改变,多核CPU(中央处理器)大幅提高了个人计算机的性能。而在大型机领域,近年来国内陆续上线多个超级计算中心,一台普通的超级计算机的运算单元数量已经增加到几万甚至更多。这些都给并行机器学习技术的研究、发展和应用提供了重要的支持。

　　目前,大规模并行化的机器学习算法不仅在理论研究和算法设计方面引起了学术界的广泛关注,而且在软件系统开发和产业应用方面已经获得了相应的成果,产生了积极的影响。例如中科院计算所开发了基于云计算的并行分布式数据挖掘工具平台(PDMiner)。PDMiner实现了各种并行数据挖掘算法,比如数据预处理、关联规则分析算法,以及分类、聚类等算法。PDMiner可以处理规模达TB数量级的数据,具有很好的加速比性能,可以有效地应用到实际海量数据挖掘中。此外,PDMiner还配备了工作流子系统,提供了友好统一的接口界面,方便用户定义数据挖掘任务,并且开放了灵活的接口,方便用户开发集成新的并行数据挖掘算法。清华大学设计了面向大规模文本分析的主题模型建模方法WarpL-DA,其可以实现数十亿文本上的百万级别主题模型学习。微软公司提出了用于图数据匹配的Horton以及分布式机器学习开源工具包DMTK(Distributed Machine Learning Toolkit);Google公司提出了适合复杂机器学习的分布式图数据计算框架Pregel,但不开源;美国卡内基梅隆大学提出了GraphLab开源分布式计算系统。百度公司利用大规模机器学习技术搭建了一个容纳万亿特征数据,能以分钟级别更新模型,并能进行自动高效深度学习和高效训练的点击率预估系统。

4.5　利用Mahout解决大数据推荐优化问题实践

1. Mahout的主要功能

Mahout包含推荐、聚类、分类等功能。

推荐:利用推荐引擎,服务商或网站可根据用户过去的行为为其推荐书籍、电影或文章等。

聚类:Google news使用聚类技术,通过标题对新闻文章进行分组,从而按照逻辑线索来显示新闻,而并非给出所有新闻的原始列表。

分类:雅虎邮箱基于用户以前对正常邮件和垃圾邮件的报告,以及电子邮件自身的特征,来判别到来的消息是否是垃圾邮件。

图 4-9 所示为 Mahout 推荐系统架构。

Mahout 使用 Taste 推荐引擎来提高协同过滤算法的实现效率。Taste 是一个基于Java的可扩展的、高效的推荐引擎。Taste 既实现了最基本的基于用户和基于内容的推荐算法，也提供了扩展接口，使用户可以方便地定义和实现自己的推荐算法。同时，Taste 不仅仅适用于 Java 应用程序，它还可以作为内部服务器的一个组件，以 HTTP 和 Web Service 的形式向外界提供推荐的逻辑。Taste 的设计使它能满足企业对推荐引擎在性能、灵活性和可扩展性等方面的要求。图 4-10 为 Taste 结构示意图。

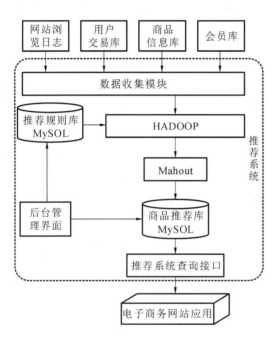

图 4-9 Mahout 推荐系统架构

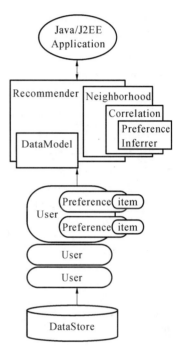

图 4-10 Taste 结构示意图

Taste 主要包括以下几个接口：

（1）DataModel 接口　它是用户喜好信息的抽象接口，支持从任意类型的数据源抽取用户喜好信息。Taste 提供了 JDBCDataModel 接口和 FileDataModel 接口，分别支持从数据库和文件中读取用户的喜好信息。

（2）UserSimilarity 和 ItemSimilarity 接口　UserSimilarity 接口用于定义两个用户间的相似度，它是基于协同过滤的推荐引擎的核心部分，可以用来计算用户的"邻居"（将与当前用户喜好相似的用户称为他的邻居）。ItemSimilarity 接口与 UserSimilarity 接口类似，用于计算 Item 之间的相似度。

（3）UserNeighborhood 接口　它用在基于用户相似度的推荐方法中，推荐的内容是基于找到与当前用户喜好相似的邻居用户的方式产生的。UserNeighborhood 接口用于定义确定邻居用户的方法，具体实现一般是基于 UserSimilarity 计算。

（4）Recommender 接口　它是推荐引擎的抽象接口，是 Taste 中的核心组件。在程序中为它提供一个 DataModel，它可以计算出对不同用户的推荐内容。实际应用中，主要使用它的实现类 GenericUserBasedRecommender 或者 GenericItemBasedRecommender，分别实现基于用户相似度的推荐引擎或者基于内容的推荐引擎。

（5）RecommenderEvaluator 接口　它是评分器。

（6）RecommenderIRStatsEvaluator 接口　它用于搜集与推荐性能相关的指标,包括精准率、召回率等。

2. 案例分析

根据电影点评网站数据,给目标用户推荐电影。

采用基于用户的协同过滤算法,代码如下：

```
packagecom.github.davidji80.maven.mahout;
import org.apache.mahout.cf.taste.common.TasteException;
import org.apache.mahout.cf.taste.impl.common.LongPrimitiveIterator;
import org.apache.mahout.cf.taste.impl.model.file.FileDataModel;
import org.apache.mahout.cf.taste.impl.neighborhood.NearestNUserNeighborhood;
import org.apache.mahout.cf.taste.impl.recommender.GenericUserBasedRecommender;
import org.apache.mahout.cf.taste.impl.similarity.EuclideanDistanceSimilarity;
import org.apache.mahout.cf.taste.model.DataModel;
import org.apache.mahout.cf.taste.recommender.RecommendedItem;
import org.apache.mahout.cf.taste.recommender.Recommender;
import org.apache.mahout.cf.taste.similarity.UserSimilarity;
import java.io.File;
import java.io.IOException;
import java.net.URL;
import java.util.List;
public class BaseUserRecommender {
    final static int NEIGHBORHOOD_NUM=2;      # 用户邻居数量
    final static int RECOMMENDER_NUM=3;        # 推荐结果个数
    public static void main(String[] args)throws IOException,TasteException {
        # 准备数据 这里是电影评分数据集,其中第一列表示用户 id;第二列表示商品 id;第三列
表示评分,评分是 5 分制
        URL url=BaseUserRecommender.class.getClassLoader().getResource("movie.data");
        # 将数据加载到内存中
DataModel dataModel=new FileDataModel(new File(url.getFile()));
        # 计算相似度
UserSimilarity similarity=new EuclideanDistanceSimilarity(dataModel );
        # 计算最近邻域,有两种算法,即基于固定数量的邻居算法和基于相似度的邻居算法,这里
使用基于固定数量的邻居算法。由 NEIGHBORHOOD_NUM 指定用户邻居数量
NearestNUserNeighborhood   neighbor=new NearestNUserNeighborhood(NEIGHBORHOOD_NUM,
similarity,dataModel );
        # 构建推荐器
        Recommender r=new GenericUserBasedRecommender(dataModel,neighbor,similarity);
        # 得到所有用户的 id 集合
        LongPrimitiveIterator iter=dataModel.getUserIDs();
        while(iter.hasNext()){
```

```
          longuid=iter.nextLong();
    # 获取推荐结果,获取指定用户指定数量的推荐结果
    List<RecommendedItem>list=r.recommend(uid,RECOMMENDER_NUM);
    System.out.printf("用户:%s",uid);
    # 遍历推荐结果
    System.out.print("--》推荐电影:");
    for(RecommendedItem ritem:list){
    # 获取推荐结果和推荐度
    System.out.print(ritem.getItemID()+ "["+ ritem.getValue()+ "] ");
    }
    System.out.println();
  }
 }
}
```

运行以上代码,所得结果如图 4-11 所示。

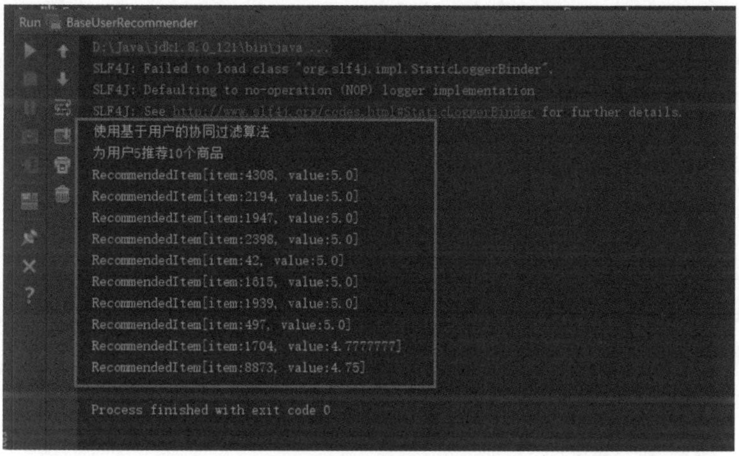

图 4-11　运行结果

本 章 小 结

机器学习算法已经广泛应用于人们的日常生活,深入地理解数据的含义是大数据驱动产业的基本内容。本章详细介绍了机器学习的基础知识,包括典型的机器学习问题、机器学习评价方法和指标、并行机器学习算法,以及利用 Mahout 解决大数据推荐优化问题的实例。

习　　题

1. 关于 MapReduce 执行过程,说法错误的是(　　)。

A. Reduce 大致分为复制、排序、归约三个阶段

B. 数据从环形缓冲区溢出时会进行分区操作

C. Reduce 默认只进行内存到磁盘和磁盘到磁盘合并

D. 洗牌阶段指的是 map()函数输出之后到 reduce()函数输入之前

2. 在高阶数据处理中,往往无法把整个流程写在单个 MapReduce 作业中,下列关于链接 MapReduce 作业的说法,不正确的是(　　)。

A. ChainReducer. addMapper()方法中,一般将键值对发送设置成值传递,性能好且安全性高

B. 使用 ChainReducer 时,每个 mapper 和 reducer 对象都有一个本地 JobConf 对象

C. ChainMapper 和 ChainReducer 类可以用来简化数据预处理和后处理的构成

D. Job 和 JobControl 类可以管理非线性作业之间的依赖

3. 有关 MapReduce 的输入、输出,说法错误的是(　　)。

A. 链接多个 MapReduce 作业时,序列文件是首选格式

B. FileInputFormat 中实现的 getSplits()可以对输入数据进行分片,分片数目和大小可任意定义

C. 想完全禁止输出,可以使用 NullOutputFormat

D. 每个 Reduce 任务需将它的输出写入自己的文件中,输出无须分片

4. MapReduce 框架提供了一种序列化键值对的方法,支持这种序列化的类能够在 Map 和 Reduce 过程中充当键或值,以下说法错误的是(　　)。

A. 实现 Writable 接口的类是值

B. 实现 WritableComparable 接口的类可以是值或键

C. Hadoop 的基本类型 Text 并不实现 WritableComparable 接口

D. 键和值的数据类型可以超出 Hadoop 自身支持的基本类型

5. 关联规则挖掘的目的是什么?

6. 关联规则挖掘问题可以划分为哪两个子问题?

7. 数据挖掘是在哪些相关学科充分发展的基础上被提出和发展的?

8. Apriori 算法的两个的性能瓶颈是什么?

9. 给定如下 3-频繁项集:{1,2,3},{1,2,4},{1,2,5},{1,3,4},{1,3,5},{2,3,4},{2,3,5},{3,4,5}。假定其中只有 5 个项目,列出所有的 4-频繁项集。

10. 满足最小支持度和最小信任度的关联规则是什么规则?

11. 支持度和可信度的定义分别是什么?

12. MapReduce 中排序发生在哪几个阶段? 这些排序是否可以避免,为什么?

13. MapReduce 是如何优化的?

14. 如何防止 MapReduce 数据倾斜?

15. 非结构化数据有哪些特点?

16. 数据集成的方法有哪些?

17. 试述数据归约的作用。

第5章 大数据分析技术

5.1 MapReduce 编程基础

　　云计算是当今 IT 产业的核心技术,它可以通过网络为用户提供各种 IT 资源。云计算以虚拟化技术为基础,可以提供低成本、可伸缩的网络资源或服务。虚拟化的资源不受物理条件的限制,能够根据实际需要进行动态调整,这也使得云计算环境成为动态异构的计算环境。人类进入大数据时代后,海量数据的出现对数据的存储与处理提出了更高的要求。Hadoop 是云计算的一种实现,其中的 MapReduce 是一种并行编程框架,该框架可以运行在大规模计算机集群上,具备对海量数据进行并行处理的能力。传统的 MapReduce 是在静态同构的环境下设计的,这使得其计算能力在云计算动态异构的环境中受到较大影响,而且在很长一段时间内,计算机都没有很好的办法处理非关系数据库。传统的数据处理技术无法处理非关系数据,特别是关系数据和非关系数据的融合使得数据处理起来相当棘手。为了实现大规模集群的海量数据处理,Google 公司在 2004 年提出了 MapReduce 并行计算模型。它是云计算的核心之一,能从复杂的实现细节中提取简单的业务处理逻辑,通过一系列简洁强大的接口,自发地并行和分布执行海量数据的计算。开发者不用有许多的并行运算或分布式应用的开发经验就能高效地使用分布式资源。MapReduce 的出现为处理复杂类型的数据提供了一种有效的解决方案。在数据挖掘中,关联规则算法是比较常用的一种算法,这种算法在处理结构化的数据时,能够在单机有限的资源上充分发挥算法的优势,很快得到数据挖掘结果。但是,这种算法在非关系数据库处理方面却存在着不小的问题,而这个问题在 MapReduce 框架下却可以得到很好的解决。

5.1.1 MapReduce 的概念

　　常用的基于云计算的数据挖掘的并行计算模型主要是 MapReduce。MapReduce 框架不仅有较强的容错特性,还能够对数据进行传递,让大批量的数据都能够得到高效的运算。一般来说,MapReduce 的并行计算任务可以分为两种,一种是 Map 任务,一种是 Reduce 任务。在这两种任务执行的过程中,数据挖掘系统会自动将获得的数据划分为多个独立的小模块,然后将这些小模块分布到各个数据节点中,进行统一的核算处理。这种方法可以让数据得到分布式的核算,从而加快数据处理的速度,减小服务器集中处理数据的负载,提高效率。在进行海量数据处理的时候,可以借助 MapReduce 的任务分配功能框架去设定各数据节点,并对处理阶段和核算节点进行统一分布式管理,这样便于解决 Hadoop 数据处理过程的各种问题。

MapReduce 采用了并行处理技术,可以在大规模数据上进行分布式并行计算。如前文所述,该技术对数据的处理分为 Map 和 Reduce 两个阶段,其具体执行过程为:

(1) MapReduce 使用 InputFormat 进行 Map 任务前的预处理工作,然后将输入文件逻辑上划分成若干个输入分片,同时记录要处理数据的长度和位置。

(2) RecordReader 根据输入分片中记录的信息处理数据,并转换成键值对⟨key,value⟩传送给 Map 任务。

(3) Map 任务会根据相关规则,产生一系列键值对⟨key,value⟩作为中间结果。这些中间结果会经过洗牌、排序、归约等一系列操作,转换成⟨key,value-list⟩的形式,以便 Reduce 任务进行并行处理。

(4) Reduce 任务对输入数据⟨key,value-list⟩进行并行处理,将结果输出给 OutputFormat 模块。

(5) OutputFormat 模块对输出文件和输出目录进行校验,确认无误后,将结果保存到分布式系统中。

5.1.2 MapReduce 原理

MapReduce 采用了分治算法。分治算法就是将一个复杂的问题分解成多组相同或类似的子问题,对这些子问题进行再次分解,然后又对得到的子问题进行分解,直到最后的子问题可以简单地求解。经典的排序算法——归并排序算法正是采用了分治思想。归并排序采用递归的方式,每次都将一个数组分解成更小的数组,再对这两个数组进行排序,不断递归下去。当分解得到形式最简单的两个数组时,将分解后得到的各个数组进行合并,如图 5-1 所示。这就是归并排序。

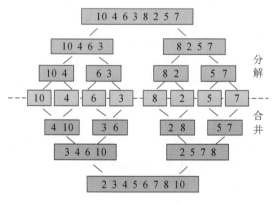

图 5-1 归并排序——分而治之

从图 5-1 可以看到,初始的数组是{10,4,6,3,8,2,5,7},第一次分解后,得到两个数组:{10,4,6,3},{8,2,5,7}。

继续分解,最后得到 5 个数组:{10,4},{6,3},{8,2},{5,7}。分别合并并排序,最后排序完成,得到数组{2,3,4,5,6,7,8,10}。

上述的例子说明的是比较简单的情况。当数组很大的时候又该怎么办呢?比如数组达到 100 GB 大小,那么在一台机器上对其进行归并排序一般无法实现或者效率较为低下。

但可以将任务拆分到多台机器中去,而使用分治算法可以将一个任务拆分成多个小任务,并且这多个小任务不会相互干扰,可以独立计算。将这个数组拆分成 20 个块,每个块的大小为 5 GB。然后将这每个 5 GB 的块分散到各个不同的机器中去运行,最后将处理的结果返回,让中央机器再进行一次完整的排序,这样无疑会使速度提升很多。上述这个过程说明了MapReduce 的大致原理。

5.1.3　MapReduce 函数式

MapReduce 用于在集群上使用并行分布式算法生成和处理大数据集。由前文可知,MapReduce 模型是数据分析的分治思想的具体应用。MapReduce 框架的主要贡献不是实际的 Map 和 Reduce 功能,而是优化执行引擎来实现各种应用的可伸缩性和容错性。因此单线程的 MapReduce 实现通常不会比传统的编程模型(非 MapReduce)实现更快,任何收益通常都只能在多线程实现中看到。只有当 MapReduce 框架的优化分布式洗牌操作和容错功能发挥作用时才能使用此模型。

Map 和 Reduce 是函数式编程中的两个语义。map()函数和 for 循环类似,只不过它有返回值。比如对一个列表进行 Map 操作,它就会遍历列表中的所有元素,然后根据每个元素处理后的结果返回一个新的值。利用 map()函数,可将列表中每个元素从整型转换为字符串型。在 Python 内构建 map()和 reduce()函数。map()函数接收两个参数,一个是函数,一个是序列,map()函数将传入的函数依次作用到序列的每个元素上,并把结果作为新的列表返回。比如有一个函数 $f(x)=x^2$,要把这个函数作用在一个列表[1,2,3,4,5,6,7,8,9]上,就可以用 map()函数实现,代码如下:

```
>>>def f(x):
...     return x*x
...
>>>map(f,[1,2,3,4,5,6,7,8,9])
```

则系统输出结果:

```
[1,4,9,16,25,36,49,64,81]
```

处理流程如图 5-2 所示。

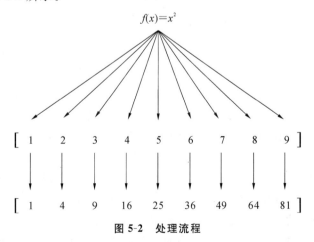

图 5-2　处理流程

map()函数传入的第一个参数是 f,即函数对象本身。若不需要 map()函数,通过一个

for 循环,也可以计算出结果,代码如下:

```
L=[]
for n in [1,2,3,4,5,6,7,8,9]:
        L.append(f(n))
print L
```

5.1.4　MapReduce 的应用

　　MapReduce 是谷歌运行大规模数据并行计算的核心模型。在大数据的并行挖掘处理中,Hadoop 处理大量小文件数据时会有内存消耗过高、数据读写速度慢等情况出现。为了解决这个问题,MapReduce 通过两个函数重写了优化算法,实现了海量小文件数据的并行挖掘。MapReduce 是适合海量数据处理的编程模型。Hadoop 能够运行使用各种语言编写的 MapReduce 程序,因此可使用多台机器集群执行大规模的数据分析。

　　MapReduce 是由两个内置函数 map()和 reduce()组成的,计算的框架由 map()函数和 reduce()函数提供。在 MapReduce 框架系统中,多个进程可以同时调用函数,进行多次输入,实现资源共享。两个函数之间的调用关系如图 5-3 所示。

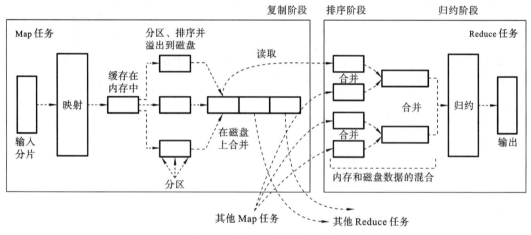

图 5-3　基于用户的协同过滤

　　为了保证系统一定的吞吐量且以批处理为主,传统的 MapReduce 单个分区归约(MR)任务的最终输出会在 Reduce 过程完成后录入 HDFS 并存储。倘若正在运行的 MapReduce 任务需要用之前 MapReduce 作业的最后输出作为输入,则在任务运行完成并把输出存储到 HDFS 之前,MapReduce 不会开始当前任务的执行。因为 MapReduce 在执行调度任务时,ResourceManager 需知道 HDFS 中输入数据的路径。另外,在实际生产中的数据多数都是异构的,因此需有多个 MapReduce 任务进行字段重新组合来保证数据结构化。通常,这些MapReduce 任务间会含有相互依托的关系,某个 MapReduce 任务的输入为其他一个(或多个)MapReduce 任务的输出,这些有依托关系的 MapReduce 任务每次在运行时,会等候之前任务把输出序列化存进磁盘之后,再从磁盘中读取序列化后的结果。由于涉及磁盘的I/O操作量较大,所以执行速率会大大地降低。因此系统会改进单个 MapReduce 任务的执行流程,通过把 Reduce 过程的中间结果直接传输给后续任务的 Map 过程,保证相互之间有依托关系的 MapReduce 任务顺利完成流式处理。

在进行数据挖掘的时候,程序员可以将重点放在两个函数执行阶段的处理上,而不用过多关注分布式处理是怎么实现的。因此 MapReduce 不需用户掌握分布式并行编程,可以直接使用这两个模型进行数据挖掘。在并行数据挖掘过程中,数据处理流程主要分为两个阶段,即 map()函数的执行阶段(映射阶段)和 reduce()函数的执行阶段(归约阶段)。

映射阶段主要是完成映射分解,将要分析的数据模块化分解成若干小数据,将这些小数据的集合交由集群中的每个节点来处理,并产生一系列的处理结果。

归约阶段的主要任务就是将 Map 阶段产生的处理结果进行归纳,按照一定逻辑归纳合并,并将最终的结果呈现给用户。在 Map 阶段只是完成映射分解,并不会对原有的数据结构造成破坏,因此在这个阶段数据处理是可以高度并行的。在 Reduce 阶段,数据结构会产生一定的破坏,原有的数据要重新组合,所以并行性相对第一个阶段来说并不高,但是运算过程仍然是独立的,所以在这个阶段数据处理仍然是可以以并行方式执行的。由此可以得出结论,MapReduce 在数据挖掘中是可以并行执行数据处理任务的。

由于 MapReduce 能够在数据挖掘计算中并行执行任务,因此它很适合用于分布式计算。MapReduce 依靠其强大的容错机制和分布式调度策略,为数据挖掘的算法提供了一个非常可靠且容易扩展的功能强大的分布式平台。在 MapReduce 中有几个重要的概念。

(1) Job:指在数据挖掘的单次分布式过程中所要完成的工作内容。

(2) Task:工作任务,是在一次分布式过程中要完成的工作任务的子任务,分为 Map 任务和 Reduce 任务两种,分别在算法的两个阶段完成。

(3) JobTracker:控制节点。在映射阶段中,将数据分解后交由这些节点来实现控制,一般放置在独立的服务器上,它有一个主要的任务就是监督并调度 job 的子任务,如果发现有失败的任务,则强制重新运行。

(4) TaskTracker:计算节点,主要分布在一个或多个服务器上,提供辅助服务,负责和控制节点进行通信,执行所接收到的每个任务。

(5) JobClient:用户端,每个 Job 通过 JobClient 将程序和各类参数打包成一个 JAR 文件,并且存储起来,然后将存储路径上传到控制节点中,等待工作节点生成子任务后,由任务节点去执行。

5.1.5 MapReduce 的分片聚集处理

在复杂的大数据分析应用(如互联网企业的后台日志处理、新闻摘要更新和社交网络服务推介等)中,频繁查询(recurring query)常常出现,其特点是系统周期性生成庞大的更新数据,而且必须快速地进行实时查询处理。在这种情况下,需对不断变化的数据周期性地执行相同的分析查询,查询价值取决于用户感兴趣的数据粒度。频繁查询的时间跨度可以是几个小时或者几天,甚至数月。这种真实环境下频繁查询的时态特性对现有数据计算模型提出了新的要求。大数据环境下的频繁查询,由于具有数据体量大、要求速度快、数据类型多、数据价值密度低等特点,面临数据密集型查询的挑战,同时用户对高可扩展的实时性查询的依赖性越来越强。大数据环境下的频繁查询已经成为当前大数据研究中具有挑战性的新热点。传统数据库经常通过数据重用提升查询效率。数据重用有利于减少系统存储量、缩短用户响应时间,是数据库管理的重要研究内容。但是,由于传统数据库缺少扩展性,只能依靠单台服务器执行,在做大数据分析时,其计算资源常常耗尽,无法承受频繁查询负载压力,迫切需要采取有效手段,如引入 MapReduce 分布式并行计算框架,构建具有可扩展性的数据库。基于列存储的 MapReduce 分片聚集方法,能充分调用集群中所有机器的计算资源,实现数据的并行连接,如图 5-4 所示。

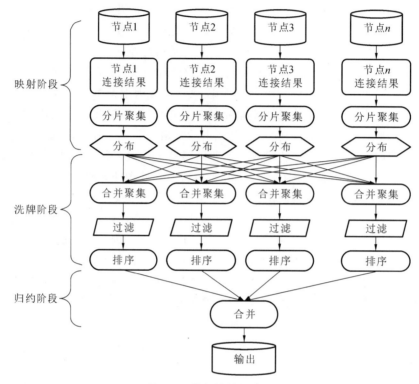

图 5-4　数据的并行连接

数据并行连接的步骤如下。

(1)抽取:在集群中的多个机器上进行并行连接操作,分别执行完之后,得到子连接结果,进入分片聚集阶段。

(2)分片聚集:对每个子连接结果进行聚集计算,从而利用分片方法来减少数据量,提高并行计算能力。在多查询任务中,分片聚集结果还可以重用。

(3)分布:将前阶段的结果,按照查询语句的分组条件,重新分配到各个分组中,使所有具有相同查询字符串的结果被分配到同一个 Map 任务中。

(4)全聚集:每个分区对应一个 Map 任务,通过合并计算具有相同的查询字符串的查询结果,得到最终聚集结果。

(5)过滤:过滤冗余的数据连接。

(6)排序:调用 Hadoop 的 TeraSort 排序算法,对剩余的结果按照要求并行地进行归约排序。

(7)合并:由各个 Reduce 进行合并操作,将所有分区排序的结果合并在一起,输出最终结果。

(8)输出:输出最终结果。

5.1.6　MapReduce 的列储存

目前大部分针对关系数据的大数据处理系统,更多地是采用"一次导入多次查询"机制,并且只会针对数据表中的一列或者几列进行查询。基于列存储方式的数据组织特性,数据列成为分布式环境下的主流存储结构,其典型的代表有 Parquet 和 ORC 结构等。尽管它们在查询处理方面已经达到了比较理想的性能,但仍然有诸多待钻研、改进之处。比如,元数据索引信息并没有像表数据一样采用页式结构作为数据组织形式,读取索引数据时,需要分别读取多个区域定位索引信息,且索引信息为一些轻量级统计信息,不能精确到具体的数据页、数据项以及数据行号等,在数据查询时不能很快过滤掉无关数据。另外,在数据压缩方面没有综合考虑数据类型和每个数据列内局部分布特征,以选择更加合适的压缩算法,并且在执行查询时,不可以基于压缩数据直接进行处理。对企业而言,高效的数据存储不仅能够降低数据存储成本,更重要的是在密集型大数据查询领域,有助于实现数据的快速查询,减少时间开销。因此为了能够对海量数据实现合理存储以及高效查询,研究列存储技术势在必行。

在 MapReduce 计算环境下,列存储与行存储不同,其查询处理的操作对象为分布式存储在每个节点上的列或水平划分后的列组,因此,查询执行投影操作为每个节点上的列的操作,效率很高。查询中的每个操作都是相对独立的,这就减少了重复访问相同表格带来的 I/O 接口浪费,也为在 MapReduce 框架下查询的并行执行提供了必要条件。在行存储中,下推的目标对象是表,而在列存储中,下推的目标对象具体到某个列,每个列相当于一个由(rowid,value)组成的小表。在 MapReduce 分布式环境下,小表又是分隔后存储在集群每台机器上的。因此,在列存储的 MapReduce 计算环境里,目标对象是分片小表。列存储在 MapReduce 分布式环境中的实现如图 5-5 所示。

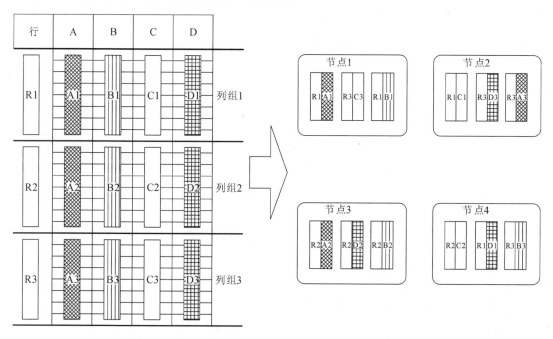

图 5-5　列存储在 MapReduce 分布式环境中的实现示意图

5.1.7　MapReduce 的特点

(1) 节省网络传输的带宽和成本。

MapReduce 在进行数据处理的时候,摒弃了原有的分布式系统产生的移动数据的处理方式,将移动数据本地化,采用移动计算的方式,有效地减少了网络传输需要处理的数据,节省了带宽资源和成本,提高了分布式处理的效率。

(2) 将所有分布式处理的数据以键值对的形式进行处理。

由于在大数据处理过程中存在多种数据类型,原有的结构化数据处理的方式不能统一使用,MapReduce 进行数据处理时,对结构化、非结构化、半结构化数据均采用键值对的方式进行处理,即将数据转换成〈key,value〉的形式。这样的处理方式可以有效提高 MapReduce 处理数据的能力,增强数据处理的扩展性。

(3) 对硬件资源要求不高,有较为强大的容错机制。

MapReduce 将移动数据本地化,不再需要强大的硬件支持,有效地降低了搭建一个分布式数据处理平台的成本。另外 MapReduce 还有较为强大的容错机制,使得分布式平台在数据处理的过程中不会频繁地卡顿。目前 MapReduce 是企业级分布式构架的最佳选择。在 MapReduce 模式下,当集群服务中有一台服务器出现故障而不能够正常运作时,这台服务器的任务自动由 MapReduce 转移到其他空闲的服务器上继续执行(处理的结果也会一并转移),转到新服务器的程序会从断点处开始执行计算。

传统 MapReduce 中的 join 运算通常会在映射阶段读入数据集并依照查询条件过滤,生成键值对,键是 join 属性,值为键本身的值与来自某个表的标签。接着经过洗牌过程,相同键进入同一个 Reduce 来完成连接。基于传统 MapReduce 连接查询,网络传输量大,且需要运行多轮,学术界近几年也在致力于对其进行优化。近几年出现了 Map-Reduce-Merge 模型,该模型通过增加一个 Merge 阶段有效地整合已在 Map 阶段和 Reduce 阶段划分和排序的数据,用来有效地处理关系数据库的相关操作。在此基础上构建文件索引可以提高性能,通过递归处理索引文件,按查询条件划分数据,从而有效地进行选择,提高查询的效率。Map-Reduce-Merge 模型保留了 Map-Reduce 的主要特性,同时能够有效地支持并行数据库的相关操作,更适合用于关系操作,尤其是连接查询。在此基础上,在 Map 阶段与 Reduce 阶段之间增加 join 操作,可以从多数据源获取数据,从而提高数据连接的效率。这两种模型减少了洗牌阶段的网络传输与连接的轮数,达到了优化目的。洗牌阶段涉及排序与分组,可根据不同业务,重新进行编写,进而减少网络传输量,起到查询优化的作用。

5.1.8　MapReduce 大数据平台结构

为了保证数据的高质量,需要对数据进行预处理。去重便是预处理的一种,它能够消除冗余数据,提高后续数据的传输效率,所以在系统的前面加入去重操作,保证具体的业务需求,并满足数据格式的标准化需求,为后续的查询业务提供保障。根据关系数据的特征可知,其连接查询使用较为频繁,因此需要保证其连接查询的高效性。MapReduce 框架通过 Map 和 Reduce 两个操作对数据进行处理,并行编程必须设计符合标准的接口,以满足数据量增长所带来的任务处理要求。同时,标准的接口设计可以在一定程度上将编程实现与计算机底层完美隔离,从而提高编程效率。MapReduce 系统以 Hadoop 为基础构建而成,对 Hadoop 原有部分组件进行了扩展。

　　MapReduce 运行的环境由客户端、ResourceManager、NodeManager 和 Application-Master 组成。客户端将与用户需求相关的作业提交给 ResourceManager，ResourceManager 将作业分配给 NodeManager，NodeManager 把作业分解为 Map 任务和 Reduce 任务，并将任务交给 ApplicationMaster 执行。

　　为了便于读者了解 MapReduce 对关系数据去重的思想，现以某城区 WiFi 上下线日志去重为例进行说明，如图 5-6 所示。

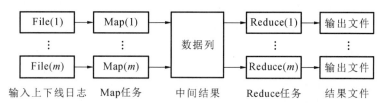

图 5-6　MapReduce 对关系数据去重的过程

　　数据在经过去重处理后，多次重复以及字段缺失的情况大幅减少，但是由于数据量大、包含属性较多，因此数据分类存放在多张表中，所以也需要解决其异构问题。通过连接查询可以将存储在不同表中的数据通过某些共有属性连接起来，进而解决关系数据在使用过程中的异构问题。考虑到 MapReduce 在 Map 阶段可以对数据属性按需求进行组合，Reduce 可对 Map 的属性进行归并，因此可以将其用于连接查询的应用之中。针对不同情况对 MapReduce 进行连接查询的方法设计如图 5-7 所示。

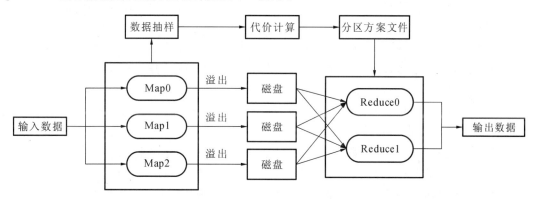

图 5-7　MapReduce 连接查询方法设计

　　基于 MapReduce 的运算框架与海量关系数据的特点，提出一套完整的海量关系数据处理平台架构。平台主要架构包含终端数据层、接入层、数据存储与处理层、数据访问接口层、应用层。海量关系数据处理平台构架如图 5-8 所示。

　　（1）终端数据层　在终端数据层，通过接收器接收设备采集到的数据，并将数据以一定的数据流格式发送到接入层；传输过程中会用特定的算法进行信息加密，保障数据的安全性，同时保护装置会通过心跳检测手段，对采集设备进行监控，若采集设备出了问题，保护装置会进行调度，启用备用应急设备，以避免不必要的损失。

　　（2）接入层　接入层接收终端数据层发送的采集到的数据流，并进行解密操作，提供一些数据对接接口，可以按照对接规范形成海量关系数据表，并以海量表的形式把信息交付给数据存储与处理层。经过此过程后，系统会完成数据格式的归一化管理，以及相应的字段转

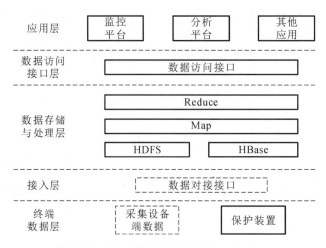

图 5-8　海量关系数据处理平台构架

换,避免在后续的数据处理过程中,同一字段因为发送数据源规范不同,导致在接收端这一字段格式多样的情况发生,从而便于数据的处理与使用。

(3) 数据存储与处理层　该层是在 Hadoop 平台的基础上进行搭建的。HDFS 与 HBase 用于海量关系数据的存储。本层是业务流程的核心模块之一,数据处理的预处理流程就是在本层中实现的。通过 MapReduce 将处理过的历史数据和新采集到的数据进行碰撞运算,达到数据去重的目的。经过数据去重,得到质量较高的数据,保障上层的应用高效性与精确性。

(4) 数据访问接口层　数据访问接口层的任务是给应用层提供一系列的数据访问接口,隐藏底层数据的处理过程,以便高级应用层调用,并与数据处理与存储层密切关联。此层要实现连接查询的功能,主要通过 MapReduce 来进行基于 Map 的连接与基于 Reduce 的连接。最后将 MapReduce 的输出结果入库,并封装调用接口供上一层调用。

(5) 应用层　此层会对处理后的关系数据进行利用,用于前端展示、交互设计、数据分析等。通过可视化的平台,将之前数据访问接口层处理过的数据展示出来,可用于监控整个平台的运行状况,通过集成一些算法模型,提供相应的一些数据分析与挖掘的功能模块,对之前查询到的结果进行相应的业务组合,绘制图表,进行总结等。应用层的结构如图 5-9 所示。

整个系统能提供类似 SQL 的查询接口,应用层的指令会通过数据访问接口层转换成 SQL 语句,接着会把指令转换为 MR 任务集提交给处理层运行。系统通过元数据来实现 Hadoop 系统与数据库的融合,运用 MapReduce 来实现连接查询任务,连接查询的 MapReduce 任务集调度与通信全权交给 MapReduce 的 ResourceManager 负责。系统主要用 HDFS 与 HBase 进行数据存储,用数据库集群辅助存储。通过 HDFS 与 HBase 存储信息完整的海量关系数据,然后通过分析业务所需要的属性配置文件,选取满足业务的属性列,执行脚本,将所需的属性列导入数据库以供后续使用。因数据库对高质量的数据实施查询的速度比 Hadoop 系统快,所以为了获得高质量的数据,需要对数据进行清洗操作。又因为处理的数据为关系数据,具有异构的特性,所以在录入数据库前,需要通过连接查询,对数据进行归一化操作,使其满足需求。以下将对整个系统的重要流程——数据去重流程与数据查询进行介绍。

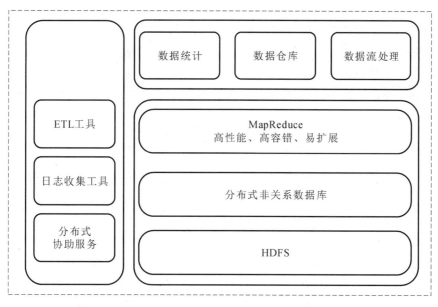

图 5-9　应用层

5.2　基于 Storm 的流数据分析

5.2.1　开源流计算框架 Storm 简介

Storm 是一个免费并开源的分布式实时计算系统。利用 Storm 可以很容易做到可靠地处理无限的数据流,像 Hadoop 批处理大数据一样,Storm 可以实时处理数据。

图 5-10 为 Storm 流计算示意图。

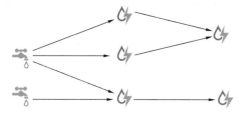

图 5-10　Storm 流计算示意图

在 Storm 出现之前,进行实时处理是非常麻烦的事情:需要维护一堆消息队列和消费者,这些消息队列和消费者构成了非常复杂的图结构。消费者进程从队列里获取消息,消息处理完成后更新数据库,或者给其他队列发新消息。我们主要的时间都花在关注往哪里发消息、从哪里接收消息、消息如何序列化等问题上,真正的业务逻辑只占了源代码的一小部分。一个应用程序的逻辑运行在很多工作进程上,但这些工作进程需要各自单独部署,还需要部署消息队列。其中的最大问题是系统很脆弱,而且不是容错的:需要自己保证消息队列和工作进程工作正常。

Storm 的出现使得这些问题得以妥善解决。Storm 是为分布式场景而生的,它抽象了消息传递过程,会自动地在集群机器上并发地进行流计算,让我们专注于实时处理的业务逻辑。Storm 有如下特点:

(1) 编程简单,开发人员只需要关注应用逻辑,而且跟 Hadoop 类似,Storm 提供的编程原语也很简单;

(2) 高性能,低时延,可以应用于广告搜索引擎这种要求对广告主的操作进行实时响应的场景。

(3) 属于分布式系统,可以轻松应对数据量大、单机难以完成处理任务的情况。

(4) 可扩展,即随着业务发展,数据量和计算量越来越大,系统可水平扩展;

(5) 具备容错性能,单个节点出现故障不影响应用。

(6) 消息不会丢失。

跟 Hadoop 不一样,Storm 是没有包括任何存储概念的计算系统,这就让 Storm 可以用在多种不同的场景中。Storm 处理速度很快,每个节点每秒可以处理超过百万兆字节的数据。

表 5-1 列出了一组开源的大数据解决方案,其中包括传统的批处理和流式处理的应用程序。雅虎公司的 S4 和 Storm 之间的关键差别是 Storm 在单个节点出现故障的情况下可以保证消息的处理,而 S4 可能会丢失消息。Hadoop 无疑是大数据分析的王者,其本质上是一个批处理系统,它专注于大数据的批处理。数据存储在 Hadoop 文件系统(HDFS)里,在处理的时候被分发到集群中的各个节点。当处理完成时,产生的数据被放回到 HDFS 中。在 Storm 上构建的拓扑结构处理的是持续不断的流数据。不同于 Hadoop 的任务,这些处理过程不会终止。Hadoop 处理的是静态的数据,而 Storm 处理的是动态的、连续的数据。Twitter 的用户每天都会推送成千上万的消息,所以这种处理技术是非常有用的。Storm 不仅仅是一个传统的大数据分析系统,它还是一个复杂事件处理(complex event processing,CEP)系统。复杂事件处理系统通常是面向检测和计算的,检测和计算都可以通过用户定义的算法在 Storm 中实现。例如,复杂事件处理系统可以用来从大量的事件中区分出有意义的事件,然后对这些事件进行实时处理。

表 5-1　开源的大数据解决方案

解决方案	开发者	类型	描述
Storm	Twitter	流式处理	流式处理大数据分析方案
S4	雅虎	流式处理	分布式流计算平台
Hadoop	Apache	批处理	MapReduce 范式的第一个开源实现
Spark	UC BerkeleyAMP 实验室	批处理	支持内存数据集和弹性恢复的分析平台

5.2.2　Storm 模型

Storm 实现了一个数据流模型,在这个模型中数据持续不断地流经一个由很多转换实体构成的网络,如图 5-11 所示。一个数据流的抽象称为流(stream),流是无限的元组(tuple)序列。元组就像一个可以表示标准数据类型和用户自定义类型数据(需要额外序列化代码)的数据结构。每个流由一个唯一的 ID 来标示,这个 ID 可以用来构建拓扑中各个组件的数据源。图 5-11 中的水龙头代表了数据流的来源,一旦水龙头打开,数据就会源源不断地流经消息处理器而被处理。图 5-11 中有三个数据流,每个数据流中流动的是元组(tuple),它承载了具体的数据。元组通过流经不同的转换实体而被处理。

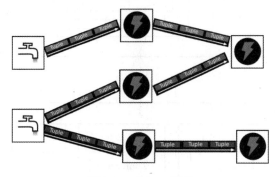

图 5-11　Storm 模型

Storm 对数据输入的来源和输出数据的去向没有做任何限制,不像 Hadoop,后者是需要把数据放到自己的文件系统 HDFS 中的。在 Storm 里,可以使用任意来源的数据输入和任意的数据输出,只要用对应的代码来获取/写入这些数据就可以。在典型场景中,数据输入/输出基于类似 Kafka 或者 ActiveMQ 这样的消息队列,或是数据库,文件系统或者 web 服务。

5.2.3　Storm 相关概念

在 Storm 集群里面有两种节点,即控制节点(master 节点)和工作节点(worker 节点),如图 5-12 所示。控制节点上面运行一个后台程序——Nimbus,它的作用类似 Hadoop 里面的 JobTracker。Nimbus 负责在集群里面分布代码,分配工作给机器,并且监控状态。每一个工作节点上面运行一个称为 Supervisor 的节点(类似 TaskTracker)。Supervisor 会监听分配给它的那台机器的工作,根据需要启动/关闭工作进程。每一个工作进程执行一个 Topology(类似 Job)的一个子集;一个运行的 Topology 由运行在很多机器上的很多工作进程 Worker(类似 Child)组成。

Storm 中涉及的主要概念有:拓扑(topology)、元组、流(streams)、Spout(喷口,获取消息源的组件)、Bolt(消息处理器)、任务、组件(component)、流分组(stream grouping)、可靠性、工作进程(Worker)。

1. 拓扑

为了在 Storm 上做实时计算,需要建立一些图状结构,称之为拓扑。拓扑是由 Spout 和 Bolt 组成的图,其中:Spout 负责发送消息,将数据流以元组的形式发送出去;Bolt 则负责转换这些数据流,在 Bolt 中可以完成计算、过滤等操作,Bolt 自身也可以随机将数据发送给其他 Bolt。Spout 和 Bolt 通过流分组(定义一个流在 Bolt 间如何被切分)连接起来。也可以将拓扑理解为一个由无限制的处理节点组成的图状结构。拓扑里面的每个处理节点都包含处理逻辑,而节点之间的连接则表示数据流动的方向。

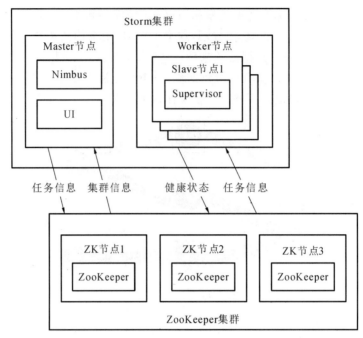

图 5-12 Storm 架构

2. 元组

元组是 Storm 提供的一个轻量级的数据格式,可以用来包装需要处理的数据。元组是一次消息传递的基本单元。一个元组是一个命名的值列表,其中的每个值都可以是任意类型的。元组是动态地进行类型转化的——字段的类型不需要事先声明。在 Storm 中编程时,就是在操作和转换由元组组成的流。通常,元组包含整数、字节、字符串、浮点数、布尔值和字节数组等类型数据。要想在元组中使用自定义类型数据,就需要实现自己的序列化方式。

3. 流

流是 Storm 中的核心抽象。一个流由无限的元组序列组成,这些元组会被分布式并行地创建和处理。通过流中元组包含的字段名称来定义这个流。每个流声明时都被赋予了一个 ID。

4. Spout

Spout 是 Storm 中流的来源。通常 Spout 从外部数据源(如消息队列)中读取元组数据并发送到拓扑中。Spout 可以是可靠的(reliable)或者不可靠(unreliable)的。可靠的 Spout 能够在一个元组被 Storm 处理失败时重新进行处理,而非可靠的 Spout 只是发送数据到拓扑中,并不关心元组的处理成功与否。

5. Bolt

拓扑中所有的计算逻辑都是在 Bolt 中实现的。一个 Bolt 可以处理任意数量的输入流,产生任意数量新的输出流。Bolt 可以完成函数处理、过滤、流的合并、聚合、存储到数据库等操作。Bolt 就是流水线上的一个处理单元,把数据的计算处理过程合理地拆分到多个 Bolt、合理设置 Bolt 的任务数量,能够提高 Bolt 的处理能力,提升流水线的并发度。

6. 任务

每个 Spout 和 Bolt 会以多个任务的形式在集群上运行。每个任务对应一个执行线程,流分组定义了如何从一组任务(同一个 Bolt)发送元组到另外一组任务(另外一个 Bolt)上。

7. 组件

组件是对 Bolt 和 Spout 的统称。

8. 流分组

定义拓扑的时候,一部分工作内容是指定每个 Bolt 应该消费哪些流。流分组定义了元组如何在 Bolt 内的多个任务之间进行流的分配。流分组跟计算机网络中的路由功能是类似的,决定了每个元组在拓扑中的处理路线。

9. 可靠性

Storm 保证了拓扑中 Spout 产生的每个元组都会被处理。Storm 通过跟踪每个 Spout 所产生的所有元组构成的树形结构得知这棵树何时被完整地处理来达到可靠性。每个拓扑对这些树形结构都有一个关联的消息超时时间。如果在这个超时时间里 Storm 检测到 Spout 产生的一个元组没有被成功处理完,那 Spout 的这个元组就处理失败了,后续会重新处理一遍。

10. 工作进程

拓扑以一个或多个工作进程的方式运行。每个工作进程是一个物理的 Java 虚拟机,执行拓扑的一部分任务。例如,如果拓扑的并发度被设置成了 300,分配了 50 个工作进程,那么每个工作进程执行 6 个任务(作为工作进程内部的线程)。Storm 会尽量把任务平均分配到所有的工作进程上。

5.2.4　Storm 的应用

Storm 有很多应用,如用于实时分析、在线机器学习(online machine learning)、连续计算(continuous computation)、分布式远程过程调用(RPC)、ETL 等。Storm 用于产生 Twitter 的趋势信息。Twitter 从海量推文中抽取趋势信息,并在本地区域和国家层级进行维护。这意味着一旦一个案例开始出现,Twitter 的话题趋势算法就能实时鉴别出这个话题。这个实时的算法就是通过在 Storm 上连续分析 Twitter 数据来实现的。以下是 Storm 的主要三大类应用:

(1) 信息流式处理:Storm 可用来实时处理新数据和更新数据库,兼具容错性和可扩展性。即 Storm 可以用来处理源源不断流进来的消息,处理之后将结果写入某个存储单元。

(2) 连续计算:Storm 可进行连续查询并把结果即时反馈给客户端。比如把 Twitter 上的热门话题发送到浏览器中。

(3) 分布式远程程序调用:Storm 可用来并行处理密集查询任务。Storm 的拓扑结构是一个等待调用信息的分布函数,当它收到一条调用信息后,会针对查询进行计算,并返回查询结果。分布式远程程序调用可以用于并行搜索或者处理大集合的数据。

5.2.5　Storm 实践——Apache Storm 在雅虎财经网上的应用

雅虎财经网是互联网领先的商业新闻和金融数据网站。它是雅虎的一部分,并提供有关金融新闻、市场统计、国际市场数据和其他任何人都可以访问的财务资源信息。

注册的雅虎用户可以进行自定义设置以利用雅虎财经网的特定产品。雅虎财经 API 用于从雅虎查询财务数据。此 API 显示实时延迟 15 min 的数据,并每隔 1 min 更新一次数据库,以访问当前股票相关信息。现在利用 Storm 一家公司的实时情景,讨论当公司的股票价值低于 100 时如何发出警报。

1. Spout 创建

创建 Spout 的目的是获得公司的详细信息,并发出价格 Spout。可以使用以下程序代码创建 Spout。

```java
编码:YahooFinanceSpout.java
import java.util.* ;
import java.io.* ;
import java.math.BigDecimal;
# import yahoofinace packages
import yahoofinance.YahooFinance;
import yahoofinance.Stock;
import backtype.storm.tuple.Fields;
import backtype.storm.tuple.Values;
import backtype.storm.topology.IRichSpout;
import backtype.storm.topology.OutputFieldsDeclarer;
import backtype.storm.spout.SpoutOutputCollector;
import backtype.storm.task.TopologyContext;

public class YahooFinanceSpout implements IRichSpout {
    private SpoutOutputCollector collector;
    private boolean completed=false;
    private TopologyContext context;
    @Override
    public void open(Map conf,TopologyContext context,SpoutOutputCollector collector){
        this.context=context;
        this.collector=collector;
    }
    @Override
    public void nextTuple(){
        try {
            Stock stock=YahooFinance.get("INTC");
            BigDecimal price=stock.getQuote().getPrice();
            this.collector.emit(new Values("INTC",price.doubleValue()));
            stock=YahooFinance.get("GOOGL");
            price=stock.getQuote().getPrice();
            this.collector.emit(new Values("GOOGL",price.doubleValue()));
            stock=YahooFinance.get("AAPL");
            price=stock.getQuote().getPrice();
            this.collector.emit(new Values("AAPL",price.doubleValue()));
        }catch(Exception e){}
    }
```

```
    @Override
    public void declareOutputFields(OutputFieldsDeclarer declarer){
        declarer.declare(new Fields("company","price"));
    }
    @Override
    public void close(){}
    public boolean isDistributed(){
        return false;
    }
    @Override
    public void activate(){}
    @Override
    public void deactivate(){}
    @Override
    public void ack(Object msgId){}
    @Override
    public void fail(Object msgId){}
    @Override
    public Map<String,Object>getComponentConfiguration(){
        return null;
    }
}
```

2. Bolt 创建

创建 Bolt 的目的是当价格低于 100 时实现价格报警。使用 Java Map 对象,在股价低于 100 时设置截止价格限制警报为 true,否则为 false。完整的程序代码如下。

```
编码:PriceCutOffBolt.java
import java.util.HashMap;
import java.util.Map;
import backtype.storm.tuple.Fields;
import backtype.storm.tuple.Values;
import backtype.storm.task.OutputCollector;
import backtype.storm.task.TopologyContext;
import backtype.storm.topology.IRichBolt;
import backtype.storm.topology.OutputFieldsDeclarer;
import backtype.storm.tuple.Tuple;

public classPriceCutOffBolt implements IRichBolt {
    Map<String,Integer>cutOffMap;
    Map<String,Boolean>resultMap;
    private OutputCollector collector;
    @Override
    public void prepare(Map conf,TopologyContext context,OutputCollector collector){
```

```java
        this.cutOffMap=new HashMap <String,Integer>();
        this.cutOffMap.put("INTC",100);
        this.cutOffMap.put("AAPL",100);
        this.cutOffMap.put("GOOGL",100);
        this.resultMap=new HashMap<String,Boolean>();
        this.collector=collector;
    }
    @Override
    public void execute(Tuple tuple){
        String company=tuple.getString(0);
        Double price=tuple.getDouble(1);
        if(this.cutOffMap.containsKey(company)){
            Integer cutOffPrice=this.cutOffMap.get(company);
            if(price<cutOffPrice){
                    this.resultMap.put(company,true);
            } else {
                    this.resultMap.put(company,false);
            }
        }
            collector.ack(tuple);
    }
    @Override
    public void cleanup(){
        for(Map.Entry<String,Boolean>entry:resultMap.entrySet()){
        System.out.println(entry.getKey()+ ":"+ entry.getValue());
        }
    }
    @Override
    public void declareOutputFields(OutputFieldsDeclarer declarer){
        declarer.declare(new Fields("cut_off_price"));
    }
    @Override
    public Map<String,Object>getComponentConfiguration(){
        return null;
    }
}
```

3. 提交拓扑

以下为 YahooFinanceSpout.java 和 PriceCutOffBolt.java 连接在一起并生成拓扑的主要应用程序代码。该程序代码显示了如何提交拓扑。

```java
编码:YahooFinanceStorm.java
import backtype.storm.tuple.Fields;
import backtype.storm.tuple.Values;
import backtype.storm.Config;
```

```
import backtype.storm.LocalCluster;
import backtype.storm.topology.TopologyBuilder;

public class YahooFinanceStorm {
    public static void main(String[] args)throws Exception{
        Configconfig=new Config();
        config.setDebug(true);
        TopologyBuilder builder=new TopologyBuilder();
        builder.setSpout("yahoo-finance-spout",new YahooFinanceSpout());
        builder.setBolt("price-cutoff-bolt",new PriceCutOffBolt()).fieldsGrouping(
"yahoo-finance-spout",new Fields("company"));
        LocalCluster cluster=new LocalCluster();
        cluster.submitTopology("YahooFinanceStorm",config,builder.createTopology());
        Thread.sleep(10000);
        cluster.shutdown();
    }
}
```

4. 构建和运行应用程序

完整的应用程序中有三个 Java 代码：YahooFinanceSpout. java、PriceCutOffBolt. java、YahooFinanceStorm. java。

应用程序可以使用以下命令构建：

```
javac-cp "/path/to/storm/apache-storm-0.9.5/lib/* ":"/path/to/yahoofinance/lib/* "
* .java
```

可以使用以下命令运行应用程序：

```
javac-cp "/path/to/storm/apache-storm-0.9.5/lib/* ":"/path/to/yahoofinance/lib/* ":.
YahooFinanceStorm
```

输出将类似于以下内容：

```
GOOGL:false
AAPL:false
INTC:true
```

5.3　文本大数据分析与处理

在现代生活中，全球每天都会产生大量的文本数据。这些文本数据中包含大量有价值的信息。由于网络的发展，普通人可以通过接入互联网方便地获得这些文本数据。互联网中的文本数据中包含大量的事件。另外，在这个万物互联的世界，我们不仅是信息消费者，还是信息生产者。社交媒体（如 Facebook、Twitter 等）的广泛使用，使我们更容易自由地表达自己的观点。基于一条文本数据，在很短的时间内，网上就能产生数以百万计的评论。因此，从大量数据文本中找到需要的信息是一个有挑战性且关键的任务。有效地分析和处理这些文本数据信息将有利于我们进行决策。然而，高效地处理大量数据还是一个比较大的难题。

在文本数据分析中,通常采用以事件为导向的分析方法。该方法为人们理解世界上什么时候、什么地方、发生了什么事提供了一个有效的解决方案。新闻工作者经常使用事件导向的方法发表文章。在学术界,事件这个词有多重意思,而且已经被广泛使用。比如,在哲学领域,拉塞尔和怀特黑德用时间和空间来定义事件。在人工智能领域,事件的概念已经被广泛应用于文本数据处理,其中信息检索和信息提取是文本数据处理中的两个有效手段。

信息检索时将文本按相似度进行排序。通过向量空间模型和 TF-IDF(词频-逆文本频率)等技术,文本数据库被处理成词袋,然后利用高维空间向量之间的距离计算文本的相似度。在信息检索中,一个文本事件通常被定义成一个发生在特定时间、特定空间位置的事件,如飞机事故或一个会议。在传统的信息检索系统中,事件识别通常输出的是一系列描述相同事件的文档。在向量空间中,通常认为属于相同事件的向量之间的距离很近。采用基于信息检索的分析处理技术通常能方便地找到内容相近的文档。但是,信息检索因为没有句法和语法分析,所以不支持基于内容的文本数据分析。由于返回的结果是语义相近的一簇文档,用户需要浏览文本内容才能获取需要的信息。随着文本数据的大规模增长,在检索结果返回后,人们经常要面对数以万计的文本。为了实现针对文本内容的分析,可以采用信息提取方法。

信息提取的目的是抽取指定概念或独立的语义和语法单元。不同于传统的信息检索系统将文本视为最小的处理单位,信息提取系统通常在句子级别上分析文本数据的内容。大多数信息提取系统致力于抽取指定的语义信息,如命名实体、关系、数量词、事件等。信息提取系统中的自动文本抽取(ACE)评估程序定义了四个任务:实体探测和跟踪(EDT)、关系的探测和分类(RDC)、实体链接(LNK)、事件探测和分类(VDC)。其中,VDC 任务主要包括确认事件触发词、事件属性、事件元素和相互引用。在信息提取领域中,一个事件经常被定义为一个填充事件元素的模板和框架,称之为模板事件。模板事件由一个特殊的词(触发词,例如动词)触发。一个事件模板需填充的信息就是事件的元素,如行为主体和行为客体、时间、地点。特征模板事件抽取是指从半结构和无结构的数据中抽取结构数据。这些结构数据可以直接用来构建一个知识库。信息提取系统的主要问题是抽取结果质量太差。大多数的输出结果都是容易出错的。例如:在文本分析中,知识库群体跟踪事件填充抽取得到正确数据的概率只有 30%。在开放域中进行信息提取是一个更加有挑战性的任务。因为需要处理多源、异质的文本数据,而且存在噪声和特征稀疏等问题,通常效率都比较低。

在开放域的信息提取研究中,有很多知识库被用来支持文本数据处理。这些系统可以粗略地分为两类。一类是由半结构数据库自动生成的知识库。由于数据具有较好的一致性,所以它们被广泛用于支持各种文本数据处理方法。另一类是把带有具体概念的语言单元组织成一个基于图表示的系统。基于图的结构能有效表示文本中潜在的知识结构。下面我们分信息检索和信息提取两部分来介绍文本数据分析和处理技术。

5.3.1 信息检索技术

信息检索的思想起源于图书馆学。在早期,图书馆员用信息检索技术来检索索引的项目如书籍或文件。例如,采用目录卡索引已归档的项目。目录通常按作者、标题和主题的字母顺序排列。检索任务主要由人工完成。直到 19 世纪初,才出现了可以操作目录卡的机械设备。

1950 年 3 月,美国情报学家 Calvin Mooers 在国际会议上首次使用了"信息检索"一词。1966 年,Cleverdon 和 Keen 证明了自动检索文档的可靠性。自动索引可与手动索引媲美,这个结论来自 1960 年代后期建立的 Cranfield Collection 语料库。它包含 1400 个文档和 225 个查询。20 世纪 90 年代末互联网技术的发展促使大量文本数据产生,从而加快了信息检索技术的发展。互联网上到处都是非结构化或半结构化的文档,这给传统的信息检索方法带来了挑战。传统的信息检索方法采用的技术主要用于更有效地处理这些文档。它主要侧重于为表示、存储、组织和访问信息项提供有效的方法。

在传统的信息检索系统中,需要将查询请求作为输入。所提交的查询请求可以是结构化的(例如正则表达式)或非结构化的(例如名词短语或自然语言)。提交查询请求时,系统通过测量查询请求内容和文档之间的相似性来检索相关文档。但是,由于查询请求中包含很多人为的错误,因此,研究人员开发了提高查询质量的技术,例如交互式查询细化技术、相关性反馈技术、词义消歧技术等。

信息检索技术主要基于文本相似度进行文本数据处理。目前,已经提出了各种模型来计算查询内容和文档之间的相似度,例如布尔模型、自然语言处理(NLP)模型和向量空间模型(VSM)。在布尔模型中,文档由一组术语(或关键字)建立索引。在早期,这些术语是手动收集的,或者是从标题、摘要或文档中自动提取的。在基于布尔编码的查询模型中,文档匹配主要通过布尔运算实现。在自然语言处理模型中,检索文档包含基于自然语言的语法和/或语义知识。基于这些模型的方法被称为语义方法,因为它们试图理解文本文档的结构和含义。在所有信息检索的模型中,向量空间模型是信息检索最受欢迎的模型之一。在该模型中,每个文档(段落或句子)为具有固定长度尺寸的术语向量。文档之间的相似性是应用术语向量之间的距离来计算的。

为了支持信息检索的相关研究,人们举办了很多测评会议,旨在推广信息检索的最新技术。下面介绍两个重要的评估会议:文本检索会议(TREC)和主题检测与跟踪(TDT)会议。1992 年,美国国防部高级研究计划局(DARPA)和美国国家标准与技术研究院(NIST)共同召开了 TREC,TREC 是在 TIPSTER 文本计划下由检索小组组织的一系列持续性研讨会。每个 TREC 研讨会都由一系列事件组成,这些事件定义了特定的检索任务,如 Web 跟踪、微博跟踪、医疗记录跟踪和法律跟踪。每一次 TREC 都会发布大规模的测评数据集,并提前提供评估技术。所有参与者都收到一组静态文档,并被要求返回排序后的文档。

主题检测和跟踪是 DARPA 的另一个评估会议。主题检测和跟踪会议的一个特点是它强调实时检测与主题相关的数据流,如新闻专线和广播新闻。它侧重于从流化的文本数据中查找新主题并跟踪主题。每个主题检测与评估任务可能有所不同。主题检测评估有五个研究任务:新事件检测、故事链接检测、主题检测、主题跟踪和分层主题检测。

5.3.2　信息提取技术

Schank 提出了第一个基于语言结构的信息提取模型,称为概念从属理论(conceptual dependency theory,CDT)模型。它假设句子的概念化由具体的名称和动作的类别以及它们之间的依赖关系表示。通过定义规则来显示概念之间的依赖关系。在这个模型中,动作的概念结构是预先定义的。给定输入字符串,提取其中每个动作的相关"概念性实例"。基于概念从属理论的 SAM 是耶鲁大学参考 CDT 模型开发的早期系统。FRUMP 是基于此理论的另一个系统,它通过使用简单脚本来改动 CDT 脚本,并通过低级别文本分析来提取重要事件。

　　1974 年,Minsky 提出另一种流行的信息提取方法:框架理论方法。一个框架代表一个特定问题的数据结构。每个框架是一个文本事件的架构,其具有特定数量的槽以存储相关的信息,包括实体或动作。例如,所有孩子的生日聚会都有主持人、客人和一个生日蛋糕。这些对象及其之间的关系构成了生日聚会事件。因此,生日聚会事件的框架具有可用于填充的槽,例如主持人、客人、人的行为等。在定义框架时需根据特定条件定义插槽数和对象类型。

　　1981 年,Lehnert 介绍了一个用于进行故事总结的情节单元连通图。情节单元是具有命题和状态的概念结构。通过情节单元连通图分析一个故事可能会产生一个很大的复杂网络,所以,Rumelhart 提出一种用于提取时间顺序并进行叙事的语法。1981 年,Sager 引入了一种次语言分析方法来提取患者文档中与临床报告有关的信息。其他系统是在 1980 年代至 1990 年代设计的。

　　信息提取研究的一个特点是它受到一系列测评会议的推动。每个测评会议都会预先声明任务和评估方法。一些会议还会提供评估所需的条件,如训练和测试语料库或工具。所有的参与者都独立开发系统,并将结果提交给这些会议进行评估,然后邀请与会者参加会议,讨论方法和技术。有三个会议比较具有影响力:消息理解会议(MUC)、自动内容提取(ACE)会议和文本分析会议(TAC)。

　　20 世纪 90 年代,第一届消息理解会议(MUC-1)在国际科学应用公司(SAIC)的支持下召开,以促进信息技术的发展。MUC-2 将事件提取具体定义为模板填充任务,而 MUC-6 提出了"命名实体"的概念以支持复杂的提取任务。从 1987 年到 1997 年,MUC 一共举办了七次,然后被 ACE 会议所替代。

　　ACE 继承了 MUC 的规则。在评估中,给研究者提供了带注释的训练和测试语料库。所有方法均使用预定义的标准进行评估。在 ACE 中,提取任务比 MUC 更为复杂和详细。ACE 评估定义了五个基本的提取语言单元:实体、时间、值、关系和事件。从 1999 年到 2008 年,ACE 每年举办一次。在 2009 年,ACE 被文本分析会议(TAC)中的跟踪任务所取代。

　　美国国家标准技术研究院的信息访问部门(IAD)检索小组发起和组织了文本分析会议(TAC)。TAC 有四个跟踪任务:问题解答、文本蕴涵识别、摘要和知识库填充(KBP)。其中 KBP 与 ACE 事件提取类似,它旨在通过系统自动从文本中提取信息来填充知识库。跟踪任务有三个:实体链接、槽填充和冷启动知识构建。

5.4　大数据关联分析

　　为了探讨数据的关联分析,我们先引入数据的事务-条目模型和频繁项集概念。事务-条目模型即事务和条目之间的多对多的关系模型。而频繁项集指的是在多个事务中出现的同样条目的集合。频繁项集的识别是关联规则、相关分析、因果分析的基础,并且有非常广泛的实际应用,例如购物篮分析、文档查重等。因此,频繁项集识别是一项非常重要的数据挖掘任务。

5.4.1　频繁项集识别

日常生活中人们的购物行为存在一定的模式,比如家庭里负责煮饭的人往往会购买能够用于烹饪一顿丰盛营养的晚餐所需的食材,而一个单身汉可能购买的是火腿肠、方便面、薯片和啤酒。掌握这类有趣的模式对于超市或者便利店的货物摆放很有用,因为这样一方面能够帮助顾客很快地采集到所需要的商品,另一方面能够帮助销售方提升销量。

不同的数据集往往有不同的模式(如符合关联规则,或满足共生关系和符合聚类规则),而这些数据模式可以通过数据挖掘里的频繁项集发现来获取。其中挖掘关联规则是一种最常见的数据挖掘规则。实现挖掘关联规则最常用的基础途径之一是频繁项集识别。

最早的频繁项集识别起源于销售领域的需求:从消费者的购买行为里识别消费者常常一起购买的商品集合。因此,我们先要理解两个基础概念"条目(item)"和"事务(transaction)"之间的关系,然后来定义频繁项集。

每一个事务包含一组条目,因此事务往往也被称为条目集合,并且一个事务包含的条目的种类和数量并不多,可以说比所有条目的种类和数量少得多,在现实生活中,我们逛超市时遇到的正是这样的情况。大数据集所包含的事务的数量和所需的存储空间之多,使得我们需要假定用于处理这些事务的计算机的内存并不能一次装下所有的事务数据。基于以上对条目和事务的理解,频繁项集旨在寻找在很多的事务里同时共同出现足够多次数的(也即是"频繁的")条目集合。

在前面我们提到人们的购物行为存在一定的模式,但问题是,我们如何去发现这些模式,也就是说,我们如何去发现这类经常一起出现的条目的集合——频繁项集?

Apriori 是一种用于挖掘频繁项集的算法,它使用迭代的逐级搜索技术从 k 类频繁项集中发现 $k+1$ 类频繁项集。该算法首先对事务数据库进行扫描,通过对每个频繁出现的只包含 1 个条目的集合进行计数并筛选出满足最低支持阈值的集合,从而识别出所有频繁出现的 1 类频繁项集。识别 $k+1$ 类频繁项集需要不断扫描整个事务数据库,直到不再可能识别出更多的 k 类频繁项集为止。

5.4.2　关联规则挖掘

关联规则分析作为一种数据分析方法,能够发现隐藏在大数据集中的未知但有趣的关系,并以关联规则的形式呈现这种关系。其支撑思想是识别特定的规则,这些规则能够支撑数据集里不同对象之间的共生关系。从统计学来说,需要找到两组对象 X 和 Y,使其具有高条件概率 $P(Y|X)$。关联规则分析是一种无监督的机器学习方法,这意味着不会有标注好的数据可以被用来找到上述的模式。

关联规则分析通常会考虑两个核心指标:可计算性和可信性。

从表 5-2 所示的购物数据中可以轻易地看出共生关联关系。

表 5-2　购物数据表

交易记录编号	商品种类集合
1	﹛馒头,酸奶﹜
2	﹛煎饼,尿不湿,啤酒,鸡蛋﹜

交易记录编号	商品种类集合
3	〈酸奶,尿不湿,可乐,啤酒〉
4	〈酸奶,煎饼,尿不湿,啤酒〉

不过真实场景里产生的数据集往往包含针对超过成千上万个对象的数十亿条事务记录,而从其中往往只能得到几千条关联规则。靠人工来做这样的挖掘是非常不可行的,因此需要利用关联规则挖掘算法来实现自动化过程,去寻找这样的潜在的规则。

为了从所有可能规则的集合中筛选出真实可信的规则,可以使用针对规则的重要性和兴趣度的各种指标作为约束条件。通常使用的约束条件有支持度、置信度和提升度。

1. 规则的约束条件

1) 支持度(Support)

支持度表示对象集合〈X,Y〉在总事务集里出现的概率。计算公式为

$$\text{Support}(\langle X,Y\rangle) = P(X,Y)/P(I) = P(X\bigcup Y)/P(I) = \text{num}(X\bigcup Y)/\text{num}(I)$$

式中:I 表示总事务集;$\text{num}(S)$ 函数表示计算对象集合 S 在总事务集里出现的次数。

2) 置信度(Confidence)

置信度表示在对象 X 出现在某个事务里的情况下,由关联规则"$X \to Y$"推出 Y 也出现在该个事务里的概率,即在含有 X 的事务里出现 Y 的可能性。从统计学的角度来看,置信度是条件概率,因此置信度的计算公式为:

$$\text{Confidence}(X \to Y) = P(Y \mid X) = P(X,Y)/P(X)$$
$$= P(X\bigcup Y)/P(X) = \text{num}(X\bigcup Y)/\text{num}(X)$$

3) 提升度(Lift)

提升度表示在含有 X 的条件下出现 Y 的概率,与 Y 总体发生的概率之比。提升度的计算公式为:

$$\text{Lift}(X \to Y) = P(Y \mid X)/P(Y) = P(X,Y)/(P(X) \cdot P(Y))$$

提升度可以理解为 X 和 Y 同时在总事务集里出现的概率 $P(X,Y)$ 与 X 和 Y 没有任何关联关系时的概率 $P(X) \cdot P(Y)$ 之比。它的典型值可以被分为以下三类。

(1) 提升度等于 1:X 和 Y 之间没有关联关系,即 X 和 Y 只是随机出现在同一个事务中。

(2) 提升度大于 1:X 和 Y 之间有正相关的关联关系,即 X 和 Y 同时出现的概率超过了二者随机共同出现的概率。

(3) 提升度小于 1:X 和 Y 之间有负相关的关联关系,即 X 和 Y 同时出现的概率小于二者随机共同出现的概率。

2. 规则的发现算法

用于识别频繁项集以便执行关联规则挖掘的算法有很多,其中最著名的算法是 Apriori 算法,但也经常使用 FPGrowth 算法。另一种称为最大频繁项集算法(MAFIA Algorithm)的相关算法也是可用的。每种算法都有其自身的优点和缺点,需要根据特定的数据分析问题进行选择。本书只针对 Apriori 算法进行简要介绍。

在执行 Apriori 算法之前,用户需要先给定最小的支持度和最小的置信度。生成关联

规则的步骤一般有如下两个：

（1）利用最小支持度从数据库中找到频繁项集。

（2）利用最小置信度从频繁项集中找到关联规则。

5.5　相似项的发现

5.5.1　相似项的发现工具与方法

一个基本的数据挖掘问题是从数据中获得相似项，以检测抄袭网页、抄袭文档（也可以通过关联分析算法来检测），检查网页是否为镜像网页。

首先，需要将相似度问题表述为寻找具有相对较大交集的集合问题。需要采用其他的距离（包括欧氏距离、Jaccard 距离、余弦距离、编辑距离、汉明距离）测度，来具体、定量地表示相似项的相似度。

如果是文本的相似问题，可以将其转换为集合问题并且通过著名的 shining 技术来解决。然后通过最小哈希（minHash）来对大集合进行压缩，基于压缩后的结果推导原始集合相似度。当相似度要求很高时，可以使用面向高相似度的方法——基于长度的过滤、前缀索引，使用位置和长度信息的索引来处理。

通过局部敏感哈希（locality sensitive Hashing，LSH）技术把搜索范围集中在那些可能的相似项对上面。因为即使每项之间的相似度计算非常简单，但是由于项对数目过多，无法对所有的项对进行相似度检测。

衡量文本相似度的几种手段：

- 最长公共子串方法（基于词条空间）；
- 最长公共子序列方法（基于权值空间、词条空间）；
- 最小编辑距离法（基于词条空间）；
- 汉明距离方法（基于权值空间）；
- 余弦值方法（基于权值空间）。

1. Jaccard 相似度

集合 S 和 T 的相似度可表示为

$$\text{SIM}(S, T) = |S \cap T| / |S \cup T|$$

这种相似度是字面上的相似度。意义相似度计算也是一个非常有趣的问题，但是需要通过其他技术来解决。

Jaccard 相似度的一个重要应用是计算文档，包括抄袭文档、镜像页面、同源新闻稿的相似度。另一个非常重要的应用是协同过滤（collaborative filtering）。协同过滤系统会向用户推荐兴趣相似用户所喜欢的项。但是协同过滤除了相似顾客或商品的发现工具之外，还需要一些其他的工具。例如，两个喜欢科幻小说的 Amazon 顾客可能各自从网站购买了很多的科幻小说，但是他们之间的交集很小。然而，通过将相似度发现和聚类技术融合，就可以发现科幻小说之间相互类似而将他们归为一类。这样，通过询问他们是否在多个相同类下购买了商品，就能得到一个更强的顾客相似度概念。

2. 文档的 shining

1) k-shining

一篇文档为一个字符串,k-shining 定义为其中任意长度为 k 的字符串。例如文档 D 为 abcdabd,$k=2$,所有的 2-shining 组成的集合为{ab,bc,cd,da,ab,bd},设文档的字符数为 n,则集合中的字符串最多有 $n+1-k$ 个。

2) k 的选择

k 的选择取决于文档的典型长度以及典型的字符表大小。k 应该选择得足够大,以保证任意给定的 shining 出现在任意文档中的概率较低。

邮件的 $k=5$,因为所有的 5-shining 个数为 $27^5=14348907$,而典型的邮件长度会远远低于 1400 万字。由于在邮件中有的字符出现的概率明显会比其他的高,所以把邮件想象为只由 20 个不同的字符构成。

对于研究论文之类的大文档,选择 $k=9$ 则比较安全。

3) 对 shining 进行检验

将每个 k-shining 通过某个哈希函数映射为桶编号,如将 9-shining 映射为 $0\sim2^{32}-1$ 之间的桶编号。将数据从 9 个字节压缩到 4 个字节,使用的空间与 4-shining 一样,却具有更高的数据区分能力。但是 20^9 比 2^{32} 大很多。

4) 基于词的 shining

新闻报道及散文中包含大量的无用词,平时我们很可能会忽略这些词,因为它们没有任何作用,如"and""to""you"等。但是在对新闻报道的近似重复检测中,我们可将 shining 定义为一个停用词加上后续的两个进行解释或定义的词(不再对词进行区分)。这样,如果两个包含新闻的网页具有高 Jaccard 相似度,那么可以推断这两个网页中的新闻内容相同,即使其周边材料不同。

如果采用哈希函数,在一篇有 n 个字符的文档中会有 $m=n+1-9\approx n$ 个 k-shining 字符串。例如,当 $k=9$ 时,每 9 个字符组成一个字符串,共有 $n+1-9$ 个字符串,将这些字符串组成一个大集合,对这个大集合进行压缩,压缩后用规模小很多的"签名"表示。尽管通过签名无法得到原始 shining 集合之间的 Jaccard 相似度的精确值,但是估计结果与真实结果相差不大。签名集合越大,估计的精度也越高。

3. 签名矩阵(SIG)

1) 集合的矩阵表示——特征矩阵(characteristic matrix)

特征矩阵的列对应集合,行对应全集。如果第 r 行对应的元素属于第 c 列对应的集合,那么矩阵的第 r 行第 c 列的元素为 1,否则为 0。例如,全集{a,b,c,d,e}中的五个元素组成的几个集合 $S_1=\{a,d\}$,$S_2=\{c\}$,$S_3=\{b,d,e\}$,$S_4=\{a,c,d\}$,相应的特征矩阵如表 5-3 所示。

表 5-3　特征矩阵示例

元素	S_1	S_2	S_3	S_4
a	1	0	0	1
b	0	0	1	0

续表

元素	S_1	S_2	S_3	S_4
c	0	1	0	1
d	1	0	1	1
e	0	0	1	0

特征矩阵并不是数据真正的存储方式,只是一种数据可视化的方式。因为稀疏矩阵中 0 的个数远远多于 1,所以把数据转换为元组,只存储 1 的位置,这样可以大大节省存储开销。

实际中,行可以是商品,列可以是顾客,那么可将每个顾客表示成其购买的商品的集合,这样可以发现不同顾客购买的商品的相似性。

2）最小哈希

特征矩阵是由大量的计算结果构成的,每次计算特征矩阵的最小哈希过程。

集合(特征矩阵)的最小哈希计算过程为:首先选择行的一个排列转换,任意一列的最小哈希值是转换后的行排列次序下第一个列值为 1 的行的序号。

上例中特征矩阵的最小哈希计算过程见表 5-4。

将 abcde 排列转换为 beadc,这个排列转换定义了一个最小哈希函数 h,它将某个集合映射成一行。接下来基于函数 h 即排列转换来计算列元素集合 S 的最小哈希值。

表 5-4　最小哈希的计算过程

元素	S_1	S_2	S_3	S_4
b	0	0	1	0
e	0	0	1	0
a	1	0	0	1
d	1	0	1	1
c	0	1	0	1

我们有 $h(S_1)=\text{a}, h(S_2)=\text{c}, h(S_3)=\text{b}, h(S_4)=\text{a}$。

实际中我们并不需要对一个很大的矩阵去进行重排。最小哈希函数可以隐式地表示为一个集合全集元素的随机排列 rand(abcde),然后按照随机排列的顺序依次扫描 S 对应的元素,判断其是否为 1。

3）最小哈希可以代表 Jaccard 相似度的理论依据

最小哈希可以代表 Jaccard 相似度的理论依据是:两个集合经随机转换之后得到的两个最小哈希值相等的概率等于这两个集合的 Jaccard 相似度。

集合 S_1、S_2 经过最小哈希计算后可能有如下三种情况:

（1）X 类的行,两列的值都为 1。

（2）Y 类的行,其中一个为 1,一个为 0。

（3）Z 类的行,两列都为 0。

所以 $SIM(S_1,S_2)=S_1 \bigcap S_2/S_1 \bigcup S_2=X/(X+Y)$。

现在考虑 $h(S_1)=h(S_2)$ 的概率。经过排列转换,将第一行的值 $h(S_1)$ 固定下来,如果使 $h(S_1)$ 与 $h(S_2)$ 相等,则在第二列首先碰到 X 类的概率为 $X/(X+Y)$。那么 $P(h(S_1)=h(S_2))=X/X+Y$。

4)最小哈希签名

通常将向量$[h_1(S),h_2(S),\cdots,h_n(S)]$写成列向量的形式。由于集合 S 可以表示为一个具有列的行向量,所以向量$[h_1(S),h_2(S),\cdots,h_n(S)]$是 $n\times m$ 的矩阵。

由于所需的行数是 n,n 通常为一百或者几百,比 k-shining 的可能组合少很多,所以能够极大地压缩特征矩阵。

最小哈希签名的计算方法如下:

通过一个随机哈希函数来模拟随机排列转换的效果,该函数将行号映射到与行数大致相等的桶中。尽管哈希冲突可能会存在,但是只要 $0,1,2,\cdots,k-1$ 中 k 很大且哈希冲突不太频繁,行号与行数的差异就不是很重要。所以 r 经过排列转换放在第 $h_j(r)$ 行,即以前的 r 索引变成现在的 $h(r)$ 索引。

5.5.2　相似项的发现的应用示例

在大语料库(如 web 或新闻语料)中寻找文本内容相似的文档这一类重要问题,在采用 Jaccard 相似度的情况下能够取得较好的解决效果。需要注意的是,这里的相似度主要侧重于字面上的相似,而非意上的相似。如果是后者,则必须考察文档中的词语及其用法。文本字面上的相似度有很多非常重要的应用,其中很多应用都涉及检查两篇文档是否完全重复或近似重复。首先,检查两篇文档是否完全重复非常容易,只需要一个字符一个字符地比较,只要有一个字符不同则两篇文档就不同。但是,很多应用当中两篇文档并非完全重复,而是大部分文本重复。下面给出几个例子。

1. 抄袭文档

抄袭文档的发现可以考验文本相似度发现的能力。抄袭者可能会从其他文档中将某些部分的文本复制到自己的文档中,同时他可能对某些词语或者原始文本中的句序进行改变。尽管如此,最终的文档中仍然有 50% 甚至更多的内容来自别人的原始文档。当然,一个复杂的抄袭文档很难通过简单的字面比较来发现。

2. 镜像页面

重要或流行的 Web 站点往往会在多个主机上建立镜像以共享加载内容。这些镜像站点的页面十分相似,但是也基本不可能完全一样。例如,这些网页可能包含与其所在的特定主机相关的信息,或者包含对其他镜像网站的链接(即每个网页都指向其他镜像网站)。一个相关的现象就是课程网站的互相套用。这些网页上可能包含课程说明、作业及讲义等内容。相似的网页之间可能只有课程名称与年度的差别,而从前一年到下一年只会做出微小的调整。能够检测出这种类型的相似网页是非常重要的,因为如果能够避免在返回的第一页结果中包含几乎相同的两个网页,那么搜索引擎就能产生更好的结果。

3. 同源新闻稿

通常一个记者会撰写一篇新闻稿分发到各处,然后每家报纸会在其 Web 网站上发布该新闻稿。每家报纸会对新闻稿进行某种程度的修改。比如去掉某些段落或者加上自己的内容。最可能的一种情况是,在新闻稿周围会有报社的标识、广告或者指向自己 Web 站点的其他文章的链接等。但是每家报纸的核心内容还是原始的新闻稿。诸如 Google News 之类的新闻汇总系统能够发现该新闻稿的所有版本,但为了只显示一篇文章的内容,系统需要识别文本内容上相似的两篇文章,尽管这两篇文章并不完全一样。

5.6　基于大数据的推荐技术

5.6.1　推荐技术的简介

在大数据时代,所谓个性化推荐就是根据用户的兴趣特点和购买行为,向用户推荐其感兴趣的信息和商品。在当前 Web 2.0 时代,随着电子商务规模的不断扩大,商品数量和种类快速增长,顾客需要花费大量的时间才能找到自己想买的商品,出现了信息过载(information overload)问题。信息过载是指随着网络的迅速发展而带来的网上信息量的大幅增长,用户在面对大量信息时无法从中获得对自己真正有用的信息,对信息的使用效率降低的现象。推荐系统可以通过分析用户基本信息、需求、兴趣以及历史记录等数据来了解用户偏好,并基于用户喜好主动为用户推荐相关的产品、资讯、新闻等信息。相对搜索引擎来说,推荐系统侧重于研究用户的偏好,帮助用户从海量信息中高效地获取自己所需要的信息。

推荐系统的本质是建立用户与对象间的联系。如图 5-13 所示,一个完整的推荐系统主要包括用户建模模块、推荐对象建模模块和推荐算法模块三个模块。

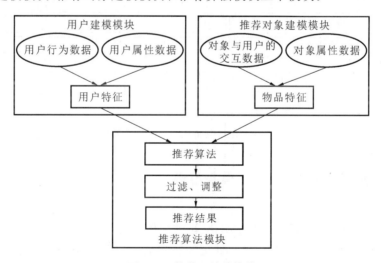

图 5-13　推荐系统的模块

(1)用户建模模块:对用户进行建模,根据用户行为数据和用户属性数据来分析用户的偏好和需求。

(2)推荐对象建模模块:根据对象数据对推荐对象进行建模。

(3)推荐算法模块:基于用户特征和物品特征,采用推荐算法计算得到用户可能感兴趣的对象,并根据推荐场景对推荐结果进行一定的调整,将推荐结果最终展示给用户。

通常,以 Google、百度为代表的搜索引擎可以让用户通过输入关键词精确找到自己需要的相关信息。但是,如果用户无法想到准确描述自己需求的关键词,此时搜索引擎就无能为力了。和搜索引擎不同,推荐系统不需要用户提供明确的需求,而是通过分析用户的历史行为来对用户的兴趣进行建模,从而主动给用户推荐可满足他们兴趣和需求的信息。因此,搜索引擎和推荐系统对用户来说是两个互补的工具,前者需要用户"主动出击",后者则让用户"被动笑纳"。

推荐系统可认为是一种特殊形式的信息过滤(information filtering)系统,现已广泛应用于很多领域,其中最典型并具有良好的发展和应用前景的领域是电子商务。常见的电子商务推荐系统技术架构如图 5-14 所示。

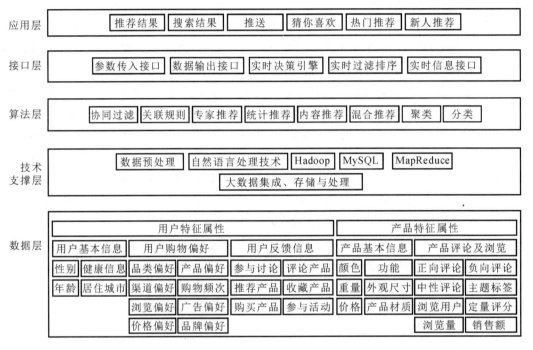

图 5-14　电子商务推荐系统技术架构

5.6.2　基于大数据的推荐工具与方法

1. 推荐工具

大数据平台是对海量结构化、非结构化、半结构化数据进行采集、存储、计算、统计、分析和处理的一系列技术平台。大数据平台处理的通常是 PB 级,甚至是 EB 级的数据,而这是传统数据仓库工具无法完成的。大数据平台涉及的技术有分布式计算、高并发处理、高可用处理、集群、实时性计算等,汇集了当前 IT 领域热门流行的各类技术。基于大数据的常用推荐工具有 Hivemall、Mahout、Oozie、Pig、Sqoop、Spark、Tez、Zookeeper、finndy+等,其中Mahout、Sqoop 和 Spark 在前面章节中已介绍,此处仅对其他的几种工具做简要介绍。

1) Hivemall

Hivemall 结合了面向 Hive 的多种机器学习算法。它包括诸多高扩展性算法,可用于数据分类、递归、推荐、异常检测和特征哈希等。

2）Oozie

Oozie 是一种 Java Web 应用程序，它运行在 Java Servlet 容器——Tomcat 中，并使用数据库来存储工作流定义与当前运行的工作流实例，包括实例的状态和变量。

3）Pig

Pig 是一种数据流语言和运行环境，用于检索非常大的数据集，为大型数据集的处理提供了更高的抽象层次。Pig 包括两部分：用于描述数据流的语言，称为 Pig Latin；用于运行 Pig Latin 程序的执行环境。

4）Tez

Tez 建立在 Apache Hadoop Yarn 的基础上，这是一种应用程序框架，允许为任务构建一种复杂的有向无环图，以便处理数据。它让 Hive 和 Pig 可以简化复杂的任务，而这些任务原本需要多个步骤才能完成。

5）ZooKeeper

ZooKeeper 是一个开放源码的分布式应用程序协调服务，是 Google 的 Chubby 服务的开源实现，是 Hadoop 和 Hbase 的重要组件。它是一个为分布式应用提供一致性服务的软件，提供的功能包括配置维护、域名服务、分布式同步、组服务等。

6）finndy+

finndy+ 是一个分布式的云采集工具，在全球有 2000 多个高匿分布式节点，集成了机器学习防屏蔽算法，具有自定义脚本引擎，采用了首创单步调模式，可实现一键 API 输出，同时拥有海量免费采集规则和交易市场。

2. 推荐方法

根据推荐算法的不同，常用的推荐方法可以分为专家推荐、基于统计信息的推荐、基于内容的推荐、协同过滤推荐和混合推荐等。专家推荐是一种人工推荐方法，它由资深的专业人士来进行对象的筛选和推荐，需要较多的人力成本；基于统计信息的推荐中，最常见的是热门推荐，它易于实现，但对用户个性化偏好的描述能力较弱；基于内容的推荐是通过机器学习的方法描述对象特征，并基于对象特征来发现与之相似的对象；协同过滤推荐是应用最早和最成功的推荐方法之一，它利用与对象用户相似用户的已有的对象评价信息，预测目标用户对特定对象的喜好程度；混合推荐是一种结合多种推荐算法来提升推荐效果的方法。

5.6.3　基于大数据的推荐系统的应用示例

目前，在电子商务、社交网络、在线音乐和在线视频等各类网站和应用中，推荐系统都起着很重要的作用。下面将简要分析两个有代表性的推荐系统的应用实例。

1. 推荐系统在电子商务中的应用：Amazon 推荐系统

Amazon 推荐系统作为推荐系统的鼻祖，已经将推荐的思想渗透在应用的各个角落。Amazon 推荐系统的核心功能是，通过数据挖掘算法和当前用户与其他用户的消费偏好的对比，来预测当前用户可能感兴趣的商品。Amazon 采用的是分区混合机制，即将不同的推荐结果分不同的区域显示给用户。图 5-15 展示了用户在 Amazon 首页上能看到的推荐商品。

Amazon 利用了可以记录的所有用户在站点上的行为，并根据不同数据的特点对它们进行处理，从而分不同区域为用户推送商品。"猜您喜欢"区域通常是根据用户近期的购买

图 5-15　Amazon 推荐机制：首页

历史或者查看记录给出一个推荐。"热销商品"区域采用了基于内容的推荐机制,将一些热销的商品推荐给用户。

图 5-16 展示了用户在 Amazon 浏览物品的页面上能看到的推荐商品。

图 5-16　Amazon 推荐机制：浏览物品

当用户浏览物品时,Amazon 推荐系统会根据当前浏览的物品对所有用户在站点上的行为进行处理,然后在不同区域为用户推送商品。

"购买此商品的顾客也同时购买"区域的推荐机制是采用数据挖掘技术对用户的购买行为进行分析,找到经常被一起或同一个人购买的物品集,然后进行捆绑销售。这是一种典型的基于项目的协同过滤推荐机制。

2. 推荐系统在社交网站中的应用:豆瓣推荐系统

豆瓣是国内做得比较成功的社交网站,它以图书、电影、音乐和同城活动为中心,形成了一个多元化的社交网络平台,下面来介绍豆瓣是如何进行推荐的。

当用户在豆瓣电影中将一些看过的或是感兴趣的电影加入看过和想看的列表里,并为它们进行相应的评分后,豆瓣的推荐引擎就拿到了用户的一些偏好信息。基于这些信息,豆瓣将会给用户展示图 5-17 所示的电影推荐项目。

图 5-17　豆瓣的推荐机制:基于用户品味的推荐

豆瓣的推荐是根据用户的收藏和评价自动得出的,每个人的推荐清单都是不同的,每天推荐的内容也可能会有变化。收藏和评价越多,豆瓣给用户的推荐就会越准确和丰富。

豆瓣采用了基于社会化的协同过滤的推荐机制,用户越多,用户的反馈越多,推荐就越准确。相对于 Amazon 的用户行为模型,豆瓣电影的模型更加简单,就是"看过"和"想看",这也让其推荐更加专注于用户的品味,毕竟人们买东西和看电影的动机还是有很大不同的。

另外,豆瓣也有基于物品本身的推荐,当用户查看一些电影的详细信息时,它会给用户推荐喜欢这部电影的人也喜欢的其他电影,这是一个基于协同过滤的推荐的应用。

5.7　基于大数据的图与网络分析

5.7.1　图计算的简介

在实际应用中存在许多图计算问题,如最短路径、集群、网页排名、最小切割、连通分支等问题。图计算算法的性能直接关系到应用问题解决的高效性,尤其对于大型图(如社交网络和网络图)而言更是如此。

针对大型图(如社交网络和网络图)的计算问题,可能的解决方案及其不足之处具体如下。

(1)为特定的图应用定制相应的分布式实现方式。不足之处是通用性不好,在面对新的图算法或者图表示方式时,就需要做大量的重复开发。

(2)基于现有的分布式计算平台进行图计算。比如,MapReduce 作为一个优秀的大规模数据处理框架,有时也能够用来对大规模图对象进行挖掘,不过在性能和易用性方面往往无法达到最优。

(3)使用单机的图算法库,比如 BGL、LEAD、NetworkX、JDSL、Standford Graphbase 和 FGL 等。但是,这种单机方式在可以解决的问题的规模方面具有很大的局限性。

(4)使用已有的并行图计算系统。Parallel BGL 和 CGM Graph 等库实现了很多并行图算法,但是对大规模分布式系统非常重要的一些性能(如容错性能),无法提供较好的支持。

正是因为传统的图计算解决方案无法解决大型图的计算问题,因此就需要设计能够用来解决这些问题的通用图计算软件。针对大型图的计算,目前通用的图处理软件主要包括两种:第一种主要是基于遍历算法的、实时的图数据库,如 Neo4、Orientdb、DEX 和 Infinite Graph;第二种则是以图顶点为中心的、基于消息传递批处理的并行引擎,如 Hama、Goldenorb、Graph 和 Pregel。第二种图处理软件主要是基于 BSP 模型实现的并行图处理系统。BSP 是由哈佛大学 Valiant 和牛津大学 Bill Mc Col 提出的并行计算模型,其全称为"整体同步并行计算模型"(bulk synchronous parallel computing model,BSP 模型),又名"大同步模型"。创始人希望 BSP 模型像冯·诺依曼体系结构那样,架起计算机程序语言和体系结构间的桥梁,故又称为"桥模型"。一个 BSP 模型由大量通过网络相互连接的处理器组成,每个处理器都有快速的本地内存和不同的计算线程,一次 BSP 计算过程包括一系列全局超步(超步就是指计算中的一次迭代),每个超步主要包括三个组件。

①局部计算组件。每个参与的处理器都有自身的计算任务,它们只读取存储在本地内存中的值,不同处理器的计算任务都是异步并且独立的。

②通信组件。处理器群相互交换数据,交换的形式是由一方发起推送(put)和获取(get)操作。

③栅栏同步(barrier synchronization)。当一个处理器遇到"路障"(或栅栏)时,会等其他所有处理器完成它们的计算步骤;每一次同步也是一个超步的完成和下一个超步的开始。

5.7.2 基于大数据的图挖掘与网络分析工具与方法

目前基于大数据的图挖掘与网络分析主要分为两种:第一种主要是基于遍历算法的实时图数据库;第二种是以图顶点为中心、基于消息传递批处理的并行引擎。

1. 基于遍历算法的实时图数据库

1)Neo4j

Neo4j 是一个高性能的 NOSQL 图数据库,它将结构化数据存储在网络上而不是表中。Neo4j 也可以被看作一个高性能的图引擎,该引擎具有成熟数据库的所有特性。

2）OrientDB

OrientDB 是兼具文档数据库的灵活性和图数据库管理链接能力的可深层次扩展的文档-图数据库管理系统,可选无模式、全模式或混合模式。其支持许多高级功能,诸如快速索引、原生功能和 SQL 查询功能,可以以 JSON 格式导入、导出文档。若不执行 join 操作,同关系数据库一样可在几毫秒内检索数以百计的链接文档图。

3）DEX

DEX 是一款具备高性能及优秀可扩展性的图数据库,其个人评估版本最多可支持 100 万个节点,同时支持 Java 及 . Net 编程。

4）InfiniteGraph

InfiniteGraph 是一款由 Objectivity 公司推出的图数据库,该公司还推出过一款同名的对象类数据库。其免费许可版本只能支持最高 100 万节点及边线总数。InfiniteGraph 需要作为服务项目加以安装,这与以 MySQL 为代表的传统数据库颇为相似。InfiniteGraph 借鉴了 Objectivity/DB 中的面向对象概念,因此其中的每一个节点及边线都算作一个对象,尤其是所有节点类都将扩展 BaseVertex 基本类,所有边线类都将扩展 BaseEdge 基本类。

2. 基于消息传递批处理的并行引擎

1）Hama

Hama 是以批量同步并行(BSP)框架为基础,由一个 BSPMaster、多个互不关联的 GroomServer 计算节点和一个可独立运行的 Zookpeer 集群组成。BSPMaster 采用"先进先出"原则对 GroomServer 进行任务调配,BSPMaster 调用 BSP 类的 setup 方法、bsp 方法和 cleanup 方法对超级步(superstep)进行控制。GroomServer 通过 HeartBeat 向 BSPMaster 发送心跳信息,向 BSPMaster 报告当前 GroomServer 节点集群状态。这些状态信息包括计算节点集群的最大任务量和可用内存容量等。BSPMaster 根据心跳信息启动 BSP 任务,把 Job 划分为一个一个的任务,再把任务分配给 GroomServer 计算节点群,GroomServer 启动 BSPPeer 执行 GroomServer 分配过来的任务。Zookpeer 管理 BSPPeer 的障栅同步情况,实现 BarrierSynchronisation 机制。

2）Giraph

Giraph 是基于 Hadoop 而建立的,将 MapReduce 中 Mapper 进行封装,未使用 Reducer。在 Mapper 中进行多次迭代,每次迭代等价于 BSP 模型中的 SuperStep。

3）Pregel

Pregel 是一种基于 BSP 模型实现的并行图处理系统。为了解决大型图的分布式计算问题,Pregel 搭建了一套可扩展的、有容错机制的平台,该平台提供了一套非常灵活的 API,可以描述各种各样的图计算。Pregel 作为分布式图计算的计算框架,主要用于图遍历、最短路径计算、PageRank 计算等。

5.7.3　基于大数据的图挖掘与网络分析的应用示例

SparkStreaming 是用来进行流计算的组件。可以把 Kafka(或 Flume)作为数据源,让 Kafka(或 Flume)产生数据发送给 SparkStreaming 应用程序,SparkStreaming 应用程序再对接收到的数据进行实时处理,从而完成一个典型的流计算过程。这里仅以 Kafka 为例进行介绍,Spark 和 Flume 的组合使用也是类似的,这里不再赘述。

为了让 SparkStreaming 应用程序能够顺利使用 Kafka 数据源,在 Kafka 官网下载安装文件时,要注意所下载的安装文件应与自己计算机上已经安装的 Scala 版本号一致。本书介绍的 Spark 版本号是 1.6.2,Scala 版本号是 2.10,所以,一定要选择版本号以 2.10 开头的 Kafka 文件。例如,可以下载安装文件 Kafka_2.10-0.10.1.0,前面的"2.10"就是支持的 Scala 版本号,后面的"0.10.1.0"是 Kafka 自身的版本号。

1. Kafka 准备工作

1)启动 Kafka

首先需要启动 Kafka,登录 Linux 系统(本书统一使用 Hadhoop 用户登录),打开一个终端,输入命令启动 Zookeeper 服务:

```
$ cd/usr/local/kafka
$ ./bin/zookeeper-server-start.sh config/zookeeper.properties
```

打开另一个终端,然后输入命令启动 Kafka。

```
$ cd/usr/local/kafka
$ ./bin/kafka-server-start.sh config/server.properties
```

2)测试 Kafka 是否正常工作

先测试一下 Kafka 是否可以正常使用。再另外打开一个终端,创建一个自定义名称为"wordsendertest"的 topic。2181 是 Zookeeper 默认的端口号,partition 是 topic 里面的分区数,replication-factor 是备份的数量,在 Kafka 集群中使用,这里单机版就不用备份了。可以用列表列出所有创建的 topic,查看上面创建的 topic 是否存在。

上面命令执行后,就可以在当前终端内用键盘输入一些英文单词,如:

```
hello hadoop
hello spark
```

这些单词会被 Kafka 捕捉到并发送给消费者。打开第四个终端,输入命令:

```
$ cd/usr/local/kafka
$ ./bin/kafka-console——consumer.sh-zookeeper localhost:2181--
topic wordsendertest——from-beginning
```

屏幕显示如下结果:

```
hello hadoop
hello spark
```

2. Spark 准备工作

1)添加相关 Jar 包

Kafka 和 Flume 等高级输入源需要依赖独立的库(JAR 文件)。打开 Shell 终端,输入如下命令:

```
$ cd/usr/local/spark
$ ./bin/spark-shell
```

启动 Spark 成功之后,在 spark-shell 中执行 import 语句:

```
scala> import org.apache.spark.streaming.kafka._
<console>:25:error:object kafka is not a member of package org.apache.spark.streaming
import org.apache.spark.streaming.kafka._
```

因为找不到相关 Jar 包,所以,需要下载 spark-streaming-kafka_2.10.jar。

2）修改配置文件

需要配置/usr/local/spark/conf 目录下的 spark-env. sh 文件，让 Spark 能够在启动的时候找到 spark-streaming-kafka_2. 10-1. 6. 2. jar 等五个 JAR 文件。使用 vim 编辑器打开 spark-env. sh 文件，命令如下：

```
$ cd/usr/local/spark/conf
$ vim spark-env.sh
```

因为这个文件之前已经反复修改过，目前里面的前几行的内容应该如下：

```
export SPARK_CLASSPATH= $ SPARK_CLASSPATH:/usr/local/spark/lib/hbase/*
export SPARK_DIST_CLASSPATH= $(/usr/local/hadoop/bin/hadoop classpath)
```

只要简单修改一下，把"/usr/local/spark/lib/kafka/ ∗"增加进去，修改后的内容如下：

```
export
SPARK_CLASSPATH= $ SPARK_CLASSPATH:/usr/local/spark/lib/hbase/* :
/usr/local/spark/lib/kafka/*
export SPARK_DIST_CLASSPATH= $(/usr/local/hadoop/bin/hadoop classpath)
```

保存该文件后，退出 vim 编辑器。

3）启动 spark-shell

执行以下命令，启动 spark-shell：

```
$ cd/usr/local/spark
$ ./bin/spark-shell
```

启动成功后，再次执行命令：

```
scala> import org.apache.spark.streaming.kafka._
```

此时，屏幕会显示下面的信息：

```
import org.apache.spark.streaming.kafka._
```

也就是说，现在使用 import 语句时不会像之前那样出现错误信息了，说明已经导入成功，至此，就已经准备好了 Spark 环境，它可以支持 Kafka 相关编程了。

3. 编写 Spark 程序，使用 Kafka 数据源

1）编写 Producer 程序

打开一个终端，然后输入如下命令，创建代码目录和代码文件：

```
$ cd/usr/local/spark/mycode
$ mkdir kafka
$ cd kafka
$ mkdir-p src/main/scala
$ cd src/main/scala
$ vim KafkaWordProducer.scala
```

在文件 KafkaWordProducer. scala 中写入以下代码：

```
import java.util.HashMap
import org.apache.kafka.clients.producer.{ProducerConfig,KafkaProducer,
ProducerRecord}
import org.apache.spark.streaming._
import org.apache.spark.streaming.kafka._
```

```
import org.apache.spark.SparkConf
object KafkaWordProducer{
    def main(args:Array[String])}
      if(args.length<4){
      System.err.println("Usage:KafkaWordCountProducer< metadataBrokerList>
      < topic> "+"< messagesPersec> < wordsPerMessage> ")
      System.exit(1)
}
val Array(brokers,topic,messagesPerSec,wordsPerMessage)= args
# Zookeeper 连接属性
val props=new HashMap[String,object]()
props.put(ProducerConfig.BOOTSTRAP_ SERVERS_CONFIG,brokers)
props.put(ProducerConfig.VALUE_ SERIALIZER CLASS_ CONFIG,
  "org.apache.kafka.common.serialization.StringSerializer")
props.put(ProducerConfig.KEY_SERIALIZER CLASS_CONFIG,
  "org.apache.kafka.common.serialization.StringSerializer")
val producer=new KafkaProducer [String,String](props)
```

保存后退出 vim 编辑器。

2）编写 Consumer 程序

在当前目录下创建 KafkaWordCount. scala 代码文件,命令如下：

```
$ vim KafkaWordCount.scala
```

KafkaWordCount. scala 用于统计单词词频,它会对 KafkaWordProducer 发送过来的单词进行词频统计,代码如下：

```
import org.apache.spark._
import org.apache.spark.SparkConf
import org.apache.spark.streaming._
import org.apache.spark.streaming.kafka._
import org.apache.spark.streaming.StreamingContext._
import org.apache.spark.streaming.kafka.KafkaUtils
object KafkaWordCount {
def main(args:Array[String]){
StreamingExamples.setStreamingLogLevels()
val sc=new SparkConf().setAppName("KafkaWordCount").setMaster("local[2]")
val ssc=new StreamingContext(sc,Seconds(10) )
ssc.checkpoint("file://usr/local/ spark/mycode/kafka/checkpoint")
                    # 设置检查点,如果存放在 HDFS 上面,则写成类似 ssc.checkpoint( "/
                      user /hadoop/checkpoint")这种形式,但是,要启动 Hadoop
    val zkQuorum="localhost:2181"   # Zookeeper 服务器地址
val group="1"                    # topic 所在的 group 可以设置为自己想要的名称,例如
                                   不用 1,而是 val group="test- consumer-group"
val topics="wordsender"          # topics 的名称
val numThreads=1                 # 每个 topic 的分区数
```

```
val topicMap=topics.split(",").map((_,numThreads.toInt)).toMap
val lineMap=KafkaUtils.createStream(ssc,zkQuorum,group,topicMap)
val lines=lineMap.map(_._2)
val words=lines.flatMap(_.split(" "))
val pair=words.map(x=>(x,1))
val wordCounts=pair.reduceByKeyAndWindow(_+_,_-_,Minutes(2),Seconds(10),2)
wordCounts.print
ssc.start
ssc.awaitTermination
        }
    }
```

保存后退出 vim 编辑器。

3）编写日志格式设置程序

在当前目录下创建 StreamingExamples. scala 代码文件，命令如下：

```
$ vim StreamingExamples.scala
```

下面是 StreamingExamples. scala 的代码，这段代码的功能是设置 log4j 的日志格式。

```
import org.apache.spark.Logging
import org.apache.1og4j.{Level,Logger}
object StreamingExamples extends Logging {
def setStreamingLogLevels(){
val log4jInitialized= Logger.getRootLogger.getAllAppenders.hasMoreElements
if(!log4jInitialized){      # 首先初始化默认日志,然后覆盖日志级别
logInfo("Setting log 1evel to [WARN] for streaming example."+
  "To override add a custom 1og4j.properties to the classpath.")
    Logger.getRootLogger.setLevel(Level.WARN)
    }
  }
}
```

4）编译打包程序

在“/usr/local/spark/mycode/kafka/src/main/scala/”目录下有三个代码文件：Kafka-WordProducer. scala、KafkaWordCount. scala、StreamingExamples. scala。

在命令行中输入下面的代码：

```
$ cd /usr/local/spark/mycode/kafka/
$ vim simple.sbt
```

在 simple. sbt 中输入以下代码：

```
name:="Simple Project "
version:="1.0"
scalaVersion:="2.10.5"
libraryDependencies+="org.apache.spark"%%"spark-core"%"1.6.2"
libraryDependencies+="org.apache.spark"%%"spark-streaming_2.10"%"1.6.2"
libraryDependencies+="org.apache.spark"%%"spark-streaming-kafka_2.10"%"1.6.2"
```

保存文件，退出 vim 编辑器。

执行下面命令，进行打包编译：

```
$ cd /usr/local/spark/mycode/kafka/
$ /usr/local/sbt/sbt package
```

打包成功后，就可以执行程序进行测试了。

5）运行程序

首先启动 Hadoop，启动 Hadoop 的命令如下：

```
$ cd /usr/local/hadoop
$ ./sbin/start-dfs.sh.
```

打开一个终端，执行 $./sbin/start-dfs.sh 文件，运行 KafkaWordProducer 程序，屏幕上会不断滚动出现新的文字：

```
3 3 6 3 4
9 4 0 8 1
0 3 3 9 3
0 8 4 0 9
8 7 2 9 5
2 6 4 8 5
0 9 6 0 9
4 0 0 8 1
1 8 3 7 4
4 0 6 5 7
3 9 1 5 0
9 3 9 6 7
1 8 7 4 3
9 5 6 2 6
4 8 8 6 8
0 0 3 3 7
```

然后新打开一个终端，执行如下命令，运行 KafkaWordCount 程序，进行词频统计。

```
$ cd /usr/local/spark
$ /ust/local/spark/bin/spark-submit--class "KafkaWordCount"
$ /usr/local/spark/mycode/kafka/target/scala-2.10/simple-project_ 2.10-1.0.jar
```

运行上面命令，启动词频统计功能，屏幕上就会出现如下信息：

```
SLF4J:Class path contains multiple SLF4J bindings.
SLF4J:Found binding in [jar:file:/usr/local/spark/lib/kafka/slf4j-log4112-
1.7.21.jar!/org/slf4j/impl/StaticLoggerBinder.class]
SLF4J:Found binding in [jar:file:/usr/local/hadoop/share/hadoop/common/lib/
slf4j-log412-1.7.10.jar!/org/slf4j/impl/StaticLoggerBinder.class]
SLF4J:See http://www.slf4j.org/codes.Html    # 多重绑定
SLF4J:Actual binding is of type [org.slf4j.impl.Log4jLoggerFactory]
----------------------------
Time:1479789000000 ms
(4,16)
(8,14)
```

```
(6,15)
(0,10)
(2,9)
(7,17)
(5,14)
(9,9)
(3,8)
(1,8)
```

这些信息说明,SparkStreaming 程序顺利接收到了 Kafka 发来的单词信息,进行词频统计并得到了结果。

5.8　大数据聚类分析

聚类分析指将物理或抽象对象的集合分组,得到由类似的对象组成的多个类的分析过程。聚类(clustering),顾名思义就是"物以类聚,人以群分",是机器学习中的一种数据分析方法,其主要思想是按照特定标准把数据集聚合成不同的簇,使同一簇内的数据对象的相似性尽可能大,同时,使不在同一簇内的数据对象的差异性尽可能大。通俗地说,就是把相似的对象分到同一组。它与分类不同,分类就是大脑针对某一物体这个大范畴对这一物体的各种类型贴标签的过程。例如,我们可以根据车的大小把车分为大汽车、小汽车、巨型车等等。在数据分析这门学科中,分类也是一样的概念,是从庞大的数据集中,通过某种算法或某种模型的训练,导出让数据集对应某种特征或某种标签的结果,它是一个有标签的识别过程。而聚类则是一种无标签的识别过程,是一种不指定标签类,即只管划分类别,不管对不对应标签的划分过程。聚类与分类的区别如表 5-5 所示。

表 5-5　聚类与分类的区别

方　　法	分　　类	聚　　类
有无监督	一种有监督的学习过程	一种无监督的学习过程
标记	其初始数据和结果都有标签式标记	其初始数据和结果没有标签式标记
结果	其结果是有意义的分类	其结果是无意义的分类
学习方式	示例式学习	观察式学习

5.8.1　聚类算法的分类

1. 基于划分的聚类

给定一个由 n 个对象组成的数据集,对此数据集构建 k 个划分($k \leqslant n$),每个划分代表一个簇,即将数据集分成多个簇。每个簇至少有一个对象,每个对象必须仅属于一个簇。具体算法包括:k-均值(k-means)和 k-中心点算法(k-Medoide 算法)等。

k-均值算法是一种无监督的聚类算法,这种算法的输入是 n 个数据的集合和已知的簇个数 k,输出是 n 个数据各属于哪个簇的信息。算法具体步骤(见图 5-18)如下:

(1)任意从 n 个数据中选择 k 个作为初始条件的簇中心;

图 5-18　k 均值算法流程

(2) 将剩余的 $n-k$ 个数据按照一定的距离函数划分到最近的簇;

(3) 按一定的距离函数计算各个簇中数据的各属性的平均值,找到新的簇中心;

(4) 重新将 n 个数据按照一定的距离函数划分到最近的簇;

(5) 重复步骤(3)(4),直至簇中心不再变化。

k-中心点算法也是一种常用的聚类算法。k-中心点聚类算法的基本思想和 k-均值算法的思想相同,该算法实质上是对 k-均值算法的优化和改进。在 k-均值算法中,异常数据对其算法过程会有较大的影响。在 k-均值算法执行过程中,可以通过随机的方式选择初始质心,也只有初始时通过随机方式产生的质心才是实际需要簇集合的中心点,而后面通过不断迭代产生的新的质心很可能并不是在簇中的点。如果某些异常点距离质心相对较远,重新计算得到的质心很可能会偏离簇的真实中心。

k-中心点算法的步骤如下:

(1) 确定簇的个数 k。

(2) 在所有数据集中选择 k 个点作为各个簇的中心点。

(3) 计算其余所有点到 k 个中心点的距离,并把每个点到 k 个中心点最短的簇作为自己所属的簇。

(4) 在每个簇中按照顺序依次选取点,计算该点到当前簇中所有点距离之和,最终选择距离之和最小的点为新的中心点。

(5) 重复步骤(2)(3),直到各个簇的中心点不再改变。

2. 层次聚类算法

层次聚类(hierarchical clustering)是对给定的数据集进行层层分解的聚类过程。层次聚类算法有以下两种。

(1) 凝聚法:将每个对象视为一个簇,然后不断合并相似的簇,直至达到一个令人满意的终止条件。

(2) 分裂法:先把所有的数据归于一个簇,然后不断分裂彼此相似度最小的数据集,使簇被分裂成更小的簇,直至达到一个令人满意的终止条件。

图 5-19 为层次聚类算法的示意图。

凝聚法的代表算法是自底向上凝聚算法——AGNES(agglomerative nesting,凝聚嵌套)算法。AGNES 算法最初将每个对象作为一个簇,然后这些簇根据某些准则被一步步地合并。两个簇间的相似度有多种不同的计算方法。聚类的合并过程反复进行,直到所有的对象最终满足簇数目条件。

AGNES 算法的具体流程如图 5-20 所示。

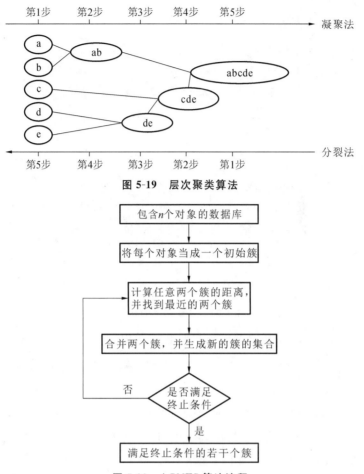

图 5-19　层次聚类算法

图 5-20　AGNES 算法流程

3. 基于密度的聚类算法

基于密度的聚类(density-based clustering)算法原理是：只要某簇邻近区域的密度超过设定的某一阈值，就扩大簇的范围，继续聚类。采用该方法可以得到任意形状的簇，如图 5-21 所示。

具有噪声的基于密度的聚类(density-based spatial clustering of applications with noise, DBSCAN)算法是一种很典型的基于密度的聚类算法。和 k 均值算法、利用层次结构的平衡迭代归约和聚类(BIRCH)算法这些一般只适用于凸样本集的聚类相比, DBSCAN 算法既适用于凸样本集, 也适用于非凸样本集。DBSCAN 算法一般假定类别可以通过样本分布的紧密程度决定。同一类别的样本是紧密相连的, 也就是说, 在该类别任意样本周围不远处一定有同类别的样本存在。通过将紧密相连的样本划为一类, 就得到了一个聚类类别。通过将所有各组紧密相连的样本划为各个不同的类别, 就得到了最终的所有聚类类别结果。

DBSCAN 算法是基于一组邻域来描述样本分布的紧密程度的, 参数(ϵ, MinPts)用来描述邻域的样本分布紧密程度。其中, ϵ 描述了某一样本的邻域距离阈值, MinPts 描述了某一样本的距离为 ϵ 的邻域中样本个数的阈值。

假设样本集是 $D = (x_1, x_2, \cdots, x_m)$, 则 DBSCAN 算法具体的密度描述定义如下：

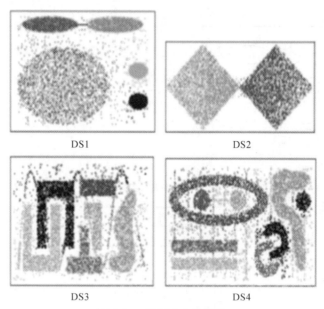

DS1　　　　　　　　　　　　　　　　DS2

DS3　　　　　　　　　　　　　　　　DS4

图 5-21　基于密度的聚类

(1) ϵ-邻域:对于 $x_j \in D$,其 ϵ-邻域包含样本集 D 中与 x_j 的距离不大于 ϵ 的子样本集,即 $N_\epsilon(x_j) = \{x_i \in D | \text{distance}(x_i, x_j) \leqslant \epsilon\}$,这个子样本集的个数记为 $|N_\epsilon(x_j)|$。

(2) 核心对象:对于任一样本 $x_j \in D$,如果其 ϵ-邻域对应的 $N_\epsilon(x_j)$ 至少包含 MinPts 个样本,即如果 $N_\epsilon(x_j)| \geqslant$ MinPts,则 x_j 是核心对象。

(3) 密度直达:如果 x_i 位于 x_j 的 ϵ-邻域中,且 x_j 是核心对象,则称 x_i 由 x_j 密度直达。反之不一定成立,即此时不能说 x_j 由 x_i 密度直达,除非 x_i 也是核心对象。

(4) 密度可达:对于 x_i 和 x_j,如果存在样本样本序列 $p_1, p_2, \cdots, p_T$ 满足 $p_1 = x_i, p_T = x_j$,且 $p_t + 1$ 由 p_t 密度直达,则称 x_j 由 x_i 密度可达。也就是说,密度可达满足传递性。此时序列中的传递样本 $p_1, p_2, \cdots, p_{T-1}$ 均为核心对象,因为只有核心对象才能使其他样本密度直达。注意密度可达也不满足对称性,这个可以由密度直达的不对称性得出。

(5) 密度相连:对于 x_i 和 x_j,如果存在核心对象样本 x_k,使 x_i 和 x_j 均由 x_k 密度可达,则称 x_i 和 x_j 密度相连。注意密度相连关系是具有对称性的。

由图 5-22 可以很容易理解上述定义,图中 MinPts=5,灰色的点都是核心对象,因为其中 ϵ-邻域中至少有 5 个样本。黑色的样本是非核心对象。所有核心对象密度直达的样本都在以灰色核心对象为中心的超球体内,如果不在超球体内,则不能密度直达。图中用箭头连起来的核心对象组成了密度可达的样本序列。在这些密度可达的样本序列的 ϵ-邻域内所有的样本都是密度相连的。

DBSCAN 算法的输入和输出如下。

输入:样本集 $D = (x_1, x_2, \cdots, x_m)$,邻域参数 $(\epsilon, \text{MinPts})$,样本距离度量方式。

输出:簇划分 C。

DBSCAN 算法的执行流程如下。

(1) 初始化核心对象集 $\Omega = \varnothing$,初始化聚类簇数 $k = 0$,初始化未访问样本集 $\Gamma = D$,簇

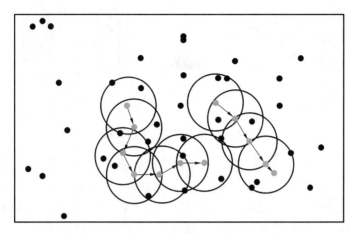

图 5-22　DBSCAN 算法图解

划分 $C=\varnothing$；

(2) 当 $j=1,2,\cdots,m$ 时，按下面的步骤找出所有的核心对象：

①通过距离度量方式，找到样本 x_j 的 ϵ-邻域子样本集 $N_{\epsilon}(x_j)$；

②如果子样本集样本个数满足 $|N_{\epsilon}(x_j)|\geqslant \mathrm{MinPts}$，将样本 x_j 加入核心对象样本集 $\Omega=\Omega\bigcup\{x_j\}$；

(3) 如果核心对象集合 $\Omega=\varnothing$，则算法结束，否则转入步骤(4)；

(4) 在核心对象集 Ω 中，随机选择一个核心对象 o，初始化当前簇核心对象队列 $\Omega_{\mathrm{cur}}=\{o\}$，初始化类别序号 $k=k+1$，初始化当前簇样本集 $C_k=\{o\}$，更新未访问样本集 $\Gamma=\Gamma-\{o\}$；

(5) 如果当前簇核心对象队列 $\Omega_{\mathrm{cur}}=\varnothing$，则当前聚类簇 C_k 生成完毕，更新簇划分 $\{C_1,C_2,\cdots,C_k\}$，更新核心对象集 $\Omega=\Omega-C_k$，转入步骤 3；

(6) 在当前簇核心对象队列 Ω_{cur} 中取出一个核心对象 o'，通过邻域距离阈值 Δ 找出所有的 ϵ-邻域子样本集 $N_{\epsilon}(o')$，令 $\Delta=N_{\epsilon}(o')\bigcap\Gamma$，更新当前簇样本集 $C_k=C_k\bigcup\Delta$，更新未访问样本集 $\Gamma=\Gamma-\Delta$，转入步骤(5)。

最后输出簇划分 $\{C_1,C_2,\cdots,C_k\}$。

4. 基于网格的聚类

基于网格(grid-based)的聚类是指将对象空间量化为有限数目的单元，形成一个网格结构，所有聚类都在这个网格结构上进行，如图 5-23 所示。其基本思想是将每个属性的可能值分割成许多相邻的区间，创建网格单元的集合(我们假设属性值是序数的、区间的或者连续的)。每个对象落入一个网格单元，网格单元对应的属性区间包含该对象的值。基于网络的聚类算法的优点是它的处理速度很快，其处理时间独立于数据对象的数目，只与量化空间中每一维的单元数目有关。

统计信息网格(statistical information grid，STING)技术是一种基于网格的多分辨率聚类技术，它将空间区域划分为矩形单元。针对不同级别的分辨率，通常存在多个级别的矩形单元，这些单元形成了一个层次结构：高层的每个单元被划分为多个低一层的单元。关于每个网格单元属性的统计信息(如平均值、最大值和最小值)被预先计算出来并存储。高层单

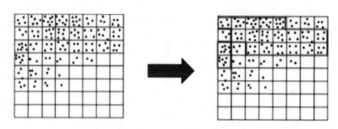

图 5-23　基于网格的聚类图解

元的统计变量可以很容易地从低层单元的变量计算得到。这些统计变量包括:与属性无关的变量 count;与属性相关的变量 m(平均值)、s(标准偏差)、min(最小值)、max(最大值),以及该单元中属性值遵循的分布类型,例如正态分布、均衡分布、指数分布(如果分布未知则分布类型属性为"无")。当数据被装载进数据库时,最底层单元的变量 count、m、s、min 和 max 直接进行计算。如果分布的类型事先已知,分布类型的属性值可以由用户指定,也可以通过假设检验来获得。一个高层单元的分布类型可以基于它对应的低层单元多数的分布类型,用一个阈值过滤过程来计算。如果低层单元的分布彼此不同,阈值检验失败,则高层单元的分布类型被置为 none。

统计变量的使用可以采用自顶向下的基于网格的方法。首先,在层次结构中选定一层作为查询处理的开始点。该层通常包含少量的单元。对当前层次的每个单元计算置信度区间(或者估算其概率),用以反映该单元与给定查询的关联程度。不相关的单元就不再考虑。低一层的处理就只检查剩余的相关单元。这个处理过程反复进行,直至达到最底层。此时,如果查询要求被满足,那么返回相关单元的区域。否则,检索和进一步处理落在相关单元中的数据,直到它们满足查询要求。

网格中常用的参数有以下几个。

(1) count:网格中对象数目。

(2) mean:网格中所有值的平均值。

(3) stdev:网格中属性值的标准偏差。

(4) min:网格中属性值的最小值。

(5) max:网格中属性值的最大值。

(6) distribution:网格中属性值符合的分布类型。

STING 查询算法流程如下:

(1) 选择一个层次;

(2) 对这个层次的每个单元格,计算查询相关的属性值;

(3) 对每一个单元格进行标记(相关或者不相关),对不相关的单元格不再考虑,对下一个较低层进行处理时就只检查剩余的相关单元;

(4) 如果这一层是底层,那么转步骤(6),否则转步骤(5);

(5) 由层次结构转到下一层,依照步骤(2)进行;

(6) 查询结果得到满足,转到步骤(8),否则转到步骤(7);

(7) 恢复数据到相关的单元格,进一步处理以得到满意的结果;

(8) 停止。

5.8.2　聚类分析案例

某大型保险企业拥有海量投保客户数据,由于大数据技术与相关人才的紧缺,企业尚未建立统一的数据仓库与运营平台,积累多年的数据无法发挥应有的价值。企业期望构建用户画像,对客户进行群体分析与个性化运营,以此激活老客户,挖掘百亿续费市场。某数据团队对该企业数据进行了建模,输出用户画像并搭建智能营销平台,再基于用户画像数据进行客户分群研究,以制定个性化运营策略。其展开聚类分析的过程如下。

1. 数据预处理

在任何大数据项目中,前期数据准备都是一项烦琐无趣却又十分重要的工作。首先,对数据进行标准化处理,处理异常值,补全缺失值。为了顺利应用聚类算法,还需要使用户画像中的所有标签以数值形式体现。其次要对数值指标进行量纲缩放,使各指标具有相同的数量级,否则会使聚类结果产生偏差。接下来要提取特征,即把最初的特征集降维,从中选择有效特征执行聚类算法。为该保险公司定制的用户画像中存在 200 多个标签,为不同的运营场景提供了丰富的多维度数据支持。但这么多标签存在相关特征,假如存在两个高度相关的特征,相当于将同一个特征的权重放大两倍,会影响聚类结果。

2. 方差分析

根据每两个对象之间的距离,将距离最近的对象两两合并,合并后产生的新对象再进行两两合并,以此类推,直到所有对象合为一类。理想情况下,同类对象之间的离差平方和应尽可能小,不同类对象之间的离差平方和应该尽可能大。该方法要求样品间的距离必须是欧氏距离。

根据所绘制的层次聚类图像可对该企业的客户相似性有一个直观了解,然而单凭肉眼仍然难以判断具体的聚类个数,这时可通过轮廓系数法进一步确定聚类个数。

轮廓系数用于对某个对象与同类对象的相似度和该对象与不同类对象的相似度做对比。轮廓系数取值在 $-1\sim 1$ 之间,轮廓系数越大,聚类效果越好。轮廓系数值表示的代码如下:

```
library(fpc)
K<-3:8
round <-30          # 避免局部最优
rst<-sapply(K,function(i){
print(paste("K= ",i))
mean(sapply(1:round,function(r){
print(paste("Round",r))
result<-kmeans(data,i)
stats<-cluster.stats(dist(data),result$cluster)
stats$avg.silwidth
}))
})
plot(K,rst,type='l',main= '轮廓系数与k的关系',ylab='轮廓系数')
```

在轮廓系数的实际应用中,不能单纯取轮廓系数最大的 k 值(轮廓系数与 k 的关系见图5-24),还需要考虑聚类结果的分布情况(避免出现超大群体),据此综合分析,探索合理的 k 值。

综上,根据分析研究,确定 k 的取值为 7。

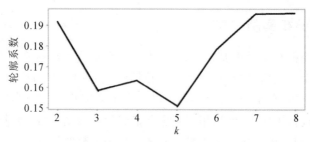

图 5-24 轮廓系数与 k 的关系

3. 聚类

k-均值算法是基于距离的聚类算法,十分经典,且简单而高效。其主要思想是选择 k 个点作为初始聚类中心,将每个对象分配到最近的中心形成 k 个簇,重新计算每个簇的中心,重复以上迭代步骤,直到簇不再变化或达到指定迭代次数为止。k-均值算法缺省使用欧氏距离来计算。

k-均值算法计算特征聚类的程序代码如下:

```
library(proxy)
library(cluster)
clusteModel<-kmeans(data,centers=7,nstart=10)
clusteModel$size
result_df<-data.frame(data,clusteModel$cluster)
write.csv(result_df,file="clusteModel.csv",row.names=T,quote=T)
```

4. 聚类结果分析

对聚类结果(clusteModel.csv)进行数据分析,总结群体特征:

cluster=1:当前价值低,未来价值高。(此类用户的占比为 5.6%。)

cluster=2:当前价值中,未来价值高。(此类用户的占比为 5.4%。)

cluster=3:当前价值高,未来价值高。(此类用户的占比为 18%。)

cluster=4:当前价值高,未来价值中低。(此类用户的占比为 13.6%。)

cluster=5:价值高,稳定。(此类用户的占比为 14%。)

cluster=6:当前价值低,未来价值未知(可能信息不全导致)。(此类用户的占比为 2.1%。)

cluster=7:某一特征的客户群体(该特征为业务重点发展方向)。(此类用户的占比为 41.3%。)

根据分析师与业务团队的讨论结果,将 cluster=1 与 cluster=6 进行合并,最终得到六个客户群体,并针对客户群体制订运营策略,如表 5-6 所示。

表 5-6 聚类分析结果

客户分类	占 比	特 征	运 营 策 略
种子型用户	7.7%	保险意识好,尚未产生价值,但具有未来价值的用户	一般运营,培养为主,逐步树立用户的品牌认知度、强参与度与活跃度
萌芽型用户	5.4%	保险意识好,已经产生初步价值,未来价值较高的用户	

客户分类	占　比	特　征	运营策略
成长型用户	18%	保险意识好,当前价值和未来价值都较为理想的用户	重点经营,适当给予回馈奖励,促进用户消费,同时控制打扰频率,巩固用户的好感度与忠诚度
稳健型用户	13.6%	保险意识好,累计价值高,未来价值较低的用户	重点经营,适当给予回馈奖励,促进用户消费,同时控制打扰频率,巩固用户的好感度与忠诚度
潜力型用户	14.0%	保险意识弱,当前价值低,未来价值不明确的用户	运营优先级低,维持为主,可定期运营,挖掘潜力股
特征型用户	41.3%	保险意识好,未来价值很高的用户	长期重点关注该客户群的续费缴费情况,可以制定个性化产品推荐策略

5.9　时空大数据分析

　　20 世纪 90 年代中后期,数据挖掘领域的一些较成熟的技术,如关联规则挖掘、分类、预测与聚类等技术被逐渐用于时间序列数据挖掘和空间结构数据挖掘,以发现与时间或空间相关的有价值的模式,并且得到了快速发展。信息网络和手持移动设备等的普遍应用,以及遥感卫星和地理信息系统等技术的显著进步,使人们前所未有地获取了大量的地理科学数据。这些地理科学数据通常与时间序列相互关联,并且隐含许多不易发现又有用的模式。从这些非线性、海量、高维和高噪声的时空数据中提取出有价值的信息并用于商业应用,使得时空数据挖掘具有额外的特殊性和复杂性。因此,寻找有效的时空数据分析技术对于时空数据中有价值的时空模式的自动抽取与分析具有重要意义。

　　近年来,时空数据已成为数据挖掘领域的研究热点,在国内外赢得了广泛关注。同时,时空数据挖掘也在许多领域得到应用,如交通管理、犯罪分析、疾病监控、环境监测、公共卫生与医疗健康等。时空数据挖掘作为一项新兴的技术,被用于分析海量、高维的时空数据,以发掘有价值的信息。

5.9.1　时空大数据的概念

　　时空数据,顾名思义,必然包括与时间序列相关的数据以及与空间地理位置相关的数据。另外时空数据挖掘还必须包含将要分析预测或者寻找关联规则的事件数据,也就是在特定时间和空间下发生的具体事件。时空数据是指具有时间元素并随时间变化而变化的空间数据,是描述地球环境中地物要素信息的一种方式。这些时空数据包括各式各样的数据,如关于地球环境地物要素的数量、形状、纹理、空间分布特征、内在联系及规律等的数字、文本、图形和图像等。具体来说,时空大数据包含很多种类,比如个人的手机信息数据、网约车订单数据、社交网络数据、宏观的国民经济数据、人口密度数据等。以普查数据为例,普查时会将大的区域划分为小的普查区域或者街区群,这里的普查区域和街区群就是地理标签,对于每一个地理标签,数据库中会详细记录该标签下的实际信息,比如收入的中位数等。结合时空数据,任何预测结果都可能具备时空属性。比如,如果说以前的购买数据能让我们判断哪些客户倾向购买某类产品,那么引入时空大数据还将让我们知道,这类客户会在何时、何地倾向于购买这类产品。无论是企业的网点选址、营销策划,还是应急逃生计划、国家土地利用规划、智慧城市构建,都脱离不了时空大数据。

5.9.2　时空大数据的类型

时空大数据主要包括时空基准数据、全球导航卫星系统(GNSS)轨迹数据、大地测量与重磁测量数据、遥感影像数据、地图数据、与位置相关的空间媒体数据等类型数据。

1. 时空基准数据

时空基准数据主要包含时间基准数据(守时系统数据、授时系统数据、用时系统数据)和空间基准数据(大地坐标基准数据、重磁基准数据、高程和深度基准数据)的总和。

2. GNSS 和位置轨迹数据

1) GNSS 基准站数据

一个基准站一天得到的数据量约为 70 MB,按全国有 3000 个基准站计算,则一天的数据总量约为 210 GB。

2) 位置轨迹数据

通过 GNSS 测量和手机等方法获得的用户活动数据,可被用于反映用户的位置和用户的社会偏好及相关交通情况等,包括个人轨迹数据、群体轨迹数据、交通轨迹数据、信息流轨迹数据、物流轨迹数据、资金流轨迹数据等。

3. 大地测量与重磁测量数据

此类数据包括大地控制数据、重力场数据、磁场数据等。

4. 遥感影像数据

遥感影像数据包括以下几种:

(1)卫星遥感影像数据,如可见光影像数据、微波遥感影像数据、红外影像数据、激光雷达扫描影像数据;

(2)航空遥感影像数据;

(3)地面遥感影像数据;

(4)地下感知数据,如地下空间和管线数据;

(5)水下声呐探测数据,如水下地形和地貌数据、阻碍物数据。

5. 地图数据

地图数据指各类地图、地图集数据,数据量大。据不完全统计,全国 1∶5 万数字线划地图(DLG)数据量达 250 GB,数字栅格地图(DRG)数据量达 10 TB,1∶1 万 DLG 数据量达 5.3 TB、DRG 数据量达 350 TB。

6. 与位置相关的空间媒体数据

与位置相关的空间媒体数据指具有空间位置特征的随时间变化的数字化文字、图形、图像、声音、视频、影像和动画等媒体数据,如通信数据、社交网络数据、搜索引擎数据、在线电子商务数据、城市监控摄像头数据等。

5.9.3　时空大数据的采集与管理

社交网络、遥感设备和传感器等的普遍应用带来了海量的时空数据,且每种设备生成的数据和数据形式各不相同,造成了时空数据结构复杂且来源多样的特性。此外,在文字、音频和视频等多媒体数据中同样包含了丰富的时空数据。例如,广泛覆盖城市的监控摄像头记录了道路车辆的轨迹信息,从视频中可以还原出被监控车辆的移动轨迹。所以,如何对时空数据进行有效整合、清洗、转换和提取是时空数据预处理面临的重要问题。

时空数据的采集、存储、管理、运算、分析、显示和描述依赖于 3S 系统。如图 5-25 所示,3S 系统是遥感(remote sensing, RS)系统、全球定位系统(global position system, GPS)和地理信息系统(geographic information system, GIS)的统称,这三种系统在 3S 体系中各自充当着不同的角色。RS 系统是信息采集的主力;GPS 用于对遥感图像及其信息进行定位,赋予坐标,使其能和电子地图进行套合;GIS 则是信息的“大管家”,是用于输入、存储、查询、分析和显示地理数据的计算机系统。

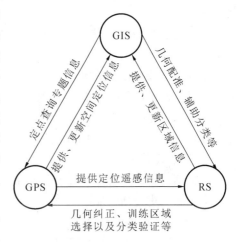

图 5-25　3S 系统示意图

从数据分析的角度而言,以上三个系统中常采用 GIS 系统进行数据分析,因为要分析的数据存储在 GIS 中。那么 GIS 和普通的信息系统有什么不同呢?简单来说,GIS 具有独特的数据模型,可用来处理空间信息。与空间相关的信息经过地理编码技术,能被映射为地理坐标,其他信息会被处理成与地理坐标相关联的属性数据。继续以上文中的普查数据为例,在 GIS 中,普查区域和街区群的字段会被处理为空间坐标,数据库中会详细记录相应空间内的信息,比如收入的中位数、调查时间等等。在 GIS 中,时间是以属性数据的形式存储的。正如上文中提到的,时空数据是指具有时间元素并随时间变化而变化的空间数据,时空数据的本质仍然是空间数据,时间是空间信息的一个要素。

近年来,传感器网络、移动互联网、射频识别技术、GPS 等的快速发展和广泛应用,造成数据量的爆炸式增长,数据增加的速度远远超过现有技术的处理能力。虽然以 MapReduce 和 Hadoop 为代表的大规模并行计算平台的出现,为学术界提供了一条研究大数据问题的新思路,但这些技术也有其固有的局限性。一方面,时空数据本质上是非结构化数据,不仅包含时间序列模型,还存在地图模型,例如城市网络、道路网络等。基于地图模型的算法时间复杂度通常比较大,对时空数据的存储管理和索引技术要求比较高。另一方面,MapReduce 计算模型从组织形式和数据处理方法上来说不适合用于处理时空数据模型,且 Hadoop 技术也无法有效支持数据挖掘中监督学习所用的迭代式计算方法,因而无法完全满足时空数据分析的需要。这些对学术界和工业界来说都是一项巨大的挑战。因此,为了分析处理时空大数据,迫切需要更可靠、更有效和更实用的数据管理和处理技术。

5.9.4　面向大数据的时空数据挖掘技术的应用

时空数据挖掘技术的应用非常广泛,可用在交通运输、地质灾害监测与预防、气象研究、竞技体育、犯罪分析、公共卫生与医疗及社交网络应用等领域。这里我们简单介绍两个时空数据挖掘的应用案例。

1. 时空数据分析预测

该案例的要求是根据某地区 1997 年到 2005 年的人口普查数据选择 2006 年该地区需要新建银行分行的地点。我们收集的数据包括：

（1）该地区的地理信息（地图文件）；

（2）该地区从 1997 年到 2005 年已有银行分行的位置分布情况，包括每个分行的具体地址等；

（3）该地区从 1997 年到 2005 年的人口统计信息，包括区域 ID、人口密度，家庭收入、男女比例、人种比例等。

通过时空数据预测分析，可以根据往年银行分行的发展趋势预测出该城市银行分行在下一年即 2006 年的分布密度，同时可以根据该城市家庭收入预测出 2006 年的客户需求，从而得出基于时空数据的银行分行的供求关系，继而确定需要在下一年新建银行分行的准确地点，即选择供不应求的地点新建银行。

2. 时空数据关联

该案例的要求是对发生在美国华盛顿州斯波坎市的真实的犯罪历史的犯罪模型进行分析。该犯罪历史包括犯罪事件 816 起，犯罪类型包括吸毒（167 起）、抢劫（97 起）和车辆盗窃（552 起），发生时间从 2009 年 1 月到 2010 年 3 月，涉及斯波坎市的 10 个区和 23 条主要街道。我们得到的数据包括斯波坎市的部分地图信息，三种犯罪类型的统计信息以及该地区的人口统计信息，包括人口密度、家庭收入、男女比例、人种比例等。通过时空数据关联规则分析，我们可以根据每种犯罪事件发生的时间和地点得出该种犯罪类型与特定时间段、地理位置的关联关系，比如周末在公路附近多发吸毒事件等。同时还可以从时空数据分析中得到非时空数据的关联关系，比如人口密度小的地区会多发抢劫事件等。

5.9.5　时空大数据在智慧城市中的应用

1. 智能交通

智能交通系统（ITS）拥有实时的交通和天气信息，所有车辆都能够预先知道并避开交通堵塞，减少二氧化碳的排放，沿最快捷的路线到达目的地，能随时找到最近的停车位，甚至在大部分时间车辆可以自动驾驶，而乘客可以在旅途中欣赏在线电视节目。这需要信息技术、交通大数据、先进交通管理给予支持。智能交通系统可依托城市交通信息中心，实现城市公共汽车系统、出租车系统与轨道交通系统、交通信号系统、电子通信系统、车辆导航系统、电子地图系统综合集成的一体化交通信息管理。目前智能交通已经取得以下进展：

（1）在智能交通信息技术、交通大数据、先进交通管理等的支持下，实现了道路的零堵塞、零伤亡和极限通行能力。

（2）利用车辆轨迹和交通监控数据，可改善交通状况，为驾驶员提供交通信息，提高行车效益。

（3）根据用户历史数据，可为司机和乘客设计一种双向最优出租车招车/候车服务模型。

（4）基于出租车 GNSS 轨迹数据，并结合天气及个人驾驶习惯、技能和对道路的熟悉程度等，设计针对个人的最优导航算法，可平均为每 30 min 的行车路线节约 5 min 时间。

（5）利用车联网技术和用户车辆惯性传感器数据，汇集司机急刹、急转等驾驶行为数据，预测司机的移动行为，为司机提供主动安全预警服务。

2. 智能电网

智能电网是以先进的通信技术、传感器技术、信息技术为基础，以电网设备间的信息交互为手段，以实现电网运行的可靠、安全、经济、高效、环境友好和使用安全为目标的先进的现代化电力系统，其核心是实现电网的信息化、自动化和智能化。智能电网主要由信息技术、电网大数据和先进电网管理支持。

（1）信息技术支持　通过物联网技术，对电网和用户的信息进行实时监控和采集，并可将已嵌入智能传感器的各供电、输电和用电设备连成一体，从而实现各设备的物理实体入网，通过智能化、网络化的管理实现能源替代以及对电能的最优配置和利用。

（2）电网大数据支持　通过物联网技术连接起来的遍布电网的传感器，每秒从发电系统读取 60 次同步相量测量值，记录所有电流数据和智能电网设备状态数据；智能电表每隔 15 分钟到 1 个小时从每个家庭或企业自动采集数据，甚至跨区域电网收集数据。电网大数据主要包括电网布局的空间结构和空间关系数据、全部传感器位置数据、输电线路巡线位置轨迹数据、停电或事故断电等电网安全数据。

（3）先进电网管理支持　集发电监控中心、调度中心、输电系统、变电系统、配电系统、用电系统等于一体的智能电网信息系统为智能电网提供了先进电网管理支持。

目前智能电网已经在以下方面取得进展：

（1）智能电表数据的应用　更好地掌控电网中用户的需求层次，便于监控各种电器详细的电力消耗情况，实现按时间或需求量的变化定价，根据用电模式对用户进行分类，避开高峰时段用电，识别用电需求来自哪个地方或用户。

（2）智能电网规划、设计、建设和运行　基于智能电网地理空间大数据的电网覆盖区域的空间结构和空间关系的优化设计；基于电网地理空间大数据的电网上所有传感器的精确空间定位；基于电网地理空间大数据的智能电网信息系统（集发电系统、调度系统、输电系统、变电系统、配电系统、用电系统、安全监控系统等于一体）的高效运行。

3. 智能物流

智能物流系统是采用 GNSS、掌上电脑（PDA）、多功能手持终端、RFID 设备、无线网关等设备，集生产中心、仓储中心、商务中心、配送中心、监控中心等于一体的精细化、智能化、协同化物流信息系统。智能物流系统主要由信息技术、物流大数据技术和先进物流管理技术支持。

（1）信息技术支持　包括 GNSS、多种感知设备（温、湿、压等多功能手持终端、RFID 设备等），以及无线通信技术、物联网技术、地理信息系统技术等的支持。

（2）物流大数据支持　物流大数据包括覆盖物流网范围的地理空间大数据、物流系统五元素空间位置数据、物流网络详细交通数据、油气管道线路位置数据及其上感知设备的位置数据、智能物流过程的大数据、食品物流过程数据（温、湿、压、车况、人况数据）、油罐或化学品等易燃易爆物流过程实时动态监控数据、物流车等的位置轨迹数据、物流车时间数据、车速数据。

（3）先进物流管理支持　由集生产中心、仓储中心、商务中心、配送中心、监控中心于一体的智能物流信息系统中心提供。

目前智能物流系统已经实现了以下功能。

(1) 对物流车辆进行远程监控和指挥调度　根据显示在电子地图上的 GNSS 记录的物流车辆位置轨迹数据,分析和掌控物流车辆(队)行驶状况;根据显示在电子地图上的相应感知设备记录的车上物资的温度、湿度、压力等监控数据,分析和掌控物流物资的安全状况。

(2) 对油气管道物流状况的监控　根据管道安全巡线员利用 PDA 和 GNSS 巡线获得的数据,进行分析并发出应对指令;根据管道上各类感知设备记录的温、湿、压、损数据,进行分析并采取相应措施。

(3) 物流安全事故预防和事故处理　监控中心根据物流大数据进行实时分析,发现可能隐患,并提出预防措施;针对已发事故,利用监控中心的物流信息系统平台研究处理方案,调集和组织力量赶赴事发现场抢救。

4. 智慧医疗

智慧医疗系统可实现各级医院之间人才资源、医疗信息资源和医疗文献资源共享。智慧医疗系统主要由信息技术、医疗大数据支持。

(1) 信息技术支持　包括人的身体和生理微型感知技术、互联网远程医疗技术、医学影像分析处理和三维仿真技术、计算机电子医疗档案技术、医疗卫生物联网技术等的支持。

(2) 医疗大数据支持　医疗大数据包括城市医疗卫生机构(行政机构、各类各级医院、卫生院所、保健所、药品商店、急救中心等)的空间分布数据,地方病、流行病、急性传染病数据,各类各级医院特色(专业)、人才、床位、医疗档案(病历)、大型专业和特殊设备、医疗文献等数据,个人保健数据。

目前智能医疗系统已经实现了以下功能。

(1) 流感传播预测　美国 Rochester 大学的 Adem 等人利用 GPS 数据,分析纽约 63 万多微博用户的 440 万条微博数据,绘制身体不适用户位置"热点"地图,显示流感在纽约的传播情况,指出最早可在个人出现流感症状之前 8 天做出预测,准确率达 90%。

(2) 个人保健　通过安装在人身的各类传感器,对人的健康指数(如体温、血压、心电图、血氧等)进行监测,并实时传递至医疗保健中心,如有异常,保健中心会通过手机提醒去医院检查身体。

(3) 远程医疗　通过国家卫生信息网络,利用医疗资源共享及检查结果数据以及急重病人异地送诊过程中的实时监控数据,进行在线会诊分析、治疗和途中急救等。

5. 智慧城市社会管理

智慧城市社会管理主要由信息技术和城市社会化大数据支持。

(1) 信息技术支持　包括传感网监测技术、GPS/BD(BD 指北斗导航系统)导航技术、搜索引擎技术、地理信息系统技术等的支持。

(2) 城市社会化大数据支持　城市社会化大数据包括城市基础地理空间信息交换共享平台(一张图)大数据、位置轨迹数据、平安城市摄像头监控数据、空气质量监测数据、搜索引擎数据、流动人口注册数据。

目前智慧城市社会管理已经在特定的城市中得到应用。利用部署在大街小巷的监控摄像头数据,进行图像敏感性智能分析,并与 110、119、112 等系统交互,通过物联网实现探头与探头之间、探头与人、探头与报警系统之间的联动,从而构造和谐安全的城市生活环境。例如:

① 从城市人群流动数据中,揭示区域功能和区域人流的关系,对城市区域的社会学功能进行分类和优化。

② 利用地理监测站有限的空气质量数据,结合交通流道路结构、兴趣点分布、气象条件和人群流动规律等大数据,基于机器学习算法建立数据与空气质量的映射关系,推断出整个城市细粒度的空气质量。

③ 通过对各类企业(特别是房地产)的销售状况的监管和分析,对缴税情况进行监控,确保国家和地方财政收入。

综上所述,可得出以下结论:

(1) 大数据技术的普及是信息时代发展的必然趋势,大数据技术已经渗透到人们工作、学习、生活的方方面面,必将带来思维变革、商业变革和管理变革,我们必须认识大数据、适应大数据,应用大数据。

(2) 时空大数据是时空数据与大数据的融合,强调大数据的空间化(空间定位)。一切大数据都是人类活动的产物,而人类的一切活动都是在一定的时间和空间内进行的,所以大数据都具有时间和空间特征,从这个角度看,大数据本质上就是时空大数据。时空大数据是一个更为科学的术语。导航定位数据则是时空大数据最基本的组成部分。

(3) 时空大数据时代的到来,使我们面临前所未有的挑战和机遇。时空大数据有可能实现“数据→信息→知识→决策支持”到“数据→知识→决策支持”的转变;时空大数据推动了时空大数据产业的变化,可能促进以时空大数据科学为核心的理论体系、以人类自然智能与计算机人工智能深度融合为核心的技术体系和以软件产品、软硬件集成产品和数据产品为核心的产品体系的形成。

(4) 时空大数据无论在军事领域还是民生领域都具有广泛的应用,并将带来革命性的影响。其中民生领域的智慧城市是大数据时代发展的必然。时空大数据应用的拓展将带来新的科学问题,需要新的关键技术。

5.10　非结构化大数据分析与处理

5.10.1　非结构化数据

非结构化数据是指在获得数据之前无法预知其结构的数据。据估计,目前企业所获得的数据 80% 以上是非结构化数据,其增长速率要高于结构化数据。也可以说非结构化数据是结构不规则或不完整,没有预定义的数据模型,不方便用数据库二维结构表来表达的数据。

非结构化数据可以是文本数据,也可以是二进制数据,包括办公文档、文本、图片、各类报表、图像、音频、视频等。

5.10.2　非结构化数据的特点与类型

1. 非结构化数据的特点

非结构化数据具有其自身的特点:一是其格式和标准多样,不像结构化的数据那样能让人一目了然;二是其分布于异构系统;三是其信息量是非常大且增长速度快,以多媒体数据为典型代表;四是其在技术上相对于结构化数据,更难被标准化和理解,因此存储、检索、发布以及利用非结构化数据需要更加智能化的 IT 技术。

2. 非结构化数据的类型

1) 城市非结构化数据

城市大数据即城市所涉及的所有数据的总和,包括城市结构化数据和城市非结构化数据。城市所有的物理设施、各类系统、大气、水质、环境以及人的行为、位置甚至身体、生理特征等都成为可被采集的数据,其都是城市数据的重要组成部分,且这些数据80%以上都是没有固定存储形式的非结构化数据。这些数据的重要特性是多元性与异构性;多元性表现为城市非结构化数据来源众多、类型丰富;异构性表现为不同来源的城市数据,不管是在结构上、组织方式上,还是在数据尺度与数据粒度上都存在着巨大差异。如图5-26所示的监控视频数据就是典型的城市非结构化数据。

图 5-26　城市非结构化数据样例——监控视频数据

2) 工业非结构化数据

工业大数据是工业企业自身及生态系统产生或使用的数据的总和,包括工业结构化数据和非结构化数据。其中既有来自企业内部 CAX、制造执行系统(MES)、企业资源计划(ERP)系统等信息化系统的数据,来自生产设备、智能产品等的物联网数据,也有来自企业外部的上下游产业链、互联网的数据,以及气象、环境、地理信息等跨界数据,贯穿于研发设计、生产制造、售后服务、企业管理等各环节。工业大数据作为制造业转型升级的关键抓手,受到国内外政府和企业的高度重视。

工业大数据是智能制造与工业互联网的核心,其本质是通过促进数据的自动流动去解决控制和业务问题,减少决策过程所带来的不确定性,并尽量克服人工决策的缺点。工业大数据不仅存在于企业内部,还存在于产业链和跨产业链的经营主体中。企业内部数据主要是指MES、ERP 系统、产品生命周期管理(PLM)系统等自动化与信息化系统中产生的数据。产业链数据是企业供应链(SCM)和价值链(CRM)上的数据。跨产业链数据,指来自于企业产品生产和使用过程中相关的市场信息、地理信息、环境信息、法律和政府信息等外部跨界信息和数据。人和机器是产生工业大数据的主体。对特定企业而言,机器数据的产生主体可分为生产设备和工业产品两类。未来由人产生的数据规模的比重将逐步降低,机器数据所占据的比重将越来越大。

工业大数据不仅满足大数据的"5V"特征,还具有以多种非结构化工程数据、过程与物料清单(BOM)数据、高端装备监测时序数据为代表的工业大数据,即呈现"多模态、强关联、高通量"的新特性。

3）教育非结构化数据

教育大数据是指整个教育活动过程中所产生的，以及根据教育需要所采集到的，一切用于教育发展并可创造巨大潜在价值的数据集合，包括教育结构化数据和教育非结构化数据。图 5-27 所示是教育大数据的来源。人们通过教育大数据不仅可以剖析学生认知状态，实现个性化教学，记录学生学习进程，提供针对性练习，突破集中教学模式，利用碎片化时间，还可以通过分析声视频数据，帮助教师筛选教辅，形成互连知识体系，实现知识点汇聚。从教育大数据的来源可知，非结构化数据是其重要组成部分。

图 5-27　教育大数据来源

教育大数据涉及的教育场景主要有：信息化校园、大规模开放式在线课程、智能辅导系统和在线题库等，如图 5-28 所示。信息化校园数据具有多源异构性、数据关联性、领域特性；大规模开放式在线课程数据具有数据稀疏性、学习动态性；智能辅导系统和在线题库数据具有数据多源异构性、学习行为多样性与相关性等非结构化数据特征。

图 5-28　教育大数据所涉及的教育场景

5.10.3　非结构化大数据的处理

1. 数据集成

数据集成是将非结构化数据在逻辑上或物理上进行集成的过程。传统上，数据集成方法可以分为两大类,即数据仓库方法和联邦数据库方法。数据库仓库方法是在物理上将分布在多个数据源的数据统一集中到一个中央数据库中;而联邦数据库方法则仅通过将用户查询翻译为数据源查询来进行逻辑上的数据集成。

1) 数据仓库方法

在对异构数据的处理中,一种集成方案是通过复制数据,实现数据的共享和透明性访问。在这种集成方案下,用到的就是数据仓库方法。数据仓库方法把来自不同平台、不同数据库下的数据统一存放在一个大的、公用的数据库中。这样,用户就可以通过直接访问公用的数据库对数据进行访问。图 5-29 是数据仓库体系结构图。

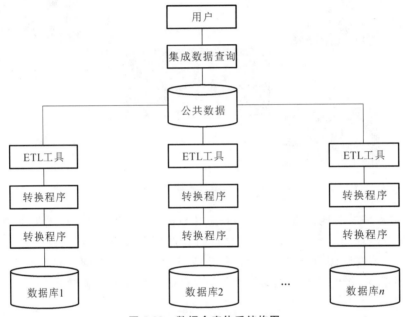

图 5 29 　数据仓库体系结构图

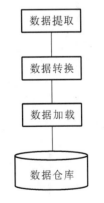

图 5-30　ETL 数据转换流程图

数据仓库方法通过建立公用的数据库,按照一定规则对这些数据库中的数据进行加工处理,轻松地实现用户的数据访问。但在对数据按统一的数据仓库模式进行加工处理的过程中,会造成大量的数据存储资源的浪费。同时,筛选数据过程也会延长用户对数据访问的等待时间。在数据仓库方法中,需要用 ETL 工具对异构数据进行处理。ETL 工具首先对数进行提取(extract)、转换(transform)、加载(load)处理,如图 5-30 所示。

数据仓库法的构建步骤如下:第一步,通过 ETL 工具对来自不同数据库中的数据进行加工处理,形成统一的公共数据模式;第二步,通过建立公共数据库,提供高效的数据查询方式,方便用户进行全局查询。

例如:在对 A 市图书管理数据进行集成时,首先要建一个公用的图书管理数据库,然后使用 ETL 工具对 A 市中所有的数据库中数据进行处理,得到一致的数据,加载到 A 市公用的图书管理数据库。

2) 联邦数据库方法

数据联邦(data federation)是目前非结构化数据集成主要的方法之一,而联邦数据库系统(federated database system,FDBS)则是主要的数据集成系统之一。它是指部分不同步的,数据源和数据库都有很大差异,但保持着往来的实现数据库查询、数据库更新等处理,同时又分别拥有自己的一套数据库管理方案的系统的集合。集合中相互关联但又相互独立的单个数据库则被称为成员数据库(component database system,CDBS),而联邦数据库管理系统(federated database management system,FDBMS)则是对整个系统进行管理的系统。

举例来说,一个国家 GIS 作为总的管理数据库的系统,就等同于 FDBS。河南省数据库想要访问云南省数据库中的某一部分信息时,就会通过国家 GIS,实现地理信息的数据共享。

从图 5-31 可知,一个联邦数据库系统包括不同的子系统,也就是成员数据库。如国家地理信息系统包括各省的地理信息系统,而每个省的地理信息系统又由不同的数据库管理系统(database management system,DBMS)管理,同时实现数据库的建立、使用和维护功能。成员数据库系统可以是 SQL Server 数据库,也可以是 Oracle 数据库,或者是 XML 数据库;可以是集中式的,也可以是分布式的。

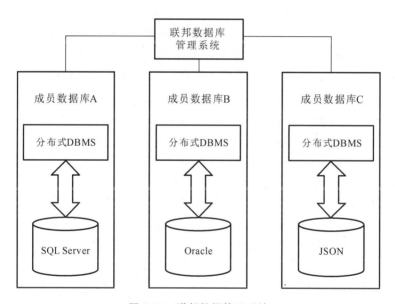

图 5-31　联邦数据管理系统

2. 数据清洗

数据仓库中的数据是面向某一主题的数据的集合,这些数据从多个业务系统中抽取而来而且包含历史数据,这样就避免不了这样的情况:有的数据是错误数据,有的数据相互之间有冲突。这些错误的或有冲突的数据显然是我们不想要的,称之为"脏数据",也称为噪声数据。我们要按照一定的规则把"脏"的数据"洗掉",这就是数据清洗。通常来说,数据清洗有三个方法,分别是分箱法、聚类法、回归法。这三种方法各有各的优势,能够对噪声数据进行全方位的清洗。

分箱法是经常使用到方法。所谓分箱法,就是将需要处理的数据根据一定的规则放进箱子里,然后测试每一个箱子里的数据,并根据各个箱子的实际情况采取方法处理数据。可以按照记录的行数进行分箱,使得每箱有一个相同的记录数;或者对每个箱子所装数据设定区间范围,根据区间范围进行分箱。也可以自定义区间进行分箱。这三种方式都是可以的。分好箱后,可以求每一个箱的平均值、中位数,或者使用极值来绘制折线图。一般来说,折线图的宽度越大,光滑程度也就越明显。

回归法就是利用函数拟合数据绘制图象,然后对图象进行光滑处理。回归法有两种,一种是单线性回归法,一种是多线性回归法。单线性回归法就是找出拟合两个属性(或变量)的关系的最佳直线,由一个属性预测另一个属性。多线性回归法就是找到很多个属性,将数据拟合到一个多维面,这样就能够消除噪声。

聚类法的工作流程是比较简单的,但是操作起来很复杂。所谓聚类法就是对抽象的对象进行集合分组,得到不同的集合,找到在集合外的孤点,这些孤点就是噪点。发现噪点后直接进行清除即可。

3. 数据归约

对于小型或中型数据集,一般的数据预处理步骤已经足够。但对于真正大型非结构化数据集,在应用数据分析以前,需要采取一个中间的、额外的步骤——数据归约。数据归约策略包括维归约、数量归约和数据压缩。

维归约(dimensionality reduction)用于减少所考虑的随机变量或属性的个数。维归约方法包括小波变换和主成分分析,它们需要把原数据变换或投影到较小的空间。

数量归约(numerosity reduction)是用替代的、较小的数据表示形式替换原数据。这些数据可以是参数化的或非参数化的,因此数量归约方法也有参数方法和非参数方法之分。参数方法使用模型估计数据,一般只需要存放模型参数,而不是实际数据(离群点可能也要存放)。数量归约的非参数方法包括直方图法、聚类法、抽样法和数据立方体聚集法。

数据压缩(data compression)是指在不丢失有用信息的前提下,以增减数据量或按一定的算法对数据进行重组,以得到原数据的归约或"压缩"表示。如果原数据能够由压缩后的数据实现重构而不损失信息,则该数据归约称为无损的。如果我们只能近似重构原数据,则该数据归约称为有损的。对于串压缩,有一些无损压缩算法。然而,它们一般只允许有限的数据操作。维归约和数量归约也可以视为某种形式的数据压缩。

有许多其他方法可用来进行数据归约。花费在数据归约上的计算时间不应超过或抵消在归约后的数据上挖掘所节省的时间。

5.11 利用MLlib解决大数据并行分类问题实践

传统机器学习算法受技术和单机存储量的限制,只能应用于数据量较小的情况。数据量过小会直接影响模型的准确性,在大体量的数据集上进行学习是非常有必要的。大体量数据的计算对处理平台的要求较高。Spark提供了一个基于海量数据的MLlib库。MLlib是一种高效、快速、可扩展的分布式计算框架,实现了常用的机器学习算法,如聚类、分类、回归算法等。MLlib目前支持的分类算法有逻辑回归法、支持向量机法、朴素贝叶斯法、决策树法和随机森林(MR)算法。

由于随机森林中的每棵树都是独立训练的,所以可以并行地训练多棵树(作为并行化训练单棵树的补充)。MLlib 正是这样做的:并行地训练可变数目的子树,这里的子树的数目根据内存约束在每次迭代中都进行优化。MLlib 使用了两个关键优化:

(1)内存优化　　随机森林算法使用不同的数据子样本来训练每棵树。使用随机森林树结构来保存内存信息,该结构存储每个子样本中每个实例的副本数量。

(2)通信优化　　随机森林算法经常在每个节点将特征的选择限制在某个随机子集上。MLlib 利用了这种二次采样的优点来减少通信开销,例如,如果在每个节点只使用 1/3 的特征,那么就可以将通信开销减少到原来的 1/3。

下面是随机森林算法的案例。

一般银行在贷款之前都需要对客户的还款能力进行评估,但如果客户数据量比较庞大,信贷审核人员的压力会非常大,此时常常会希望通过计算机来进行辅助决策。随机森林法可以在该场景下使用。例如可以将原有的历史数据输入算法程序当中进行数据训练,利用训练后得到的模型对新的客户数据进行分类,这样便可以过滤掉大量无还款能力的客户,从而极大地减少信贷审核人员的工作量。

表 5-7 所示为信贷用户历史数据记录,该记录被格式化为

label index1：feature1 index2：feature2 index3：feature3

这种格式,例如表 5-7 中的第一条记录将被格式化为 01：02：13：10。各字段含义如表 5-8 所示。

表 5-7　信贷用户历史数据

记录号	是否拥有房产	婚姻情况	年收入/万元	是否具备还款能力
10001	否	已婚	10	是
10002	否	单身	8	是
10004	是	单身	13	是
⋮	⋮	⋮	⋮	⋮
11000	是	单身	8	否

表 5-8　字段含义

字　段	字 段 含 义	字 段 取 值
lable	是否具备还款能力	0:是 1:否
index1	第一特征索引	1
feature1	是否拥有房产	0:否 1:是
index2	第二个特征索引	2
feature2	婚姻情况	0:单身 1:已婚 2:离婚

续表

字　　段	字 段 含 义	字 段 取 值
index3	第三个特征索引	3
feature3	年收入	实际数值

将表中所有数据转换后,保存为文件 sample_data. txt,该数据用于训练随机森林。测试数据见表 5-9。

表 5-9　测试数据

是否拥有房产	婚姻情况	年收入/万元
否	已婚	12

如果随机森林模型训练正确,上面这条用户数据得到的结果应该是具备还款能力。为方便后期处理,我们将其保存为文件 input. txt,内容为 01：02：13：12。

利用命令"hadoop fs-put input. txt sample_data. txt /data"将文件 sample_data. txt、input. txt 上传到 HDFS 中的"/data"目录下。客户还款能力评估的代码如下:

```
# 加载模块
import org.apache.spark.SparkConf
import org.apache.spark.SparkContext
import org.apache.spark.mllib.util.MLUtils
import org.apache.spark.mllib.regression.LabeledPoint
import org.apache.spark.rdd.RDD
import org.apache.spark.mllib.tree.RandomForest
import org.apache.spark.mllib.tree.model.RandomForestModel
import org.apache.spark.mllib.linalg.Vectors

object RandomForstExample {
def main(args:Array[String]){
val sparkConf=new SparkConf().setAppName("RandomForestExample").
    setMaster("spark://sparkmaster:7077")
val sc=new SparkContext(sparkConf)
val data:RDD[LabeledPoint]=MLUtils.loadLibSVMFile(sc,"/data/sample_data.txt")
# 加载数据
# 随机森林训练参数设置
val numClasses=2                    # 分类数
val featureSubsetStrategy="auto"   # 特征子集采样策略,auto 表示算法自主选取
val numTrees=3                       # 树的个数
# 训练随机森林分类器,trainClassifier 返回的是 RandomForestModel 对象
val model:RandomForestModel = RandomForest. trainClassifier (data, Strategy. default
Strategy("classification"),numTrees,featureSubsetStrategy,new java.util.Random().nextInt())
# 测试训练好的分类器并计算错误率
val input:RDD[LabeledPoint]=MLUtils.loadLibSVMFile(sc,"/data/input.txt")
```

```
val predictResult=input.map { point =>
val prediction=model.predict(point.features)
(point.label,prediction)
}
# 打印输出结果,在 spark-shell 上执行时使用
predictResult.collect()
# 将结果保存到 hdfs // predictResult.saveAsTextFile("/data/predictResult")
sc.stop()
}
}
```

上述代码可以打包后利用 spark-summit 提交到服务器上执行。也可以在 spark-shell 上执行上述代码并查看结果。图 5-32 给出了随机森林模型预测得到的结果,图 5-33 给出了训练得到的随机森林模型结果,可以看到预测结果与训练结果是一致的。

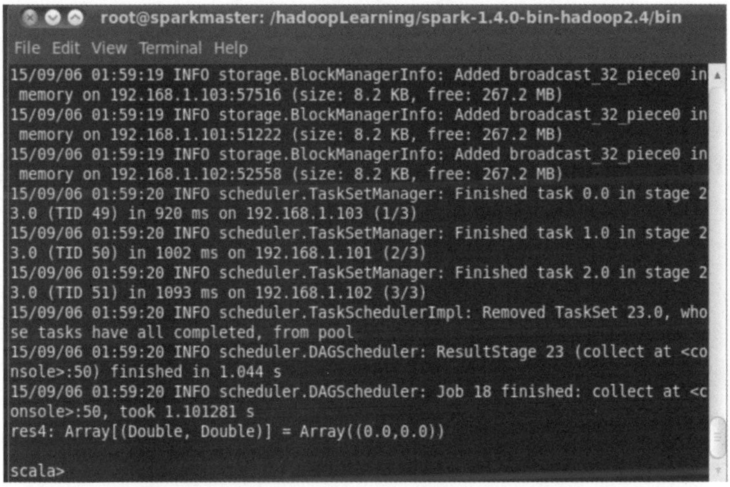

图 5-32　预测结果

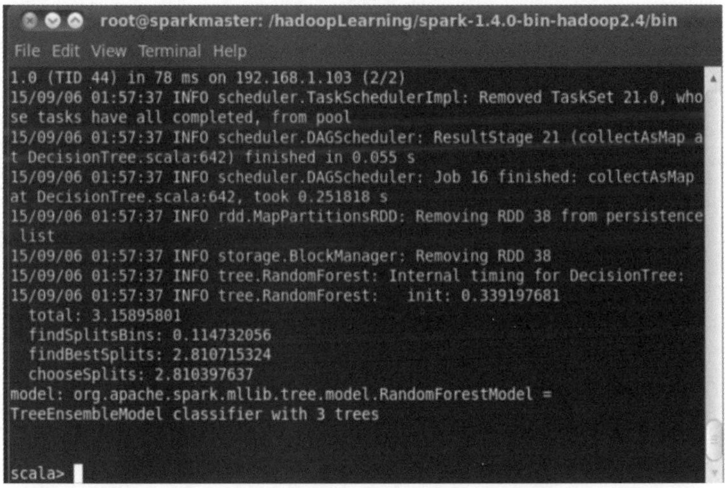

图 5-33　训练得到的随机森林模型

本 章 小 结

大数据结构复杂,主要包括结构化和非结构化数据,单纯靠 BI(商务智能)数据库对非结构化数据进行分析已不能适应当下技术发展的需求,需采用大数据分析技术进行技术创新。本章详细介绍了大数据分析技术,包括 Map Reduce 编程基础、基于 Storm 的流数据分析、文本大数据分析与处理、大数据关联分析、相似项的发现、基于大数据的推荐系统、基于大数据的图与网络分析、大数据聚类分析、时空大数据分析、非结构化大数据分析与处理等内容。同时,针对基于大数据的推荐技术以及基于大数据的图与网络分析、大数据聚类分析、时空大数据分析实例进行了应用分析。

习　　题

1.data.csv 数据集中包含 230 种材料的特征信息,最后一列是样本的类标签。应用两种不同的分类算法解决材料的分类问题,对两种算法的性能进行对比(正确率、精准率和 F1 值)。

2.采用 k-均值算法对 testSet 数据集中的数据进行聚类分析。

3.举例说明分类、回归和聚类问题,以及案例中需要收集的数据。

4.试述分类、回归和聚类间的区别与联系。

5.简述协同过滤可分为哪几种,并应用案例进行说明。

6.采用 5.5 节中的随机森林案例的模型,预测表 5-10 中客户的还款能力。

表 5-10　待预测客户数据

是否拥有房产	婚姻情况	年收入/万元
否	离婚	18
是	未婚	11
是	已婚	17
否	单身	7

第6章 大数据流式处理

6.1 流式处理概述

6.1.1 流与流式处理

"流"蕴含延绵不断之意,流式处理(stream processing)则是指连续的、不间断的、实时的一种处理方式,通常与实时(real-time)计算一起被提及。另外,根据实际需求,希望流式处理方式能够实现并行计算,因此,流式处理方式亦可以处理多个事件流。简言之,流式处理是指实时地处理一个或多个事件流。

1. 事件流的概念

任何类型的数据都可以形成一种事件流,电商下单、天网摄像机录像、即时通信、手机游戏等人与物、物与物之间的信息交互,形成事件的数据流。一方面,事件是持续不断的,只要事件和动作不断发生,数据流就会不断地产生,事件流开始之后就不会终止。因此,事件流往往是没有边界的。另一方面,存在定义的有界限事件流,比如说从某年某月某日开始到某年某月某日结束,形成一个时间区间,定义了流的开始和结束。由上述可知,流具有两种形式,即无界流(unbounded data stream)和有界流(bounded data stream),如图 6-1 所示。

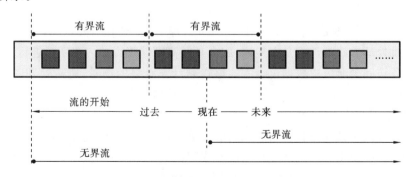

图 6-1 无界流与有界流定义示意图

1）无界流

无界流定义了流的开始，但是没有定义流的结束，即从开始一直持续下去，从数学的角度来看，就好比射线，有开始，无结束。通常认为流式处理的处理对象是无界流，数据甫一产生，即刻就被处理程序处理，同时这种即时数据处理模式要求数据具备特定顺序，顺序连续处理实时数据，才能完整推断结果。

2）有界流

有界流定义了流的开始，同时定义了流的结束，即从开始持续到某处截止，从数学的角度来看，就好比有限线段，有开始，有结束。

3）实时和历史记录

以时间轴为事件流的横坐标轴，定义发生事件的当下为参考点，流具备过去(past)、现在(now)、将来(future)三个时间状态。数据处理分为两种情况：处理现在的数据，即实时处理；也可以处理过去的数据，将数据转化到存储系统中存储起来，后续通过读取再进行处理，通常情况下称之为批处理。

2. 事件流的特性

（1）事件流是有特定顺序的。世间万物的运动总是有次序的。从多维综合角度来讲，每个数据的产生都具备其独特的时间序列，并且不存在负负得正的情况，就好比同一个人不可能在同一时间跨进两条不同的河流，世间万物均有其独特的秩序。

（2）数据记录不可变。时间是事件发生的基础维度，因此事件具备时间上不可逆的特性。事件一旦发生即产生数据。譬如我们在网上购买一台电脑，下单之后觉得另外一台更合适，便取消了原电脑的下单，虽然我们并不会得到第一台电脑，但事件已然发生，即下单购买电脑是一个事件，取消购买又是一个事件，数据的记录与事件的发生是同步的。

（3）事件流是可重播的。事件流的重播性的基础是事件流数据被存储，处于一种存在的状态，只要使用者使用恰当的手段和路径，即可对存储的事件流数据进行重播，好比下载好某电影视频进行离线播放。事件流的重播意义在于对历史事件流的数据进行再分析，以获取其蕴藏的现在时间点的价值，即历史对现在的使用价值。

6.1.2　流式处理与批处理的区别

批处理和流式处理常常以相关又相互区别的关系被提及，二者因其处理的数据模式、各自的特点不同等，适用于不同的数据处理场合，不能单一地评价其孰优孰劣。两种处理模式也是在数据处理的发展演变中相对稳定的处理模式。

批处理存在的历史较为悠久，适用于大量的、静态的、对时间要求不高的数据的处理。通常情况下批处理方法处理的是有界流，配合具备高存储能力的内存系统进行处理，非常适合应用于需要访问全套历史数据记录才能够得到计算结果的场景，所需处理时间较长。同时，批处理对某一批数据的处理结果可作为另外一批输入数据。批处理具有高吞吐量、较高时延(与流式处理相比)等特性。

流式处理的主要目的是获得高准确度的分析数据，且对时延的要求较高，响应速度一般达到毫秒(或微秒)级别。流式处理采用流水线似的处理节奏，可实现对一系列连续不断变化而产生的数据的即时处理，因此流式处理方式适合于处理无界流。由于并不像批处理那样是获取全套完整的数据之后再进行数据处理的，因此流式处理的吞吐量比批处理要小，但是其时延就极低了。

6.1.3　流式处理中的时间概念

1. 流式处理的时间模式

时间是流式处理的一个要素，因为事件总是在特定时间点发生，所以大多数的事件流都拥有事件本身所固有的时间语义。进一步而言，许多常见的流计算都基于时间语义，例如窗口聚合、会话计算、模式检测和基于时间的连接（join）。流式处理有两种模式：事件时间（event-time）模式和处理时间（processing-time）模式。其各自具备的特点是：事件时间模式能最大限度地保证结果的准确性，并可以处理延迟或者乱序事件，但是时延相对较高；处理时间模式能提供很低的时延，但它的结果依赖于处理速度，具有不确定性。

1）事件时间模式

使用事件时间语义的流式处理应用根据事件本身自带的时间戳进行结果的计算。因此，无论处理的是历史记录中的事件还是实时事件，事件时间模式的处理总能保证结果的准确性和一致性。

2）处理时间模式

处理时间模式根据处理引擎的机器时钟触发计算，一般适用于有着严格的低时延要求，并且能够容忍近似结果的流式处理应用。

2. 时区问题

全球共计 24 个时区，同在一个地球、不在一个时区就意味着时间不具备统一性。对于基于时间的同步而不会导致时序混乱的机器而言，时间统一性的重要程度是不言而喻的。一旦出现时间上的混淆，对一切事件流的操作都将变得毫无意义。因此，进行数据处理时在同一时区是必要的，这就应当保证事件时区的一致性。因此，数据处理系统和事件流必须具备时区信息。

6.1.4　流式处理的拓展性与容错性

6.1.4.1　拓展性

1. 集群节点可扩展性

对系统应当包含的硬件资源的更替、减少、增加等具备高度兼容性和可调测性质，并且不对系统的运行和使用造成任何有碍系统分析结果的影响。

2. 处理逻辑可扩展性

对系统整理运行的底层逻辑具备交互性，支持多语言的开发测试与运行，对于底层应用中间件的配置，具备通过服务器操作即可实现的高度可调整性，允许系统进行更新操作、提交操作、配置更改等。

3. 任务配置可扩展性

任务配置属性主要体现为整体运作处理流程能够实现系统或者应用的功能。任务配置主要包括任务拓扑设置和任务定义设置。任务配置可扩展性指处理应用的可扩展性，通过修改可以改变任务定义中的属性和运行中任务单元的配置。

4. 任务执行可扩展性

任务执行可扩展性主要包含流速可扩展性、分组可扩展性、数据配置可扩展性等，即在系统任务执行过程中实现对任务流速、分组和数据配置等的扩展。

6.1.4.2 容错性

1. 实时流式处理系统容错机制

容错性是流式处理系统对错误恢复可采取的机制与方式方法,目前主要有三种常见的做法:基于检查点的恢复、基于重播的恢复、基于复制的恢复。

1) 基于检查点的恢复(checkpoint-based recovery)

应用系统中的重载运算符(operator),通过定时按期的监测方式将快照存入系统可用的高可靠性永久性存储器中。快照即某个时间节点上的副本;时间节点应当是所有任务都恰好处理完一个相同的输入数据的时候,以确保流的完整性。系统中正在运行的重载运算符下的所有任务均失败时,重载运算符将自动加载之前存储的快照,通过原有备份的加载重装,使系统恢复正常执行状态。

本策略得以执行的原因是快照技术引入了时间节点等信息。由于需要特定的数据结构才能够支撑高级检查点技术,因此系统更加复杂并且运行中存在较大的开销。

2) 基于重播的恢复(replay-based recovery)

流计算存在两种状态:无状态和有状态。有状态是一种基于窗口大小的时间上持续的操作,基于计算流程,系统内部的计算状态基本上可以用一段持续时间的最近窗口发生的事件来概括。一旦系统操作发生故障,就可以重新加载该事件窗口来恢复应用程序的状态,并且基于此事件窗口重新启动处理流程。

虽然用该窗口来重建状态具有一定的局限性,但该方法在实际的运行中表现出了极高的效率。本策略不需要以高开销去存储一个时间节点的副本,只需要去跟踪输入/输出流的序列号,寻找合理的恢复节点即可。事实上,这在实现上是比较容易的,因流式处理的处理结果总是会存储在应用系统中,当错误发生时,系统将回放前面的正确窗口期的流数据并重新加载,以恢复正常的处理状态。

3) 基于复制的恢复(replication-based recovery)

如果一个重载运算符同时运行多个实例,就相当于多个实例中的重载运算符互为备份。一般情况下多个备份在不同运行线同时出错的概率低,这意味着如果某一个实例中状态出错了,那么这个实例的重载运算符可以通过复制另外一个实例的重载运算符而恢复到正常的运行状态。在运行的过程中重载运算符之间可以互相检查监督,一旦发生错误,均可以快照或者窗口恢复等机制实现状态恢复。这是一种代价比较大的恢复机制,意味着多个重载运算符并行运作,同时这也是容错性最高的一种机制。

2. 实时流式处理系统语义分析

1) 状态语义(state semantics)

在所有的流式处理系统中,每一个重载运算符均有自身的一种状态(state),状态有特定的语义规则,主要是四个语义:端到端有且只有一次(end to end exactly once)、最多一次(at most once)、有且只有一次(exactly once)、至少一次(at least once)。状态语义表示重载运算符中的数据被操作的次数和状态,以确保数据计算后输出结果的准确性和可靠性。

2) 输出语义(output semantics)

从数据输出的角度来说,重载运算符在数据输出时也有自身的状态,对应不同的语义,分别是最多一次、有且只有一次、至少一次,这些语义为数据输出的次数定义。

"最多一次"表示该事件在系统程序中的所有算子只被处理一次,如果数据丢失,数据将不会被重新加载处理;"有且只有一次"表示该事件在系统程序中的所有算子将会被完整地处理一次,若数据丢失,系统将会重新加载数据进行处理;"至少一次"是精确度最高的一种方式,在保证事件流中的数据完全被处理一次的情况下,可能针对某些数据或者全部数据进行再次处理或多次处理,以实现系统运作的高可靠性。

6.1.5　分布式流式处理

1. 分布式流式处理

随着时代的发展,出现了对海量、高速数据进行实时高速处理的需求。此类需求往往超出了传统数据处理技术的能力,从而促使分布式流式处理技术产生。

分布式流式处理是分布式技术在流式处理领域的一种应用。它是流式处理与分布式技术相结合而形成的一种具备低时延、高吞吐量、高容错性、高可用性等特征的实时计算技术,是根据一组处理规则来进行持续计算的技术。

2. 分布式流式处理技术的演变

分布式流式处理技术的演变历程大致可分为三个阶段:初始期、发展期和成熟期。实时数据库、主动数据库以及信息过滤系统为分布式流式处理系统初始期形态;集中式数据量管理系统为分布式流式处理系统发展形态;最后演变成成熟期的分布式流式处理平台。

3. 分布式流式处理平台

目前主流的分布式流式处理平台主要有以下五种:S4、Storm、Spark Streaming、Samza、MillWheel。

1) S4

其主要的特点在于它是一个通用分布式流式处理平台,该平台是 Yahoo! 公司的开源平台,也是以上五个平台中仅有的去中心化结构平台,其通过 ZooKeeper(分布式数据一致性解决方案)实现对各对等节点的协调工作。

2) Storm

Storm 是 Twitter 公司开源的分布式实时大数据处理框架,其最开始是由 BackType 公司研发的,后在 2011 年时,由 Twitter 公司实现开源。对比 S4,Storm 采用弱中心化的结构,该结构具备消息处理的反馈机制,利用异或计算确保计算记录的完整性,通过内部机制对复杂的运算编程接口实现抽象化,保障了语义处理精准性。该结构同时降低了系统运行中同步的代价。

3) Spark Streaming

Berkeley 公司在 2012 年对通用分布式流式处理平台 Spark Streaming 实现了开源。Spark Streaming 应用了弹性分布式数据集(resilient distributed dataset,RDD),并基于此提出了微批次的概念,将需要处理的数据形成一个微小的数据集,将实时处理看成连续不断的微小批处理操作。

4) Samza

Samza 一般与 Kafka 同时被提及,因 Samza 的实现需要 Kafka 在数据传输上的发力,这两者都是 LinkedIn 公司当初为了解决公司内部问题而研发的平台。Samza 具有良好的协作性,与另一资源管理器 Yarn 在故障恢复、集群控制和共享计算节点上配合得相当好。

5）MillWheel

MillWheel 是 Google 公司于 2013 年公开的分布式流式处理平台。在数据的有序性上，MillWheel 采用时间戳对数据进行顺序标记，在系统中结合系统时间和触发机制保障数据处理的特定顺序，内部则通过存储系统实现数据的备份。同时，该平台是五个平台中唯一支持动态自适应负载均衡的，因此系统对任务繁重的计算过程的适应性低。

6.1.6　数据处理架构

以下介绍两种数据处理架构：Lambda 架构和 Kappa 架构。

1. Lambda 架构

为了满足实时大数据处理的低时延、高容错性和高扩展性等要求，南森·马茨(Nathan Marz)通过其关于分布式大数据系统的工作经验，且基于实时大数据处理的相关设想提出了 Lambda 架构。Lambda 架构融合了实时计算和离线计算，实现了实时(real-time)处理和批处理作业(batch job)更好的结合，以便于进行大数据的处理；结合了复杂性隔离与读写分离等架构原则，能够融合集成 Hadoop、Hbase、Kafka、Spark、Storm 等各类大数据组件。

图 6-2　Lambda 架构分解的三层架构示意图

Lambda 架构可用于解决大数据系统的关键问题：如何实时地查询到大数据集合下的目标数据？如何进行数据流的实时计算？Lambda 架构通过分层来解决上述关键问题。其分为批处理层(batch layer)、加速层(speed layer)和服务层(serving layer)三层，如图 6-2 所示。

1）批处理层

批处理层在 Lambda 架构中主要用于实现对数据的预计算(precompute)。预计算查询函数是针对所有数据的一个预计算函数，其表达式为

$$\text{Batch View} = \text{Function(All Data)}$$

批处理层主要实现两个功能。

(1) 对主数据集(master dataset)进行存储。主数据集一直存在，并且处于不断增长的状态。

(2) 对主数据集进行预计算，这一任务通过运行预计算查询函数来完成。

从主数据集存储这个功能来看，批处理是一种批量处理，其主要的作用实际上是将大数据拆分成数据集，以改善资源的利用率，提升数据查询的效率。由于批处理对数据集的依赖性强(参考上面的函数关系)，因此数据集应当是一个已知项集合，否则无法输出预计算的结果。另外，由于批处理层处理的数据集具有有界性，所有的数据都应当是支持合并(merge)的。

2）服务层

服务层在批处理层完成预计算查询后，就会对 Batch View 函数进行操作，为最终的实时查询提供支撑。因此服务层主要的功能有：

(1) 实时更新 Batch View 函数；

(2) 随机访问 Batch View 函数。

服务层需要支持对 Batch View 函数的加载、更新和随机读取，因此其应当是一个专用的分布式数据库。应当注意的是，服务层不会随机写入新的 Batch View，这样会提高数据

库的复杂性。简单明了的系统才具备强壮性,并且可预测和易配置,同时在运维上不需要花太多的功夫和精力。

3）加速层

在批处理层完成预计算查询后,服务层就会对 Batch View 函数进行更新,这意味着运行预计算查询时输入的数据不会被立刻载入 Batch View 函数,这样将产生时延,不能满足低时延需求,而大数据实时处理系统对此方面要求严格。

因此,在 Lambda 架构中引入加速层,通过该层的处理来达到实时性要求。根据上述的要求,加速层只要提升 Batch View 函数的数据加载速度即可,并不用完全提升全部数据的输入速度,只需在接收到新的数据时更新 Realtime View 即可,这与批处理层需要处理全部的数据不同,因此加速层完成的是一种增量计算,而非重新运算。

加速层的函数表达式如下:

$$Realtime\ View=Function(Realtime\ View,New\ data)$$

加速层利用这个函数即可实现实时结果的提速加载。这里应当注意,Realtime View 是原有的 Realtime View 和新数据产生的 Realtime View 的组合。

综上,加速层具备以下功能:

（1）快速增量计算;

（2）最终获得批处理层中的 Batch View 值;

（3）实现对架构中服务层的加载带来的高时延的补偿。

4）Lambda 架构的函数表达式

根据批处理层、加速层和服务层三个层次的作用,Lambda 架构可用以下三个函数表达式来概括:

$$Batch\ View=Function(All\ Data)$$
$$Realtime\ View=Function(Realtime\ View,New\ Data)$$
$$Query=Function(Batch\ View,Realtime\ View)$$

5）Lambda 架构图

图 6-3 所示为 Lambda 架构图。基于 Lambda 架构,一旦数据通过批处理层进入服务层,在 Realtime View 中的相应结果就不再需要了,这是因为加速层中的 Realtime View 的本质是 Batch View,加速层主要完成对时延的补偿。

根据每个层的特点,确定各个层中常用的组件。

可选择基于不可变日志的分布式消息系统 Kafka 用于数据流存储。

批处理层的主数据集可选用 Hadoop 分布式文件系统 HDFS,或者阿里云的大数据计算服务（MaxCompute）（原名为阿里云开放数据处理服务（open data processing service, ODPS））。

批处理层的预计算查询可以选用 MapReduce 或 Spark 来实现;对于预计算查询结果,存储少量查询结果时可用 MySQL,需存储大量数据的历史结果时使用 Hbase。

加速层增量数据的处理可选用 Storm 或 Spark Streaming;为了保证实时更新的效率, Realtime View 增量结果数据集可选用 Redis 等内存。

2. Kappa 架构

Kappa 架构是通过对 Lambda 架构的加速层的改进而实现的。它既能够进行实时数据

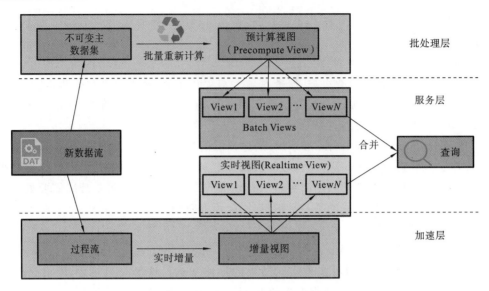

图 6-3　Lambda 架构组件示意图

处理,又有能力在业务逻辑更新的情况下重新处理以前处理过的历史数据。该架构由
LinkedIn 公司的前首席工程师杰伊·克雷普斯(Jay Kreps)提出。

1) Kappa 架构图

Kappa 架构通过改进 Lambda 架构加速层,使得批处理层不再是构成要件,用隐藏在加
速层中的消息队列替代了批处理层的数据通道的作用,如图 6-4 所示。因此 Kappa 架构注
重流式处理模式,在处理大规模数据时容易出现错误。在流式处理模式下,数据通过数据湖
即历史数据存储(historical data storage)功能来实现存储,需要进行离线分析或者再次计算
的时候,则将数据湖的数据利用消息队列重播一次即可。

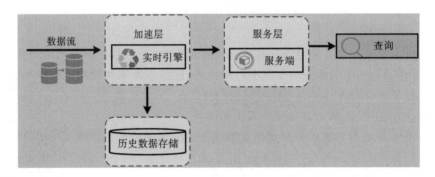

图 6-4　Kappa 架构示意图

2) Kappa 处理过程

以开源系统 Apache Kafka 为例,其中的 Kappa 架构流式处理数据的过程如图 6-5
所示。

在进行数据处理前要设置 Apache Kafka 日志数据保留时间。日志数据保留时间指的
是能够处理的历史数据的追溯时间,比如从当前时间节点往前追溯 30 天或者 365 天,或者
将日志保留时间参数设置成"Forever"(永久)。

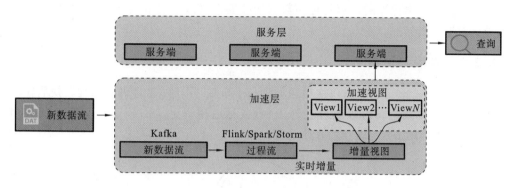

图 6-5　Kappa 架构的实时增量处理过程示意图

从改进现有的逻辑算法的角度看,对历史数据进行重新处理,需要做的就是重新启动一个 Apache Kafka 作业实例(Instance),该作业实例将从头开始,重新计算保留好的历史数据,并将结果输出到一个新的数据视图中。

Apache Kafka 使用对数偏移量(log offset)来判断当前已处理到哪个数据块,所以只需要设置 Log Offset 为 0,新的作业实例就会从头开始处理历史数据。

当处理新数据视图的进度赶上旧数据视图时,应用可以切换到新的数据视图中读取。停止旧版本的作业实例,并删除旧的数据视图。

3)Lambda 架构与 Kappa 架构的对比

Lambda 架构与 Kappa 架构的对比如表 6-1 所示。

表 6-1　Lambda 架构与 Kappa 架构的对比表

对比项	Lambda 架构	Kappa 架构
实时性	实时	实时
计算资源	批处理和流式处理同时运行,资源消耗大	只有流式处理,资源开销小
重新计算吞吐量	全量批处理,吞吐量较高	全量流式处理,吞吐量较批处理要低一些
开发、测试难度	每个需求都需要批处理和流式处理两套代码,开发、测试、上线难度大	每个需求只需要流式处理一套代码,开发、测试、上线难度小
运维成本	维护两套系统,运维成本高	维护一套系统,运维成本低

6.2　流式处理模型

6.2.1　数据源与接收器

在流式处理模型中,数据的加载和数据的输出操作需要流式处理引擎与外部系统交互。数据加载是指获取原始数据并转换成相应处理格式。数据源可以从 TCP Socket、Kafka Topic、文件或传感器数据接口获取。数据输出是指将数据转换为可供外部系统使用的形式输出。执行数据输出操作的运算符称为数据接收器。可以通过数据库、消息队列和监控接口等进行数据输出。

6.2.2 转换与聚合

转换操作是一个单次操作,每次单独处理一个事件,用于对事件做一系列转换后输出一个新的输出流。转换逻辑可以整合在算子中,或是由用户定义的函数(user defined function,UDF)实现。图 6-6 为转换操作示意图。

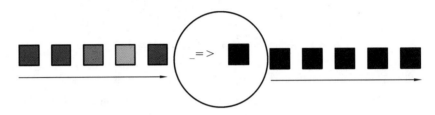

图 6-6 转换操作示意图

流式处理引擎可以接收多个输入流并产生多个输出流,将一个流拆分为多个流,也可以将多个流整合为一个流,从而实现数据流图结构的调整。

聚合是有状态的操作,它将输入数据与数据状态整合,生成一个新的聚合值。聚合操作通过状态的关联交换,可以高效地进行状态整合,输出一个单一的值。

滚动聚合是一种聚合操作,它会持续更新每个输入的事件。如图 6-7 所示为滚动聚合求最小值,通过不断输入的事件更新当前最小值。

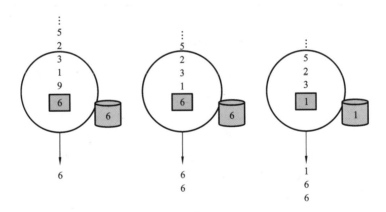

图 6-7 滚动聚合求最小值示意图

6.2.3 窗口操作

窗口操作是将无界事件流创建成有界事件集,并通过有界事件集进行计算。窗口操作将事件数据基于其自身的属性或时间分配给有界事件集;有界事件集满足触发条件时,其内容会被发送给计算函数并基于有界事件集的各类元素进行逻辑计算,如通过 Sum、Minimum 或自定义的函数进行聚合操作,策略可以基于时间(如 3 s 内接收到的事件)、基于数量(最近 50 个事件)或数据属性。

窗口包括滚动窗口、滑动窗口和会话窗口。

1. 滚动窗口(tumbling window)

滚动窗口通过定义窗口大小(窗口间不重叠),提供两种触发计算的策略。

第一种是基于事件数量的固定数量(即固定的窗口长度,fixed length)的策略,即事件数量达到设置的值时会执行计算,如图 6-8 所示。

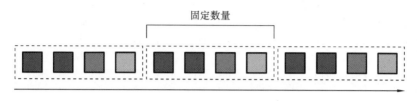

图 6-8　事件数量窗口示意图

第二种是基于窗口的固定时间间隔(fixed time interval)的策略,无论固定时间间隔内的事件数量是多少,只要超出时间边界即执行计算,如图 6-9 所示。

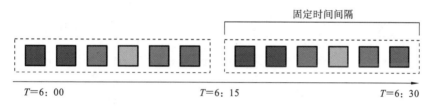

图 6-9　时间窗口示意图

2. 滑动窗口(sliding window)

在窗口长度固定的情况下,数据集以一个步长(slide)为单位不断向前滑动。定义滑动窗口需要设置步长和滑动窗口的长度(size),步长大小决定流式处理引擎创建新窗口的频率。步长设置比较小,会产生大量的时间窗口,数据存在重复计算的情况;步长设置大于窗口长度,会出现丢失数据的情况。图 6-10 所示为一个长度为 4、步长为 3 的滑动窗口。

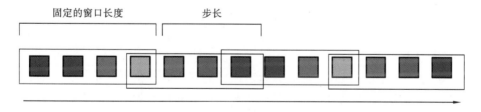

图 6-10　滑动窗口示意图

3. 会话窗口(session window)

会话窗口操作将属于同一个会话的全部事件,分发到同一个有界事件集中,会话窗口通过"会话间隔"定义一个会话的过程时间,不活动窗口会话时间会话间隔(session gap),则关闭当前的会话窗口,直至下一个会话窗口被触发,如图 6-11 所示。

以上提到的滚动窗口、滑动窗口、会话窗口三种窗口类型均是单一流情况下的处理模式。基于现实的需求,需要提高数据处理能力以提高整体效率,因此通过逻辑流的方式进行

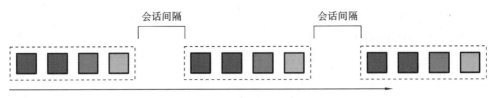

图 6-11 会话窗口示意图

并发处理,通过并行的逻辑窗口提高效率。在处理前通过逻辑语义对数据进行分组,并形成对等的数据组发送至相对独立的并行窗口,如图 6-12 所示。

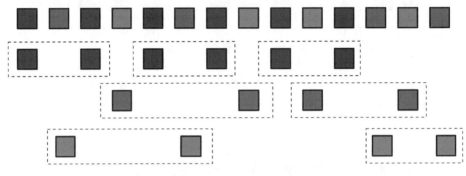

图 6-12 并行窗口示意图

6.2.4 无状态流式处理与有状态流式处理

无状态流式处理与有状态流式处理的最大区别在于对历史处理记录的处理方式:无状态流式处理只关心新数据输入的处理结果,有点类似"猴子掰玉米",输出的结果只依赖于最新的输入数据,因而其恢复故障的操作就是简单的重启;而有状态流式处理在兼顾新数据输入的同时,还要考虑历史输入数据,其输出结果是综合考量的结果,其故障恢复考虑的因素就会比较多。

从另外一个角度来讲:无状态流式处理是只对某个事件的最后状态进行分析,只处理这一条数据记录就反馈结果,比如判断某个时刻输入的值是否大于 26;有状态流式处理是对事件在一段时间内的状态进行分析,针对全部状态反馈结果,比如分析办公室当天从上午到下午的平均温度是多少。

图 6-13 显示了无状态流式处理和有状态流式处理之间的主要区别。无状态流式处理分别接收每个数据记录,然后根据最新的输入数据生成输出数据(白色方块)。有状态流式处理维护状态(根据每个输入记录更新),并基于最新输入记录和当前状态值生成输出记录(灰色方块)。

6.2.5 时间语义与水位线

1. 时间语义

时间语义是指事件时间(event time)和处理时间(processing time)。

从语言文字的角度来理解,事件时间指的是事件发生的时间,比如某天上午顾客在电商平台下单订购了某产品。处理时间就好比虽然顾客是在上午下的单,但是电商平台可能在

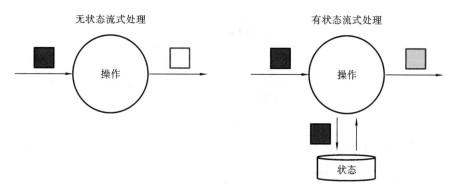

图 6-13 无状态流式处理和有状态流式处理示意图

下单的时候就已安排发货,或者一个小时之后才安排发货,又或者是一天后才发货,即处理时间是发生的事件被处理的时间,因为从事件发生到事件被处理之间存在时间差,所以在时间的值上存在两种状态:处理时间与事件时间相同;处理时间滞后于事件时间。后者表示一种时间上的延迟。

通常情况下,事件发生时会有时间戳记录其发生时间,通过时间戳分配器即可实现事件时间戳访问。处理时间一般由执行操作算子的本地系统时间来记录。

2. 水位线

流式处理中对数据的特定顺序和数据到达、处理的时延有较高的要求。在理想的情况下,事件中的数据都是按照特定的顺序进入处理单元的,从数据量和传输速度方面考量制定了一个时间截止指标——水位线(water mark)。水位线是一个表示全局时间进度的指标,系统通过水位线来判断是否等待数据的到来。水位线提供了一个逻辑时钟,告知系统当前事件的时间,当系统收到时间为 T 的水位线时,系统判断事件完成时间的时间戳早于时间 T 的数据已经接收完毕,可以开始进行下一步运作了。

水位线是结果准确性和时延之间的一种平衡机制。当水位线值设置得比较小时,更注重为系统创建一个低时延的处理模式,略微忽略了数据处理结果的准确性。当水位线值设置得比较大时,传输速度较慢的数据到达窗口的可能性就高,数据处理结果的准确性将得到提升,但这样可能不满足低时延的要求。在实际的系统中,应当根据对时延和结果准确性要求的权衡来制定水位线。

6.2.6 事件时间与处理时间

1. 事件时间(event time)

事件时间指的是事件本身发生的真实时间,在事件发生的此刻,数据会被打上此刻的时间戳,该时间戳随着数据流一起存在系统内部,系统会根据时间戳对数据进行排序,以做出正确的处理。事件本身没有时延的概念,即事件时间就代表事件发生的这一刻,如图 6-14 所示。

事件时间的定义有利于处理时间、处理速度和处理结果之间的相互独立,实现了完全解耦。事件时间是既定的,因此对于正确的计算过程,事件时间相同的数据的结果输出是一致的,即总能得到一样的正确结果,与系统何时处理、怎么处理、处理的速度快慢没有关系。

由于事件时间是按时间戳确定的,因此即使数据在传送的过程中发生了顺序的错乱,系

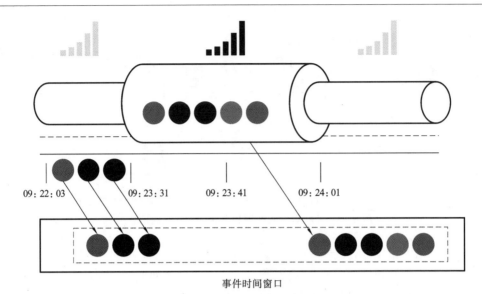

图 6-14　事件时间示意图

统依然可以根据时间戳的先后顺序在数据回放的时候将数据按顺序整理出来,然后进行快速的计算分析,并且保证结果的准确性。可以将过去的时间定义为系统现在(now)的时间,因此在以事件时间为基础回放数据时,再次输入数据可看作实时数据的处理,因而与当下的实时处理逻辑是一致的。

值得注意的是时区问题,如果不同时区的时间戳标记了事件时间,那么就会造成数据流的顺序混乱,数据分析的结果准确性将得不到保障。

2. 处理时间(processing time)

处理时间是执行事件处理的系统的本地服务器上本地时钟的时间,即系统时间,处理时间窗口包含处于处理模式的全部事件。处理时间用本地机器时间度量,如图 6-15 所示。

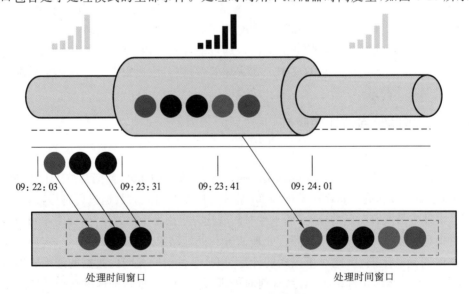

图 6-15　处理时间示意图

6.2.7 一致性模型与故障恢复

在流式处理作业中,系统难免会出现作业失败的情况,导致丢失正确的状态,后续系统恢复运作时,若原有的计算不能回复到正确的节点,那么运算结果通常也会出现错误。流式处理是一种连续不断的作业处理,不同于批处理那样通过获取稳定的存储数据来进行计算(批处理是基于稳定的数据存储的,所以其数据的一致性较好,系统恢复将会比较简单,从数据存储库中再次加载数据即可,只是需要花点时间),一般只对结果进行存储,处理的数据流是一趟而过的,在实际的运作中要考虑正确的故障恢复机制,且该机制应当具备高可操作性、高准确性。

对于输入流中的每个事件,系统执行以下步骤:

(1) 接收事件,将其存储在本地缓冲区中;

(2) 更新流式处理结果内部状态;

(3) 生成输出记录。

这些步骤均存在发生故障的可能性,故障恢复机制应当以故障定义作为基础,要求系统在运行过程中对发生的故障加以判断,并根据相应的判断结果启动恢复机制。根据相关的经验,恢复的方式主要三种:一种集中状态,即在发生故障时系统会停止运行,并将所有数据和状态存储在一地方,等待恢复;一种是从头再来,即对所有的数据进行重新处理;还有一种是找出正确和错误的分界点,从分界点开始恢复。最后一种方式是通过相同的运行备份实现恢复的。在流式处理场景中,流式处理引擎通过提供结果保障来定义它们在出现故障时的行为,主流流式处理器提供的保障机制有如下几种。

1)“最多一次”机制

作业失败时,不启动任何操作来恢复作业失败的数据和丢失的状态,在这种语义下,仅对每个事件最多进行一次处理,因此采用这种机制的数据可能不是非常重要,是可以丢失的。

2)“至少一次”机制

实际的系统作业中,有些事件对数据的丢失是无法容忍的,尤其是涉及金融交易等的事件,这时就要求至少每一个事件节点的数据均被计算一次,因此一旦出现故障,就应通过重新加载全部数据的方式找回数据,这意味着可能需要多次重新加载数据。

为了确保结果正确,可以使用数据源或者缓冲区将所有事件写入事件日志并且永久存储,做后端的数据备份。另一种方式就是使用记录确认(record acknowledgement),这种方法的原理是把每个事件存储在缓冲区中,直到事件确认被任务处理过。

3)“有且只有一次”机制

“有且只有一次”是最准确、最具挑战性的担保机制。“有且只有一次”表示不会丢失任何事件,并且每个事件的内部状态仅更新一次。本质上,一旦采用“有且只有一次”机制,应用程序将提供正确的结果。“有且只有一次”机制需要“至少一次”机制的支持,即需要系统支持数据回放,并确保内部状态的一致性。

4)“端到端有且只有一次”机制

该机制基于流式处理引擎本身。在实际的流使用中,一个完整的流体系结构通常有几个核心组件:数据源、流式处理引擎和数据接收器。“端到端有且只有一次”意味着整个数据结果的正确性贯穿于整个流式处理应用程序。每个组件都有自己的保证机制，整个端到端的一致性水平取决于所有组件中一致性最弱的组件。

6.3　流式处理引擎 Apache Spark

6.3.1　Spark 运行架构

Spark 运行架构包括集群资源管理器（ClusterManager）、运行作业任务的工作节点（Worker Node）、每个应用的任务控制节点（Driver）和每个工作节点上负责具体任务的执行器（Executor）。其中，集群资源管理器可以是 Spark 自带的资源管理器，也可以是 Yarn 或 Mesos 等资源管理框架。对其组件的简单描述如下。

（1）Driver：运行应用（Application）的 main 函数并创建 SparkContext 实例。

（2）SparkContext：应用上下文，控制应用生命周期。

（3）ClusterManager：集群资源管理器。

（4）Spark Work：集群中任何可以运行应用代码的节点，运行一个或多个执行器进程。

（5）Executor：运行在工作进程中的任务执行器，用于启动线程池运行任务，并且将数据存储在内存或磁盘中。每个应用都会申请各自的执行器来处理任务。

（6）Task：具体任务。

Spark 集群启动后，会存在两类组件，分别为 Master 和 Worker（多个）。可认为任务控制节点以及集群资源管理器是在 Master 中启动的，而每个 Spark Worker 对应一个工作进程。图 6-16 为 Spark 组件架构图。

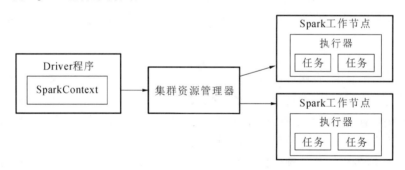

图 6-16　Spark 组件架构图

Spark 的运行基本流程描述如下：

（1）当客户端提交程序时，由任务控制节点创建 SparkContext。SparkContext 会向资源管理器申请运行执行器的资源。

（2）资源管理器（Spark 自己的资源管理器或 Yarn 资源管理器，也可以是 Mesos 资源管理器）为执行器分配资源，并启动执行器进程。

（3）SparkContext 根据 RDD 的依赖关系构建有向无环图，并将有向无环图提交给有向无环图调度器（DAGScheduler）进行解析，将有向无环图分解成多个阶段（每个阶段都是一个任务集),并且计算出各个阶段之间的依赖关系,然后把一个个任务集提交给底层的任务调度器(TaskScheduler)进行处理;同时 SparkContext 将应用程序代码(如 JAR 文件、Python 文件等)发放给执行器。

(4) 任务在执行器上运行,把执行结果反馈给任务调度器,运行完毕后写入数据并释放资源。

总体而言,在 Spark 中,一个应用由一个任务控制节点和若干个作业(Job)构成,一个作业由多个阶段构成,一个阶段由多个任务(Task)组成,如图 6-17 所示。当执行一个应用时,任务控制节点会向集群资源管理器申请资源,启动执行器,并向执行器发送应用程序代码和文件,然后在执行器上执行任务,运行结束后执行结果会返给任务控制节点,或者写入 HDFS 或者其他数据库。

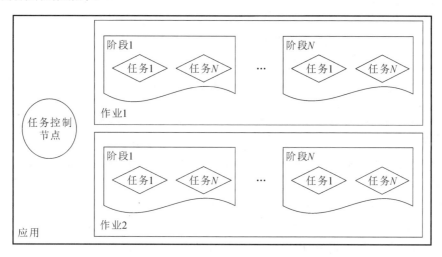

图 6-17　Spark 中各种概念之间的相互关系

6.3.2　Spark 运行模式

Spark 作为一个数据处理框架和计算引擎,被设计在所有常见的集群环境中运行。在国内,Spark 工作的主流环境为 Yarn,不过容器式环境也正在慢慢流行起来。

按运行环境的不同,常见的 Spark 运行模式有以下几种。

1) 本地(local)模式

所谓的本地模式,就是不需要其他任何节点资源就可以在本地执行 Spark 代码的模式,多用于本地测试,如在 Eclipse、Idea 中写程序测试等。

2) 独立部署(standalone)模式

本地模式只是用来练习演示的,在实际工作中还是要将应用提交到对应的集群中去执行。只使用 Spark 自身节点运行的集群模式,就是所谓的独立部署模式。Spark 的独立部署模式体现了经典的主-从(master-slave)模式,如图 6-18 所示。

3) Yarn 模式

独立部署模式由 Spark 自身提供计算资源,无须其他框架提供资源。这种方式降低了 Spark 和其他第三方资源框架的耦合性,使得 Spark 独立性非常强。但是 Spark 主要是计

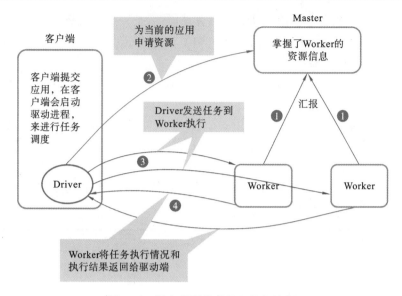

图 6-18　独立部署模式任务执行流程

算框架,不是资源调度框架,所以资源调度并不是它的强项,与其他专业的资源调度框架集成会更可靠。

　　Yarn 模式是一种很有前景的部署模式,但受限于 Yarn 自身的发展,目前仅支持粗粒度模式(coarse-grained mode)。这是由于 Yarn 上的 Container(容器)资源是不可以动态伸缩的,一旦 Container 启动之后,可使用的资源就不能再发生变化。

　　基于 Yarn 平台的 Spark 部署支持以下两种模式。

　　(1) Yarn-Cluster 模式:适用于生产环境,如图 6-19 所示。

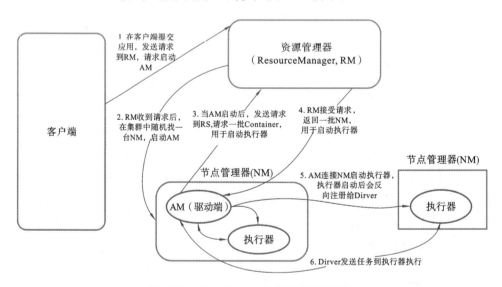

图 6-19　Yarn-Cluster 模式任务执行流程

注:AM 指 APPMaster,是随每个任务启动的一个独立的进程,负责任务的管理和监控。

　　(2) Yarn-Client 模式:适用于交互、调试,可立即看到应用的输出,如图 6-20 所示。

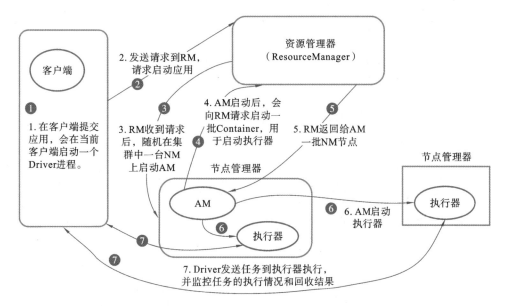

图 6-20　Yarn-Client 模式任务执行流程

　　Yarn-Cluster 模式和 Yarn-Client 模式的区别在于 Yarn AppMaster。每个 Yarn 应用实例有一个 AppMaster 进程,是为应用程序启动的第一个 Container;AppMaster 负责从资源管理器(ResourceManager)请求资源,获取资源后,通知节点管理器(NodeManager)为其启动 Container。Yarn-Cluster 模式和 Yarn-Client 模式内部实现存在很大的区别,如果需要用于生产环境,可以选择 Yarn-Cluster 模式;而如果是用于 Debug 程序,可以选择 Yarn-Client 模式。

　　4) K8s & Mesos 模式

　　Mesos 是 Apache 的开源分布式资源管理框架,它被称为分布式系统的内核,在 Twitter 网站得到广泛使用。但是在国内,人们依然习惯使用传统的 Hadoop 大数据框架,使用 Mesos 框架的并不多,但是二者原理差不多。

　　容器化部署是目前业界很流行的一项技术,该技术基于 Docker 镜像运行,能够让用户更加方便地对应用程序进行管理和运维。容器管理工具中最为流行的就是 Kubernetes (K8s),而 Spark 也支持 K8s 部署模式。

6.3.3　Spark Streaming 概述

　　1) Spark Streaming 介绍

　　Spark Streaming 是 SparkCoreAPI 的扩展,支持弹性的、高吞吐量的、容错的实时数据流的处理。数据可以通过多种数据源获取,例如 Kafka、Flume、Kinesis 以及 TCP Sockets; 也可以通过高级函数组成的复杂算法处理,例如 map、reduce、join、window 等。最终,处理后的数据可以输出到文件系统数据库中。事实上,还可以对数据流使用机器学习以及图计算算法。如图 6-21 所示为 Spark Streaming 的数据处理过程。

　　2) Spark Streaming 工作原理

　　Spark Streaming 接收实时输入的数据流,并将数据分成多批处理,然后由 Spark 引擎

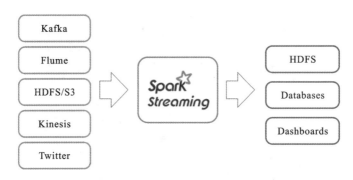

图 6-21　Spark Streaming 的数据处理过程

处理生成最终的结果流,如图 6-22 所示。

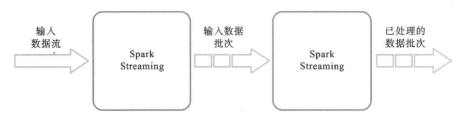

图 6-22　Spark Streaming 工作原理

　　Spark Streaming 提供了一种称为离散流(DStream)的高级抽象,它表示连续的数据流。DStream 可由来自 Kafka 和 Kinesis 等数据源的输入数据流创建,也可以通过在其他 DStream 上应用高级操作来创建。在内部,DStream 表示为一系列 RDD。

6.3.4　Spark Streaming 运行流程

　　Spark Streaming 运行流程(见图 6-23)如下:

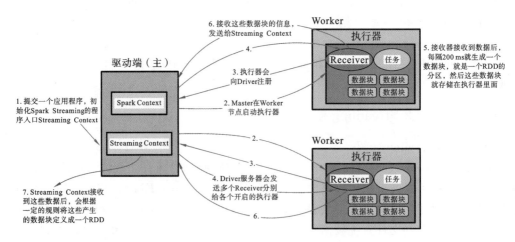

图 6-23　Spark Streaming 运行流程

　　(1) 在集群中的其中一台机器上提交代码,然后就会产生一个应用程序,并开启一个

Driver(Driver 是 Spark 作业的 Master(主函数)),然后初始化 Spark Streaming 的程序入口 Streaming Context。

(2) Master 会为产生的应用程序的运行分配资源,在集群中的一台或者多台 Worker 上面开启执行器(Executer),执行器会向 Driver 注册。

(3) Driver 会发送多个 Receiver 给开启的执行器。其中 Receiver 是一个接收器,是用来接收消息的,在执行器里面运行的时候,其实就相当于一个任务。每个作业包含多个执行器,每个执行器以线程的方式运行任务,Spark Streaming 至少包含一个 Receiver 任务。

(4) Receiver 接收到数据后,每隔 200 ms 就生成一个数据块,即一个 RDD 的分区,然后这些数据块就存储在执行器里面。

(5) 由 Receiver 产生的数据块信息被发送给 Streaming Context。

(6) Streaming Context 接收到这些数据后,根据一定的规则将这些产生的数据块定义成一个 RDD。

6.3.5　初始化 Streaming Context

Streaming Context 是所有 Spark Streaming 功能的主要入口点,所以要初始化 Spark Streaming 程序,就必须创建一个 Streaming Context 对象。

在 Java 程序中可以用 SparkConf 对象创建 JavaStreamingContext 对象,代码如下:

```
import org.apache.spark.*;
import org.apache.spark.streaming.api.java.*;


SparkConf conf=new SparkConf().setAppName(appName).setMaster(master);
JavaStreamingContext ssc=new JavaStreamingContext(conf, new Duration(1000));
```

其中 appName 参数是应用程序在集群 UI 上显示的名称。master 是在 Spark、Mesos 或 Yarn 集群上的 URL,或者是一个特殊的"local[*]"字符串,在本地模式下运行。实际上,在集群上运行时,如果不在程序中对 master 进行硬编码,可以使用 spark-submit 启动应用程序并传入相应参数。但对于本地测试,可以通过"local[*]"在进程内运行 Spark Streaming。

定义好上下文(context)后,必须执行以下操作:

(1) 定义输入源;

(2) 通过对 DStream 应用转换和输出操作来定义流计算;

(3) 利用 streamingContext. start()方法接收和处理数据;

(4) 使用 streamingContext. awaitTermination()等待处理停止;

(5) 处理过程将一直持续,当 streamingContext. stop()方法被调用时就会停止。

6.3.6　Spark Streaming 离散流

DStream 可以通过输入数据源来创建,比如 Kafka、Flume 数据源,也可以应用高阶函数来创建,比如 map、reduce、join、window 函数。

1. DStream 原理

DStream 由一系列连续的 RDD 表示,RDD 是 Spark 的核心抽象,是不可变的、分布式的数据集。DStream 中的每个 RDD 都包含具有一定时间间隔的数据,如图 6-24 所示,time 0~1 这段时间内累积的数据构成 RDD@time 1,time 1~2 这段时间内累积的数据构成 RDD@time 2,以此类推。

图 6-24 RDD 包含具有一定时间间隔的数据

任何应用在 DStream 上的操作都会转化为对底层 RDD 的操作。例如,flatMap 操作应用于 lines DStream 的每个 RDD,生成 words DStream 的 RDD,如图 6-25 所示。

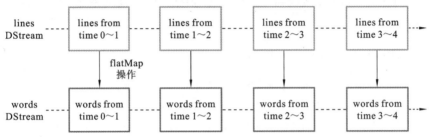

图 6-25 基于 RDD 的数据操作

2. DStream 操作

1) DStream 算子

DStream 支持许多普通 Spark RDD 上可用的转换操作,与 Spark 的 RDD 类似,转换操作允许修改来自输入 DStream 的数据。表 6-2 是一些常见的转换操作算子。

表 6-2 常见的转换操作算子

转换算子	说明
map(func)	利用 func 函数处理原 DStream 的每个元素,返回一个新的 DStream
flatMap(func)	与 map 相似,但 flatMap 每个输入项都可被映射为 0 个或者多个输出项
filter(func)	返回一个新的 DStream,它仅仅包含原 DStream 中满足函数 func 的项,过滤掉不满足的项
repartition(numPartitions)	通过创建更多或者更少的 partition 来改变这个 DStream 的并行级别(level of parallelism)
union(otherStream)	通过原 DStream 和 otherStream 的联合元素,返回一个新的 DStream
count()	通过计算原 DStream 中每个 RDD 的元素数量,返回一个包含单元素 RDD 的新 DStream
reduce(func)	利用 func 函数聚集原 DStream 中每个 RDD 的元素,返回一个包含单元素 RDD 的新 DStream。为了让计算可以并行化,函数应该是相关联的

转 换 算 子	说　　明
countByValue()	这个算子应用在元素类型为 K 的 DStream 上,返回一个 K-long 对的新 DStream,每个键的值是原 DStream 的每个 RDD 中的频率
reduceByKey(func[numTasks])	在一个由 K-V 对组成的 DStream 上调用这个算子时,返回一个新的由 K-V 对组成的 DStream,每一个键的值都由给定的 reduce 函数聚集起来
join(otherStream[numTasks])	当应用于两个 DStream(一个包含 K-V 对,一个包含 K-W 对)时,返回一个包含 K-（V W)对的新 DStream
cogroup(otherStream[numTasks])	当应用于两个 DStream(一个包含 K-V 对,一个包含 K-W 对)时,返回一个包含(K Seq[V] Seq[W])的元组
transform(func)	通过对源 DStream 的每个 RDD 应用 RDD-to-RDD 函数,创建一个新的 DStream。这个算子可以在 DStream 中的任何 RDD 操作中使用
updateStateByKey(func)	通过给定的函数更新 DStream 的状态,返回一个新状态的 DStream

2) UpdateStateByKey 操作

UpdateStateByKey 操作允许应用程序保持任意状态,同时使用新信息不断更新其状态。需要执行以下两个步骤来实现这个操作。

(1) 定义状态:状态可以用任意类型数据表示。

(2) 定义状态更新函数:使用更新前的状态和从输入流里获取的新值更新状态。

下面用一个例子来说明这一点。

如果要维护在文本数据流中看到的每个单词的运行计数(运行计数用 state 表示),可以采用以下代码来进行操作:

```
Function2<List<Integer>, Optional<Integer>, Optional<Integer>>updateFunction=
    (values, state)->{
        Integer newSum=... //将新值与先前的运行计数相加以获得新计数
        return Optional.of(newSum);
    };
```

3) Transform 操作

Transform 操作可以将任意的 RDD-to-RDD 函数应用于 DStream。它可应用于任何未在 DStreamAPI 中公开的 RDD 操作。例如,将数据流中的每个批次与另一个未直接在 DStreamAPI 中公开的数据集连接,可以使用 Transform 轻松地实现。下面是使用 Transform 操作来清洗垃圾数据的更新函数。

```
import org.apache.spark.streaming.api.java.*;
// 包含垃圾信息的 RDD
JavaPairRDD<String, Double>spamInfoRDD=jssc.sparkContext().newAPIHadoopRDD(...);

JavaPairDStream<String, Integer>cleanedDStream=wordCounts.transform(rdd ->{
    rdd.join(spamInfoRDD).filter(...);   // 将数据流与垃圾信息连接起来进行数据清洗
    ...
});
```

4) 窗口操作

Spark Streaming 提供了窗口计算功能,可以在数据的滑动窗口上应用 Transformation 算子,如图 6-26 所示。

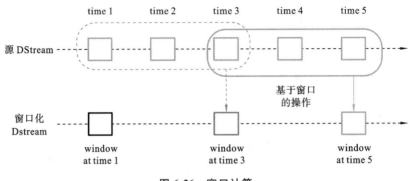

图 6-26　窗口计算

如图 6-26 所示,每次窗口滑过一个源 DStream 时,落入窗口内的源 RDD 就被组合和操作,产生窗口化的 DStream 的 RDD。图 6-26 中窗口操作应用于三个时间单位内的数据,并每次滑动两个时间单位。

窗口操作需要指定以下两个参数。

(1) 窗口长度:窗口的持续时间。

(2) 滑动的时间间隔:执行窗口操作的时间间隔。

下面是使用 reduceByKeyAndWindow 来计算每滑动 10 s 生成过去 30 s 数据的词频的代码。

```
JavaPairDStream < String, Integer > windowedWordCounts = pairs. reduceByKeyAndWindow
((i1, i2)->i1+i2, Durations.seconds(30), Durations.seconds(10));
```

5) DStream 的输出操作

通过输出操作可以将 DStream 的数据输出到外部系统,如数据库或文件系统。输出操作可以让外部系统使用转换后的数据,因此会触发所有 DStream 转换的实际执行(类似于 RDD 的操作)。目前 Spark Streaming 提供的输出操作见表 6-3。

表 6-3　Spark Streaming 的输出操作

输 出 操 作	说　　　明
print()	在运行流应用程序 DStream 中打印每批数据的前十个元素。这对于开发和调试很有用
saveAsTextFiles(prefix, [suffix])	将 DStream 的内容保存为文本文件。每个批处理添加的文件名是根据前缀和后缀生成的,如 prefix-TIME_IN_MS[.suffix]
saveAsObjectFiles(prefix, [suffix])	将 DStream 的内容保存为序列化 Java 对象的 SequenceFile。每个批处理添加的文件名是根据前缀和后缀生成的,如 prefix-TIME_IN_MS[.suffix]
saveAsHadoopFiles(prefix, [suffix])	将 DStream 的内容保存为 Hadoop 文件。每个批处理添加的文件名是根据前缀和后缀生成的,如 prefix-TIME_IN_MS[.suffix]

续表

输 出 操 作	说　明
foreachRDD(func)	将函数 func 应用于由流生成的每个 RDD 上。这个函数应该将每个 RDD 中的数据推送到外部系统,例如将 RDD 保存到文件中或者通过网络将其写入数据库

6.3.7　Spark Streaming 缓存或持久化

与 RDD 类似,DStream 也可以将流数据保存到内存中。在 DStream 上使用 persist()方法将自动将 DStream 的每个 RDD 持久化存储到内存中。如果 DStream 中的数据被多次计算,比如对同一数据进行多次操作,这是非常有用的。对于像 reduceByWindow 和 reduceByKeyAndWindow 这样基于窗口的操作、像 updateStateByKey 这样基于状态的操作,DStream 会自动保存在内存中,无须开发人员调用 persist()。对于通过网络获取数据的输入流(如 Kafka、socket 数据流等),默认的持久化策略是将数据复制到两个不同节点,以实现容错。

与 RDD 不同的是,DStream 默认将数据序列化存储在内存中。

6.3.8　Spark Streaming Checkpointing

一个流应用程序必须 7×24 小时全天候运行,如果应用程序出现逻辑无关故障(如系统错误、JVM 崩溃等),要能够及时解决。因此 Spark Streaming 将足够的检查点(checkpoint)信息保存到容错存储系统中,以使系统从故障中恢复。

Spark Streaming checkpointing 操作包括 Metadata checkpointing 操作和 Data checkpointing 操作。

1. Metadata checkpointing **操作**

Metadata checkpointing 操作用于将流计算的元数据信息保存到容错存储系统,如 HDFS 中,用来恢复故障 worker 节点的运行。

元数据包括以下三种。

(1) Configuration :创建 Spark Streaming 应用程序的配置信息。

(2) DStream operations :定义 Streaming 应用程序的操作集合。

(3) Incomplete batches:作业已排队但尚未完成的批次。

2. Data checkpointing **操作**

Data checkpointing 操作用于将生成的 RDD 保存到可靠的存储系统中,该操作在一些跨多个批次组合数据的有状态转换中是必要的。在这样一个转换中,生成的 RDD 依赖于之前批处理的 RDD,随着时间的推移,这个依赖链的长度会持续增大。在恢复的过程中,为了避免这种无限增长,有状态的转换的中间 RDD 将会被定期保存到存储系统中,以截断这个依赖链。

元数据 checkpointing 操作主要用于从出现故障的 Driver 中恢复数据。如果其中用到了转换操作,即使操作再简单都必须进行数据 checkpointing 操作。

1) 使用 checkpointing 的时机

应用程序在下面两种情况下必须启用 checkpointing：

（1）使用有状态的转换操作。如果在应用程序中用到了 updateStateByKey 或者 reduceByKeyAndWindow，必须提供检查点用以定期对 RDD 进行 checkpointing 操作。

（2）对运行应用程序的 Driver 进行故障恢复，使用元数据 checkpointing 操作恢复处理信息。

2) 配置 checkpointing

在容错、可靠的文件系统（如 HDFS、s3 等）中设置一个目录用于保存检查点信息。可以通过 streamingContext. checkpoint(checkpointDirectory)方法来配置，这样定义后就可以使用有状态的转换操作。另外，如果想从 Driver 故障中恢复数据，在程序中要重写一些方法。

当应用程序是第一次启动时，新建一个 StreamingContext，启动所有数据流，然后调用 start()方法。

当应用程序因为故障重新启动时，它将会从检查点目录（checkpointDirectory）中由检查点缓存数据重新创建一个 Streaming Context。以下是示例代码。

```
// 创建一个 JavaStreamingContextFactory 工厂对象,用于创建 JavaStreamingContext
JavaStreamingContextFactory contextFactory=new JavaStreamingContextFactory() {
  @ Override public JavaStreamingContext create() {
    JavaStreamingContext jssc=new JavaStreamingContext(...);   // new context
    JavaDStream< String> lines=jssc.socketTextStream(...);   // create DStreams
    ...
    jssc.checkpoint(checkpointDirectory);                          // 设置检查点目录
    return jssc;
  }
};

//从检查点数据中获取 JavaStreamingContext 或创建一个新的
JavaStreamingContext context= JavaStreamingContext.getOrCreate(checkpointDirecto-
ry, contextFactory);

//对需要完成的上下文进行额外的设置
context. ...

// Start the context
context.start();
context.awaitTermination();
```

如果检查点目录不存在，应用程序将会调用 functionToCreateContext 函数创建一个新的上下文，建立 DStream。

6.4　新一代流式处理引擎 Apache Flink

6.4.1　Apache Flink 概述

1. Apache Flink 概述

Apache Flink(以下简称 Flink)是一个框架和分布式处理引擎,用于在无边界和有边界数据流上进行有状态的计算。Flink 能在所有常见集群环境中运行,并能以内存速度和任意规模进行计算。

Flink 功能强大,支持开发和运行多种不同种类的应用程序。它的主要特性包括:批流一体化、精密的状态管理、事件时间支持以及状态一致性保证等。Flink 不仅可以运行在包括 Yarn、Mesos、Kubernetes 在内的多种资源管理框架上,还支持在裸机集群上独立部署。在启用高可用性选项的情况下,它不存在单点失效问题。事实证明,Flink 已经可以扩展到数千核心,其状态可以达到 TB 级别,且仍能保持高吞吐量、低时延的特性。世界各地有很多要求严苛的流式处理应用程序都运行在 Flink 之上,阿里巴巴每年的双十一实时计算大屏就是应用 Flink 来实现的。

2. Flink 基本架构

Flink 是一个分布式系统,需要有效分配和管理计算资源才能执行流应用程序。它集成了所有常见的集群资源管理器,例如 Hadoop Yarn,但也可以通过设置作为独立集群甚至库来运行。

如图 6-27 所示,Flink 运行时存在两种类型的进程:JobManager 和 TaskManager。

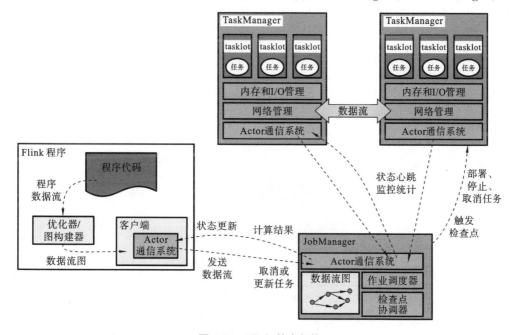

图 6-27　Flink **基本架构**

客户端用于准备数据流并将其发送给 JobManager。之后,客户端可以断开连接(分离模式),或保持连接来接收进程报告(附加模式)。客户端可以作为触发执行 Java/Scala 程序的一部分运行,也可以在命令行进程./bin/flink run ... 中运行。

可以通过多种方式启动 JobManager 和 TaskManager:直接在机器上作为独立部署集群启动;在 Container 中启动;通过 Yarn 等资源框架管理并启动。TaskManager 连接到 JobManager,发布消息说明自己可用,并被分配工作。

1) JobManager

JobManager 具有许多与协调 Flink 应用程序的分布式执行有关的职责:它决定何时调度下一个任务(或一组任务),在完成或执行任务失败后对任务做出反应,协调检查点并且在任务失败后恢复数据,等等。

这个进程由以下三个不同的组件组成。

(1) ResourceManager:负责 Flink 集群中的资源提供、回收、分配。它负责管理 task-slot,这是 Flink 集群中资源调度的单位。Flink 为不同的环境和资源提供者(例如 Yarn、Kubernetes 和独立部署集群)实现了对应的资源管理。在独立部署设置中,ResourceManager 只能分配可用 TaskManager 的逻辑计算单元(slot),而不能自行启动新的 TaskManager。

(2) Dispatcher:提供了一个 REST 接口,用来提交 Flink 应用程序以便系统执行,并为每个提交的作业启动一个新的 JobMaster。它还通过运行 FlinkWebUI 来提供作业执行信息。

(3) JobMaster:负责管理单个 JobGraph 的执行。Flink 集群中可以同时运行多个作业,每个作业都有自己的 JobMaster。

Flink 中应始终至少有一个 JobManager 进程。采用高可用(HA)设置时可能有多个 JobManager,其中一个是始终处于主导地位的,其他的则是备用的。

2) TaskManager

TaskManager(也称为 worker)执行作业流的任务,并且缓存和交换数据流。

Flink 中应始终至少有一个 TaskManager。在 TaskManager 中资源调度的最小单位是 tasklot(任务执行单元)。TaskManager 中 taskslot 的数量表示并发处理任务的数量。一个 taskslot 中可以执行多个算子。

3) Flink 分层抽象

Flink 为流式处理和批处理的程序开发提供了不同级别的抽象,如图 6-28 所示。

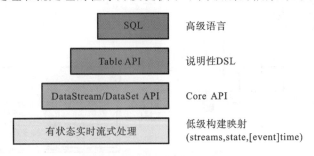

图 6-28 Flink 分层抽象功能

最底层的抽象为有状态实时流式处理。其抽象实现是过程函数（process function），过程函数已经被 Flink 框架集成到了 DStream API 中。应用程序可以自由地处理来自单数据流或多数据流的事件，并提供具有全局一致性和容错保障的状态。

第二层抽象是核心 API。这层在我们开发过程中经常用到，使用核心 API 进行编程，其中包含 DStream API（应用于流/批处理场景）和 DataSet API（应用于批处理场景）两部分。Core API 提供的流式 API 为数据处理提供了通用的模块组件，例如各种形式的用户自定义转换、连接（join）、聚合（aggregation）、窗口和状态操作等。

第三层抽象是 Table API。Table API 是以表（Table）为中心的声明式编程（DSL）API，例如在流式处理场景下，它可以表示一张正在动态改变的表。Table API 提供了类似于关系模型中的操作，比如选择、投影（project）、连接、分组（group-by）和聚合等。Table API 程序不是确切地指定程序应该执行的代码，而是以声明的方式定义应执行的逻辑操作。尽管 Table API 使用起来很简洁，并且可以由各种类型的用户自定义函数扩展功能，但还是比 Core API 的表达能力差。

最顶层抽象是 SQL。这层抽象在语义和程序表达式上都类似于 Table API，但是其程序实现都是 SQL 查询表达式。Table API 抽象与 SQL 抽象之间的关联是非常紧密的，SQL 查询语句可以在 Table API 中定义的表上执行。

3. Flink 应用场景

1）事件驱动型应用

事件驱动型应用是一类具有状态的应用，它从一个或多个事件流中提取数据，并根据到来的事件触发计算、状态更新或其他外部动作。事件驱动型应用是在计算与存储分离的传统应用基础上进化而来的。在传统架构中，应用需要读写远程事务型数据库。相反，事件驱动型应用是基于状态化流式处理来完成的。在该设计中，计算和存储不会分离，应用只需访问本地存储器（内存或磁盘）即可获取数据。系统容错性的实现依赖于定期向远程持久化存储器写入检查点。图 6-29 描述了传统应用和事件驱动型应用架构的区别。

事件驱动型应用会受制于底层流式处理系统对时间和状态的把控能力，Flink 的诸多优秀特质都是围绕对时间和状态的把控来设计的。它提供了一系列丰富的状态操作原语，允许以精确的一致性语义合并海量规模（TB 级别）的状态数据。此外，Flink 还支持事件时间和自由度极高的定制化窗口逻辑，而且它内置的过程函数支持细粒度时间控制，方便实现一些高级业务逻辑。同时，Flink 还拥有一个复杂事件处理类库，可以用来检测数据流模式。

Flink 针对事件驱动型应用的明显特性表现在 Savepoint（全局状态镜像快照）上。Savepoint 是一个一致性的状态映像，它可以用来初始化任意状态兼容的应用。在完成一次 Savepoint 创建后，即可放心对应用进行升级或扩容，还可以启动多个版本的应用来完成 A/B 测试。

典型的事件驱动型应用实例有反欺诈、基于规则的报警等。

2）数据分析应用

数据分析任务需要从原始数据中提取有价值的信息和指标。传统的分析方式通常是利用批查询，或将事件记录下来并基于此有限数据集构建应用来完成。为了得到最新数据的分析结果，必须先将它们加入分析数据集并重新执行查询或运行应用程序，随后将结果写入存储系统或生成报告。

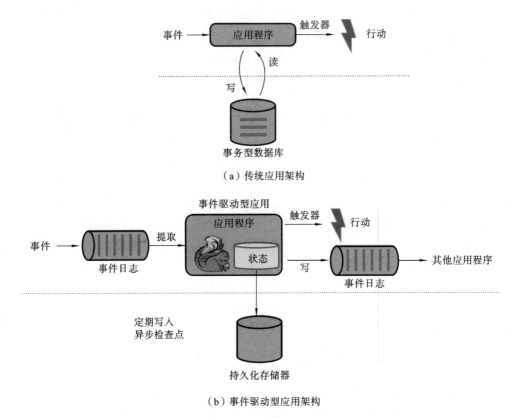

（a）传统应用架构

（b）事件驱动型应用架构

图 6-29　传统应用和事件驱动型应用架构

借助于先进的流式处理引擎,还可以实时地进行数据分析。和传统模式下读取有限数据集不同,流式查询或应用会接入实时事件流,并随着事件消费持续产生和更新结果。这些结果数据可能会被写入外部数据库系统或以内部状态的形式来维护。仪表展示应用可以相应地从外部数据库读取数据或直接查询应用的内部状态。

Apache Flink 同时支持流式及批量分析应用,如图 6-30 所示。

Flink 为持续流式分析和批量分析都提供了良好的支持。具体而言,它内置了一个符合 ANSI 标准的 SQL 接口,将批、流查询的语义统一起来。无论是在记录事件的静态数据集上还是实时事件流上,相同 SQL 查询都会得到一致的结果。同时 Flink 还支持丰富的用户自定义函数,允许在 SQL 中执行定制化代码。如果还需进一步定制逻辑,可以利用 Flink DStream API 和 DataSet API 进行更低层次的控制。此外,Flink 的 Gelly 库为基于批量数据集的大规模高性能图分析提供了算法和构建模块支持。

典型的数据分析应用实例有电信网络质量监控、移动应用中的产品更新及实验评估分析、消费者技术中的实时数据即席分析。

3）数据管道应用

ETL 是一种在存储系统之间进行数据转换和迁移的常用方法。ETL 作业通常会被周期性地触发,将数据从事务型数据库拷贝到分析型数据库或数据仓库。

数据管道和 ETL 作业的用途相似,都可以转换、丰富数据,并将数据从某个存储系统移动到另一个。但数据管道是以持续流模式运行,而非周期性触发的。因此它支持从一个不

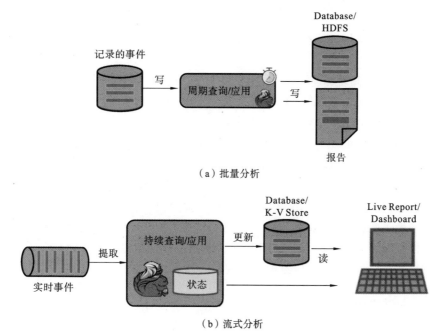

（a）批量分析

（b）流式分析

图 6-30　Apache Flink 同时支持流式及批量分析应用

断生成数据的源头读取记录，并将它们以低时延移动到终点。例如：数据管道可以用来监控文件系统目录中的新文件，并将其数据写入事件日志；也可以将事件流物化到数据库，或增量构建和优化查询索引。

图 6-31 描述了周期性 ETL 作业和持续数据管道作业的差异。

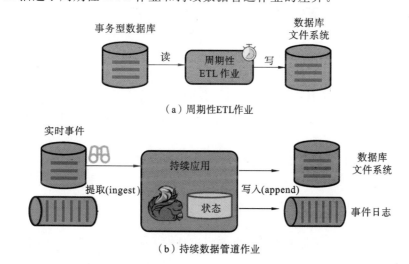

（a）周期性ETL作业

（b）持续数据管道作业

图 6-31　周期性 ETL 作业和持续数据管道作业

很多常见的数据转换和增强操作可以利用 Flink 的 SQL 接口（或 Table API）及用户自定义函数解决。如果数据管道有更高级的需求，可以选择更通用的 DStream API 来实现。Flink 为多种数据存储系统（如 Kafka、Kinesis、Elasticsearch、JDBC 数据库系统等）内置了连接器。同时它还提供了文件系统的连续型数据源及数据汇，可用来监控目录变化和以时间分区的方式写入文件。

典型的数据管道应用实例有电子商务中的实时查询索引构建、电子商务中的持续 ETL 作业。

4. Apache Flink 开发环境

Flink 是一个以 Java 及 Scala 作为开发语言的开源大数据项目,代码开源在 GitHub 上,并使用 Maven 来编译和构建项目。对大部分使用 Flink 的人来说,Java、Maven 和 Git 这三个工具是必不可少的。另外,一个强大的集成开发环境(IDE)有助于我们更快地阅读代码、开发新功能以及修复故障。开发测试环境则使用 MacOS、Linux 或者 Windows。

推荐使用 IntelliJ IDEA 作为 Flink 的 IDE 工具。官方不建议使用 Eclipse IDE,主要原因是 Eclipse IDE 的 Scala 和 Flink 采用的 Scala 不兼容。

如果需要做一些 Flink 代码的开发工作,则需要根据 Flink 代码的"tools/maven/"目录下的配置文件来配置 Checkstyle,因为 Flink 在编译时会强制进行代码风格的检查,如果代码风格不符合规范,可能会直接导致编译失败。

6.4.2　DStream API

1. DStream 程序简介

Flink 中的 DStream 程序是对数据流进行转换(例如过滤、更新状态、定义窗口、聚合)的常规程序。数据流的起始是从各种源(例如消息队列、套接字流、文件)创建的。结果通过 sink 函数返回,例如可以将数据写入文件或标准输出端(例如命令行终端)。Flink 程序可以在各种上下文中运行,可以独立运行,也可以嵌入其他程序。任务可以在本地 JVM 中执行,也可以在多台机器的集群上执行。

DStream API 得名于特殊的 DStream 类,该类用于表示 Flink 程序中的数据集。可以认为它们是可包含重复项的不可变数据集。这些数据可以是有界(有限)的,也可以是无界(无限)的,但用于处理它们的 API 是相同的。

DStream 在用法上类似于常规的 Java 集合,但在某些关键方面却与后者大不相同。DStream 类是不可变的,这意味着它们一旦被创建,就不能添加或删除元素,也不能简单地查看内部元素,而只能使用 DStream API 操作来处理。DStream API 操作也称为转换(transformation)。

可以通过在 Flink 程序中添加源(source)创建一个初始的 DStream。然后,可以基于 DStream 派生新的流,并使用 map、filter 等 API 方法把 DStream 和派生的流连接在一起。

2. 事件时间与 Watermark

1) Watermark 生成策略

要使用事件时间语义,Flink 引擎需要知道事件时间戳对应的字段,所以就要求数据流中的每个元素都拥有可分配的事件时间戳。Flink 引擎通常通过使用 Timestamp Assigner API,由元素中的某个字段访问或提取时间戳。

时间戳的分配与 Watermark 的生成是齐头并进的,其可以告诉 Flink 应用程序事件时间的进度。可以通过指定 WatermarkGenerator 来配置 Watermark 的生成方式。使用 FlinkAPI 时需要设置一个同时包含 TimestampAssigner(时间戳分配器)和 Watermark-Generator(水位线生成器)的 WatermarkStrategy(水位线策略)。实现 WatermarkStrategy

接口的代码如下：

```
public interface WatermarkStrategy<T>
    extends TimestampAssignerSupplier<T>, WatermarkGeneratorSupplier<T>{

    /* *
    * 根据策略实例化一个可分配时间戳的 {@link TimestampAssigner}。
    * /
    @ Override
    TimestampAssigner<T>createTimestampAssigner(TimestampAssignerSupplier.Context
context);
    /* *
    * 根据策略实例化一个 watermark 生成器
    * /
    @ Override
WatermarkGenerator<T> createWatermarkGenerator(WatermarkGeneratorSupplier.Context
context);
    }
```

　　一般情况下，不需要实现这个接口，因为 WatermarkStrategy 类中已经设置了几个通用的 Watermark 生成策略，比如使用有界无序（bounded-out-of-orderness）Watermark 生成器和一个 lambda 表达式作为时间戳分配器。可以用如下代码来实现：

```
WatermarkStrategy.<Tuple2<Long,String>>forBoundedOutOfOrderness(Duration.
ofSeconds(20)).withTimestampAssigner((event, timestamp) ->event.f0);
```

　　2）WatermarkStrategy 类的使用

　　WatermarkStrategy 类在 Flink 应用程序中有两种使用方式：一种是直接在数据源上使用；另一种是直接在非数据源的操作之后使用。

　　第一种方式相对更好，因为数据源可以利用 Watermark 生成逻辑中有关分片/分区（shard/partition/split）的信息。使用这种方式，数据源通常可以更精准地跟踪 Watermark，整体 Watermark 生成将更精确。直接在源上指定 WatermarkStrategy 意味着必须使用特定数据源接口，如使用 Kafka 连接器。当无法直接在数据源上设置策略时，才应该使用第二种方式，在任意转换操作之后设置 WatermarkStrategy。以下是采用第二种方式使用 Watermark 的代码。

```
final StreamExecutionEnvironment env=StreamExecutionEnvironment.
getExecutionEnvironment();
DStream<MyEvent>stream=env.readFile(...);
DStream<MyEvent>withTimestampsAndWatermarks=stream
        .filter( event ->event.severity()==WARNING )
        .assignTimestampsAndWatermarks(<watermark strategy>);
withTimestampsAndWatermarks
        .keyBy( (event) ->event.getGroup())
        .window(TumblingEventTimeWindows.of(Time.seconds(10)))
        .reduce( (a, b) ->a.add(b))
        .addSink(...);
```

3) DStream 算子

通过操作算子能将一个或多个 DStream 转换成新的 DStream。在应用程序中可以将多个数据转换算子合并成一个复杂的数据流拓扑。DStream 支持以下几种转换操作,如图 6-32 所示。

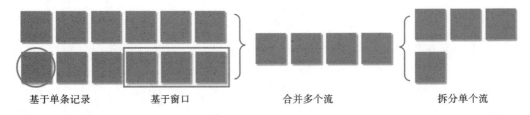

基于单条记录　　　　　基于窗口　　　　　合并多个流　　　　　拆分单个流

图 6-32　DStream 转换操作

这些转换操作会对 DStream 进行各种转换,如图 6-33 所示。

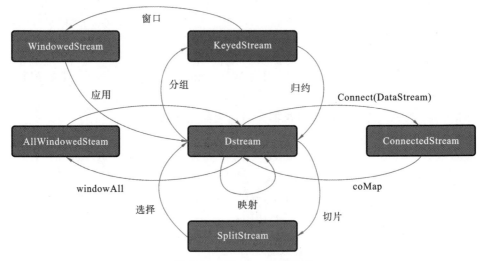

图 6-33　DStream 转换操作

3. 旁路输出(side output)

一般情况下使用 DStream 算子操作主要流,但是在处理数据的时候,要想对不同的数据进行不同的处理,就需要对流进行拆分或者复制,如果使用 filter 算子来拆分,也能满足需求,但每次筛选都要保留整个流,然后遍历整个流,显然很浪费性能,这时候 Flink 的旁路输出功能就能派上用场,DStream 操作可以产生任意数量的旁路输出结果流。结果流中的数据类型不必与主要流中的数据类型相匹配,并且不同旁路输出的类型也可以不同。

使用旁路输出时,首先需要定义用于旁路输出流的标识 OutputTag,代码如下。

```
//这是一个匿名的内部类
OutputTag<String>outputTag=new OutputTag<String> ("side-output") {};
```

采用以下这些方法可以将数据发送到旁路输出:

● ProcessFunction;

● KeyedProcessFunction;

● CoProcessFunction;

- KeyedCoProcessFunction；
- ProcessWindowFunction；
- ProcessAllWindowFunction。

这些方法中暴露了 Context 参数，将数据发送到由 OutputTag 标识的旁路输出。以下是从 ProcessFunction 发送数据到旁路输出的代码。

```
DStream<Integer>input=...;
final OutputTag<String>outputTag=new OutputTag<String> ("side-output"){};
SingleOutputStreamOperator<Integer>mainDStream= input
    .process(new ProcessFunction<Integer, Integer>() {
        @ Override
        public void processElement(
        Integer value,
        Context ctx,
        Collector<Integer>out) throws Exception {
        // 发送数据到主要的输出
        out.collect(value);
        // 发送数据到旁路输出
        ctx.output(outputTag, "sideoutput-"+String.valueOf(value));
    }
});
```

然后可以在 DStream 运算结果上使用 getSideOutput(OutputTag)方法获取旁路输出流，并返回一个与旁路输出流结果类型一致的 DStream，代码如下。

```
final OutputTag<String>outputTag=new OutputTag<String> ("side-output"){};
SingleOutputStreamOperator<Integer>mainDStream=...;
DStream<String>sideOutputStream=mainDStream.getSideOutput(outputTag);
```

4. 并行度设置

一个 Flink 程序由多个任务组成(转换/算子、数据源和数据接收器)。一个任务包括多个并行执行的实例，且每一个实例都处理任务输入数据的一个子集。一个任务的并行实例数被称为该任务的并行度(parallelism)。一个任务的并行度可以在多个层次中设置。

1）系统层次

可以在 Flink 安装包中配置文件 conf/flink-conf. yaml，设置 parallelism. default 参数来指定整个执行环境的并行度。

2）客户端层次

通过客户端发布程序，同时可以指定并行度，通过-p 参数设置，代码如下：

```
./bin/flink run -p 10 ../examples/WordCount-java.jar
```

3）执行环境层次

Flink 程序运行在执行环境的上下文中，可以通过调用 setParallelism()方法指定执行环境的默认并行度，代码如下。

```
final StreamExecutionEnvironment env=StreamExecutionEnvironment.
getExecutionEnvironment();
```

```
env.setParallelism(5);
DStream<String>text=[...]
DStream<Tuple2<String, Integer>>testStream=[...]

testStream.print();

env.execute("Test Example");
```

4) 算子层次

单个算子、数据源和数据接收器的并行度可以通过调用 setParallelism()方法来指定,代码如下。

```
final StreamExecutionEnvironment env=StreamExecutionEnvironment.
getExecutionEnvironment();

DStream<String>text=[...]
DStream<Tuple2<String, Integer>>testStream=text
    .flatMap(new LineSplitter())
    .keyBy(value ->value.f0)
    .window(TumblingEventTimeWindows.of(Time.seconds(10)))
    .sum(1).setParallelism(5);

testStream.print();

env.execute("Test Example");
```

6.4.3　Flink Table API & SQL

6.4.3.1　Table API & SQL 综述

Apache Flink 有两种关系型 API 用于流批统一处理:Table API 和 SQL。Table API 是用于 Scala 和 Java 语言的查询 API,其采用一种非常直观的方式来组合使用 select、filter、join 等关系型算子。Flink SQL 是基于 Apache Calcite 来实现的标准 SQL。无论输入是连续的(流式)还是有界的(批处理),在两个接口中指定的查询都具有相同的语义,并指定相同的结果。

Table API 和 SQL DStream API 两种 API 是紧密集成的,可以在这些 API 之间,以及一些基于这些 API 的库之间轻松切换。比如:可以先用 CEP(复杂事件处理器)从 DStream 中做模式匹配,然后用 Table API 来分析匹配的结果;或者可以用 SQL 来扫描、过滤、聚合一个批处理表,然后再运行一个 Gelly 图算法来处理已经预处理好的数据。

6.4.3.2　动态表

1. 动态表(dynamic table)

动态表是 Flink Table API 和 SQL 的核心概念。与保存批处理数据的静态表不同,动态表是随时间变化的,但是可以像查询静态批处理表那样进行查询,查询动态表将生成一个连续查询。查询不断更新动态结果表,以反映动态输入表上的更改。本质上,动态表上的连续查询非常类似于定义物化视图的查询。

图 6-34 显示了数据流、动态表和连续查询之间的转换关系：

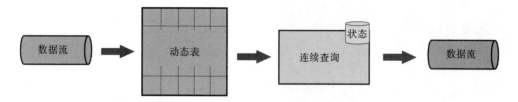

图 6-34　数据流、动态表和连续查询的关系

（1）将数据流转换为动态表。

（2）在动态表上进行连续查询计算，生成一个新的动态表。

（3）生成的动态表被重新转换为数据流。

2. 表到流的转换

动态表可以像普通数据库表那样通过 Insert、Update 和 Delete 命令进行操作。在将动态表转换为流或将其写入外部系统时，需要对这些更改进行编码。Flink 中 Table API 和 SQL 支持使用以下三种数据流来实现一张动态表更改的编码。

（1）Append-only 流：通过 Insert 操作来修改动态表，将插入的行转换为 Append-only 流。

（2）Retract 流：Retract 流包含两种类型的 message（消息），即 add message 和 retract message。通过将 Insert 操作编码为 add message、将 Delete 操作编码为 retract message、将 Update 操作编码为更新（先前）行的 retract message 和更新（新）行的 add message，将动态表转换为 Retract 流。图 6-35 显示了将动态表转换为 Retract 流的过程。

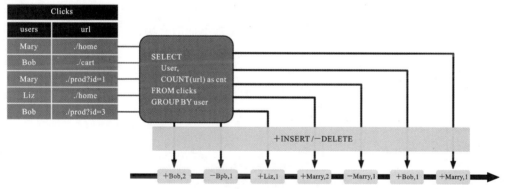

图 6-35　将动态表转换为 Retract 流

（3）Upsert 流：Upsert 流包含两种类型的 message，即 upsert message 和 delete message。转换为 Upsert 流的动态表需要（可能是组合的）唯一键。通过将 Insert 和 Update 操作编码为 upsert message，将 Delete 操作编码为 delete message，将具有唯一键的动态表转换为流。流运算符需要知道唯一键的属性，以便正确地应用 message。Upsert 流与 Retract 流的主要区别是：由于 Update 操作是用单个 message 编码的，因此 Upsert 流转换效率更高。图 6-36 显示了将动态表转换为 Upsert 流的过程。

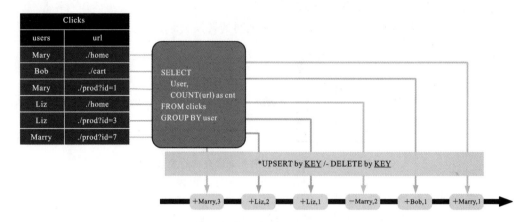

图 6-36　将动态表转换为 Upsert 流

6.4.3.3　Table 程序依赖

程序依赖指程序开发时需要引入的第三方类库。

Flink 提供了不同语言(Java、Scala、Python),用来构建 Table API 和 SQL 程序。以 Java 为例,其构建 Table API 的代码如下:

```
<dependency>
  <groupId>org.apache.flink</groupId>
  <artifactId>flink-table-api-java-bridge_2.11</artifactId>
  <version>1.14.0</version>
  <scope>provided</scope>
</dependency>
```

开发过程中免不了本地运行程序调试,需要添加下面的模块:

```
<dependency>
  <groupId>org.apache.flink</groupId>
  <artifactId>flink-table-planner_2.11</artifactId>
  <version>1.14.0</version>
  <scope>provided</scope>
</dependency>
<dependency>
  <groupId>org.apache.flink</groupId>
  <artifactId>flink-streaming-scala_2.11</artifactId>
  <version>1.14.0</version>
  <scope>provided</scope>
</dependency>
```

如果想实现自定义格式或连接器,用于(反)序列化行或一组用户定义的函数,采用下面的依赖就足够了:

```
<dependency>
  <groupId>org.apache.flink</groupId>
  <artifactId>flink-table-common</artifactId>
```

```
    <version>1.14.0</version>
    <scope>provided</scope>
</dependency>
```

6.4.3.4　Table API 和 SQL 程序的结构

1. Table API 和 SQL 程序的通用结构

所有用于批处理和流式处理的 Table API 和 SQL 程序都遵循相同的模式。

创建表环境、源表、输出表和表对象的示例代码如下：

```
import org.apache.flink.table.api.*;
import org.apache.flink.connector.datagen.table.DataGenOptions;

// 创建一个 TableEnvironment 对象
TableEnvironment tableEnv=TableEnvironment.create(...);

// 创建源表
tableEnv.createTemporaryTable ("SourceTable", TableDescriptor.forConnector("datagen")
    .schema(Schema.newBuilder()
      .column("f0", DataTypes.STRING())
      .build())
    .option(DataGenOptions.ROWS_PER_SECOND, 100)
    .build())

// 创建输出表
tableEnv.executeSql("CREATE TEMPORARY TABLE SinkTable WITH ('connector'='blackhole
') LIKE SourceTable");
// 创建表对象
Table table2=tableEnv.from("SourceTable");

// 创建表对象
Table table3=tableEnv.sqlQuery("SELECT* FROM SourceTable");

// 输出数据
TableResult tableResult=table2.executeInsert("SinkTable");
```

2. 创建表环境(TableEnvironment)

表环境是 Table API 和 SQL 的核心概念，其主要用于实现以下功能：

(1) 在内部的目录(catalog)中注册表；

(2) 注册外部目录；

(3) 加载可插拔模块；

(4) 执行 SQL 查询操作；

(5) 注册自定义函数(table、aggregation 函数等)；

(6) 在 DStream 和表之间进行转换。

表总是与特定的表环境绑定。不能在同一条查询中使用不同表环境中的表。通过静态

方法 TableEnvironment. create()来创建表环境,代码如下:

```
import org.apache.flink.table.api.EnvironmentSettings;
import org.apache.flink.table.api.TableEnvironment;

EnvironmentSettings settings=EnvironmentSettings
    .newInstance()
    .inStreamingMode()
    .build();

TableEnvironment tEnv=TableEnvironment.create(settings);
```

也可以由现有的 StreamExecutionEnvironment 对象创建一个 StreamTableEnvironment 对象,以便与 DStream API 进行互操作。

```
import org.apache.flink.streaming.api.environment.StreamExecutionEnvironment;
import org.apache.flink.table.api.EnvironmentSettings;
import org.apache.flink.table.api.bridge.java.StreamTableEnvironment;

StreamExecutionEnvironment env=StreamExecutionEnvironment.getExecutionEnvironment();
StreamTableEnvironment tEnv=StreamTableEnvironment.create(env);
```

3. 创建表

可以通过以下方法在目录中创建表:

```
// 创建 TableEnvironment 对象
TableEnvironment tableEnv=...;

// 创建 table 对象
Table table=tableEnv.from("a").select(...);

// 将 table 对象注册成表 testTable
tableEnv.createTemporaryView(testTable", table);
```

4. 查询表

1) 利用 Table API 查询表

Table API 是基于 Table 类的,该类表示一个表(流式处理或批处理表),并提供使用关系操作的方法。使用这些方法会返回一个新的表对象,该对象表示对输入的表进行关系操作的结果。这个关系操作通过分别调用多个方法实现,例如 table. groupBy(...). select(),其中 groupBy()方法指定 table 的分组,而 select()方法指定在 table 分组上的投影。

以下为利用 Table API 查询表的代码示例。

```
//创建 TableEnvironment 对象
TableEnvironment tableEnv=...;

Table test=tableEnv.from("test");
```

```
Table result=test
    .filter($("age").isEqual("18"))
    .groupBy($("id"), $("name"))
    .select($("id"), $("name"), $("money").sum().as("total"));
```

2）利用 SQL 语言查询表

SQL 查询由常规字符串指定。

以下为利用 SQL 语言查询表的代码示例。

```
//创建 TableEnvironment 对象
TableEnvironment tableEnv=...;

Table result=tableEnv.sqlQuery(
    "SELECT name, SUM(money) AS total "+
    "FROM test "+
    "WHERE age=18"+
    "GROUP BY name"
  );
```

5. 输出表

批处理表只能写入 BatchTableSink，而流式处理表需要指定写入 AppenDStreamTableSink、RetractStreamTableSink 或者 UpsertStreamTableSink 等对象。

以下为将流式处理结果输出到表的代码示例。

```
// 创建 TableEnvironment 对象
TableEnvironment tableEnv=...;
// 创建一张输出表
final Schema schema=Schema.newBuilder()
    .column("a", DataTypes.INT())
    .column("b", DataTypes.STRING())
    .column("c", DataTypes.BIGINT())
    .build();

tableEnv.createTemporaryTable("CsvSinkTable", TableDescriptor.forConnector("file-system")
    .schema(schema)
    .option("path", "/path/to/file")
    .format(FormatDescriptor.forFormat("csv")
        .option("field-delimiter", "|")
        .build())
    .build());

Table result =...

//将结果 Table 输出到注册的 TableSink
result.executeInsert("CsvSinkTable");
```

6.4.4 Flink 状态与容错

1. Flink 状态

1) 键控状态(keyed state)

如果要使用键控状态,就需要创建 KeyedStream 键控流。在 Java/Scala API 上可以通过 stream. keyBy()函数得到 KeyedStream,在 Python API 上可以通过 stream. key_by()函数得到 KeyedStream。以下是 Flink 支持的所有状态类。

(1) ValueState⟨T⟩类:用于保存一个可以更新和检索的值。这个值可以通过 update(T)函数进行更新,通过 T value()进行检索。

(2) ListState⟨T⟩类:用于保存一个元素的列表。可以往这个列表中追加数据,并在当前的列表上进行检索。可以通过 add(T)或者 addAll(List⟨T⟩)添加元素,通过 Iterable⟨T⟩ get()函数获得整个列表。还可以通过 update(List⟨T⟩)覆盖当前的列表。

(3) ReducingState⟨T⟩类:用于保存一个单值,表示添加到状态的所有值的聚合。其接口与 ListState 类似,但使用 add(T)增加元素,会使用提供的 Reduce 函数进行聚合。

(4) AggregatingState⟨IN,OUT⟩类:用于保留一个单值,表示添加到状态的所有值的聚合。和 ReducingState 不同的是,聚合类型可能与添加到状态的元素的类型不同。接口与 ListState 类似,但使用 add(IN)添加的元素会用指定的 Aggregate 函数进行聚合。

(5) MapState⟨UK, UV⟩:用于维护一个映射列表。可以添加键值对到状态中,也可以获得反映当前所有映射的迭代器。使用 put(UK,UV)或者 putAll(Map⟨UK,UV⟩)添加映射。使用 get(UK)检索特定 key。使用 entries()、keys()和 values()分别检索映射、键和值的可迭代视图。还可以通过 isEmpty()来判断是否包含任何键值对。

所有状态都可以使用 clear()方法来清除当前键下的状态数据。

2) 算子状态(operator state)

算子状态的作用范围限定为算子任务,可以用在所有算子上,每个算子子任务或者说每个算子实例共享一个状态,流入这个算子子任务的数据可以访问和更新这个状态。以下是算子状态支持的类型。

(1) 列表状态(list state):将状态存储到一个列表中。

(2) 联合列表状态(union list state):将状态表示成一组数据的列表。它与常规列表状态的区别在于,在发生故障时,可以从保存点(savepoint)进行故障恢复。

(3) 广播状态(broadcast state):广播状态是一种特殊的算子状态,如果一个算子有多个子任务,而每项任务状态又相同,那么这种特殊情况最适合应用广播状态。

2. 状态后端(state backend)

Flink 管理的状态存储在状态后端。Flink 有以下两种状态后端的实现方式。

(1) 基于 RocksDB 内嵌 key/value 存储,将其工作状态保存在磁盘上。

(2) 基于堆的状态后端将其工作状态保存在 Java 的堆内存中。这种基于堆的状态后端有两种类型:FsStateBackend,用于将其状态快照持久化到分布式文件系统;MemoryStateBackend,它使用 JobManager 的堆保存状态快照。

3. 检查点

检查点使 Flink 的状态具有良好的容错性,通过检查点机制,Flink 可以对作业的状态和计算位置进行恢复。为了让状态容错，Flink 需要为状态添加检查点。

Flink 的检查点机制会和持久化数据存储进行交互，读写流与状态。实现检查点机制一般需要满足以下条件：

（1）具备一个能够提供一段时间内数据的持久化数据源，如持久化消息队列（如 A-pache Kafka、RabbitMQ 等）或文件系统（如 HDFS、S3、NFS 等）。

（2）存放状态的持久化存储系统通常采用分布式文件系统（比如 HDFS、S3 等）。

在 Flink 中 checkpointing 操作默认是禁用的。通过调用 StreamExecutionEnviron-ment 的 enableCheckpointing(n)来开启 checkpointing，其中 n 是检查点的间隔，单位为 ms。

实现存放状态持久化的配置代码如下：

```
StreamExecutionEnvironment env=StreamExecutionEnvironment.getExecutionEnvironment();

// 每 1000 ms 执行一次 checkpointing 操作
env.enableCheckpointing(1000);

// 高级选项：

// 设置模式为精确一次 (这是默认值)
env.getCheckpointConfig().setCheckpointingMode(CheckpointingMode.EXACTLY_ONCE);

// 确认 checkpointing 操作的时间间隔为 500 ms
env.getCheckpointConfig().setMinPauseBetweenCheckpoints(500);

// Checkpointing 操作必须在一分钟内完成,否则就会被抛弃
env.getCheckpointConfig().setCheckpointTimeout(60000);

// 允许两个连续的检查点错误
env.getCheckpointConfig().setTolerableCheckpointFailureNumber(2)

// 同一时间只允许一个 checkpointing 操作进行
env.getCheckpointConfig().setMaxConcurrentCheckpoints(1);

// 使用外部持久化检查点,这样检查点在作业取消后仍会被保留
env.getCheckpointConfig().enableExternalizedCheckpoints(
        ExternalizedCheckpointCleanup.RETAIN_ON_CANCELLATION);

// 开启实验性的非对齐检查点,以实现非阻塞式的检查点操作
env.getCheckpointConfig().enableUnalignedCheckpoints();
```

4. 故障恢复

在任务执行过程中发生故障时，为了使任务作业恢复到正常状态，Flink 需要重启出错的任务以及其他受到影响的任务。Flink 通过重启策略和故障恢复策略来控制任务重启：

重启策略确定是否可以重启以及重启的间隔;故障恢复策略确定哪些任务需要重启。

重启策略分为以下三种。

1) 固定延时重启策略

固定延时重启策略按照给定的次数尝试重启作业。如果尝试次数超过了给定的最大次数,作业最终将失败。在连续的两次重启尝试之间,有一段固定长度的时间以等待重启策略执行。

以下为固定延时重启策略应用示例。

```
StreamExecutionEnvironment env=StreamExecutionEnvironment.getExecutionEnvironment
();
env.setRestartStrategy(RestartStrategies.fixedDelayRestart(
  3, // 尝试重启的次数
  Time.of(10, TimeUnit.SECONDS) // 延时
));
```

2) 故障率重启策略

故障率重启策略在故障发生之后重启作业,但是当故障率(每个时间间隔发生故障的次数)超过设定的限制时,作业最终会失败。在连续的两次重启尝试之间有一段固定长度的等待时间。

以下为故障率重启策略的应用示例。

```
StreamExecutionEnvironment env=StreamExecutionEnvironment.getExecutionEnvironment
();
env.setRestartStrategy(RestartStrategies.failureRateRestart(
  3, // 每个时间间隔内的最大故障次数
  Time.of(5, TimeUnit.MINUTES), // 测量故障率的时间间隔
  Time.of(10, TimeUnit.SECONDS) // 延时
));
```

3) 不重启策略

不尝试重启,作业直接失败。

以下为不重启策略的应用示例。

```
StreamExecutionEnvironment env=StreamExecutionEnvironment.getExecutionEnvironment();
env.setRestartStrategy(RestartStrategies.noRestart());
```

6.4.5　Flink 性能调优

1. 配置内存

Flink 是依赖内存进行计算的,计算过程中内存不够对 Flink 的执行效率影响很大。可以通过监控 GC(garbage collection,垃圾回收)、评估内存使用及剩余容量来判断内存是否性能瓶颈,并根据情况进行优化。监控节点进程的 Yarn 的 Container GC 日志,如果频繁出现 Full GC(完全垃圾回收),需要优化 GC。

2. 设置并行度

并行度设置用于控制任务的数量。并行度的大小影响操作后数据被切分成的块数。调整并行度可让任务的数量和每个任务处理的数据与机器的处理能力达到最优。

查看 CPU 使用情况和内存占用情况,当任务和数据不是平均分布在各节点上,而是集中在个别节点处时,可以增大并行度,使任务和数据更均匀地分布在各个节点上。增加任务的并行度,有利于充分利用集群机器的计算能力。一般将并行度设置为集群 CPU 内核总数的 2~3 倍。

3. 配置进程参数

Apache Flink 以 JVM 的高效处理能力为基础,依赖于其对各组件内存用量的细致掌控。考虑到在 Flink 上运行的应用程序的多样性,尽管官方已经努力为所有配置项提供合理的默认值,但仍无法满足所有情况下的需求。为了给用户生产提供最大的价值,Flink 允许用户在整体上以及细粒度上对集群的内存分配进行调整。

配置 Flink 进程内存最简单的方法是指定表 6-4 中两个配置项中的任意一个。

表 6-4　Flink 进程内存配置项

配置项	TaskManager 配置参数	JobManager 配置参数
Flink 总内存	taskmanager. memory. flink. size	jobmanager. memory. flink. size
进程总内存	taskmanager. memory. process. size	jobmanager. memory. process. size

6.5　基于 Flink 的人体生命体征数据分析与告警

本节以基于 Flink 的人体生命体征数据分析与告警场景为例介绍 Flink 的应用。

6.5.1　需求分析

本场景的需求是实时显示人体的生命体征,包括心率、血压,实时对生命体征数据进行分析,当心率或血压超出阈值时及时告警。

传统的数据处理过程是在系统业务端完成的,由于实际应用的场景中数据采集设备众多,实时获取的数据量巨大,导致数据处理滞后、数据分析不准确、耦合性强,甚至影响其他功能的使用,造成系统崩溃等,使数据处理一致性得不到保障,当网络出现故障、系统崩溃时又会造成数据在处理过程中丢失,从而导致数据分析不准确。

针对这些情况,使用 Flink 引擎消费队列数据进行流式处理。流式处理是基于内存的计算,计算速度非常快,可以达到毫秒级。Flink 有检查点机制,程序出现故障后可以保证数据不会丢失、计算不会出错,实现了端到端的精确一致性。

让被监测的人员佩戴手环,通过手环传感器实时获取体征数据,并将心率、血压数据发送到消息队列服务中,利用 Flink 流式处理引擎获取队列中的数据,对数据进行分析处理,然后把处理好的结果数据发送到消息队列中,前端程序可以订阅相应消息队列,把数据实时展示到页面上。

6.5.2　架构设计

1. 分层架构

本场景的分层架构设计如图 6-37 所示。

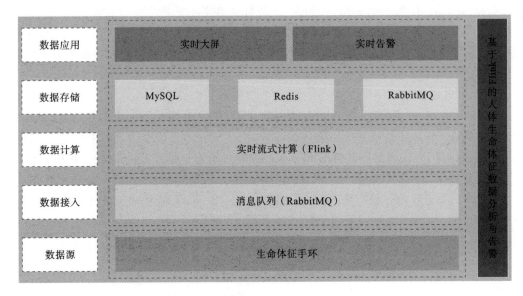

图 6-37　架构设计

2. 数据处理和流向

心率、血压等数据来源于手环设备,手环设备先把数据推送到物联网平台,物联网平台会将数据推送到 RabbitMQ 消息队列,由 Flink 引擎获取队列数据,并对数据进行清洗、转换和处理,将处理的结果分别存储到 Redis 缓存、RabbitMQ 消息队列或 MySQL 关系数据库。图 6-38 为数据处理和流向过程图。

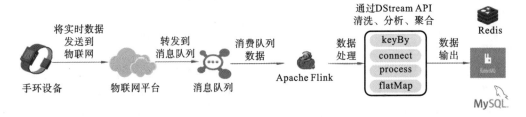

图 6-38　数据处理和流向过程图

6.5.3　代码实现

(1) 设置 Flink 的执行环境和任务故障率重启策略,代码如下。

```
    final StreamExecutionEnvironment environment=StreamExecutionEnvironment.
getExecutionEnvironment();
    // 容错重启 task
    environment.setRestartStrategy(RestartStrategies.fixedDelayRestart(20, Time.
minutes(1)));
```

(2) 实现容错保障。设置 Flink 检查点,把状态数据存储到 HDFS 中,代码如下。

```
    StateBackend fsStateBackend= new FsStateBackend ("hdfs://node01: 9000/flink/check-
points
```

```
");
//StateBackend fsStateBackend=new MemoryStateBackend();
env.setStateBackend(fsStateBackend);
// 每 20000 ms 开始一次 checkpointing 操作
env.enableCheckpointing(20000);
// 高级选项:
// 设置模式为精确一次 (这是默认值)
env.getCheckpointConfig().setCheckpointingMode(CheckpointingMode.EXACTLY_ONCE);
// 确认 checkpointing 操作之间的时间间隔为 500 ms
env.getCheckpointConfig().setMinPauseBetweenCheckpoints(500);
// Checkpointing 操作必须在一分钟内完成,否则就会被抛弃
env.getCheckpointConfig().setCheckpointTimeout(60000);
// 同一时间只允许一个 checkpointing 操作进行
env.getCheckpointConfig().setMaxConcurrentCheckpoints(1);
// 设置 checkpointing 操作容忍的失败次数
env.getCheckpointConfig().setTolerableCheckpointFailureNumber(10);
// 开启在 job 中止后仍然保留的外部检查点
env.getCheckpointConfig().enableExternalizedCheckpoints(CheckpointConfig.
ExternalizedCheckpointCleanup.RETAIN_ON_CANCELLATION);
// 允许在有更近 savepoint 时回退到检查点
env.getCheckpointConfig().setPreferCheckpointForRecovery(true);
```

(3) 获取消息队列的数据,代码如下。

```
// 连接 RabbitMQ 配置
final RMQConnectionConfig connectionConfig=new RMQConnectionConfig.Builder()
        .setHost( "rabbitMqHost")
        .setVirtualHost("/")
        .setPort("rabbitMqPort")
        .setUserName( ("rabbitMquserName")
        .setPassword("rabbitMqPassword")
        .build();


// 获取 RabbitMQ 数据
DStream<TbBracelet> rabbitMqStream=environment.addSource(new RMQSource<>
(connectionConfig,
        "iots", true, new SimpleStringSchema()))
        .uid("iot-rabbitmq")
        .setParallelism(1)
        .map(new RabbitMqConsumerMapFunction())
        .uid("iot-rabbitmq-map");

/**
 *将从 MQ 读取的数据转换成对象类型
 */
```

```
public class RabbitMqConsumerMapFunction implements MapFunction<String, TbBracelet>{
    @ Override
    public TbBracelet map(String value) throws Exception {

        /**
         *捕捉 JSON 时异常,让程序继续运行
         *抛出异常会导致任务重新启动,会消耗 taskmanager
         */
        Gson gson=new Gson();
        try {
            TbBracelet bracelet=gson.fromJson(value, TbBracelet.class);
            return bracelet;
        } catch (Exception e) {
            e.printStackTrace();
        }
        return null;
    }
}
```

(4) 对数据进行分析处理。计算平均心率、最低心率、最高心率等,并且运用旁路输出把相应数据分别输出到 Redis、MySQL、RabbitMQ 中,代码如下。

```
SingleOutputStreamOperator<TbBracelet>DStreamLabel=DStreamLienObject
        .keyBy(new KeySelector<TbBracelet, String>() {

            @ Override
            public String getKey(TbBracelet value) throws Exception {
                return value.getObjNum();
            }
        })
        .process(new LabelKeyedProcessFunction(parameterTool, outputTagBarecelet,
            outputTagBraceletToMysql))
        .uid("label-key-process")
```

其中 LabelKeyedProcessFunction 类的代码如下。

```
/**
 *数据处理
 */
public class LabelKeyedProcessFunction extends KeyedProcessFunction<String,
TbBracelet, TbBracelet>{
    private static final Logger logger=
    LoggerFactory.getLogger(LabelKeyedProcessFunction.class);

        // 用于存储上一节点的数据,与当前数据做对比
        private ValueState<Integer>heartRateMax; // 最大心率
        private ValueState<Integer>heartRateMin; // 最小心率
```

```java
private AggregatingState<Double, Double>heartRateAvg;// 平均心率
private ValueState<String>heartRateMaxTime; // 最大心率对应时间
private ValueState<String>heartRateMinTime; // 最小心率对应时间
private ValueState<Integer>pressureDiastolicMax;   // 最大舒张压
private ValueState<Integer>pressureDiastolicMin;   // 最小舒张压
private AggregatingState<Double, Double>pressureDiastolicAvg; // 平均舒张压
private ValueState<Integer>pressureSystolicMax;   // 最大收缩压
private ValueState<Integer>pressureSystolicMin;   // 最小收缩压
private AggregatingState<Double, Double>pressureSystolicAvg; // 平均收缩压
private ValueState<String>pressureMaxTime; // 最大血压对应时间
private ValueState<String>pressureMinTime; // 最小血压对应时间
//缓存心率、血压
private ValueState<Integer>heartRate;
private ValueState<Integer>pressureDiastolic;
private ValueState<Integer>pressureSystolic;
private ParameterTool parameterTool;
private OutputTag outputTagBarecelet;
private OutputTag outputTagBraceletToMysql;
public LabelKeyedProcessFunction(ParameterTool parameterTool, OutputTag output
TagBarecelet, OutputTag outputTagBraceletToMysql) {
        this.parameterTool=parameterTool;
        this.outputTagBarecelet=outputTagBarecelet;
        this.outputTagBraceletToMysql=outputTagBraceletToMysql;
    }


    @Override
    public void open(Configuration parameters) throws Exception {
        super.open(parameters);

    }


    @Override
    public void processElement(TbBracelet value, Context ctx, Collector<TbBracelet>
out) throws Exception {
        logger.info(value.getType()+"---" +value.getID());

        if (value.getType().equals(UtilTools.BRACELET)) {

            if (value.getHeartRate() !=0 && value.getHeartRate() !=255) {
                if (value.getHeartRate()>40 && value.getHeartRate()<140) {
                    heartRate.update(value.getHeartRate());

                    if (heartRateMax.value()==null) {
                        heartRateMax.update(value.getHeartRate());
```

```
heartRateMaxTime.update(UtilTools.timestampToStr(value.getCreateTime(), "GMT+8"));
                    } else {
                        int d=heartRateMax.value();
                        if (value.getHeartRate()>d) {
                            d=value.getHeartRate();
heartRateMaxTime.update(UtilTools.timestampToStr(value.getCreateTime(), "GMT+8"));
    }
                        heartRateMax.update(d);
                    }
                    if (heartRateMin.value()==null) {
                        heartRateMin.update(value.getHeartRate());
                    heartRateMinTime.update(UtilTools.timestampToStr(value.getCre-
                    ateTime(), "GMT+8"));
                    } else {
                        int d=heartRateMin.value();
                        if (value.getHeartRate()<d) {
                            d=value.getHeartRate();
heartRateMinTime.update(UtilTools.timestampToStr(value.getCreateTime(), "GMT+8"));
    }
                        heartRateMin.update(d);
                    }
                    value.setHeartRateMax(heartRateMax.value());
                    value.setHeartRateMin(heartRateMin.value());
                    value.setHeartRateMaxTime(heartRateMaxTime.value());
                    value.setHeartRateMinTime(heartRateMinTime.value());

                    heartRateAvg.add((double)value.getHeartRate());
                    if (heartRateAvg.get() != null) {
                        value.setHeartRateAvg(heartRateAvg.get());
                    }
                    } else {
                        int h=110;
                        value.setHeartRate(h);
                        heartRate.update(value.getHeartRate());

                        if (heartRateMax.value() !=null) {
                            value.setHeartRateMax(heartRateMax.value());
                            value.setHeartRateMaxTime(heartRateMaxTime.value());
                        }
                        if (heartRateMin.value() !=null) {
                            value.setHeartRateMin(heartRateMin.value());
                            value.setHeartRateMinTime(heartRateMinTime.value());
                        }
                        if (heartRateAvg.get() !=null) {
                            value.setHeartRateAvg(heartRateAvg.get());
                        }
```

```
            }
            if (value.getV()>30.0) {
                dictance.add(value.getV());
            } else {
                value.setV(0.0);
            }
            if (dictance.get() !=null) {
                value.setDistanceDay(dictance.get());
            }
            // 舒张压
            if (value.getDiastolicPressure()>60 && value.getDiastolicPres-
sure()<90) {pressureDiastolicAvg.add((double)value.getDiastolicPressure());
                if (pressureDiastolicAvg.get() !=null) {
                    value.setPressureDiastolicAvg(pressureDiastolicAvg.get());
                }
            }
            // 收缩压 (高压时对应的低压)
            if (value.getSystolicPressure()>90 && value.getSystolicPressure()
<140) {
  pressureSystolic.update(value.getSystolicPressure());
  pressureDiastolic.update(value.getDiastolicPressure());
                if (pressureSystolicMax.value()==null) {
  pressureSystolicMax.update(value.getSystolicPressure());
  pressureDiastolicMax.update(value.getDiastolicPressure());

  pressureMaxTime.update(UtilTools.timestampToStr(value.getCreateTime(), "GMT+8"));
                } else {
                    int d=pressureSystolicMax.value();
                    if (value.getSystolicPressure()>d) {
                        d=value.getSystolicPressure();
                        pressureDiastolicMax.update(value.getDiastolicPressure());

  pressureMaxTime.update(UtilTools.timestampToStr(value.getCreateTime(), "GMT+8"));
  }
                    pressureSystolicMax.update(d);
                }
                if (pressureSystolicMin.value()==null) {
                    pressureSystolicMin.update(value.getSystolicPressure());
                    pressureDiastolicMin.update(value.getDiastolicPressure());

  pressureMinTime.update(UtilTools.timestampToStr(value.getCreateTime(), "GMT+8"));
                } else {
```

```
                            int d=pressureSystolicMin.value();
                            if (value.getSystolicPressure()<d) {
                                d=value.getSystolicPressure();
                                pressureDiastolicMin.update(value.getDiastolicPressure());

    pressureMinTime.update(UtilTools.timestampToStr(value.getCreateTime(), "GMT+8"));
                            }
                            pressureSystolicMin.update(d);
                    }
                    value.setPressureSystolicMax(pressureSystolicMax.value());
                    value.setPressureSystolicMin(pressureSystolicMin.value());
                    value.setPressureDiastolicMax(pressureDiastolicMax.value());
                    value.setPressureDiastolicMin(pressureDiastolicMin.value());
                    value.setPressureMaxTime(pressureMaxTime.value());
                    value.setPressureMinTime(pressureMinTime.value());
                    value.setPressureMax(pressureSystolicMax.value()+"/"+pressureDi-
astolicMax.value());
                    value.setPressureMin(pressureSystolicMin.value()+"/"+pressureDi-
astolicMin.value());

                    pressureSystolicAvg.add((double)value.getSystolicPressure());
                    if (pressureSystolicAvg.get() !=null) {
                        value.setPressureSystolicAvg(pressureSystolicAvg.get());
                        }
                } else {
                    value.setSystolicPressure(110);
                    value.setDiastolicPressure(85);
                    pressureSystolic.update(value.getSystolicPressure());
                    pressureDiastolic.update(value.getDiastolicPressure());

                    if (pressureSystolicMax.value() !=null) {
                        value.setPressureSystolicMax(pressureSystolicMax.value());
                        value.setPressureMaxTime(pressureMaxTime.value());
                        value.setPressureDiastolicMax(pressureDiastolicMax.value());
                    value.setPressureMax(pressureSystolicMax.value()+"/"+pressure-
DiastolicMax.value());
                    }
                    if (pressureSystolicMin.value() !=null) {
                        value.setPressureSystolicMin(pressureSystolicMin.value());
                        value.setPressureMinTime(pressureMinTime.value());
                        value.setPressureDiastolicMin(pressureDiastolicMin.value());
                        value.setPressureMin(pressureSystolicMin.value()+"/"+pressure-
DiastolicMin.value());
                    }
                    if (pressureSystolicAvg.get() !=null) {
                        value.setPressureSystolicAvg(pressureSystolicAvg.get());
                    }
```

```
                    }

                ctx.output(outputTagBarecelet, value);
                out.collect(value);
            } else {
                if (heartRate.value() !=null) {
                    value.setHeartRate(heartRate.value());
                }
                if (pressureSystolic.value() !=null) {
                    value.setSystolicPressure(pressureSystolic.value());
                    value.setDiastolicPressure(pressureDiastolic.value());
                }

                if (heartRateMax.value() !=null) {
                    value.setHeartRateMax(heartRateMax.value());
                    value.setHeartRateMaxTime(heartRateMaxTime.value());
                }
                if (heartRateMin.value() !=null) {
                    value.setHeartRateMin(heartRateMin.value());
                    value.setHeartRateMinTime(heartRateMinTime.value());
                }
                if (heartRateAvg.get() !=null) {
                    value.setHeartRateAvg(heartRateAvg.get());
                }

                if (pressureSystolicMan.value() !=null) {
                    value.setPressureSystolicMan(pressureSystolicMan.value());
                    value.setPressureMaxTime(pressureMaxTime.value());
                    value.setPressureDiastolicMan(pressureDiastolicMan.value());
                    value.setPressureMax(pressureSystolicMax.value()+"/"+pres-
sureDiastolicMax.value());
                }
                if (pressureSystolicMin.value() !=null) {
                    value.setPressureSystolicMin(pressureSystolicMin.value());
                    value.setPressureMinTime(pressureMinTime.value());
                    value.setPressureDiastolicMin(pressureDiastolicMin.value());
                    value.setPressureMin(pressureSystolicMin.value()+"/"+pres-
sureDiastolicMin.value());
                }
                if (pressureSystolicAvg.get() !=null) {
                    value.setPressureSystolicAvg(pressureSystolicAvg.get());
                }
```

```java
                if (value.getV()>30.0) {
                    dictance.add(value.getV());
                } else {
                    value.setV(0.0);
                }
                if (dictance.get() !=null) {
                    value.setDistanceDay(dictance.get());
                }
                out.collect(value);
            }
        }

        long currentTime=System.currentTimeMillis();
        long endtime=UtilTools.getDailyEndTime(currentTime, "GMT+8");
        if (endTime.value()==null || endTime.value()<endtime) {
            endTime.update(endtime);
            ctx.timerService().registerProcessingTimeTimer(endtime);
            logger.info("定时开启"+endtime);
        }
    }

    @Override
    public void onTimer(long timestamp, OnTimerContext ctx, Collector<TbBracelet>
out) throws Exception {
        //super.onTimer(timestamp, ctx, out);

        // 清除状态前把数据存到 MySQL
        Totaldata totaldata=UtilTools.getTotalData(ctx.getCurrentKey(), heartRate-
Max.value(), heartRateMin.value(),
                heartRateAvg.get(), pressureSystolicMax.value(), pressureSystolic-
Min.value(),
                pressureSystolicAvg.get(), pressureDiastolicMax.value(), pressure-
DiastolicMin.value(),
                pressureDiastolicAvg.get(), tempMax.value(),
                tempMin.value(), tempAvg.get(), dictance.get());
        ctx.output(outputTagBraceletToMysql, totaldata);
        logger.info("清除状态前存储数据库"+totaldata.getId()+"===="+ctx.getCur-
rentKey());
    }

    @Override
    public void close() throws Exception {
        super.close();
    }
}
```

(5) 将数据输出到 RabbitMQ。

首先配置 RabbitMQ 连接代码如下。

```
// 连接 RabbitMQ 配置
final RMQConnectionConfig connectionConfig=new RMQConnectionConfig.Builder()
        .setHost( "rabbitMqHost")
        .setVirtualHost("/")
        .setPort("rabbitMqPort")
        .setUserName( ("rabbitMquserName")
        .setPassword("rabbitMqPassword")
        .build();
```

然后定义 Schema，序列化业务数据，代码如下。

```
public class SignPageDateSchema implements DeserializationSchema<TbBracelet>,
SerializationSchema<TbBracelet>{
    private static final Gson gson=new Gson();
    @ Override
    public TbBracelet deserialize(byte[] message) throws IOException {
        // JSON 数据转对象
        return gson.fromJson(new String(message), TbBracelet.class);
    }

    @ Override
    public boolean isEndOfStream(TbBracelet nextElement) {
        return false;
    }

    @ Override
    public byte[] serialize(TbBracelet element) {
        return gson.toJson(element).getBytes(Charset.forName("UTF-8"));
    }

    @ Override
    public TypeInformation<TbBracelet>getProducedType() {
        return TypeInformation.of(TbBracelet.class);
    }
}
```

再设置 RMQSinkPublishOptions，用于远程在 RabbitMQ 中创建 exchange 交换机，代码如下。

```
public class RabbitMqPublishOptions implements RMQSinkPublishOptions<TbBracelet> {

    @ Override
    public String computeRoutingKey(TbBracelet a) {
        return a.getObjNum();
    }
    @ Override
    public AMQP.BasicProperties computeProperties(TbBracelet a) {
```

```
        return null;
    }


    @Override
    public String computeExchange(TbBracelet a) {
        return "test-exchange";
    }

}
```

最后将数据输出到 RabbitMQ,代码如下。

```
 DStreamLabel.addSink(new SinkLabelToRabbitMq(connectionConfig, new SignPageDate-
Schema(), new RabbitMqPublishOptions())).name("DataToRabbitmq");
```

(6) 将数据输出到 Redis。缓存数据,以提高前端访问数据效率,代码如下。

```
// 获取侧流,将数据输出到 Redis
FlinkJedisPoolConfig config=new FlinkJedisPoolConfig.Builder()
        .setHost(parameterTool.get("redisHost"))
        .setPassword(parameterTool.get("redisPsw")).build();


// 手环数据
DStream< TbBracelet> redisBracelet=DStreamLabel.getSideOutput(outputTagBarecelet);
redisBracelet.addSink(new RedisSink<>(config, new SinkToRedisHeart())).name("
Heart");
```

其中 SinkToRedisHeart 类的代码如下。

```
public class SinkToRedisHeart implements RedisMapper<TbBracelet>{

    @Override
    public RedisCommandDescription getCommandDescription() {
        return new RedisCommandDescription(RedisCommand.RPUSH, null);
    }

    @Override
    public String getKeyFromData(TbBracelet tbBracelet) {
        try {
            return "h_"+tbBracelet.getObjNum()+"_"+UtilTools.getStrToDateYmd(new
Date());
        } catch (Exception e) {
            e.printStackTrace();
        }
        return "h_"+tbBracelet.getObjNum();
    }

    @Override
    public String getValueFromData(TbBracelet tbBracelet) {
        return String.valueOf(tbBracelet.getHeartRate());
    }
}
```

（7）将心率、血压告警数据推送到 RabbitMQ，并将心率、血压数据和先设置好的阈值进行对比，不在阈值范围内的数据就是异常数据，会产生告警消息。实现以上操作的代码如下。

```
/**
 * 30 s 一个窗口,计算出窗口中心率数据平均值
 */
SingleOutputStreamOperator<ItemCountAvg>countAvgInfo=rabbitMqStream
        .keyBy(new KeySelector<BraceletInfo, String>() {
            @Override
            public String getKey(BraceletInfo value) throws Exception {
                return value.getID();
            }
        })
        .timeWindow(org.apache.flink.streaming.api.windowing.time.Time.seconds(30))
        .aggregate(new AccumulatorFunction(), new WarnInfoWindowFunction())
        .uid("warn-aggregate");
/**
 * 对 30 s 窗口输出的平均值进行滑动计数开窗
 * 每隔一个数计算三个数,其中有两个异常就产生告警消息
 * 否则输出其中一个体征正常值于页面展示
 */
SingleOutputStreamOperator<List<ItemCountAvg>>aggregateInfo=countAvgInfo
        .keyBy(new KeySelector<ItemCountAvg, String>() {

            @Override
            public String getKey(ItemCountAvg value) throws Exception {
                return value.getbId();
            }
        })
        .countWindow(3, 1)
        .process(new WarnProcessWindowFunction())
        .uid("aggregate-process");

SingleOutputStreamOperator<HeartInfo>heartInfo=aggregateInfo
        .connect(broadcastStream_RuleRecord)
        .process(new WarnRuleBroadcastProcessFunction(rabbitMqXlOutput))
        .uid("heart-rule-info-connect");

// 心率告警
SingleOutputStreamOperator<WarnInfo>warnHeartInfo=heartInfo
        .connect(broadcastStream_UserRecord)
        .process(new WarnHeartBroadcastProcessFunction())
        .uid("heart-info-connect");

warnHeartInfo. addSink (new SinkWarnToRabbitMq (connectionConfig, new WarnInfoDate-
Schema(), new RabbitMqPublishOptions()));
```

其中告警处理类 WarnRuleBroadcastProcessFunction 的详细代码如下。

```
/**
 *将每三个聚合出的心率数据和告警规则比对
 *是否告警
 */
public class WarnRuleBroadcastProcessFunction extends BroadcastProcessFunction<List
<ItemCountAvg>, Map<String, Map<String, RuleInfo>>, HeartInfo>{
    private static final Logger logger=
LoggerFactory.getLogger(WarnRuleBroadcastProcessFunction.class);
    Map<String, Map<String, RuleInfo>>map;
    private OutputTag outputTag;
    public WarnRuleBroadcastProcessFunction(OutputTag outputTag) {
        this.outputTag=outputTag;
    }

    @Override
    public void open(Configuration parameters) throws Exception {
        super.open(parameters);
        map=new HashMap<>();
    }

    @Override
    public void processElement(List<ItemCountAvg>value, ReadOnlyContext ctx,
Collector<HeartInfo>out) throws Exception {
        if (value !=null && value.size()>0 && map.size()>0) {
            // 默认值
            Map<String, RuleInfo>ruleInfoDefault=map.get("default");
            // 自定义设置值
            Map<String, RuleInfo>ruleInfoSelf=map.get("self");
            String bNum=value.get(0).getbId();
            String keyGxl="GXL"+bNum;
            String keyDxl="DXL"+bNum;
            RuleInfo gxl=null;
            RuleInfo dxl=null;
            if (ruleInfoSelf.containsKey(keyGxl)) {
                gxl=ruleInfoSelf.get(keyGxl);
            } else {
                gxl=ruleInfoDefault.get("GXL");
            }
            if (ruleInfoSelf.containsKey(keyDxl)) {
                dxl=ruleInfoSelf.get(keyDxl);
            } else {
                dxl=ruleInfoDefault.get("DXL");
```

```
        }
        int countGxl=0;
        int countDxl=0;
        // 正常心率
        List<Integer> listCommonHeart=new ArrayList<>();
        int maxHeart=value.get(0).getCountAvg();
        int minHeart=value.get(0).getCountAvg();
        String bId=value.get(0).getbId();
        for (ItemCountAvg itemCountAvg : value) {
            //System.out.println("计数窗口平均数"+itemCountAvg.getCountAvg());
            if (itemCountAvg.getCountAvg() >=gxl.getMinValue()) {
                countGxl+=1;
            } else if (itemCountAvg.getCountAvg()<=dxl.getMaxValue()) {
                countDxl+=1;
            } else {
                listCommonHeart.add(itemCountAvg.getCountAvg());
            }
            if (itemCountAvg.getCountAvg() >=maxHeart) {
                maxHeart=itemCountAvg.getCountAvg();
            }
            if (itemCountAvg.getCountAvg()<=minHeart) {
                minHeart=itemCountAvg.getCountAvg();
            }
        }
        if (countGxl >=2) {
            HeartInfo heartInfo=new HeartInfo();
            heartInfo.setBraceletId(bId);
            Date date=new Date();
            heartInfo.setCreateTime(date.getTime());
            heartInfo.setDateTime(UtilTools.getDateToStr(date));
            heartInfo.setDelayType(gxl.getType());
            heartInfo.setDelayRule(gxl.getTypeName());
            String warn="心率偏高,当前心率为:"+maxHeart;
            heartInfo.setWarn(warn);
            heartInfo.setWarnValue(String.valueOf(maxHeart));
            out.collect(heartInfo);

            RealTimeDataInfo realTimeHeartInfo=new RealTimeDataInfo();
            realTimeHeartInfo.setBraceletId(bId);
            realTimeHeartInfo.setHeartValue(maxHeart);
            realTimeHeartInfo.setType(UtilTools.BRACELET_XL);
            ctx.output(outputTag, realTimeHeartInfo);
```

```
            } else if (countDxl>=2) {
                HeartInfo heartInfo=new HeartInfo();
                heartInfo.setBraceletId(bId);
                Date date=new Date();
                heartInfo.setCreateTime(date.getTime());
                heartInfo.setDateTime(UtilTools.getDateToStr(date));
                heartInfo.setDelayType(dxl.getType());
                heartInfo.setDelayRule(dxl.getTypeName());
                String warn="心率偏低,当前心率为:"+minHeart;
                if (minHeart==0) {
                    warn="手环未戴好,当前心率为:"+minHeart;
                }
                heartInfo.setWarn(warn);
                heartInfo.setWarnValue(String.valueOf(minHeart));
                out.collect(heartInfo);

                RealTimeDataInfo realTimeHeartInfo=new RealTimeDataInfo();
                realTimeHeartInfo.setBraceletId(bId);
                realTimeHeartInfo.setHeartValue(minHeart);
                realTimeHeartInfo.setType(UtilTools.BRACELET_XL);
                ctx.output(outputTag, realTimeHeartInfo);
            } else {
                if (listCommonHeart !=null && listCommonHeart.size()>0) {
                    int commonHeart=listCommonHeart.get(0);
                    for (Integer integer : listCommonHeart) {
                        if (integer>commonHeart) {
                            commonHeart=integer;
                        }
                    }
                    RealTimeDataInfo realTimeHeartInfo=new RealTimeDataInfo();
                    realTimeHeartInfo.setBraceletId(bId);
                    realTimeHeartInfo.setHeartValue(commonHeart);
                    realTimeHeartInfo.setType(UtilTools.BRACELET_XL);
                    ctx.output(outputTag, realTimeHeartInfo);
                }
            }
        }
    }


    @Override
    public void processBroadcastElement(Map< String, Map< String, RuleInfo>>mapMap,
Context ctx, Collector<HeartInfo>out) throws Exception {
        map=mapMap;
    }
}
```

本 章 小 结

　　随着大数据和人工智能技术的发展,大数据流式处理技术变得越来越重要。基于大数据的流式分析、数据挖掘和预测已经广泛应用于各行各业,并产生着越来越大的价值。

　　本章首先介绍了流式处理的概念,具体包括流式处理的时间概念、拓展性与容错性,以及流式处理的两种架构、流式处理模型和相关基础知识。其次介绍了基于 Apache Spark 的流式处理引擎 Spark Streaming,包括 Spark Streaming 的运行流程、缓存和持久化存储及检查点相关内容。再次介绍了新一代流式处理引擎 Apache Flink,重点介绍了 DStream API、Table API & SQL、状态与容错、性能调优等内容。最后提供了基于 Flink 的人体生命体征数据分析与告警实例,通过该实例的学习,可对大数据的流式处理技术有进一步的了解与认识。

习　　题

　　1. 简述流式处理的时间语义和水位线。

　　2. 简述 Lambda 架构与 Kappa 架构的区别。

　　3. 简述 Flink 的并行度设置。

　　4. 如何自定义周期性 Wartermark 生成器? 利用程序举例说明。

　　5. Flink 引擎中哪些方法可以将数据发送到旁路输出? 怎样定义旁路输出标识?

　　6. Flink 中的转换算子有哪些?

　　7. 简述 Spark RDD 设计原理。Spark 有哪些核心组件?

　　8. 简述 Spark Streaming 的编程模型。怎样初始化 Streaming Context?

　　9. Spark Streaming 的 DStream 的原理是什么?

　　10. 请阐述 Spark Streaming 的 checkpointing 和 Flink 的 checkpointing 操作实现机制及区别。

第 7 章　基于大数据的深度学习技术与应用

7.1　深度学习基本原理

深度学习又称深度机器学习、深度结构学习、分层学习,是一类有效训练深度神经网络(deep neural network,DNN)的机器学习算法,可以对数据进行高层次抽象建模。从广义上来说,深度神经网络是一种具有多个处理层的复杂结构,其中包括多重非线性变换。如果深度足够,那么多层感知机是深度神经网络,前馈神经网络也是深度神经网络。基本的深层网络模型可以分为两大类:生成模型和判别模型。生成是指从隐含层到输入数据的重构过程,而判别是指从数据到隐含层的归约过程。生成模型主要包括受限玻耳兹曼机、自编码器、深层信念网络、深层玻耳兹曼机以及和积网络。判别模型主要包括深层感知器、深层前馈网络、卷积神经网络、深层堆积网络、循环神经网络和长短时记忆网络。

典型的神经网络具有从几十个到数百个、数千个甚至数百万个被称为单元的人造神经元,其排列成一系列层,每一层连接到任一侧的层。其中一些被称为输入单元,用于接收来自外部世界的各种形式的信息,网络将尝试学习、识别或以其他方式处理这些信息。其他单元位于网络的另一侧,表示所学到的信息,称为输出单位。在输入单元和输出单元之间是一层或多层隐藏单元,它们一起构成人造大脑的大部分。大多数神经网络都是完全连接的,这意味着每个隐藏单元和每个输出单元连接到任一侧的层中的每个单元。一个单元与另一个单元之间的连接由称为权重(weight)的数字表示,该数字可以是正数(一个单位激励另一个单位时),也可以是负数(一个单位抑制另一个单位时)。权重越大,一个单元对另一个单元的影响越大。

神经网络中每一层对输入数据所做的具体操作保存在该层的权重中,其本质是一串数字。用术语来说,每一层实现的变换由其权重来参数化(parameterize),如图 7-1 所示。权重有时也被称为该层的参数。在这种语境下,学习是指为神经网络的所有层找到一组权重值,使得该网络能够将每个示例输入与其目标正确地一一对应。但重点是,一个深度神经网络可能包含数千万个参数。找到所有参数的正确取值可能是一项非常艰巨的任务,特别是考虑到修改某个参数值将会影响其他所有参数的行为。

要控制神经网络的输出,就需要能够衡量该输出与预期值之间的距离。这是神经网络

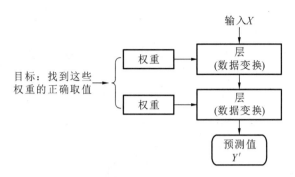

图 7-1　神经网络由其权重来参数化

损失函数(loss function)的任务,该函数称为目标函数(objective function)。损失函数的输入是网络预测值与真实目标值(即希望网络输出的结果),然后计算一个距离值,衡量该网络在这个示例上的效果好坏(见图 7-2)。

　　深度学习的基本技巧是利用这个距离值作为反馈信号来对权重值进行微调,以降低当前示例对应的损失值(见图 7-3)。这种调节由优化器(optimizer)来完成,它实现了所谓的反向传播(backpropagation)算法,这是深度学习的核心算法。

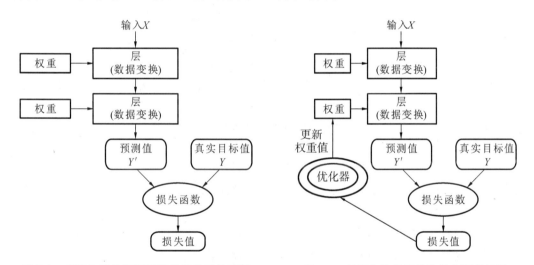

图 7-2　用损失函数衡量网络输出结果的质量　　　　**图 7-3　以损失值为反馈信号来调节权重**

　　图 7-4 所示为单隐层前馈神经网络的一般结构。

　　图 7-4 中 $x_m^{(n)}$ 表示第 m 个样本的第 n 个特征,可以看到输入层神经元个数应该和一个样本的特征数一样,而 $y_m^{(k)}$ 表示第 m 个样本的第 k 个输出。通常情况下,如果这是一个分类问题,则 $k \geqslant 1$,如果是回归问题,则 $k=1$。

　　图 7-5 所示为多层神经网络体系结构。

　　输入层:输入层有三个节点。偏置节点的值为 1,另外两个节点将 x_1 和 x_2 作为外部输入(这些数值取决于输入数据集)。如上所述,在输入层中不执行任何计算,因此来自输入层的节点的输出分别是 1、x_1 和 x_2,其被馈送到隐藏层。

　　隐藏层:隐藏层也有三个节点。偏置节点的输出为 1,其他两个节点的输出取决于输入

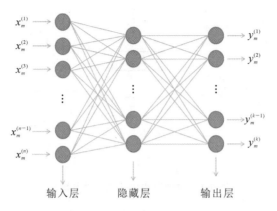

图 7-4　单隐层前馈神经网络

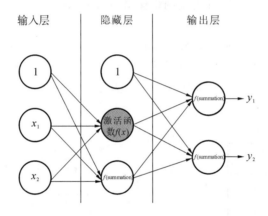

图 7-5　多层神经网络体系结构图

层$(1,x_1,x_2)$的输出以及与连接(边缘)相关的权重。图 7 5 显示了其中一个隐藏节点的输出计算(加灰底部分)。类似地,可以计算来自其他隐藏节点的输出(注意,f 指的是激活功能),然后将这些输出馈送到输出层中的节点。

输出层:输出层有两个节点,它们从隐藏层获取输入,并执行与突出显示的隐藏节点相似的计算。这些计算的结果(y_1 和 y_2)为多层感知器的输出。

7.2　深度学习典型应用

7.2.1　计算机视觉

一直以来,计算机视觉就是深度学习应用中几个最活跃的研究领域之一。因为视觉实现是一个对人类以及许多动物而言很容易,但对于计算机却充满挑战的任务。深度学习中的标准基准任务一般包括对象识别和光学字符识别。计算机视觉技术是一个非常广阔的发展领域,包括多种多样的处理图片的方式以及应用方向。计算机视觉的应用广泛,从复现人类视觉能力(比如识别人脸)到创造全新的视觉能力都需应用计算机视觉技术。近期一个新的计算机视觉应用是由视频中可视物体的振动识别相应的声波。大多数计算机视觉领域的深度学习研究未曾关注过这样一个奇异的应用,它扩展了图像的范围,而不是仅仅关注人工智能中较小的核心目标——复制人类的能力。深度学习在计算机视觉中往往用于对象识别和目标检测,还有大量图像合成工作也使用了深度模型。尽管图像合成("无中生有")通常不包括在计算机视觉内,但是能够进行图像合成的模型通常用于图像恢复(即修复图像中的缺陷或从图像中移除对象)这样的计算机视觉任务。

随着神经网络的发展,计算机视觉技术也进入了飞速发展的阶段。卷积神经网络(CNN)的设计灵感来自于视觉系统的结构,尤其是视觉系统模型。Yann LeCun 和他的合作者设计了卷积神经网络,采用误差梯度很好地完成了各种模式识别任务。卷积神经网络包括三种主要的神经层,即卷积层、池化层、完全连接层。每一层都发挥着不同的作用。图7-6 显示了用于对象检测的卷积神经网络体系结构。卷积神经网络的输入数据经过每一层的转换,激活神经元,再经过池化层的降维,最后输入完全连接层,实现将输入数据映射到一维特征向量。卷积神经网络在计算机视觉方面的应用非常成功,可用于人脸识别、目标检测,并可用在增强视觉机器人和自动驾驶汽车中。

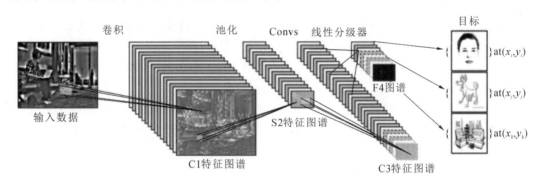

图 7-6　用于对象检测的卷积神经网络体系结构

下面对计算机视觉技术的主要应用进行介绍。

1) 目标检测

目标检测即找出图像中所有感兴趣的物体,包含物体定位和物体分类两个子任务,同时确定物体的类别和位置(见图 7-7)。目标检测是计算机视觉和数字图像处理技术发展的一个热门方向,广泛应用于机器人导航、智能视频监控、工业检测、航空航天等诸多领域,可利用计算机视觉来减少对人力资本的消耗,具有重要的现实意义。因此,目标检测也就成了近年来理论和应用的研究热点。它是图像处理和计算机视觉学科的重要分支,也是智能监控系统的核心部分。目标检测算法是泛身份识别领域的一个基础算法,对后续的人脸识别、人群计数、实例分割等任务起着至关重要的作用。由于深度学习技术的广泛运用,目标检测算法得到了较为快速的发展。

2) 人脸识别

人脸识别是基于人的脸部特征信息进行身份识别的一种生物识别技术,包括用摄像机或摄像头来集合有人脸的图像或视频流,并自动在图像中检测和跟踪人脸,进而对检测到的人脸进行识别的一系列相关技术,通常也称为人像识别、面部识别。搭建人脸识别系统的第

图 7-7　识别过程

一步是人脸检测,也就是在图片中找到人脸的位置。在这个过程中,系统的输入是一张可能含有人脸的图片,输出是人脸位置的矩形框。一般来说,人脸检测时应该正确检测出片中存在的所有人脸,不能有遗漏,也不能错检。获得包含人脸的矩形框后,第二步要做的是人脸对齐。原始图片中各人脸的姿态、位置可能有较大的区别,为了之后便于统一处理,要把人脸"摆正"。为此,需要检测人脸中关键点,如眼睛的位置、鼻子的位置、嘴巴的位置、脸的轮廓点等。根据这些关键点可以通过仿射变换将人脸统一校准,以尽量消除姿势不同带来的误差。

3) 缺陷检测

缺陷检测是基于目标物体的特征信息进行目标缺陷识别的技术,可识别印刷品、药品(见图 7-8)、电子元器件以及个性化产品的缺陷。首先对采集的目标物体图像数据进行预处理,弱化图像背景及其他干扰信号,突出目标细节特征信息;然后用深度学习算法模型对预处理后的图像进行目标表面特征提取,以此对目标物体是否有缺陷进行判断并定位物体缺陷和对物体进行分类。缺陷检测关键技术主要是图像采集系统设计、图像分割、特征提取、缺陷检测方法。图像采集系统一般由摄像机、镜头以及照明系统组成;图像分割方法主要有基于阈值、区域生长、聚类法、基于边缘及基于特定理论的方法等几种;特征提取根据特征范围可分为全局和局部特征提取,根据图像特征的几何形式可分为点、线、面三种特征提取;缺陷检测主要用于解决分类、定位、检测、分割问题。

  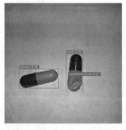 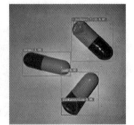

图 7-8　药品缺陷检测

4）行为和活动识别

行为和活动识别是一个受到广泛关注的研究课题。最近几年的文献提出了许多与基于深度学习的活动识别技术相关的研究。深度学习用于复杂事件检测和视频序列识别的步骤是：首先，利用显著性映射的智能算法和神经科学来检测和定位事件；然后，将深度学习应用于特征识别与相应的事件。

7.2.2　语音识别

语音识别任务的重点在于将一段包括自然语言发音的声学信号投影到对应说话人的词序列上。令 $X=[x^{(1)},x^{(2)},\cdots,x^{(T)}]$ 表示语音的输入向量（传统做法以 20 ms 为一帧分割信号）。许多语音识别系统通过特殊的手工设计方法预处理输入信号，从而提取特征，但某些深度学习系统是直接从原始输入中学习特征的。令 $y=[y_1,y_2,\cdots,y_N]$ 表示目标的输出序列（通常是一个词或者字符序列）。自动语音识别（automatic speech recognition，ASR）任务指的是构造一个函数 $f*\text{ASR}(x)$，使得它能够在给定声学序列 X 的条件下计算最有可能的语言序列 y：

$$f*\text{ASR}(x) = \arg\max\{y\,P*(y*\mid X=X)\} \tag{7-1}$$

式中：P 是给定输入 X 时对应目标 y 的真实条件分布。在 2012 年之前，最先进的语音识别系统是基于高斯混合模型（Gaussian mixture model，GMM）和隐马尔可夫模型（hidden Markov model，HMM）的结合——GMM-HMM 模型的系统。GMM 对声学特征和音素（phoneme）之间的关系建模，HMM 对音素序列建模。在 GMM-HMM 模型中，语音信号由如下过程生成：首先，一个 HMM 生成一个音素的序列以及离散的子音素状态（比如每一个音素的开始、中间、结尾）；然后，GMM 把每一个离散的状态转化为一个简短的声音信号。GMM-HMM 模型长期以来一直在自动语音识别中占据主导地位。

语音识别是神经网络应用成功的第一个领域。从 20 世纪 80 年代末期到 90 年代初期，大量语音识别系统使用了神经网络。当时，基于神经网络的自动语音识别系统的表现和 GMM-HMM 系统的表现差不多。1991 年，Robinson 和 Fallside 利用语音循环神经网络在 TIMIT 数据集（有 39 个区分的音素）上得到了 26% 的音素错误率，这个结果可以与基于 HMM 的结果相媲美。从那时起，TIMIT 就成为了音素识别的一个基准数据集，其在语音识别中的作用与有别于手写数字的数据集在对象识别中的作用差不多。然而，由于语音识别软件系统涉及复杂的工程因素，再加上 GMM-HMM 系统的成功应用，工业界并没有迫切转向神经网络的需求。直到 2009 年左右，学术界和工业界的研究者们才开始更多地用神经网络完善 GMM-HMM 系统。

7.2.3　自然语言处理

自然语言处理技术让计算机能够使用人类语言。为了让简单的程序能够高效明确地得到解析，计算机程序通常读取和发出特殊的语言。而自然语言通常是模糊的，并且可能不遵循某种描述形式。许多自然语言处理应用程序基于语言模型，语言模型定义了关于自然语言中的字、字符或字节序列的概率分布。与本章讨论的其他应用一样，通用的神经网络技术可以成功地应用于自然语言处理。然而，为了实现卓越的性能并扩展到大型应用程序，一些领域特定的策略也很重要。为了构建自然语言的有效模型，通常必须使用专门处理序列数据的技术。在很多情况下,我们将自然语言视为一系列词,而不是单个字符或字节序列。因为可能的词总数非常大,基于词的语言模型必须在极高维度和稀疏的离散空间上操作。为使这种空间上的模型在计算和统计意义上都高效,研究者已经开发了多种策略。

神经语言模型(neural language model,NLM)是一类用来克服维数灾难的语言模型,它使用词的分布式表示对自然语言序列建模。不同于基于 n-gram 的模型,神经语言模型能够识别两个相似的词,并且对每个词分别进行编码。神经语言模型共享一个词(及其上下文)和其他类似词的统计强度。模型为每个词学习分布式表示,允许模型采用具有类似共同特征的词来实现这种共享。例如,如果词"dog"和词"cat"映射到具有许多相似属性的表示,则包含词"cat"的句子可以对包含词"dog"的句子做出预测,反之亦然。因为这样的特征很多,所以存在许多泛化的方式,可以将信息从每个训练句传递到指数数量的语义相关语句。维数灾难需要模型泛化到指数多的句子。神经语言模型通过将每个训练句子与指数数量的类似句子相关联以克服这个问题。

基于神经网络的词的分布式表示称为词嵌入(word embedding)。词嵌入是将原始符号视为维度等于词表大小的空间中的点,将这些点嵌入维度较低的特征空间。在原始空间中,每个词由一个 one-hot 向量表示,因此每对词之间的欧氏距离都是 $\sqrt{2}$。在嵌入空间中,经常出现在类似上下文(或共享由模型学习的一些"特征"的任何词对)中的词彼此接近,这通常会使具有相似含义的词变得更接近。

图 7-9 是从神经机器翻译模型获得词嵌入的二维可视化效果图。此图将语义相关词的特定区域放大了,这些区域具有彼此接近的嵌入向量。注意,这些嵌入向量是为了可视化才以二维形式表示的。在实际应用中,嵌入向量通常具有更高的维度并且可以同时捕获词之间的多种相似性。

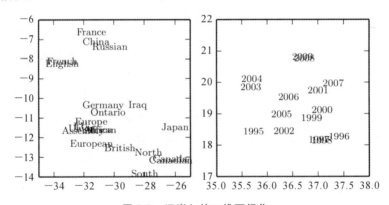

图 7-9　词嵌入的二维可视化

下面对自然语言处理的主要应用介绍如下。

1) 大数据推荐

大数据推荐是基于自然语言处理的文本数据推荐技术,它通过数据挖掘获取用户偏好信息关联关系,进而构建相应的推荐模型,这些推荐模型可以从文本数据集中提取丰富的信息,使文档特征更接近于文本所表达的含义,可以捕捉到各方面满意度的不同决定要素,进而促使开发者重新认知市场服务和产品开发的推荐策略,从而配置出能够更好地反映用户视角的有意义的竞争要素集。基于内容的推荐算法与协同过滤算法的混合推荐模型是大数据推荐技术中较为有效的模型。它首先基于内容的推荐方法,设计了预处理模块,描述了从获取数据到数据预处理,再到特征提取、项目相关推荐的过程;根据获取的日志反馈数据,构建基于用户属性的协调过滤算法,生成项目推荐列表,最后与基于内容的推荐列表加权混合生成推荐列表。

2) 情感分类

情感分类任务是自然语言处理领域里最活跃的技术应用之一,且随着深度学习的突破性发展已经取得了许多业内最佳结果。基于深度学习的情感分类本质上是构建含有多隐层的机器学习架构模型,通过大规模数据进行训练,得到大量更具代表性的特征信息,进而进行样本的分类和预测的过程。文本情感分类包括句子级的情感分类和文档级的情感分类,情感分类模型中的注意力机制可以实现对某些有用的输入信息的动态关注,快速提取稀疏文本的重要特征,从而提高模型的性能。在情感分析工作中,句中情感词对整体情感倾向的影响是不同的,能直接反映出文本的情感倾向,针对情感预测对每个输入词的隐藏单元进行一次权重分配,以根据其重要性对各词进行加权,从而获取文本的特征表示,进而送入情感分类器进行情感分类。

其他领域的神经网络也可以定义嵌入。例如,卷积网络的隐藏层可进行图像嵌入。因为最初自然语言是用符号表示的,而实值向量空间是 n 维行向量或列向量空间,所以自然语言处理研究人员通常对嵌入这个概念更感兴趣。

使用分布式表示来改进自然语言处理模型的基本思想不局限于神经网络,还可以用于图模型,其中分布式表示是以多个潜变量的形式实现的。

7.2.4　知识表示与推理

因为使用符号和词嵌入,深度学习方法在语言模型、机器翻译和自然语言处理方面的应用非常成功。这些嵌入表示关于单个词或概念的语义知识。在知识表示与推理研究领域,研究前沿是为短语或词和事实之间的关系开发嵌入。目前搜索引擎已经使用机器学习来实现这一目标,但是要改进这些更高级的表示方法还有许多工作要做。一个有趣的研究方向是确定训练分布式表示的方法,以捕获两个实体之间的关系。在数学中,二元关系是指一组有序的对象对之间的关系。集合中的对具有这种关系,而那些不在集合中的对则没有。例如,我们可以在实体集 {1,2,3} 上定义关系"小于"来定义有序对的集合 $S=\{(1,2),(1,3),(2,3)\}$。一旦这个关系被定义,就可以像使用动词一样使用它。因为 $(1,2) \in S$,可以说 1 小于 2。因为 $(2,1) \notin S$,我们不能说 2 小于 1。当然,彼此相关的实体不必是数字。我们可以定义关系 is_a_type_of 包含如(狗,哺乳动物)这样的元组。

在人工智能的背景下,我们将关系看作句法上简单且高度结构化的语言。关系起到动词的作用,而关系的两个参数发挥着主体和客体的作用。这些句子采用了三元组标记的形式,例如(subject, verb, object),其值是(subject, verb, object)、(entity$i$, relation$j$, entity$k$)。

我们还可以定义属性,这是一个类似于关系的概念,但它只需要一个参数,如:(entity$i$, attribute$j$)、(12.23)。例如,我们可以定义 has_fur 属性(具有皮毛),并将其应用于像狗这样的实体。

许多应用中都需要表示关系和推理,那么我们如何在神经网络中做到这一点?

机器学习模型当然需要训练数据。我们可以推断非结构化自然语言组成的训练数据集中实体之间的关系,也可以使用明确定义关系的结构化数据库。当数据库用于将生活常识或关于应用领域的专业知识传达给人工智能系统时,这种数据库称为知识库。知识库包括一般的知识库(如 Freebase、OpenCyc、WordNet、Wikibase 等)和专业知识库(如 GeneOntology)。可以将知识库中的每个三元组作为训练样本来学习实体和关系的表示,并且以最大限度地捕获它们的联合分布为训练目标。

除了训练数据,我们还需定义训练的模型族。一种常见的方法是将神经语言模型扩展到模型实体和关系。神经语言模型学习提供每个词的分布式表示向量,还通过学习这些向量的函数来学习词之间的相互关系,例如哪些词可能出现在词序列之后。神经语言模型可以学习每个关系的嵌入向量,将这种方法扩展到实体和关系上。事实上,建模语言和关系编码建模知识的联系非常紧密,研究人员可以同时使用知识库和自然语言句子的实体表示向量,或组合来自多个关系数据库的数据。可能与这种模型相关联的特定参数化方式有许多种。

在学习实体间关系的工作中,通常采用高度受限的参数形式(如线性关系嵌入)。由于实体和关系具有不同的特性,因此采用不同的表达方式进行建模。例如,Paccanaro 等用向量表示实体而用矩阵表示关系,其理由是关系在实体上相当于运算符。或者,关系可以被认为是任何其他实体,允许对关系做声明,但是更灵活的是将它们结合在一起并建立联合分布机制。

端到端联合模型的实际短期应用是链接预测(link prediction):预测知识图谱中缺失的弧。这是基于旧事实推广新事实的一种形式。目前存在的大多数知识库都是通过人力劳动构建的,这往往使知识库缺失许多甚至大多数真正的关系。

我们很难评估链接预测任务上模型的性能,因为我们的数据集只有正样本(已知为真的事实)。如果模型提出了不在数据集中的事实,我们不能确定模型是犯了错误还是发现了一个新的以前未知的事实。基于测试的模型评价是将已知为真的事实的测试集与不太可能为真的其他事实相比较,因此有些不精确。构造感兴趣的负样本(可能为假的事实)的常见方式是从真实事实开始,创建该事实的损坏版本,例如用随机选择的不同实体替换关系中的一个实体。

知识库和分布式表示的另一个应用是词义消歧(word-sense disambiguation),这个任务的目标是确定在某些语境中哪个词的意义是恰当的。

通过知识的关系,结合一个推理过程和对自然语言的理解,可以建立一个一般的问答系统。一般的问答系统必须能处理输入信息并记住重要的事实,并以之后能检索和推理的方式组织。这仍然是一个困难的开放性问题,只能在受限的虚拟环境下解决。目前,记住和检索特定声明性事实的最佳方法是使用显式记忆机制。记忆网络最开始被用来完成一个玩具问答任务。Kumar 等人提出了一种扩展方法,使用 GRU(门控循环单元)循环网络将输入数据读入存储器并且在给定存储器的内容后产生回答。

深度学习已经应用于许多领域,如目标识别、分类、图像分割、自然语言处理、生物信息、回归预测等领域,并且将会得到更广泛的应用。

7.3　Keras 基础入门

Keras 是一个用 Python 编写的高级神经网络 API,它能够以 TensorFlow、CNTK 或

Theano 作为后端运行。Keras 的开发重点是支持快速的实验。

如果我们需要快速简单地实现原型模型设计，模型需要同时支持卷积神经网络和循环神经网络及两者的组合，而且需要在 CPU 和图形处理器 GPU 上无缝运行，Keras 就是必备的深度学习库。

Keras 具有如下优点。

（1）对用户友好。Keras 是为人类而不是为机器设计的 API。它把用户体验放在首要和中心位置。Keras 遵循的设计原则是减少认知困难的实践，将常见用例所需的用户操作数量降至最低，并且在用户错误时能提供清晰和可操作的反馈。

（2）模块化。Keras 模型被理解为由独立的、完全可配置的模块构成的序列或图。这些模块可以以尽可能少的限制组装在一起。特别是神经网络层模块、损失函数模块、优化器模块、初始化方法模块、激活函数模块、正则化方法模块，它们都是可以结合起来构建新模型的模块。

（3）易扩展性。新的模块是很容易添加的（作为新的类和函数），现有的模块已经提供了充足的示例。由于能够轻松地创建可以提高表现力的新模块，Keras 更加适合高级研究。

（4）基于 Python 实现。Keras 没有特定格式的单独配置文件，模型定义在 Python 代码中，这些代码紧凑，易于调试，并且易于扩展。

7.3.1 安装指引

在安装 Keras 之前，需安装以下后端引擎之一：TensorFlow、Theano 和 CNTK。本书推荐安装 TensorFlow 后端。可以考虑安装以下可选软件。

（1）cuDNN（如果计划在 GPU 上运行 Keras，建议安装）。

（2）HDF5 和 h5py（如果需要将 Keras 模型保存到磁盘，则需要安装）。

（3）graphviz 和 pydot（适合用可视化工具绘制模型图的场合）。

然后就可以安装 Keras 了。安装 Keras 的方法有以下两种。

（1）使用 PyPI 安装 Keras（推荐），采用的代码如下：

```
sudo pip install keras
```

如果使用 virtualenv 虚拟环境，可以避免使用 sudo，而采用以下代码：

```
pip install keras
```

（2）使用 GitHub 源码安装 Keras，步骤如下。

首先，使用 git 命令来克隆 Keras，代码如下：

```
git clone https://github.com/keras-team/keras.git
```

然后，采用 cd 命令跳转到 Keras 目录并且运行安装命令：

```
cd keras
sudo python setup.py install
```

7.3.2 Keras 的使用

Keras 的核心数据结构是模型，模型是一种组织网络层的形式。最简单的模型是 Sequential 顺序模型，它由多个网络层线性堆叠而成。对于更复杂的结构，应该使用 Keras 函数式 API，它允许构建任意的神经网络图。

Sequential 模型如下:

```
from keras.models import Sequential
model=Sequential()
```

可以简单地使用 add()函数来堆叠模型:

```
fromkeras.layers import Dense
model.add(Dense(units=64,activation='relu',input_dim=100))
model.add(Dense(units=10,activation='softmax'))
```

在完成了模型的构建后,可以使用 compile()函数来配置学习过程:

```
model.compile(loss='categorical_crossentropy',
              optimizer='sgd',
              metrics=['accuracy'])
```

如果需要,还可以进一步配置优化器。Keras 的核心原则是使事情变得简单,同时又允许用户在需要的时候能够进行完全的控制。

现在,可以批量地在训练数据上进行迭代,代码如下:

```
model.compile(loss=keras.losses.categorical_crossentropy,
              optimizer=keras.optimizers.SGD(lr=0.01,momentum=0.9,nesterov=True))
```

使模型训练开始的代码如下:

```
model.fit(x_train,y_train,epochs=5,batch_size=32)        # x_train 和 y_train 是 Numpy
                                                           数组
```

也可以手动将批次数据提供给模型,代码如下:

```
model.train_on_batch(x_batch,y_batch)
```

只需一行代码就能评估模型性能:

```
loss_and_metrics= model.evaluate(x_test,y_test,batch_size= 128)
```

或者对新的数据生成预测,代码如下:

```
classes=model.predict(x_test,batch_size=128)
```

利用 Keras,可以很容易地构建问答系统及图像分类模型、神经图灵机等模型。

7.4　应 用 案 例

7.4.1　专利分类

世界知识产权组织(WIPO)制定的国际专利分类(IPC)表为专利分类及其应用的标准库。WIPO 统计数据显示,目前全球专利申请数量正在迅速增加。数以万计的专利申请提交到专利审查局,会大大增加专利审查员的工作量。因此,专利自动分类(PAC)问题引起了广泛关注,专家、学者围绕这个问题举办了许多国际会议和活动。PAC 系统主要将每个专利划分到相应的类别。当申请人将专利申请提交给专利审查局时,工作人员通过提交申请专利的分类标签检索相关专利,查看该领域之前的相关发明,然后根据检索结果决定是否授权。由于专利表达语言和分级分类方案异常复杂,即使是对于经验丰富的专利审查员,专利分类工作也仍然显得费时费力。

　　为了更方便查阅现有的专利技术,同时保证专利审查员能够有更多精力对专利创新内容进行审查,人们对 PAC 系统提出了更高的要求。先前许多研究已经对该问题的解决做出了重大贡献。研究人员从不同角度开展了大量研究工作,其中部分研究人员致力于专利文本表示方法的研究,部分研究人员专注于设计高效的分类算法。除此之外,还有一些研究人员进行专利文本中语义特征提取方向的研究,一些研究人员试图确定专利文献中的哪部分内容可以为专利分类任务提供最具代表性的分类信息。这些研究大多高度依赖于人工特征工程,因此研究人员必须设计复杂的特征提取器来提取专利文档中的特征信息,以保证PAC 系统能够具备良好的性能。

　　有关文献表明,利用分布式表示方法可以在不依赖任何外部领域知识的情况下从语义和句法两方面进行专利文本的表示。同时,卷积神经网络可以获取显著的局部词间级特征,而双向长短期记忆神经网络(BiLSTM)可以从专利文本中的更高层序列中学习长期依赖关系。

　　专利分类主要基于 IPC 分类法,它分为部、大类、小类、主组和子组五个层次,如图 7-10 所示。每个层次结构的子层次中类别数量通常要扩大约 10 倍,IPC 包含大约 72000 个类别。从专利审查员的视角来看,一个良好的 PAC 系统应能为每个申请专利分配最佳候选IPC 标签。但是,由于分类系统较复杂、专利文献文辞冗长以及法律术语晦涩难懂,开发高性能 PAC 系统成为一个巨大的挑战。

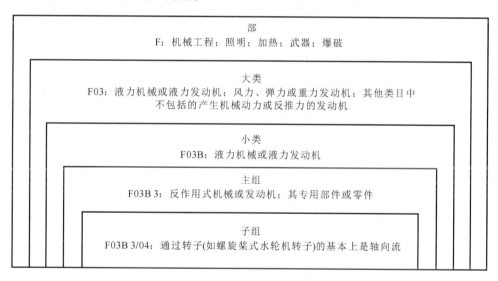

图 7-10　专利分类的层次

7.4.2　基于深度学习的专利分类分级特征提取模型

1. 基于卷积神经网络的 n-gram 特征提取

　　卷积神经网络最初应用于计算机视觉领域以提取局部特征。卷积神经网络在各种自然语言处理任务中初见成效,并且在很多研究中已被用于特征提取,这表明卷积神经网络具有独自提取特征的能力。由于专利语言和分层分类方案极其复杂,以前许多研究通过设计复杂的特征提取器来获取分类任务。因为专利文本冗长、复杂且含有专利技术和法律术语,所以对未涉及该领域的人来说,专利分类任务是一项艰巨、不易完成的工作。因此,我们采用基于卷积神经网络的模型(参见图 7-11)从专利文本中提取 n-gram 特征。

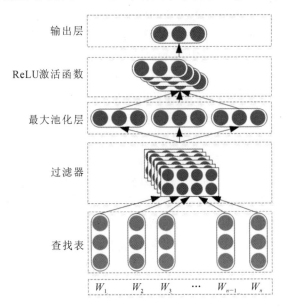

图 7-11 有多个卷积核的 n-gram 特征提取器

我们将每个输入文本转换为所有词向量的连接,每个词向量都是一个词的向量表示式,用于获取单词的句法及语义信息。这样,我们可以将输入文本表示为向量序列 $V = [v_1, v_2, \cdots, v_n]$。向量序列 V 可以转化为矩阵 $T \in \mathbf{R}^{s \times d}$,其中 d 是词向量的维数,s 是文本的长度。对输入文本进行编码之后,使用卷积层来提取局部特征,然后通过在邻域内取最大特征点将非线性层的所有局部特征合并为全局表示。

具体地说,卷积层通过用矩阵 T 的全行连续滑动窗形卷积核来提取局部特征。卷积核的宽度 l 与词向量的宽度 d 相同。过滤器的高度 h 是多个相邻的行。实验研究表明,一次滑动 $2 \sim 5$ 个字以上的卷积核可以获得良好的性能。卷积核滑过矩阵 A 并执行卷积运算。令 $T[i:j]$ 表示矩阵 T 从第 i 行到第 j 行的子矩阵;w_i 表示第 i 个卷积核。形式上,第 i 个卷积核的卷积层的输出计算如下:

$$o_i = T[i:i+h-1] \otimes w_i \qquad (7\text{-}2)$$

$$c_i = f(o_i + b) \qquad (7\text{-}3)$$

式中:o_i 为中间变量;$\otimes$ 表示单元乘法;c_i 是第 i 个卷积核学习到的特征;b 是偏差;f 是 sigmoid、tangent 等激活函数。在上述模型中,选择修正线性单元(ReLU)函数作为非线性激活函数。之后,通过最大池化函数将所有本地特征映射到 c_i。最大池化函数适用于每个特征映射 c_i 降维,并提取最具代表性的特征信息。对于 n 个过滤器,生成的 n 个特征映射可以被视为 BiLSTM 的输入,且输入为

$$W = \{c_1, c_2, \cdots, c_n\} \qquad (7\text{-}4)$$

式中:c_i 是使用第 i 个卷积核生成的特征图。

2. 基于 BiLSTM 的长属性特征提取

如同标准的循环神经网络(RNN),长短期记忆神经网络(LSTM)的每个步长中具有一

系列神经网络重复模块。每个步长中,单元状态为 c_t(前一时刻的隐藏状态为 $\boldsymbol{h}_{t-1}$,当前输入向量为 $\boldsymbol{x}_t$),由一组门控制,其中包括一个输入门 i_t、一个遗忘门 f_t 和一个输出门 o_t。这些门利用前一时刻的隐藏状态 $\boldsymbol{h}_{t-1}$ 和当前输入向量 $\boldsymbol{x}_t$ 共同决定如何更新当前单元 c_t 和当前隐藏状态 h_t。LSTM 转换函数定义如下。

输入门:

$$i_t = \sigma_g(\boldsymbol{W}_i \otimes [\boldsymbol{h}_{t-1}, \boldsymbol{x}_t] + b_i) \tag{7-5}$$

遗忘门:

$$f_t = \sigma_g(\boldsymbol{W}_f \otimes [\boldsymbol{h}_{t-1}, \boldsymbol{x}_t] + b_f) \tag{7-6}$$

输出门:

$$o_t = \sigma_c(\boldsymbol{W}_o \otimes [\boldsymbol{h}_{t-1}, \boldsymbol{x}_t] + b_o) \tag{7-7}$$

单元状态:

$$c_t = f_t \otimes c_{t-1} + i_t \otimes q_t \tag{7-8}$$

单元输出:

$$h_t = o_t \otimes \sigma_c(c_t) \tag{7-9}$$

以上各式中:$\boldsymbol{W}_i$ 为输入门的权重矩阵;$\boldsymbol{W}_f$ 为遗忘门的权重矩阵;$\boldsymbol{W}_o$ 为输出门的权重矩阵;σ_g 表示 sigmoid 函数,即 $f(x) = \dfrac{1}{1+e^{-x}}$,其输出为 $[0,1]$;σ_c 表示双曲正切函数。

LSTM 用于学习时间序列数据的长期依赖关系,在采用 BiLSTM 时更是如此,因为 BiLSTM 使我们能够按照序列中的每个元素进行分类,同时使用来自元素过去和未来的信息。图 7-12 显示了 BiLSTM 的架构。因此,我们使用 BiLSTM 堆叠卷积层,以便在高层次特征序列中学习这种依赖关系。

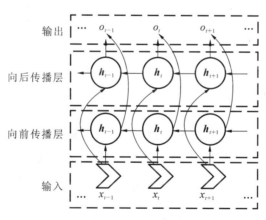

图 7-12　BiLSTM 的架构

3. 分层特征提取模型和算法的体系结构

基于以上分析,笔者提出了一种基于卷积和 LSTM 的混合神经网络模型。其中分层特征提取模型(HFEM)的体系结构如图 7-13 所示。算法可以详细描述如下。

输入:专利文献中的叙述文本。

输出:每个专利文件的 IPC 标签概率。

算法流程如下。

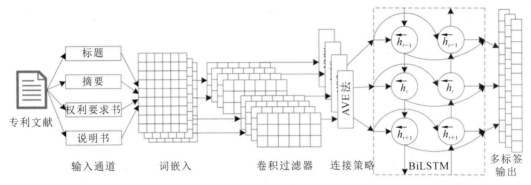

图 7-13　HFEM 的体系结构

（1）将文档分成四部分,保留每部分的前 150 个单词。

（2）通过查询词向量表来初始化具有相关词向量的文本,然后每个专利文档用 150×100 的四个矩阵表示。

（3）将这四个矩阵输入四个独立的卷积神经网络通道,每个通道运用 128 个卷积核,大小为 3×100。

（4）卷积运算将四个输入通道转换为大小为 148×128 的四个特征映射。采用串联法、最大值法、平均值法（AVE 法）、求和法四种方法来生成特征图。

（5）经过四次并串联操作后,得到四个大小分别为 592×128、148×128、148×128、148×128 的特征图。

（6）将这四个特征图输入具有 128 个前向和后向传播的 LSTM 神经元的四个 BiLSTM 网络。

（7）在 BiLSTM 网络之后,每个特征映射为 1×256 的矩阵。利用 sigmoid 函数计算每个标签的特征向量的概率。

每份专利文献主要由四部分描述文本组成,因此分类模型应充分考虑各个部分。首先,运用卷积神经网络从具有连续窗口卷积核的专利文档中提取 n-gram 特征。之后,结合从不同部分提取的所有本地 n-gram 特征映射,通过四种连接策略将局部特征连接成全局特征。要说明的是,由于最大池化操作将破坏所选特征的连续序列组织,因此我们没有将最大池化层应用于卷积神经网络。但是,BiLSTM 是专门为序列数据设计的。将 BiLSTM 堆叠在卷积神经网络之上,在卷积之后不进行池化操作。

在卷积神经网络层之后,四个通道输入已被转换为四个特征图。使用 $\boldsymbol{W}_{\text{title}}$、$\boldsymbol{W}_{\text{abstract}}$、$\boldsymbol{W}_{\text{claim}}$ 和 $\boldsymbol{W}_{\text{description}}$ 分别表示来自四个输入通道的特征图。然后采用级联、求最大值、求平均值和求和策略将特征连接成全局特征:

$$\boldsymbol{W}_{\text{CON}} = \boldsymbol{W}_{\text{title}} \oplus \boldsymbol{W}_{\text{abstract}} \oplus \boldsymbol{W}_{\text{claim}} \oplus \boldsymbol{W}_{\text{description}} \qquad (7\text{-}10)$$

式中:$\oplus$ 表示矩阵级联运算,$\boldsymbol{W}_{\text{CON}}$ 表示级联运算后的结果,所以 $\boldsymbol{W}_{\text{CON}}$ 矩阵的维度将是特征图的四倍。

$$\boldsymbol{W}_{\text{MAX}} = \text{MAX}(\boldsymbol{W}_{\text{title}}, \boldsymbol{W}_{\text{abstract}}, \boldsymbol{W}_{\text{claim}}, \boldsymbol{W}_{\text{description}}) \qquad (7\text{-}11)$$

式中:MAX( )表示从每个特征图中选择最大值;$\boldsymbol{W}_{\text{MAX}}$ 表示求得的最大值。

$$\boldsymbol{W}_{\text{AVE}} = \text{AVE}(\boldsymbol{W}_{\text{title}}, \boldsymbol{W}_{\text{abstract}}, \boldsymbol{W}_{\text{claims}}, \boldsymbol{W}_{\text{description}}) \qquad (7\text{-}12)$$

式中：AVE()表示先对专利文献每部分的特征进行求和操作，然后对该值取平均值；$\boldsymbol{W}_{\text{AVE}}$ 为求得的平均值。

每个特征图的总和为

$$\boldsymbol{W}_{\text{SUM}} = \boldsymbol{W}_{\text{title}} + \boldsymbol{W}_{\text{abstract}} + \boldsymbol{W}_{\text{claim}} + \boldsymbol{W}_{\text{description}} \tag{7-13}$$

式中：+表示求和操作。将 $\boldsymbol{W}_{\text{CON}}$、$\boldsymbol{W}_{\text{MAX}}$、$\boldsymbol{W}_{\text{AVE}}$ 和 $\boldsymbol{W}_{\text{SUM}}$ 通道特征共同输入 BiLSTM。不同于用多层神经网络分别训练卷积神经网络和 LSTM 模型的方法，我们将模型视为整个网络并同时训练卷积神经网络和 BiLSTM 图层。通过自适应矩估计（ADAM）来最小化目标函数以解决优化问题。对于训练过程，随机将训练集批量输入模型，直到结果收敛。

表 7-1 列出了层次特征抽取模型（HFEM）详细的参数配置。HFEM 的每种改进版本都有四个输入通道，每个通道采用 150 个词向量连接成 150×100 的文本矩阵。将 128 个大小为 3×100 的卷积核应用在卷积层中，并采用 ReLU 函数作为非线性激活函数。然后采用连接策略提取特征图，再将特征图输入由 128 个前向和后向传播的 LSTM 神经元组成的 BiLSTM。最后，运用带 sigmoid 激活函数的完全连接层来计算 96 个 IPC 标签概率。

表 7-1　HFEM 的参数

通道名称	标题	摘要	权利要求部分	说明书部分
训练代数	40		40	
输入大小	150 × 100	150 × 100	150 × 100	150 × 100
卷积核数量	128		128	
卷积核大小	3 × 100		3 × 100	
激活层	ReLU		ReLU	
连接策略	连接	最大值	平均值	求和
存储单元个数	128			
激活层	sigmoid			
目标类别数量	96			

表 7-2 中列出了三种基准线神经网络模型的超参数。对于每一个基准线神经网络模型，训练代数固定为 40，并且当从整个专利文本中取出一段文本时将输入的词向量个数设定为 150。当整个文本被模型使用时，词向量设定为 600。最后，我们采用以 sigmoid 函数为激活函数的全连接层来连接 IPC（进程间通信）标签矩阵和 96 个类别。

表 7-2　三种基准线神经网络模型的超参数

超参数	CNN	LSTM	BiLSTM
训练代数	40	40	40
输入矩阵维度	600 × 100	600 × 100	600 × 100
卷积核数量	128	—	—
记忆单元个数	—	128	128
最大池化规模	2	—	—
目标类别数量	96	96	96

4. 实验结果和讨论

我们使用 MCLEF 数据集的全部叙述文本对 HFEM 和基准线模型进行了一系列对比实验。实验结果如图 7-14 和表 7-3 所示。

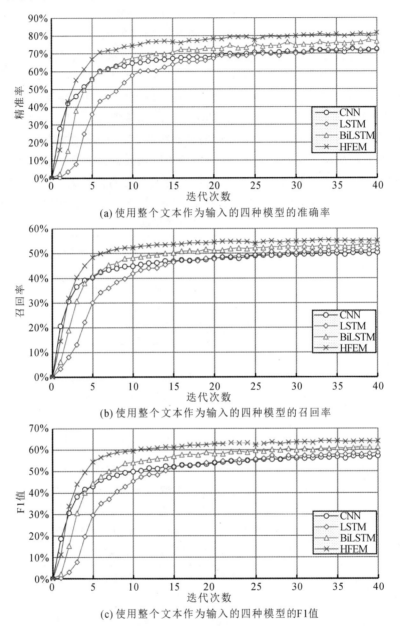

(a) 使用整个文本作为输入的四种模型的准确率

(b) 使用整个文本作为输入的四种模型的召回率

(c) 使用整个文本作为输入的四种模型的F1值

图 7-14　使用整个文本作为输入的四种模型的性能表现

根据图 7-14 可以看出,HFEM 获得的精准率为 81%、召回率为 55%、F1 值为 64%,而三种基准线神经网络模型的精准率、召回率和 F1 值最佳结果分别为 78%、52% 和 61%。这表明 HFEM 将三个评估标准的性能提高了约 3%。与三种基准线神经网络模型相比,HFEM 在精准率上表现出了绝对的优势,在召回率方面也表现出一定的优势。以 F1 值为评估指标时所得的性能曲线,与以精准率和召回率作为评估指标时所表现出的性能基本相似。此外,从图 7-14 中可以看出,HFEM 模型的收敛速度比三个基准线模型快。HFEM 的精准率、召回率和 F1 值在第 15 代之前趋于收敛,而其他模型至少在 20 代之后才趋于稳态。

表 7-3　用描述文本作为输入的各种模型的结果

算法	P@1%	P@5%	P@10%	R@1%	R@5%	R@10%	F1@1%	F1@5%	F1@10%
CNN	71.34	29.89	17.43	50.08	86.81	92.93	57.02	43.09	28.35
LSTM	74.44	30.53	18.44	51.96	86.14	92.96	59.26	43.72	29.73
BiLSTM	77.71	30.96	18.83	53.57	88.1	94.67	61.55	44.53	30.24
HFEM	80.54	31.69	19.04	54.99	90.28	95.59	63.97	46.55	30.8

注:P@1%、@5%、P@10%分别表示预测每个专利文件的 1 个、5 个、10 个标签时的精准率,R@1%、R@5%、R@10%分别表示预测每个专利文件的 1 个、5 个、10 个标签时的召回率;F1@1%、F1@5%、F1@10%分别表示预测每个专利文件的 1 个、5 个、10 个标签时的 F1 值。

表 7-3 中列举了这四种模型的 9 个评估指标的值。HFEM 在预测每个专利文件的 1 个、5 个和 10 个标签方面取得了最佳表现。实验结果验证了我们所采用的机械专利分类 HFEM 模型的可行性和有效性。

本 章 小 结

大数据时代改变了基于数理统计的传统数据科学,促进了数据分析方法的创新,从机器学习和多层神经网络演化而来的深度学习是当前大数据处理与分析的研究前沿。从机器学习到深度学习经过了几十年的发展。深度学习可以挖掘大数据的潜在价值。

深度学习技术面临多种挑战,现有的数据量虽然已经很大,但是还不够多。常见数据的冗杂程度、维度和多样化程度不够,不能涵盖真实世界可能出现的各种边界情况。现有的分布式系统的实现方法,因节点间需要传输大量数据和参数,通信代价太高,当节点数目超过一定数量时,不能获得持续的加速比。分布式系统如何设计这一问题,需要深度神经网络算法专家和系统专家共同解决。可能既要求修改算法使之与底层硬件架构匹配,又要求系统专家设计计算能力强大的单机器,同时要求设计高密度整合、高效通信的服务器。大数据深度神经网络的人工智能模型的数据量和计算量都非常大,经常需要几个星期甚至几个月的训练时间,势必要求并行训练以提高训练速度,但是在多个节点间训练不同数据时如何实现协调和同步,可能需要从算法角度重新设计。

习　　题

1. 以下和"AI 是新电力"类似的说法是(　　)。

A. AI 为我们的家庭和办公室的个人设备供电,类似于电力

B. 通过"智能电网",AI 可提供新的电能

C. AI 在计算机上运行,并由电力驱动,它正在让计算机完成某些以前不能做的事情变

为可能

D. 就像 100 年前产生电能一样,AI 正在改变很多的行业

2. 深度学习快速发展的原因是(　　)。(两个选项)

A. 现在我们有了更好更快的计算能力

B. 神经网络是一个全新的领域

C. 我们现在可以获得更多的数据

D. 深度学习已经取得了重大的进展,比如在在线广告、语音识别和图像识别方面有了很多的应用

3. 回想一下关于不同的机器学习思想的迭代图,下面关于机器学习的陈述正确的是(　　)。

A. 能够让深度学习工程师快速地实现自己的想法

B. 在更好更快的计算机上能够帮助一个团队减少迭代(训练)的时间

C. 在数据量很大的数据集上训练的速度要快于小数据集

D. 使用更新的深度学习算法可以使我们能够更快地训练好模型(即使更换 CPU / GPU 硬件)

4. 利用循环神经网络,可以应用机器翻译工具将英语翻译成法语,这是因为(　　)。

A. 循环神经网络可以被用于监督学习

B. 从严格意义上来说循环神经网络比卷积神经网络效果更好

C. 它比较适合用在输入、输出是一个序列的时候(如一个单词序列)

D. 循环神经网络代表递归过程:想法→编码→实验→想法→……

5. 什么是深度学习?

6. 大数据与深度学习之间有什么样的关系?

7. 深度学习模型主要有哪些?

8. 大数据处理方法有哪些?

第8章 大数据安全与隐私保护关键技术

8.1 大数据安全

大数据本身是一把双刃剑,我们在享受数据共享的便利的同时,个人敏感数据也存在泄露的风险。《中国网民权益保护调查报告(2015)》中提到:"近一年来,由于个人信息泄露及垃圾信息、诈骗信息等原因,网民总损失约为805亿元。"同时,该报告也指出,网民们最关心的个人信息依次为网络账号与密码(85.8%)、身份证号(79.0%)、银行卡号(70.8%)和手机号(61.6%),而对网购记录、通话记录、网站注册记录等痕迹类的记录信息关注度较低。大数据技术在挖掘用户信息的过程中正是利用了这些记录信息,而诈骗集团等也是利用这些信息对用户实施诈骗等活动的。

8.1.1 大数据时代的安全隐患

大数据时代下数据量的剧增,导致数据出现安全隐患,可总结为以下四个方面。

1. 数据安全机制不完善

广泛使用的关系型数据库,经过长期改进和完善,已经有一套严格的访问控制和隐私管理工具来保障数据的安全,而目前大数据使用的非关系型数据库缺乏完善的数据安全机制。大数据应用程序是基于分布式系统的计算和存储框架来提供海量的数据存储和计算服务的。由于数据分散,要想完善地保护这些机密数据很难。新技术、新体系结构带来了新的挑战,同时暴露了传统安全防护方法的严重不足。

2. 数据应用访问控制困难

数据应用类型包括报表、操作、数据访问等,各种类型的数据应用通常为不同身份和不同用途的用户提供服务,给身份认证和访问控制带来了巨大的挑战。由于信息数据量十分庞大,潜在的商用价值高,使得大数据管理平台很容易受到攻击。而且大数据管理平台处理环节很复杂,需要在数据的采集、传输、存储、处理、交换、销毁等各个阶段采取相应的安全技术保护机制。

3. 数据所有者权限模糊

大数据发展的关键是数据的共享,但大多数数据存在归属不明、数据权限混杂等情况。

4. 大数据安全法规和标准不够完善

大数据应用促进经济发展,实现了数据价值最大化。但要促进大数据的健康发展,还需要国家来加强政策保护、监管和法律的统筹协调,加快大数据安全的法律法规建设。

8.1.2　大数据时代的隐私安全挑战

大数据的使用带来的安全问题众多,具体可以分为数据存储的安全问题、数据传输的安全问题、数据处理的安全问题、人员管理的安全问题以及其他的安全问题。

1. 数据存储的安全问题

大量数据存储是大数据的特性,也是大数据技术必须合理解决的问题。准确地对数据进行读写是大数据存储的基本要求,同时,规定好每项数据、每个数据块,甚至不同机器的数据权限,防止非法读取是大数据存储的基本安全手段之一。而在大量的数据存储中,数据节点的计算力又都集中在数据处理上,数据处理与安全策略执行的平衡也是大数据存储亟待解决的重要安全问题之一。甚至,不法分子可以利用一些错误的小型数据故意使大数据处理系统陷入瘫痪,创建新型的针对大型数据系统的 DDoS(分布式拒绝服务)攻击,从而使用户无法访问自己存储在云端的数据。

2. 数据传输的安全问题

除了上述提到的大数据存储的隐私安全问题,在大数据的传输过程中还存在着诸多安全隐患。数据泄露和篡改是大数据传输过程中的主要问题,甚至一些攻击者可以通过多步修改绕过已有的流量检测方法,让多次传输的数据逐步失真,最终达到其发送恶意命令的目的。同时大数据系统中各个节点的关系复杂,若进行全面检测则会严重消耗资源。而攻击者可以在一些非核心节点寻找漏洞来攻破大数据系统,从中窃取隐私数据。大数据技术领域使用的设备由于过于昂贵和需要复杂的配置,部署好的设备一般很难短时间替换,当攻击者获取一批设备的漏洞后,可以进行长时间的信息窃取,直到设备或系统被更换。在用户层面,因用户在注册账号时必须输入相关个人信息,一些不法应用和网站就通过欺骗用户注册账号来获取其个人信息,也有不法分子通过劫持相关官方网站来窃取用户隐私信息。

3. 数据处理的安全问题

大数据技术的核心问题除了存储和传输方面的问题外,还有智能决策方面的问题。而智能决策要求大数据分析系统必须自动获取、处理与分析数据。在大数据分析系统执行的过程中,如果使用的本就是隐私数据,那么整个分析过程中的任意一个环节出现错误都可能导致数据泄露问题发生。因此,大数据技术要想保障隐私安全,就必须对待分析的隐私敏感数据进行处理,这种处理方法既要保证之后分析过程的有效性,又要确保隐私敏感数据本身不能出现在分析过程中。例如,我们在开车中使用了电子地图提供的实时路况信息,可以知道某条路是否堵车,但是不能知道堵车路线上的车牌号是多少,这就是通过数据处理保障司机的隐私信息安全的实例。

4. 人员管理的安全问题

大数据系统是一个庞大的计算机系统,要求管理大数据系统的人员的量也很大。安全问题中威胁最大、最难控制的便是人员安全问题。人员管理上的安全问题分为两类:一部分是外部人员引起的安全问题,如黑客攻击、非工作人员的误操作造成数据泄露等都属于此类安全问题。另一部分是内部人员引起的安全问题,如在人员招聘时混入了不法分子或间谍,内部人员被其他组织或个人收买,出于极大的利益诱惑而违法等导致巨量信息泄露。

5. 其他的安全问题

除了上述四种常见的安全问题,还有由这四种安全问题协同作用产生的混合型隐私安全问题,以及由天气灾害等导致的不可挽回的信息丢失问题等。高级可持续威胁(advanced persistent threat,APT)攻击就是一种混合型隐私安全问题。APT 攻击是指某组织对特定对象展开的持续有效的攻击活动。这种攻击具有极强的隐蔽性和针对性,通常会对受感染的多种设备、供应链等以多种手段实施先进的、持久的且有效的威胁和攻击。2010 年被发现的 Google 极光攻击是一个著名的 APT 攻击案例,攻击者通过攻击 Google 特定工作人员,进而获取 Google 邮件服务器中的特定 Gmail 账户内容,完成隐私敏感数据窃取。而天气灾害等导致的信息丢失问题一般造成的危害不大,因为信息一般在大数据设备所在处有备份,并且该备份是异地的备份,这样虽然当前的设备损坏了,但是数据被保留下来了。

8.2　大数据隐私保护

8.2.1　大数据隐私保护的研究现状

如今大量的大数据安全相关工作者对大数据的发布、存储、挖掘和使用等多个阶段进行了深入的研究,并提出了一些方法用以解决大数据隐私安全问题。如今大数据安全保护研究发展迅速,一般可以分为三大类:基于数据匿名的隐私保护方法、基于数据加密的隐私保护方法、基于数据失真的隐私保护方法。

1. 基于数据匿名的隐私保护方法

基于数据匿名的隐私保护方法是一种通过数据匿名化而实现的隐私保护方法,在权衡数据有效性和隐私泄露风险的基础上,对敏感信息和可能泄露的其他信息进行有选择的发布,从而达到降低隐私泄露风险的目的。基于数据匿名的隐私保护方法中的有代表性的方法有以下几种:k-匿名算法、l-多样化(l-diverstiy)匿名方法、t-相近(t-closeness)匿名方法。其中,k-匿名算法由于具有高效性和分布特性,备受研究人员关注。

k-匿名算法通过修改准数据中标识符的值,使被保护的数据集中的任何独立数据与至少 $k-1$ 个其他个体无法区分。目前用于保证数据发布过程中的数据安全的 k-匿名算法包括:

(1) 基于非敏感信息分析的轨迹数据隐私保护发布算法(TP-NSA),用于实现轨迹数据集的 k-匿名;

(2) 基于属性分类加权的 k-匿名数据隐私保护算法(ACW);

(3) 采用(alpha,k)方法改进的基于有损分解的数据隐私保护算法 Alpha+;

(4) 根据敏感属性的等级对等价类中不同属性的敏感值实施的个性化(p,a,k)-匿名隐私保护算法;

(5) 基于 k-匿名扩展的、可抵御具有知识背景攻击的隐私保护模型的 X-Km 匿名算法;

(6) 基于距离聚类的(d,a)k-匿名算法,用于防止数据发布后因属性之间的依赖关系而泄露个体身份信息的情况;

(7) 采取自顶向下的局部重编码算法,防御相似性攻击并保护具有敏感属性值的数据发布的隐私保护算法——(A,B,k)-匿名算法等。

上述方法都可确保用户在发布数据时的数据可用性和隐私安全性,在避免数据泄露的同时保证数据的真实性、可用性与高效性。

2. 基于数据加密的隐私保护方法

基于数据加密的隐私保护方法是一种利用加密算法对数据进行隐私保护的方法。这种方法通过对原始数据和记录施以加密操作,来达到隐藏敏感数据的目的。该方法使用的加密方法通常可以分为对称加密方法和非对称加密方法。对称加密方法包括 DES(数据加密标准)、AES(高级加密标准)算法等,非对称加密方法包括 RSA 算法、椭圆曲线密码(ECC)算法等。典型加密方法为安全多方计算方法和同态加密方法。

基于数据加密的隐私保护方法有多种。

(1) 在存储方面,主要包括采用位拆分与位合并的高性能数据隐私保护方法 BSB-CI381、基于数据分割与分级加密的云存储数据隐私保护方法;

(2) 在数据计算方面,主要包括基于随机数的动态数据隐私保护方法、基于改进概率公钥加密的隐私保护方法;

(3) 在数据安全方面,主要包括无链接性的细粒度跨云访问控制(PCAC)方法、面向高级数据查询的可搜索加密(GPSE)方法、面向字符串模式匹配处理的安全外包计算(SOPM)方法等。

除上述保护方法以外,还有基于双重加密的区块链交易数据隐私保护方法、基于移动节点的数据隐私保护算法、基于同态加密的个性化推荐方法等,这些方法都可以在不暴露原始数据的条件下实现数据的存储、计算和传输。

3. 基于数据失真的隐私保护方法

基于数据失真的隐私保护方法是一种通过扰动数据来实现隐私保护的方法。这种方法通过改变原始的用户数据实现对隐私信息的保护,要求被扰动的数据同时满足以下两个条件:

① 获取被扰动的数据后,不能重构出部分或全部的真实原始用户数据;

② 被扰动后数据的某些性质与被扰动前的数据性质保持一致。

在多种基于数据失真的隐私保护方法中,差分隐私方法是应用最广泛的一种方法,得到了业界的重视。差分隐私方法是一种通过添加噪声使原始数据失真的隐私保护方法。在大量的原始数据集中增加或删除某些记录并不会严重影响对本数据集的整体查询处理效果,并且加入的噪声量与数据集的数据量无关,对于大型的数据集,仅需要添加相对少量的噪声即可达到很好的隐私保护效果。目前基于差分隐私的隐私保护方法主要包括:基于 MapReduce 模型的差分隐私保护的决策树生成算法 DP-MR;基于非交互的差分隐私保护模型的社交网络图扰动方法 dp-noisy;基于 Skyline 计算的个性化差分隐私保护算法;基于自适应 ω-事件差分隐私(Re-ADP)的实时流式数据隐私保护算法;面向查询的四叉树差分隐私混合分解算法;面向挖掘的差分隐私四叉树密度聚类算法;基于二分关联图的群组差分隐私保护方法;基于差分隐私的位置数据隐私保护 LQ-Trie-DPK 算法;联邦学习数据隐私保护方法;时空数据实时安全发布方法 E-RescueDP 等。这些方法在保证数据可用性的基础上实现了对数据隐私的保护。

8.2.2　大数据时代的隐私权

隐私通常是指敏感信息,如个人身份信息、财务信息等,而这些信息的拥有者不希望外界获得这些信息。从大数据的整体发展情况来看,数据的规模在不断变得庞大。只有实现多源数据的挖掘和分析,才能让数据发挥其真正价值。在这个过程中,阻碍大数据发展的瓶颈问题是如何定义大数据隐私权。

《信息安全技术个人信息安全规范》(GB/T 35273—2020)明确规定了"个人敏感信息"的定义:一旦泄露、非法提供或滥用可能危害人身和财产安全,极易导致个人名誉、身心健康受到损害或歧视性待遇的个人信息。该规范提出,个人敏感信息包括身份证件号码、银行账户、通信记录和内容、财产信息、行踪轨迹、住宿信息、健康生理信息、交易信息、14 岁以下(含)儿童的个人信息等。个人敏感信息不属于共享信息的范畴。个人数据与个人身份紧密相关,一旦隐私信息泄露,人们的日常生活就可能会受到影响。因此在享受大数据带来的便利之前,需要确保个人隐私信息在存储、挖掘、使用和分析过程中的安全性。

8.2.3　数据泄露的原因

对近年来数据泄露事件的分析表明,数据泄露的主要原因有三个:窃密、失密和泄密。

(1)窃密:窃密者主动攻击窃取隐私数据,即窃密者出于经济或政治的原因,使用各种技术手段窃取重要数据。

(2)失密:由于账户生命周期管理不善,权限划分失控,认证方式失控,导致人员对数据的保密访问权限不对等,高密度数据流向低权限账户,机密数据流向无权限账户。

(3)泄密:由于权限管理上的疏忽,人员在离职时有意或无意地带走了大量核心数据而造成数据泄露。又或是内部员工的安全意识薄弱,数据安全等级不明确,操作失误,以及一些秘密人员行为不慎而导致数据泄露。也有员工因情绪不满实施报复行为或因利益贩卖信息而主动泄露数据的情况。按照数据泄密的途径,数据泄露又可以分为数据被动泄露、数据主动泄露。数据被动泄露指用户无意间泄露部分信息。数据主动泄露一般是指用户自身在社交平台发布文字、图像等信息而造成数据泄露。

8.2.4　数据泄露的后果

隐私数据一旦泄露,将很有可能造成无法预料的伤害。由大量的数据可以分析出很多有用的信息。如有些隐私数据可以让商家有针对性地对客户实施精准投放的商业行为。这种情况危害相对较小。而在网络诈骗中,诈骗集团获取用户个人信息主要是为了针对用户实施精准诈骗,骗取用户的财产,危害重大。个人隐私信息泄露后还可能被冒用身份办理贷款、逃税等。而对于企业,数据泄露会导致企业丢失客户的数据,从而侵害用户个人的隐私权,企业也因此而遭受损失。

数据泄露现象已成为大数据时代的常态,若要改变现状,就需要个人、法律法规部门等协调配合。从个人角度,在使用互联网时,我们应该提高自我保护意识,从根本上重视数据传输安全,加强网络安全防护意识。从法律法规部门的角度,要加强对互联网用户个人信息保护的监管,保护健康的互联网环境。

8.3 大数据安全与隐私保护的关键技术

大数据安全与隐私保护的关键技术主要用于解决上述的安全问题。目前对大数据的传输、数据、处理方面的安全问题都有相应的技术来解决。

8.3.1 匿名化处理技术

在数据传输过程中，由于数据的来源会暴露用户的隐私，因此需要对数据进行匿名化处理，达到隐匿数据源的效果，从而保护用户隐私。目前匿名化处理技术主要分为静态匿名技术和动态匿名技术两类。

8.3.1.1 静态匿名技术

采用大数据静态匿名技术时，发布数据的机构需要对数据进行泛化处理，以使数据不具有独特的标识符。黑客在进行链接攻击时，对每一条记录的攻击都能同时关联到其他的记录，黑客无法确定哪条信息是与特定用户相关的记录，从而保护用户隐私。

传统的静态匿名技术主要包括：k-匿名技术、l-多样化匿名技术、t-相近匿名技术。

1. k-匿名技术

该技术由 Samarati 和 Sweeney 在 1998 年提出。k-匿名技术通过对数据进行抽象描述以及隐藏某些数据项的方式，使得发布的数据泛化，从而使攻击者无法分辨数据来源。k-匿名技术要求发布的数据表中，每条记录都与其他 $k-1$ 条数据和准标识符不可区分，从而减少由链接攻击导致的隐私泄露问题。

例如：表 8-1 中存储的是原始数据，表 8-2 中存储的是经匿名处理的数据，其中，准标识符 QI＝{就诊号，年龄}，疾病为敏感数据。k-匿名技术要求同一个准标识符至少对应 k 条记录，使得观察者无法通过准标识符连接记录。

表 8-1 原始数据表

序号	就诊号	年龄	疾病
1	20101	54	糖尿病
2	20199	53	糖尿病
3	20157	59	糖尿病
4	20453	37	心脏病
5	20458	48	癌症
6	20455	67	糖尿病
7	21482	21	气胸
8	23547	27	肺结核
9	22584	26	糖尿病

表 8-2 经匿名处理的数据

序号	就诊号	年龄	疾病
1	201＊＊	5＊	糖尿病
2	201＊＊	5＊	糖尿病
3	201＊＊	5＊	糖尿病
4	2045＊	≥30	心脏病
5	2045＊	≥30	癌症
6	2045＊	≥30	糖尿病
7	2＊＊＊＊	2＊	气胸
8	2＊＊＊＊	2＊	肺结核
9	2＊＊＊＊	2＊	糖尿病

在 k-匿名技术中，把拥有相同准标识符的所有记录称为一个等价类（equivalence class）。把等价类的大小组成的集合称为频率集（frequency set）。

2. l-多样化匿名技术

如果一个等价类里的敏感属性至少有 l 个具有"良表示"(well-represented)的取值,则称该等价类具有 l-多样性。如果一个数据表里的所有等价类都具有 l-多样性,则称该表具有 l-多样性。

良表示有三种形式。

1) 可区分良表示

最简单的 l-多样性要求同一等价类中的敏感属性至少有 l 个可区分的取值。但是,当某一取值的频率明显高于其他取值时,观察者会认为这一等价类中的敏感属性都等于该取值。

2) 熵良表示

设 S 为敏感属值集合,$p(E,s)$ 为等价类 E 中敏感值 S 的取值概率,熵 l-多样性满足:

$$\text{Entropy}(E) = -\sum_{s \in S} p(E,s) \log_2 p(E,s) \geqslant \log_2 l$$

若每一等价类都满足熵表示,则整张数据表的 $\text{Entropy}(E) \geqslant \log_2 l$。但该要求不符合实际需求,比如敏感属性的取值集合中某些取值的频率较高,将导致整张表的熵偏低。

3) 递归良表示

设等价类 E 中有 m 个敏感值,记 r_i 为出现次数第 i 多的敏感值频次,如果 E 满足:

$$r_1 < c(r_1 + r_{1+1} + \cdots + r_m)$$

则称等价类 E 具有递归(c, l)-多样性。如果数据表中所有等价类都具有递归(c, l)-多样性,则称该数据表具有递归(c, l)-多样性。

3. t-相近匿名技术

如果每个 k-匿名组中敏感属性的统计分布与该属性在整个数据表中的总体分布之间的距离不超过阈值 t,则称该等价类具有 t-相近性。如果所有等价类都具有 t-相近性,则称该表具有 t-相近性。设一个去除标识符的数据表中敏感属性的分布为 Q,根据该表识别特定个体记录所在的等价类中敏感属性的分布为 P,要求 P 和 Q 接近也会限制释放的有用信息的数量,因为这一要求限制了准标识符属性和敏感属性之间相关性的信息。然而,这正是人们需要的。如果观察者对这种相关性的描述过于清晰,就会使属性信息泄露。t 参数使人们能够在效用和隐私之间进行权衡。

两个概率分布之间的距离可以用多种方法来定义。

给定两个分布 $P=(p_1, p_2, \cdots, p_m)$,$Q=(q_1, q_2, \cdots, q_m)$,则有:

变分距离(variational distance)为

$$D[P,Q] = \sum_{i=1}^{m} \frac{1}{2} |p_i - q_i|$$

Kullback-Leibler(KL)距离为

$$D[P,Q] = \sum_{i=1}^{m} p_i \log_2 \frac{p_i}{q_i} = H(P) - H(P,Q)$$

式中:$H(P) = \sum_{i=1}^{m} p_i \log_2 p_i$ 表示 P 的熵;$H(P,Q) = \sum_{i=1}^{m} p_i \log_2 p_i$ 表示 P 和 Q 的交叉熵。

8.3.1.2 动态匿名技术

针对大数据的不稳定性,有学者提出了基于动态数据集的匿名策略。这些匿名策略可以保证不同时期发布的数据能够满足不同的匿名标准,同时攻击者无法结合历史数据进行分析预测。目前动态匿名技术主要有:数据重发布匿名技术、m-不变性(m-invariance)匿名技术等。

1. 数据重发布匿名技术

采用该技术时,发布的公开数据应能满足 l-多样性准则,不会因为新增数据而造成影响,从而保护用户的隐私。但是,数据发布者需要集中管理不同发布版本中的等价类,若新增的数据集与先前版本的等价类无交集并能满足 l-多样性准则,则可以作为新版本发布数据中的新等价类出现,否则需要等待。若一个等价类过大,则要进行等价类划分。

2. m-不变性匿名技术

设存在一个广义表 $T^*(j)(1<n<j)$ 具有 m-独特性(m-unique),如果 $T^*(j)$ 中的每一个组 QI(准标识符)至少有 m 个元组,且每个元组的敏感值不同,则存在一个关系序列 $T^*(1),T^*(2),\cdots,T^*(n)(n\geq 1)$ 具有 m-不变性,如果满足如下条件:

(1) 对于所有的 $j\in[1,n]$ 而言,$T^*(j)$ 具有 m-独特性;

(2) 对于所有元组 $t\in U(n)$ 的生命周期 $[x,y]$,$t.\,\mathrm{QI}^*(x),t.\,\mathrm{QI}^*(x+1),\cdots,t.\,\mathrm{QI}^*(y)$ 有相同的签名,其中 $t.\,\mathrm{QI}^*(j)$ 是 t 在时间 $j\in[x,y]$ 内生产的托管组(hosting group)。

m-独特性要求每个 QI 组中至少有 m 条记录,且每条记录的敏感值都不相同。m-不变性的基本原理是,如果一个元组 t(来自微数据)被多次发布,则所有的托管组都必须包含相同的敏感值。

8.3.2　加密存储技术

在数据存储阶段,通过加密算法将明文转变为密文可以实现信息隐藏,从而起到保护数据安全的作用。目前的加密存储技术主要分为对称加密和非对称加密两类。

8.3.2.1　对称加密

对称加密一般指加密和解密使用相同的密钥,也称为单密钥加密。目前常用的对称加密算法主要有数据加密标准(data encryption standard,DES)算法和先进加密标准(advanced encryption standard,AES)算法。

1. DES 算法

该算法由美国 IBM 公司提出,在 1997 年被美国国家标准局确定为联邦信息处理标准(FIPS-46)并授权在非密级政府通信中使用。DES 的明文分组长度为 64 b,密钥长度为 56 b。该算法的流程主要分为三个阶段:

(1) 初始置换 IP。用于重新排列明文分组的 64 b 数据。

(2) 变换。该变换共 16 轮,每轮中有置换和代换运算,第 16 轮变换的输出分为左右两个部分,且顺序被交换。

(3) 逆初始置换 IP^{-1}。经过逆初始置换 IP^{-1} 产生 64 b 的密文。

注:除初始置换和逆初始置换外,DES 结构与 Feistel 结构完全相同。

2. AES 算法

该算法是在美国国家标准化协会(ANSI)发起的密码标准征集活动中产生的。该活动要求提交的 AES 候选方案必须满足如下标准:

（1）分组大小为 128 b；

（2）支持三种长度的标准密码：128 b、192 b、256 b。

（3）能在软件和硬件上高效实现。

经过三年多的讨论，Rijndael 加密法最终被确定为最新的 AES 算法。该算法主要包含四种操作：字节替代（SubBytes）、行移位（ShiftRows）、列混淆（MixColumns）以及轮密钥加（AddRoundKey）。

相对于非对称加密，对称加密在加解密速度上占有很大优势，但是密钥托管过程过于复杂，且由于加密密钥与解密密钥相同，因此需要定期更换密钥以保证安全，所以该方法不适用于有大量用户的大数据环境。

8.3.2.2　非对称加密

非对称加密也称为公开密钥加密。与对称加密不同，该技术需要两个密钥：公开密钥（public key，简称公钥）和私有密钥（private key，简称私钥）。在该技术中，如果使用公钥加密则只能用对应的私钥进行解密，如果使用私钥加密则只能用对应的公钥进行解密。非对称加密中，常用的算法有 RSA 算法、椭圆曲线加密（elliptic curve cryptography，ECC）算法等。

1. RSA 算法

该算法由 R. Rivest、A. Shamir 和 L. Adleman 于 1978 年提出，采用的是一种基于大整数分解困难性而构造的公钥密码机制。该算法的流程分为密钥生成、加密、解密三个部分。

1）密钥生成

（1）选择两个大素数 p、q 并保密。

（2）计算 $n=p\times q$，$\varphi(n)=(p-1)\times(q-1)$。其中，$\varphi(n)$ 为欧拉函数。

（3）随机选择整数 e，满足 $1<e<\varphi(n)$，$\gcd(\varphi(n),e)=1$。

（4）计算 d，d 满足 $d\cdot e\equiv 1 \bmod \varphi(n)$，其中，$d$ 为 e 在模下的乘法逆元。

（5）公开 $\{e, n\}$ 作为公钥，秘密保存 $\{d, n\}$ 作为私钥。

2）加密

加密时，需要将明文分为小于 $\log_2 n$ 的比特串组，然后对每个明文分组 m 进行加密运算：$c\equiv m^e \bmod n$。其中，c 为加密后的密文。

3）解密

RSA 算法的解密运算公式为：$m\equiv c^d \bmod n$。

2. ECC 算法

ECC 加密机制的曲线方程与椭圆周长方程类似，因此又称为椭圆曲线密码机制。与 RSA 算法相比，ECC 算法可以使用更短的密钥来实现更高的安全性。其方程一般形式如下：

$$y^2+axy+by=x^3+cx^2+dx+e$$

式中：a、b、c、d、e 为满足条件的简单实数。

ECC 的加解密过程如下：

（1）ECC 中私钥为 d，公钥为 Q，其中 $Q=dG$，G 为椭圆曲线的基点。

（2）加密。加密时，选择随机数 r，计算 $C=\{rG, M+rQ\}$。在 ECC 中，密文 C 是一个点对。

（3）解密。ECC 的解密运算公式为

$$M+rQ-d(rG)=M+r(dG)-d(rG)=M$$

8.3.3　数据处理阶段的隐私保护技术

在数据处理阶段,通过大数据关联分析、聚类、分类等数据挖掘处理后,窃密者可以从匿名化的数据中分析数据来源,从而获取用户隐私信息,因此,在数据挖掘阶段也需要采取相应的保护措施。目前主要的隐私保护技术有关联规则的隐私保护技术和分类结果的隐私保护技术。

8.3.3.1　关联规则的隐私保护技术

大数据关联规则的隐私保护技术是指从大量数据中发现隐藏的信息关联性,并通过分析该关联性帮助决策者制定正确的决策。关联规则的强度可用支持度和置信度来衡量。若有规则 $X{\rightarrow}Y$,则:支持度为事务 X 和 Y 在事务数据库中出现的频率,用于判断该规则是否有利用价值;置信度为事务 X 出现时事务 Y 出现的频率,用于判断该规则的正确度。

关联规则挖掘主要有以下两个步骤:

（1）从数据中找出支持度不小于最小支持度的规则,称之为频繁模式或频繁项集;

（2）从频繁项集中找出置信度不小于最小置信度阈值的强关联规则,其中重点在于频繁项集的挖掘。

关联规则挖掘可分为基本的单机关联规则挖掘和基于分布式计算框架的多机并行关联规则挖掘。

1. 单机关联规则挖掘

单机关联规则挖掘的基本方法有三种:基于多候选产生的 Apriori 算法、基于模式增长的频繁模增长（frequent pattern growth,FPgrowth）算法和基于垂直格式的 Eclat 算法。其余的单机关联规则挖掘算法大都是在以上基本方法的基础上,通过改善存储结构、快速高效地对候选集进行剪枝以及快速获取候选集支持度而提出来的。

Apriori 算法是一种挖掘相关联规则的频繁项集算法,该算法的基本流程是:首先,找到出现频率至少与预定义的最小支持频率相同的所有频率集。然后由频率集生成强关联规则,该规则必须满足最小支持度和最小置信度要求。然后,使用第一步中找到的频率集来生成期望的规则,并且生成只包含该频率集的项目的所有规则,其中每个规则的右侧只有一个项目。这里采用了中规则的定义。一旦这些规则生成,只有那些置信度大于用户给出的最小置信度的规则被留下。为了生成所有频率集,使用递归方法。目前,该算法主要用于网络安全领域的网络入侵检测。

FPgrowth 算法主要采用分治思想,将提供频繁项集的数据库压缩成一个频繁项集树（FP-tree）,但仍然保留频繁项集的关联信息。与 Apriori 算法不同,该算法寻找频繁项集的过程是先建立 FP 树,然后从 FP 树中挖掘频繁项集。由于 FPgrowth 算法只需要扫描数据库两次,因此比 Apriori 算法效率更高。

Eclat 算法是一种深度优先算法。该算法从垂直数据出发得到频繁项集{item：TID_set},其中 item 是项目的名称;TID_set 是包含该项目的交易标识符集。前面介绍的 Apriori 算法和 FPgrowth 算法都是从水平数据格式的交易集中挖掘频繁项集（即{TID：itemset},其中 TID 是交易标识符,itemset 是在 TID 交易中购买的商品）。与前两个算法相比,Eclat 算法最大的特点是反向思想,即它会生成一个统计表来计算每个项目会出现在哪些交易中。

2. 多机并行关联规则挖掘

多机并行关联规则挖掘指将数据进行划分并分配到各节点当中,每个节点运用单机上的挖掘方法独立地完成频繁项集的挖掘,最后将各节点结果进行汇总,得到最终结果。该方法适合于大数据上的关联规则挖掘。常见的多机并行关联规则挖掘方法按照大数据处理平台的不同大致可分为基于 GPU 的并行关联规则挖掘、基于 MapReduce 的并行关联规则挖掘以及基于 Spark 的并行关联规则挖掘。

8.3.3.2　分类结果的隐私保护技术

分类是数据挖掘中所应用的一种非常重要的技术。分类是指在已有数据的基础上学习一个分类函数或构造出一个分类模型(或称为分类器(classifier)),该函数或模型能够把数据库中的数据记录映射到给定类别中的某一个,从而可以应用于数据预测。通过分类通常可以发现数据集中的敏感信息,因此需要对敏感的分类结果信息进行保护。分类结果的隐私保护的目标是在降低敏感信息分类准确度的同时,不影响其他应用的性能。

针对隐私保护分类器的相关工作大体可分为两大类:隐私保护分类器训练和隐私保护分类预测。隐私保护分类器训练是指数据源提供者通过合作或者由第三方训练得到分类器模型,在训练的过程中数据源中的隐私信息不会泄露;隐私保护分类预测是指利用加密的分类器模型进行分类预测,而且分类器以及用户隐私信息不会泄露。

8.3.4　访问控制技术

访问控制技术用于控制不同实体访问资源的权限,其主要用于解决大数据使用过程中与人员管理相关的隐私保护问题。

1. 访问控制的概念

访问控制(access control)指是主体(subject)依据某些属性对客体(object)进行不同级别的访问授权,即对客体可以访问的资源做出限制。系统管理员通常应用该技术控制用户对服务器、目录、文件等网络资源的访问权限。访问控制是系统保密性、完整性、可用性和合法使用性的重要基础,是网络安全防范和资源保护的关键策略之一。

访问控制的主要目的是通过限制访问主体对客体的访问权限,保障数据资源在合法范围内得到有效使用和管理。因此,实现访问控制需要识别和确认访问系统的用户的身份,判断该用户可以对系统资源进行何种类型的访问。

访问控制包括三个要素:主体、客体和控制策略。

(1)主体是指提出访问资源具体请求的实体,可能是某一用户,也可以是用户启动的进程、服务和设备等。

(2)客体是指被访问资源的实体。所有可以被操作的信息、资源、对象都可以是客体。

(3)控制策略是主体访问客体的相关规则集合。控制策略体现了一种授权行为,也是客体对主体某些操作行为的默认。

2. 访问控制的内容及原理

访问控制的主要内容包括:对用户身份的合法性进行验证;确定用户身份和访问权限;对越权操作进行监控。简单来说,访问控制的内容包括认证、控制策略和监管。

(1)认证,即主体对客体的识别及客体对主体的身份确认。

（2）控制策略。主体身份确认之后,通过合理控制主体的访问权限,达到最大化利用数据的目的,同时保障信息安全。

（3）监管。系统根据用户的权限进行访问监管,当用户出现越权行为时,系统将给出合理的应对措施。

3. 访问控制模型分类

常用的访问控制模型有以下两种。

1）基于角色的访问控制（RBAC）模型

基于角色的访问控制是通过对角色的访问而进行的控制。通过使权限与角色相关联,用户成为获得适当角色的成员而得到相应的权限。采用这种访问控制模型可极大地简化权限管理,减小授权管理的复杂性,降低管理开销,提高企业安全策略的灵活性。为了完成某项工作可以创建角色,用户可依其责任和资格被分派相应的角色,角色可依新需求被赋予新权限,而权限也可根据需要被收回。

RBAC 模型的授权管理方法主要有以下三种：

（1）根据任务需要定义不同的角色；

（2）为不同角色分配资源和操作权限；

（3）给一个用户组（Group,权限分配的单位与载体）指定一个角色。

RBAC 支持三个著名的安全原则：最小权限原则、责任分离原则和数据抽象原则。按最小权限原则可将角色配置成完成任务所需要的最小权限集。采用责任分离原则,可通过调用相互独立、互斥的角色共同完成特殊任务,如核对账目等。采用数据抽象原则,则可通过权限的抽象控制一些操作,如财务操作可通过用借款、存款等抽象权限,而不用操作系统提供的典型的读、写和执行权限来控制。这些原则需要通过 RBAC 各部件的具体配置来实现。

2）基于属性的访问控制（ABAC）模型

基于属性的访问控制模型是一种适用于开放环境的访问控制模型,它通过安全属性来定义授权,而不需要预先知道访问者的身份。安全属性可以看作一些与安全相关的特征,可以由不同的属性权威分别定义和维护。

基于属性的访问控制包含以下三个概念。

（1）实体：包括系统中的主体、客体、权限、环境。

（2）环境：访问控制发生的系统环境。

（3）属性：描述实体的安全信息,包括属性名和属性值。主体、客体、权限、环境都有其各自的属性。

图 8-1 所示为基于属性的访问控制模型架构。

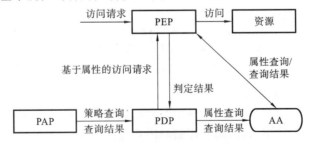

图 8-1　基于属性的访问控制模型架构

图 8-1 中：

AA 表示属性权威,负责实体属性的创建、管理和查询。

PAP 表示策略管理点,负责访问控制策略的创建、管理、查询。

PEP 表示策略执行点,负责根据访问请求向属性权威查询属性,生成基于属性的访问请求发送给策略管理点,以便访问者根据判定结果访问资源。

PDP 表示策略判定点,负责接收策略执行点的基于属性的访问请求,从策略管理点接收策略集,然后根据策略对访问请求进行判定,将判定结果返给策略执行点。

8.4　大数据安全与隐私保护展望

8.4.1　网络态势感知:助力大数据发展

网络态势感知是指利用大数据技术,实现动态、整体地发现安全风险,从而达到预警的目的。从 Endsley 博士对态势感知提出的通用定义——态势感知是感知大量的时间和空间中的环境要素,理解它们的意义,并预测它们在不久将来的状态——可以知道,通过网络态势感知可以综合分析网络动态,评估网络安全状况并预测其发展趋势,然后以可视化的方式展现给用户,从而达到预防网络出现安全问题的目的。目前,网络安全态势感知常用的分析模型有:Endsley 模型、OODA 模型、JDL 模型与 RPD 模型。

Endsley 模型主要用于对网络状态进行归纳整理,在其变化的基础上进行预测。

OODA 模型由观察(observe)、调整(orient)、决策(decide)、行动(act)四个部分组成。该模型通过不断地收集网络信息来调整评估结构,并不断修改决策从而达到安全预测的效果。OODA 是一个循环对抗的过程。

JDL(Joint Directors of Laboratories,实验室理事联合会)模型是由美国国防部提出的一种信息处理模型。该模型将不同来源的数据进行融合分析,根据数据之间的关系来进行网络态势评估,并且在评估过程中会不断精炼结果,提高准确性。目前的网络态势感知主要是利用 JDL 模型来进行融合分析的。

RPD(recognition primed decision,识别启动决策)模型在网络态势感知中的应用分为两个阶段:感知阶段和评估阶段。在感知阶段,通过匹配的方式将目前的态势与过去的态势相比较,选取相似度高的过去态势并查看当时的解决方案;在评估阶段,通过分析之前的方案,预测当前态势的演化过程,并选取有效的行动,再根据目前状态调整应对方案。

通过网络态势感知,可以将复杂的网络环境以及存在的安全问题以可视化的方式呈现给用户。但是,目前存在的网络态势感知的方案或产品都偏重于某一个或某几个方面的感知,感知的深度和广度不足。

此外,在面临真正的网络安全问题时,攻击并不是孤立的,因此在网络安全态势感知中应该结合当前的网络环境,对相对孤立的攻击进行关联整合,并通过聚类、关联规则等技术,发现安全事件之间的联系,提高信息系统应对网络攻击的能力,从而最大限度地保护隐私数据。

网络安全态势感知技术综合各方面的安全因素,能从整体上动态地反映信息网络安全状况,并对信息系统安全的发展趋势进行预测和预警。利用网络安全态势感知技术,可全方位地保护隐私数据的安全。如:网络部门可以及时了解网络受攻击的情况、攻击来源以及受到攻击的数据,并对该网络采取相应的安全措施;网络用户可以清楚地掌握所在网络的安全状态和趋势,做好相应的防范准备,避免和减少网络中病毒和恶意攻击带来的损失;应急响应组织也可以从网络安全态势中了解所服务网络的安全状况和发展趋势,从而制定有预见性的应急预案。

　　未来,大数据技术特有的海量存储、并行计算、高效查询等特点,将为大规模网络安全态势感知技术的突破创造机遇。借助于大数据分析,可应用网络安全态势感知技术对成千上万的网络日志等信息进行自动分析处理与深度挖掘,对网络的安全状态进行分析评价,感知网络中的异常事件与整体安全态势,保护隐私数据安全。

8.4.2　人工智能:为大数据发展护航

　　人工智能是研究如何让计算机模仿人类大脑行为(如学习、推理、思考、计划等)的学科,其主要目标是让计算机像人一样思考,甚至超越人。人工智能不仅仅局限于逻辑思维,还涉及形象思维和灵感思维,尤其是基于大数据技术的人工智能,进一步体现了深度学习、跨界融合、人机合作、群体智力开放性和独立智力。目前,人工智能与安全是一个热门话题。利用人工智能技术可保护大数据安全,完善大数据产业建设。

　　人工智能中的深度学习系统具有多层表征、抽象能力,可以自动识别许多黑网隐含的相关性,因为黑产会频繁地使用一个模板混合不同的推广信息,当更多类似的黑产模板出现时,这些信息的相关性可以很容易地在黑作战系统中被捕捉,通过强大的数据监控平台,可以创建网站的关系图,并结合数据挖掘的方法,从看似混乱的关系中找到黑产的脉络,从而追踪隐私泄露的源头,保护公民的隐私数据。

　　利用人工智能打击黑产时,首先利用独特的检测系统对网络黑产进行发现和检测,广泛收集网页及其关系。然后,这些收集的数据被分类。基于这些有限的数据,通过一定的目标定义"教"机器去学习,自动和智能地去识别黑产网页。当检测到这些不安全的网页时,机器会智能地在这些网页上标记风险警告标志,提醒用户谨慎进行当前的操作。

　　此外,在打击诈骗方面,可以利用大数据分析、机器自学习总结,对警情中的作案手法、通信行为、网络特征、资金流向等特征和规律进行预测,从而对诈骗事件起到预警分析作用。

　　人工智能系统的另一大优势是可以快速识别上亿个网页,准确率非常高,相比一天手工识别几千个页面,24小时连续识别大大提高了打击黑产的效率。

　　将人工智能引入网络安全治理,可以提高安全治理的效率和网络安全防护能力。未来,随着人工智能技术的成熟,在"AI+安全"领域,人工智能不仅可以全面提升对网络空间各种威胁的应对和响应速度,还可以全面提升风险防范的可预测性和准确性,进一步提升黑产打击效果。

本 章 小 结

　　在大数据时代,许多不法分子通过违规搜集隐私信息来进行违法活动,因此,数据的安全和隐私保护变得尤为重要。本章主要通过分析大数据使用带来的安全问题,包括数据传输的安全问题、数据存储的安全问题、数据处理的安全问题、人员管理的安全问题以及其他的安全问题,来引出相关的隐私保护技术,如匿名化处理技术、加密存储技术、关联规则隐私保护技术、分类结果隐私保护技术以及访问控制技术。最后,从网络安全态势感知和人工智能的角度对大数据安全与隐私保护的未来发展进行了探讨。

习 题

1. 大数据带来的隐私安全问题有哪几类?
2. 大数据隐私保护技术有哪些?
3. 简述 DES 与 AES 的区别和联系,并举例说明。
4. 证明 RSA 解密的正确性。

第9章 带代码、数据的案例研究

9.1 材料大数据与材料热导率预测

目前,制造业竞争日益激烈,同时世界经济快速发展,这也向材料科学家和工程师提出了挑战,促使他们不得不致力于缩短新材料的研发周期。最近几年,随着材料数据库资源的积累,数据挖掘与机器学习在材料研究设计平台的搭建和材料大数据分析与预测中得到越来越多的应用。在新材料发现方面,机器学习算法已经被用于发现新能源材料、软材料、聚合物电介质、钙钛矿材料、压电材料、催化剂、感光材料等等,并取得了令人瞩目的成绩。例如,日本国家材料科学研究所的 Takahashi 等人首先用高通量(high-throughput,HT)第一性原理(density function theory,DFT)计算了 15000 个 ABC2(C1,C2) D 型钙钛矿材料的带隙值,然后通过机器学习训练带隙预测模型来筛选高通量的钙钛矿材料,发现了许多高性能钙钛矿新材料。

当前,新材料的研发主要依据研究者的科学直觉和大量重复的"尝试法"实验来进行。其实,在有些实验中,是可以借助现有高效、准确的计算工具来进行仿真计算的。然而,这种仿真计算的准确性依然有限,而且其所需要的巨大计算量使得用高通量材料筛选较困难。随着计算能力和数据存储技术的发展,许多具有预测性能的第一性原理计算结果已被存入数据库。通过大量候选材料的计算,可以探索材料的结构与功能。从现有数据中提取有意义的信息和模式,将数据库和机器学习方法有效组合,从而实现材料的物理性能预测和分类,这使得机器学习与深度学习在新材料发现中成为一种重要手段。

9.1.1 材料大数据建模与预测的介绍

新材料的发现主要着眼于从一个给定的材料设计空间发现符合性能要求的材料设计方案。性能包括压电性、带隙、形成能等电子性能,体积模量、剪切模量等力学性能,热导率、离子电导率等物化性能。因为化学组合空间的巨大组合数目甚至无穷多的特性,无法利用实验和第一性原理计算方法逐一进行费时费力的筛选。需要研究快速的基于机器学习的预测模型,通过给定材料化合物的分子表达式或者其结构,计算其相关物化性能,从而达到快速筛选材料设计方案的目的。

　　材料性能的预测主要包括材料性能与结构数据的准备、预测特征的抽取与选择、机器学习方法的选择等步骤。典型的应用是利用神经网络将涉及材料特征预测的数字指纹（也称为"描述符"）选择出来，通过学习算法建立数字指纹与材料属性（如电导率）之间的映射。如图 9-1 所示，给定材料数据集，假设新材料的结构属性与原始数据集中的材料信息相似，在理想的情况下，将新材料信息输入预测模型进行研究。

　　材料数据集输入后通过描述符与目标属性之间的映射实现对学习模型的预测，n 和 m 分别为训练样本的数量和描述符的数量，主要进行了基于机器学习与深度神经网络的材料性能预测，包括热导率、超导临界温度、形成能、带隙等材料性能的预测。接下来以热导率为例进行简单的介绍。

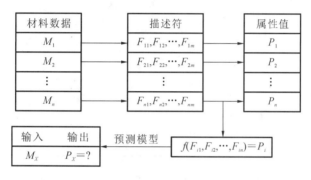

图 9-1　材料大数据预测流程图

9.1.2　基于深度神经网络的材料热导率预测

1. 数据来源

　　数据来源于 Materials Project 数据库中筛选出的一组包含 215 种材料的热导率数据集。Materials Project 数据库由美国劳伦斯伯克利国家实验室及麻省理工学院等单位组建，截至 2019 年 11 月，Materials Project 数据库包含无机化合物 117543 种、能带结构 50744 个、分子 21954 种、纳米材料 530243 种。

材料数据集

2. 数据表征

　　机器学习模型两个最重要的方面是数据表征和学习算法。输入数据的正确表示对精确模型的生成是至关重要的。材料数据表征主要有两种方法，一种是基于分子式的表征方法，另一种是基于晶体结构的表征方法。基于分子式的表征方法仅需要化学组成作为输入，常见的基于分子式的表征方法包括元素属性统计和 One-hot 编码；基于晶体结构的表征方法是指构建基于向量的晶体结构数据来表示材料的晶体结构。基于晶体结构的表征方法的准确性受到我们所具备的与材料属性特征设计相关的知识能力的限制。在本研究中，我们使用基于分子式中元素属性的统计方法来表征材料。我们计算了化合物分子式中元素加权后的 22 种属性，并计算出每种属性的最小值、最大值、差值、平均值、方差和模数特征，将材料表征为 132 维的数据输入。例如对于 AgCl 分子，其 132 维特征属性如表 9-1 所示。

表 9-1　AgCl 分子的特征属性

属性	最小值	最大值	差值	平均值	方差	模数
Number	17	47	30	32	15	17
MendelectiveNumber	65	94	29	79.5	14.5	65
AtomicWeight	35.453	107.8682	72.4152	71.6606	36.2076	35.453
MeltingT	171.6	1234.93	1063.33	703.265	531.665	171.6
Column	11	17	6	14	3	11
Row	3	5	2	4	1	3
CovalentRadius	102	145	43	123.5	21.5	102
Electronegativity	1.93	3.16	1.23	2.545	0.615	1.93
NsValence	1	2	1	1.5	0.5	1
NpValence	0	5	5	2.5	2.5	0
NdValence	0	10	10	5	5	0
NfValence	0	0	0	0	0	0
NValence	7	11	4	9	2	7
NsUnfilled	0	1	1	0.5	0.5	0
NpUnfilled	0	1	1	0.5	0.5	0
NdUnfilled	0	0	0	0	0	0
NfUnfilled	0	0	0	0	0	0
NUnfilled	1	1	0	1	0	1
GSvolume_pa	16.33	24.4975	8.1675	20.41375	4.08375	16.33
GSbandgap	0	2.493	2.493	1.2465	1.2465	0
GSmagmom	0	0	0	0	0	0
SpaceGroupNumber	64	225	161	144.5	80.5	64

3. 深度神经网络预测模型的建立

人工神经网络简称神经网络,是一种模仿生物神经网络(动物的中枢神经系统,特别是大脑)结构和功能的数学模型或计算模型,广泛用于对函数进行估计和近似。神经网络是由大量具有适应性的处理元素(神经元)组成的广泛并行互联网络,它能够模拟生物神经系统对真实世界物体所做出的交互反应,是模拟人工智能的一个重要工具。神经网络是一种自适应系统,能在外界信息的基础上改变其内部结构。现代神经网络是一种非线性数据统计建模工具。神经网络通过一种基于数学统计学类型的学习方法得以优化,得到可以用函数表达的局部结构空间。通过统计学的方法,神经网络能够像人一样具有简单的决策能力和判断能力。神经网络方法比正式的逻辑学推理演算更具有优势。

神经网络由输入层、隐藏层和输出层组成,当第 N 层的每个神经元和第 $N-1$ 层的所有神经元相连(即全连接)时,第 $N-1$ 层神经元的输出就是第 N 层神经元的输入,即构成全连接神经网络(full connection neural network,FCNN)。在本小节所提出的全连接神经网络中,每个神经元对输入参数加权求和并选取适当的激活函数。每层神经元数量和隐藏层层数过少会减弱模型的非线性学习能力;每层神经元数量和隐藏层层数过多又会使得模型参数过多而难以进行训练,且容易导致过拟合。目前,主要通过经验法和试凑法来确定每层神经元数量和神经元隐藏层层数。常用的激活函数包括以下几种:

(1) sigmoid 函数,即

$$f(x) = \frac{1}{1 + e^{-x}} \tag{9-1}$$

(2) tanh 函数,即

$$f(x) = \frac{1 - e^{-2x}}{1 + e^{-2x}} \tag{9-2}$$

(3) ReLU 函数,即

$$f(x) = \max(0, x) \tag{9-3}$$

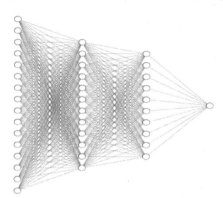

sigmoid 函数具有梯度消失的问题,函数输出不以 0 为中心,优化困难且收敛缓慢。双曲正切函数 tanh 是 sigmoid 函数的变形,以 0 为中心,容易优化,但还是没有解决梯度消失的问题。修正线性单元 ReLU 函数解决了梯度消失的问题,计算速度快且能够快速收敛。因此在材料热导率预测中,全连接神经网络选择 ReLU 函数作为激活函数。

图 9-2 为模型内部全连接神经网络结构示意图。

全连接神经网络的每一层都可以用一个矩阵单独表示,每一层到下一层的运算都可以用矩阵操作

图 9-2　全连接神经网络结构示意图

来并行完成。除最后的输出层外,每层网络均采用 ReLU 激活函数。相对于应用 sigmoid 或者 tanh 激活函数的 BP 神经网络,所提出的全连接网络避免了梯度消失的问题,有助于训练更加有效的神经网络模型。所提出的全连接神经网络模型每层的参数如表 9-2 所示。

表 9-2　全连接神经网络模型参数

层	输　　入	输　　出
Fc1	[batch,132]	[batch,256]
Fc2	[batch,256]	[batch,128]
Fc3	[batch,128]	[batch,64]
Fc4	[batch,64]	[batch,32]
Fc5	[batch,32]	[batch,1]

4. 实验结果

选用 10 折交叉验证方法来检验模型的效果,选用平均绝对误差(MAE)、均方根误差(RMSE)、决定系数(R^2)作为模型的评价指标,MAE 用来反映预测值误差的实际情况,RMSE 用来衡量预测值同真实值之间的偏差,R^2 用来表示预测值和真实值之间的拟合程度。具体的计算公式如下:

$$MAE = \frac{1}{m} \sum_{i=1}^{m} | y_i - \hat{y}_i | \qquad (9-4)$$

$$RMSE = \sqrt{\frac{1}{m} \sum_{i=1}^{m} (y_i - \hat{y}_i)^2} \qquad (9-5)$$

$$R^2 = 1 - \frac{\sum_{i=1}^{m} (y_i - \hat{y}_i)^2}{\sum_{i=1}^{m} (y_i - \overline{y})^2} \qquad (9-6)$$

式中:m 是样本数量;y_i 和 $\hat{y}_i$ 分别是第 i 个样本标签(材料晶格热导率)的真实值和预测值;$\overline{y}$ 是 m 个样本真实标签的平均值。

为了证明全连接神经网络模型在材料性能预测方面的优势,我们将模型与 SVM、RF、GBDT(梯度提升树)、DT 四种回归模型进行比较。经十次 10 折交叉验证取平均值后,模型在训练集和测试集上的预测结果如表 9-3 所示。

表 9-3　模型在训练集和测试集上的 MAE、RMSE、R^2

模型	MAE_train	RMSE_train	R^2_train
SVM	2.9368	13.0236	0.4696
RF	1.8808	4.4726	0.9355
GBDT	0.1102	0.1383	0.9999
DT	4.8102	11.9628	0.5489
FCNN	1.7193	9.8778	0.9577
模型	MAE_test	RMSE_test	R^2_test
SVM	4.8603	12.4521	0.4877
RF	5.0388	10.7943	0.4555
GBDT	4.8090	10.8085	0.4045
DT	6.3442	13.0753	0.2974
FCNN	1.1428	5.2992	0.9768

从表 9-3 可以看出,全连接神经网络模型在测试集上的结果远好于其他机器学习模型的结果。全连接神经网络模型的预测评估值 MAE、RMSE 和 R^2 分别为 1.1428、5.2992 和 0.9768,优于 SVM、RF、GBDT 和 DT 模型在测试集上的结果。全连接神经网络模型的预测结果详见图 9-3。

9.1.3　实验代码详解

1. 环境配置

本案例的代码是基于 Python3.6 并在 Ubuntu18.04 环境下运行的。目前有许多优秀的神经网络训练框架,如 PyTorch、Caffe(快速特征嵌入的卷积架构)、TensorFlow、Keras等,本案例的神经网络是基于 Tensorflow1.14 构建的。另外代码使用的科学计算库 numpy用于数据的加载,绘图包 matplotlib 用于结果的可视化,加载包 argparse 用于参数的加载。这些工具包的安装方法很简单,只需打开终端,进入 Python 环境后输入以下代码即可:

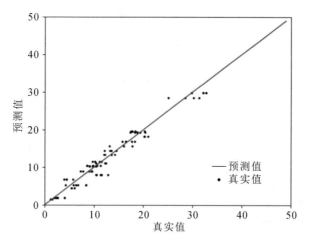

图 9-3　全连接神经网络模型的预测结果

```
pip install tensorflow==1.14.0 numpy==1.14.5 matplotlib==3.0.0 argparse
```

2. 实验过程

打开终端,使用代码"makdir 7.1.3"创建文件夹 7.1.3。

使用代码"touch utile. py"在文件夹 7.1.3 下创建 utile. py 文件。打开 utile. py 文件进行编辑,将下面的代码粘贴到 utile. py 文件中。

```python
import numpy as np
import matplotlib.pyplot as plt
# 加载数据
def load_txt(file_path):
    data=np.loadtxt(file_path,dtype=str,skiprows=1,delimiter=",")
    formula=data[:,0]
    feature=data[:,1:-1].astype(np.float32)
    target=data[:,-1].astype(np.float32)
    return(formula,feature,target)
# 划分训练集和测试集
def train_test_split(feature,target,percent):
    index=np.arange(feature.shape[0])
    np.random.shuffle(index)
    test_index=index[:int(percent*feature.shape[0])]
    train_index=np.delete(index,test_index,0)
    test_fe,test_tg=feature[test_index],target[test_index]
    train_fe,train_tg=feature[train_index],target[train_index]
    return(test_fe,test_tg[:,np.newaxis]),(train_fe,train_tg[:,np.newaxis])
# 绘图
def plot(title):
    plt.plot(np.arange(300),np.arange(300))
    plt.title(title,fontsize=12)
```

```python
        plt.xlim(0,300)
        plt.ylim(0,300)
        plt.ylabel("predicted G(GPa)",fontsize=12)
        plt.xlabel("experimental G(GPa)",fontsize=12)
# 构建批次
class DataSet(object):
    def __init__(self,num):
        self.data_num=num
        self.index=np.arange(self.data_num)
        self.check,self.start,self.end=0,0,0
        self.interation=True
    def next_batch(self,batch_size):
        self.start=self.end
        if self.check==0:
            np.random.shuffle(self.index)
            if self.start+batch_size>=self.data_num:
                self.interation=False
                return self.index[self.start:]
            else:
                self.end=self.start+batch_size
                return self.index[self.start:self.end]
class Evaluation(object):
    def init_(self):
        self.total_sum_abs=0
        self.total_sum_squ=0
        self.total_target=[]
        self.total_pre=[]
        self.length=0
def update(self,target,prediction):
        sum_abs=np.sum(np.abs(target-prediction))
        sum_squ=np.sum(np.square(target-prediction))class Evaluation(object):
        self.total_target.append(target)
        self.total_pre.append(prediction)
        self.total_sum_abs+=sum_abs
        self.total_sum_squ+=sum_squ
        self.length+=len(target)
def mae(self):
        return self.total_sum_abs / self.length
def rmse(self):
        return self.total_sum_squ / self.length
def r2(self):
        total_target=np.concatenate(self.total_target,axis=0)
        total_sum_dev=np.sum(
            np.square(total_target-np.mean(total_target,axis=0))
        )
        return 1-self.total_sum_squ / total_sum_dev
```

　　load_txt()函数用于数据的加载；train_test_split()函数用于划分训练集和测试集；plot()函数用于绘制网络预测的结果；DataSet()函数用于构建数据批次，以便将数据送入神经网络进行训练；Evaluation()函数用于评价网络训练的好坏。

　　在 7.1.3 文件夹下使用代码"touch model.py"创建用于搭建神经网络的 model.py 文件，并打开进行编辑，将以下代码粘贴到 model.py 文件中。model.py 使用 tensorflow 构建了一个五层的全连接网络。

```python
import tensorflow as tf
# 定义全连接层单元
deflinear(inputs,output_size,name_scope):
    shape=[inputs.get_shape()[1],output_size]
    with tf.variable_scope(name_scope):
        w=tf.get_variable(
                "w",
            [inputs.get_shape()[1],output_size],
            initializer=tf.random_normal_initializer(stddev=0.1)
        )
    b=tf.get_variable(
            "b",
            [output_size],
            initializer=tf.constant_initializer(0.0)
        )
    returntf.matmul(inputs,w)+b
# 定义优化器
def optimizer(loss,lr,var):
    train_step=tf.train.AdamOptimizer(lr).minimize(loss,var_list=var)
    return train_step
def model(inputs):
    f1=linear(
                inputs=inputs,
                output_size=256,
                name_scope="f1"
        )
    f2=linear(
                inputs=tf.nn.relu(f1),
                output_size=128,
                name_scope="f2"
        )
        f3=linear(inputs=tf.nn.relu(f2),
                output_size=64,
                name_scope="f3"
        )
        f4=linear(inputs=tf.nn.relu(f3),
```

```
                    output_size=32,
                    name_scope="f4"
            )
        f5=linear(inputs=tf.nn.relu(f4),
                    output_size=1,
                    name_scope="f5"
            )
    return f5
class network(object):
    def_init_(self,axis,lr):
        self.x=tf.placeholder(
                    tf.float32,
                    [None,axis],
                    name='x'
                )
        self.y=tf.placeholder(
                tf.float32,
                [None,1],
                name="y"
                )
        with tf.name_scope("network"):
            self.pre=model(self.x)
        self.loss=tf.reduce_mean(
                    tf.square(self.pre-self.y),
                    name='loss'
            )
        self.opt=optimizer(self.loss,lr)
```

构建训练函数 main. py,在文件夹 7. 1. 3 下使用命令"touch main. py"创建 main. py 文件,并将以下代码粘贴到 main. py 文件中。

```
from utile import load_txt,train_test_split,Evaluation,DataSet
from model import network
import tensorflow as tf
import argparse
import matplotlib.pyplot as plt
# 定义训练函数
deftrain(sess,model,feature,target,batch_size):
    Data=DataSet(feature.shape[0])
    train_ev=Evaluation()
    whileData.interation:
        ind=Data.next_batch(batch_size)_,
        loss,train_pre=sess.run(
                    [model.opt,model.loss,model.pre],
                    feed_dict={
                            model.x:feature[ind],
                            model.y:target[ind]
                        }
```

```
                    )
            train_ev.update(target[ind],train_pre)
        return [loss,train_ev.r2(),train_ev.mae(),train_ev.rmse()]
    # 定义测试函数
    deftest(sess,model,feature,target,batch_size):
        Data=DataSet(feature.shape[0])
        test_ev=Evaluation()
        whileData.interation:
            ind=Data.next_batch(batch_size)
            loss,test_pre=sess.run(
                        [model.loss,model.pre],
                        feed_dict={
                                model.x:feature[ind],
                                model.y:target[ind]
                                }
                    )
            test_ev.update(target[ind],test_pre)
            # print(target[ind],test_pre)
        return [test_ev.r2(),test_ev.mae(),test_ev.rmse()],test_ev.get_data()
    def main(args):
        gpu_options=tf.GPUOptions(per_process_gpu_memory_fraction=0.5)
        (formula,feature,target)=load_txt(args.file_path)
        (test_fe,test_tg),(train_fe,train_tg)=train_test_split(feature,target,percent=
args.percent)
        net=network(
                axis=train_fe.shape[1],
                lr=args.lr
            )
        withtf.Session(
                    config=tf.ConfigProto(gpu_options=gpu_options)
                    )as sess:
            sess.run(tf.global_variables_initializer())
            for epoch in range(args.epochs):
                train_re=train(sess,net,train_fe,train_tg,args.batch_size)
                test_re=test(sess,net,test_fe,test_tg,args.batch_size)
    # 定义模型的参数
    def parse_args():
        parser=argparse.ArgumentParser()
        parser.add_argument("--file_path",type=str,
                        default="kAGL_magpie_feature.csv",
                        help="feature path")
        parser.add_argument("--percent",type=float,default=0.1,
                        help="...")
```

```
        parser.add_argument("--batch_size",type=int,default=16,
                            help="...")
        parser.add_argument("--epochs",type=int,default=500,
                            help="...")
        parser.add_argument("--lr",type=float,default=1e-3,
                            help="...")
        parser.add_argument("--picture",type=str,default="1.png",
                            help="feature path")
        return parser.parse_args()
    if __name__=="__main__":
        main(parse_args())
```

此时文件夹 7.1.3 中应该包含 kAGL_magpie_feature.csv(通过前面所提 Mater.Project 数据库计算得到的数据源部分)、utile.py、model.py、main.py 四个文件。可运行 main.py 进行网络的训练,其运行 main.py 的命令为"python main.py"。还可更改网络的学习率、数据的训练批次、可训练的代数等,将前面"学习率""代数""数据的训练批次"的命令修改为 python main.py-lr 0.1-batch_size 16。执行命令后网络开始训练。

3) 实验结果

训练完成后网络会对测试集进行预测,并生成拟合图(见图 9-3)。

9.2　旅游大数据分析

旅游评论数据来自于百度旅游网、同城旅游网、途牛旅游网、携程旅游网、马蜂窝旅游网。为获取这些网站关于某个景区的评论,采用网络爬虫工具 PhantomJS、Selenium、BeautifulSoup,并利用 Python 编程抓取某景点旅游评论的链接,然后进入链接抓取文本,并模拟单击下一页循环抓取,直到抓取完该栏目下所有的旅游评论和对应的评论时间。PhantomJS 是基于 webkit 的无界面浏览器,可以像浏览器一样解析网页。Selenium 是一个 web 自动测试工具,可以模拟人的操作,支持 PhantomJS。BeautifulSoup 是用 Python 软件编写的一个 HTML/XML 解析器,能够处理不规范标记并生成剖析树,通过解析文档为用户提供并抓取需要的数据。通过爬虫工具获得数据以后,为确保数据的可利用性,需要将噪声数据清除掉。

需要过滤的数据如下。

(1) 干扰信息,即与主题无关的信息。比如有些评论主要用于商业广告等用途,与景区评价无关。

(2) 多次重复的评论。有些评论为博取眼球或因其他目的多次重复,对统计结果的真实性具有干扰作用,所以只保留一条记录作为该用户的评论。

(3) 大多文本数据是非正式的,如网络表情符号、多语言表达、URL 标签等非规范性语言,需要进行规范。对数据进行过滤以后,将其保存,待后续分析使用。

9.2.1　分词与词性标注

中文没有类似英文空格的边界标志,而理解句子所包含的词语是理解中文句子语义的基础。所以为了分析句子的语义,就需要自动地在文本中的词与词之间加上空格,这就是分词。由于本文收集的文本均来自于网络评论,评论数据多口语化,而且其中还有很多不规范的词语,如"逼格""小鲜肉""人艰不拆"等,导致分词任务非常困难。在 Python 编程领域,一直缺少高准确率、高效率的分词组件,结巴分词正是为了满足这一需求而出现的。结巴分词主要基于统计词典,自带了一个名为"dict.txt"的字典,包含 2 万多条词以及词频和词性。结巴分词的精确模式用于将句子最精确地切开,适合文本分析。切分歧义是分词任务中的主要难题,比如句子"李小然后来去了西藏",进行精确分词后变为"李小/ 然后/ 来/ 去/ 了/ 西藏"。结巴分词具有新词辨识的能力,并具有加载自定义词典功能和较强的歧义纠错能力,以保证分词的准确性。在分词基础上,词性标注是自然语言处理的另一个基础。词性描述一个词在上下文中的作用,而词性标注就是识别出这些词所具有的词性,比如形容词、名词、动词等。要获取句子中的情感词,就要先对评论集中的句子进行分词、词性标注处理。中文分词和词性标注的代码如下:

```python
import jieba
import jieba.posseg as pseg
string='黄山果然很美,不过过年的时候人特别多,索道排队的人好多,我们上山下山都是自己走的,累得不要不要的,下次再去的时候一定要坐索道缆车'
words =pseg.cut(string)# 进行分词
result=""  # 记录最终结果的变量
for w in words:
    result+=str(w.word)+"/"+str(w.flag)# 加词性标注
print result
```

采用词云图对其进行展示,对出现频率较高的关键词予以突出显示。

```python
# coding:utf-8
from os import path
from PIL import Image
import numpy as np
import matplotlib.pyplot as plt
from wordcloud import WordCloud,STOPWORDS
def generate_wordcloud(text):
    '''
    输入文本生成词云,如果是中文文本需要先进行分词处理
    '''
    # 设置显示方式
    d=path.dirname(__file__)
    font_path=path.join(d,"font//msyh.ttf")
    stopwords =set(STOPWORDS)
    wc =WordCloud(background_color="white",      # 设置背景颜色
        max_words=2000,      # 词云显示的最大词数
        stopwords=stopwords,      # 设置停用词
        font_path=font_path,      # 兼容中文字体,不然中文会显示乱码
        )
    # 生成词云
    wc.generate(text)    # 将生成的词云图像保存到本地
    wc.to_file(path.join(d,"Images//1.png"))    # 显示图像
```

```
        plt.imshow(wc,interpolation='bilinear')        # interpolation='bilinear'表示插值
                                                         方法为双线性插值
        plt.axis("off")          # 取消图像的坐标显示
        plt.show()
if __name__=='__main__':
        # 读取文件
        d =path.dirname(__file__)
        text =open(path.join(d,'sanya.txt'),encoding="utf8").read()
        # 若 sanya.txt 是中文文件,则需进行前文所述的中文分词操作。
        plotWordcloud.generate_wordcloud(text)        # 生成词云
```

图 9-4 所示为由三亚旅游文本评论集生成的词云图。

图 9-4　词云图

9.2.2　文本情感倾向分析

采用基于情感词典的计算方法进行文本情感倾向分析。基于情感词典的计算是指运用一个标有情感极性的情感字典对文本进行情感极性量化计算。首先根据已有的中文情感词库构建情感词典,其中的词包括正负面情感词、否定副词和程度副词,把词性和词以键值对的形式存储在字典里;然后利用结巴分词,遍历文本每句话的每一个词,依次查找词典中的情感词,如果在情感词典中查找到该词,则标注该词的极性和权值,否则进入下一个候选词。HowNet 词典又称为知网情感词典,分中英文,分别包括程度副词、负面评价词语、负面情感词、正面评价词语、正面情感词、主张词语。参考 HowNet 字典中给出的情感词褒贬强烈程度,对情感词和程度副词进行极性设置,如表 9-4 所示。

表 9-4　情感极性量化默认分值

情　感　词	默　认　分　值	程　度　副　词	默　认　分　值
正面	1	极其	2
负面	−1	很	1.25
		较	1.2
		稍稍	0.8
		不足、稍欠	0.5
		超	1.5
		不很	0.5

针对旅游评论数据集,利用标点符号如","""!"""?""。"";"等将每条评论切分成若干词块,把每一块都分好词,针对每一组词,辨识出其中的情感词、否定副词和程度副词,并标注其情感词权值:词块情感值=程度副词权值×情感词权值。

句子情感值计算:句子情感值=sum(词块情感值1,词块情感值2,…)。如评论句子"来到三亚,我万分激动,但是门票很贵"。通过切分,将该句子分成三块;第一块无情感词;第二块中"万分"情感词权值为2,"激动"为正面情感词,权值为4;第三块中"很"情感权值为1.25,"贵"为负面情感词,权值为−4,通过加权求和得该评论的情感值为$2×4+1.25×(−4)=3$,情感分类为正面。

每条评论是由多个句子组成的,所以评论情感值=average(句子情感值1,句子情感值2,…)。由于评论的句子个数不一,因此采用求平均值的方法计算情感值,而不是求和。

若句中存在否定副词,在词块情感值的计算中还需对否定副词极性进行相应处理,有以下四种情况。

(1) 如果否定副词修饰否定词,则双重否定,情感词对极性不变,权值为1。

(2) 如果否定副词修饰正面或负面情感词,则情感词对极性反转,权值为−1。

(3) 如果否定副词在程度副词后面,则极性反转,权值为−1。

(4) 如果否定副词在程度副词前面,则极性值设为0.5。

旅游评论情感分析的伪代码为:

```
fetch all text for each text:
for each comment in text:
for each sent in comment:
    for each group in sent:
        for each word in group:
            if word in sentiment_dicts:
                    wordscore=score
            groupscore=sentgroup(group)
        sentscore=sum(group1,group2,…)
    commentscore=average(sent1,sent2,…)
```

9.2.3 话题抽取

通过 word2vec 工具获取词向量后,计算词向量间的相似度。向量空间的相似度可以表示为文本语义上的相似度,所以以词向量在高维空间的相互关系来计算词汇语义上的相似度。word2vec 中提供了 distance 工具,distance 工具可根据词向量求得词的余弦距离,以表示词与词之间的相似度,并排序。在文本话题的抽取中,可以通过预先定义一定数量与话题相关的种子术语,引入 Skip-Gram 模型的 word2vec 方法,选择合适的训练语料,对目标语料进行相似词聚类,以获得关联度最高的 N 个词和与种子词汇的相似度。再以获得的关联词为种子词汇,重新进行训练,得到相似词。反复进行数次,直至不再得到新的可用词汇为止。最后对获取的词汇进行人工筛选,筛除与话题无关的词汇,最终得到话题词汇集。

为获取与话题有关的训练文本,遍历每条评论,将每条评论切分成若干词块,然后使用话题词汇和每个词块进行匹配,若词块中有一个词汇包含在话题词汇集中,则保存包含该词汇的词块,并用"。"连接该评论符合要求的所有词块,形成与话题有关的评论,最终得到所有相关评论集。

　　以价格为主题,通过预先定义二十个与价格有关的种子术语,吸收所有关于价格的评论进行分析,这些种子术语包括"价格""原价""门票""打折""便宜""昂贵"等。然后通过词向量方法,计算余弦相似度,获取更多与价格相近的词语,其中使用的训练集有中文维基百科语料库和 NLPIR(自然语言处理与信息检索平台)新闻语料库。由于中文维基百科语料库中的专业术语过多,表达过于正式,查找之后有一定的效果,但是效果不佳,因此使用北京理工大学网络搜索挖掘与安全实验室的 NLPIR 新闻语料库再次训练,最终的效果不错,共获得 200 个与种子术语相似的词汇,经过筛选得到 110 个与价格相关的词汇。表 9-5 展示了 4 个种子词和它们各自的最相关词及其相似度。通过对评论和这 110 个词汇进行匹配,选出与价格主题相关的评论句子,若评论句子中有一个词与之匹配,则保存在价格主题下。

表 9-5　种子词和最相关词及其相似度

种子词	最相关词	相　似　度	种子词	最相关词	相　似　度
价格	价格上涨	0.584539353848	门票	五折	0.632376253605
	定价	0.583579242229		团购	0.581548213959
	产品价格	0.576550543308		免费	0.556278944016
	价格水平	0.566389143467		特价	0.515425086021
	价位	0.525774478912			
打折	促销	0.684629023075	便宜	贵	0.817931354046
	折扣	0.669012665749		离谱	0.726853847504
	降价	0.657629489899		昂贵	0.705796539783
	优惠	0.616258978844		划算	0.644444704056
	预订	0.568188548088		低廉	0.590131342411
	原价	0.552648425102		卖	0.582993268967
	抢购	0.529717922211		值钱	0.542370736599
	团购	0.517342865467		太贵	0.526796579361

　　价格相关评论获取的 Python 代码如下:

```
# _*_coding:UTF-8_*_
import os,sys
import re
import urllib2
import argparse
from selenium import webdriver
from selenium.webdriver.support.ui import Select
from bs4 import BeautifulSoup
from csv import writer
import codecs
from selenium.webdriver.support.ui import WebDriverWait
```

```python
import time,datetime
def main():
parser=argparse.ArgumentParser()
# URL
parser.add_argument(
                    '-i',
                    action='store',
                    dest='ifile',
                    help='raw comment file',
                    default='All_qinshihuang(delete).txt'
                    )
# OUTPUT FILENAME
parser.add_argument(
                    '-o',
                    action='store',
                    dest='ofile',
                    default="comment_new.txt",
                    help='output comment file'
                    )
parser.add_argument(
                    '-w',
                    action='store',
                    dest='pricewordfile',
                    default="pricewordlist.txt",
                    help='price related words file'
                    )
parser.add_argument(
                    "-v",
                    "--verbosity",
                    action="count",
                    default=0
                    )
parser.add_argument(
                    '--version',
                    action='version',
                    version='%(prog)s 1.0'
                    )
args=parser.parse_args()
'''----------------------------------------------------------------
        Build the file name from the arguments.
        Prepare the csv file and the csv writer.
        Crawl the forms.
        Go through the list pageResults repairing and parsing the web data.
```

```
                                                           '''
file=open(args.pricewordfile,'r')
lines=file.readlines()
keywords=[]
for line in lines:
        items=line.split(" ")
        keywords.append(items[0])
rawfile=open(args.ifile,'r')
lines=rawfile.readlines()
for line in lines:
        items=line.split(" ")
        if len(items)<3:
                continue
        head=items[0]+" "+items[1]
        comment=" ".join(items[2:]).strip()
        comment=comment.replace("，",',')
        comment=comment.replace("。",'.')
        comment=comment.replace("？",'? ')
        comment=comment.replace("！",'! ')
        segments=re.split('[，.?! ]',comment)
        priceitems=[]
        for x in segments:
            #  print x
            for w in keywords:
                if w in x:
                    priceitems.append(x)
                    break
        s=""
        if len(priceitems)>0:
            s=','.join(priceitems)
            #  print s # .encode('GB18030')
            comment=head+ " "+ s
            print comment
    exit(-1)
    '''#################################################################'''
if __name__=="__main__":
    main()
    sys.exit()
```

9.2.4　关于主题的情感分析

通过主题抽取，获得以价格为主题的评论后，对这些评论进行分词、词性标注和情感分析。基于词典规则的情感计算精确度主要取决于收录的情感词典。词典不同，情感计算的

效果也不同。由于这里介绍的情感分析主要针对以价格为主题的网络评论,因此笔者基于
Hownet 词典,以语料库为基础扩展领域情感词,收集大量关于价格主题的情感词,共获得
正面情感词 6561 个,负面情感词 11412 个,程度副词 237 个,否定副词 28 个。通过情感分
析获得情感分类,并计算满意度:

$$满意度 = 正面评论人数 / 总人数$$

从而得到游客价格满意度变化趋势图。

其中,价格评论情感分析所用程序代码如下:

```python
import numpy as np
import matplotlib.pyplot as plt
from data_read import *
from SentiAnalysis import *
from person_relationship import *
import json
import argparse,sys
'''###############################################################################
    Filter comments by maximum/minimum scores
    the program can replace the first number of comment record to the sentiment score
    python comment_filterbyscore.py-i sanyaAll.txt-c ">"-s 3
    #可以取出所有分值 3 以上的评论
    python comment_filterbyscore.py-i sanyaAll.txt-c "<"-s-2
    #可以取出典型负面评论,分值小于-2
    python comment_filterbyscore.py-i sanyaAll.txt-c ">"-s-10
    #取出所有评论,目的是把评论的分值加到记录的最前面
    ############################################################################## '''
def main():
    parser=argparse.ArgumentParser()
    #URL
    parser.add_argument(
            '-i',
                    action='store',
                    dest='ifile',
                    help='raw comment file',
                    default='pricecomment.txt'
                    )
#   OUTPUT FILENAME
    parser.add_argument(
                    '-o',
                    action='store',
                    dest='ofile',
                    default="comment_new.txt",
                    help='output comment file'
                    )
```

```
parser.add_argument(
                '-c',
                action='store',
                dest='compare',
                default=">",
                help='compare operator:>>=<<='
        )
parser.add_argument(
                '-s',
                action='store',
                dest='score',
                default=2,
                help='compare sentiment score'
                )
parser.add_argument(
                "-v",
                "--verbosity",
                action="count",
                default=0
                )
parser.add_argument(
                '--version',
                action='version',
                version='% (prog)s 1.0'
                )
args=parser.parse_args()
file=open(args.ifile,'r')
lines=file.readlines()
D={}
for line in lines:
    if line[0:4]=='page':
        continue
    items=line.split(' ')
    if len(items)<2:
        continue
    if len(items[1].split('-'))==0:
        continue
    date=items[1]
    if date=='':
        continue
    date=time.strptime(date.strip(),'%Y-%m-%d')
    cpdate=datetime.datetime(*date[:3])
    comment_senti_cal_example=commentSentiCalc()
```

```
        score=comment_senti_cal_example.groupSentiCalc(line)
        if eval('score '+args.compare+" "+'args.score'):
            line=str(score)+line[1:]
            print line
    '''############################################################## '''
if __name__=="__main__":
    main()
    sys.exit()
```

9.3　交通大数据分析

只要社会和经济发展对道路系统的需求超过它的容量，交通拥堵就会出现。交通拥堵的负面影响很大，虽然这些影响并不总是很明显。比如拥挤可能会使人上班迟到，增加车辆的磨损，可能导致人的情绪变差。此外，它还会对经济、路面完整性和环境产生影响。

随着路面传感器的部署、智能手机和导航类 APP 的普及，越来越多的交通数据能够被采集。运输规划部门、公共机构和企业可以使用这些交通拥堵数据来识别问题，提出对策，评估改进措施并制定政策。

作为中国领先的交通出行服务平台，滴滴出行通过基于大数据的方法来提升其服务并解决交通拥堵问题。每天该平台接收超过 2500 万个订单，收集超过 70 TB 的新路线数据，并获得超过 200 亿个用于路线规划的查询和 150 亿个用于地理定位的查询。

使用预测算法和实时的大量数据，滴滴出行可以预测交通拥堵并基于当前的交通状况，进行调度和协调，以提升乘车服务的效率并缓解交通拥堵状况。滴滴出行还积极与交警部门合作，为实施更智能的运输管理提供帮助。

在高峰时段，互联网打车服务用于平衡供需的最常用方法是动态定价，需求量越多则价格越高。这样做的目的是通过更高的报酬来激励司机提供服务，同时通过更高的价格来抑制打车需求。就高峰出行时段的需求和供给的不平衡状况来说，这是一种实用的解决方案。而基于历史数据，滴滴出行开发的算法系统能够实时评估和预测交通服务需求，可在高峰时段优化资源分配，从而可能消除动态定价并解决供需失衡问题。即使在高峰时段，乘客仍然可以以合理的价格乘坐车辆，而司机可以通过提前发布的需求通知来更好地利用自己的时间和车辆。现在滴滴出行已经能够在特定区域内提前 15 分钟预测需求，准确率为 85%。

在智能交通管理方面，滴滴出行于 2017 年初在济南市最拥挤的金石路上进行了一次实验，由滴滴出行的司机端贡献的数据结合传感器来实时控制智能交通信号灯。通过分析司机端的数据，滴滴出行的平台可以预测交通流量的模式，相应地调整交通信号灯，从而确保更顺畅的驾驶体验。根据该公司的数据，高峰时段的拥堵率下降了近 11%。这一实验被认为是成功的。

虽然现在政府部门、研究机构和公司都在研究交通拥堵现象并试图减轻甚至消除交通拥堵，但是在不了解为什么发生特定的交通拥堵的情况下试图减少拥堵是注定要失败的。要解答的关键问题包括：

（1）交通流量来自哪里和去往何处？

（2）交通流量的车辆构成如何？

（3）为什么这些车辆要现在出行？

（4）有没有其他的交通运输选项？

有些行政区域的交通管理部门通过交通地图提供了交通拥堵数据。这些交通地图用不同的颜色来区分拥堵程度，比如用红色表示很拥堵，用绿色表示畅通。这其中典型的代表有北京市公安局公安交通管理局提供的实时路况服务以及美国华盛顿州交通部提供的类似的服务。另一方面，若干地图服务提供商，比如高德地图、谷歌地图、必应地图等，利用他们免费提供的运行在大量用户的智能手机上的地图 App 来采集速度和拥堵数据等，并且在他们各自的地图服务里用不同的颜色来呈现速度或者拥堵状况。这类用颜色标注的以图片形式呈现的交通拥堵状态数据对人类来说很容易理解，但是如果要让计算机程序能够理解这类数据，要么获取原始的以数值形式呈现的数据，要么将图片数据转换为数值数据。前一种获取数据的方式并不容易，因此我们在本节探讨如何用不同的编程语言来获取交通拥堵状态图片，将不同的颜色转换为数值，并在 MapReduce 计算模式下利用数据并行地将图片数据转为数值数据。

9.3.1　实验环境配置

硬件为搭载多核 CPU、具有较大内存的工作站或者个人计算机，操作系统为常用的 Linux 发行版本，如 Ubuntu16.04 或者 CentOS7.4。需要安装 Python 编程语言并配置 Python 虚拟环境，以便在其中安装所需的提供各种功能的编程库。图 9-5 展示了进行数据处理时所用的工作站的 CPU 和内存、操作系统版本的截图。

图 9-5　工作站的 CPU 和内存、操作系统版本的截图

9.3.2　交通拥堵状态图片获取

每个网站的工作方式不同,因此需要针对不同的网站,编写特定的爬虫程序。我们以美国华盛顿州交通部网站上的图片的获取为例,来编写图片获取代码。因为该网站上提供的交通拥堵状态地图图片的组织方式和文件名存在很明显的规律,在运行 Linux 的计算机上使用 wget 工具即可以比较轻松地将数据从美国华盛顿州交通部网站上将交通拥堵状态图片全数下载到工作计算机上进行存储。

交通数据集

而要从地图服务提供商的网站上获取交通拥堵状态图片,则需要将多种技术,比如浏览器技术、浏览器驱动程序技术、定时器技术等组合起来使用。

9.3.3　将颜色转换为数值

通过人眼查看从上述的交通管理部门或者地图服务提供商获取到的交通拥堵状态图片时,我们会认为红色的 RGB 值是一样的。但是实际上,不同的数据来源提供的图片里的拥堵状态颜色的值并不一致。而在表征同一拥堵状态时,有的数据源在不同的时刻给出的图片里的 RGB 值也不一样:以红色的 RGB 值为例,同一数据源用来表示拥堵比较严重的红色的 RGB 值其实是围绕 RGB(255,0,0)抖动的,而且抖动的规则其实只有地图服务商知道。这就带来一个问题:如何将在一个规则不明的范围内抖动的颜色值转换为同一个浮点数值?我们可以尝试至少两种不同的方法。

(1) 采用基于统计学的方法来转换。针对某个交通拥堵状态地图提供方,采集尽量多的数据,然后计算在三维 RGB 空间里各个颜色值的聚合情况,从而用最邻近值算法尽量确定每一个颜色值的范围。

(2) 采用空间变换,将颜色从 RGB 颜色空间变换到 HSV(H 指色调,S 指饱和度,V 指明度)颜色空间。HSV 颜色空间的优点是,各种颜色的范围可以通过 Hue 这个维度来轻松确定。比如 Tostes 等提供了一个算法来区分红色、黄色和绿色。该算法用伪代码描述如下:

```
Input:Image file i,Set of Road Masks kr
GreenPixels=0;
YellowPixels=0;
RedPixels=0;
NoCategoryPixels=0;
foreach Road Mask kr do
    foreach Pixel p in the kr image do
        if p is black then
            if hue(p)<30 or hue(p)≥ 330 then
                RedPixels++;
            end
        else if hue(p)<70 then
            YellowPixels++;
        end
```

```
            else if hue(p)<150 then
                GreenPixels++;
            end
            else
                NoCategoryPixels++;
            end
        end
    end
end
```

9.3.4　利用多核 CPU 并行将图片数据转换为数值数据

从要求的工作量来说,基于 HSV 颜色模型的方法比基于颜色值统计的方法要求的工作量要小,因此本小节采用基于 HSV 颜色模型的方法,把交通拥堵状态图片转换为数值数据。交通拥堵状态图片除了包含道路上的拥堵状态信息外,还包含其他的额外信息,比如海、湖、建筑物分布情况等。在有些情况下这些额外信息不必要,甚至会形成干扰,因此需要在将图片数据转为数值数据之前通过预处理环节去掉额外信息而只保留道路和道路上的拥堵状态信息。这一预处理工作可以通过人工方法,使用图片处理软件制作二维的道路掩码图片来解决。另一方面,获取的交通拥堵状态图片的数量很多,比如美国华盛顿州交通部每隔 15 分钟会生成一张针对某个地区的交通拥堵状态图片(在使用其他数据源的情况下,间隔时间会有所不同,但原理是一样的),那么每年会生成约 $365 \times 24 \times 4 = 35040$ 张图片。如果用单进程来处理这么多张图片,会导致效能低下;而现在的主流个人计算机往往是多核的,更进一步地说,工作站的CPU 拥有的内核个数更多,在这种情况下,可以使用 Linux 操作系统上的命令行程序 xargs,结合 Map 计算模式,来充分利用计算机的 CPU 内核。

9.3.5　保留道路及其拥堵状态信息

在以只保留道路及其拥堵状态信息为目的的预处理环节,将制作好的道路掩码图片命名为 mask1.png。同时还需要另外一个程序——extract_road_networks.py,用来组合每一张交通拥堵状态图和掩码图片 mask1.png,以便从该张交通拥堵状态图里抽取出实际的道路和拥堵状态并另外保存为一张新的图片。仍以从美国华盛顿州交通部网站上获取的交通拥堵状态图片为例,extract_road_networks.py 的核心处理部分用 Python 代码表示如下:

```python
import imageio
import cv2


roads_mask=imageio.imread(template_image_path)
traffic_image=imageio.mimread(input_image_path)


new_mask=roads_mask# # 取决于掩码图片里像素的值的范围


roads_net=cv2.bitwise_and(traffic_image,traffic_image,mask= new_mask)
```

对以上代码说明如下。

第 1 行和第 2 行:引入依赖的软件包,imageio 用于读取和保存图片,cv2 用于进行图片的掩码操作从而提取图片里表示路网拥堵状态的像素。

第 3 行：读取道路路网掩码图片，将图片以二维数据矩阵的形式加载到内存中，并用 roads _mask 来指向这个矩阵。

第 4 行：读取一张原始交通拥堵图片。华盛顿州交通部提供的原始图片是 gif 文件，而 gif 文件里包含多个图片帧，因此需要用 mimread 函数而不是 imread 函数来读取这种格式的图片。

第 5 行：将读取的道路路网掩码图片数据转换为二值（即 0 和 1）矩阵，供第 6 行使用。

第 6 行：利用 cv2 的 bitwise_and 函数将原始交通拥堵图片里每个像素和路网掩码图片中的每个值进行逐位筛选，得到路网掩码图片里路网对应的像素，从而实现路网上的交通拥堵状态信息的保存，同时去掉其他无关元素。

写好道路及拥堵状态抽取程序以后，利用另一个 shell 命令行程序 find 加上 xargs 可以获得交通拥堵状态信息：

```
find /path/to/grabbed/traffic_images/ -type f -name "*.gif" | xargs -I{} extract_road_
networks.py -i{} -d /where/to/save/processed/image
```

以上代码中：

find 命令用于列出位于路径"/path/to/grabbed/traffic_images/"下的所有的 gif 文件的完整路径，然后经由 shell 的管道把完整路径列表交给 xargs 命令；xargs 命令再对 gif 文件输入道路提取网络文件 extract_road_networks.py 进行处理，从而实现所有原始交通拥堵图片里的路网拥堵状态信息提取。

当然，extract_road_networks.py 还需要其他的辅助代码，比如解析命令行参数代码，以保存只包含道路和拥堵状态信息的图片。

9.3.6　将拥堵状态信息转换为浮点数值

道路和拥堵状态图片里的像素依然是以 RGB 颜色表示的。Python 里有个名为 hasel 的软件包，能非常方便地把 RGB 颜色值转为 HSV 颜色值。在采用 Python 语言的情况下，用 HSV 颜色方案表征的图片是用 Python 语言的另一个软件包 numpy 的 ndarray 在计算机内存里暂存的。接下来可以用 numpy 提供的函数将 HSV 颜色转为浮点数值。利用以下代码，将绿色转换为浮点数 0.25，黄色转换为浮点数 0.5，红色转换为浮点数 0.75，深红色转换为浮点数 1.0，黑色（非道路部分）转换为浮点数 0.0。

```
def hsv2float(hsva_image):
    alpha=np.dot(hsva_image,[0.0,0.0,0.0,1.0])
    hue=np.dot(hsva_image,[360.0,0.0,0.0,0.0])
    lightness=np.dot(hsva_image,[0.0,0.0,100.0,0.0])

    black_mask=np.logical_and(np.asarray(lightness,np.int8) ==0,alpha>250)
    maybe_red_mask=np.logical_and(hue>0,np.logical_or(hue<30,hue>=330))
    yellow_mask=np.logical_and(hue>=30,hue<70)
    green_mask=np.logical_and(hue>=70,hue<150)

    jam_rep=np.zeros(hsva_image.shape[:-1],dtype=np.float64)
```

```
jam_rep[black_mask]=1.0
jam_rep[maybe_red_mask]=0.75
jam_rep[yellow_mask]=0.50
jam_rep[green_mask]=0.25

return jam_rep
```

同样地,为了加快转换速度,这里需要用 find+xargs 的组合来提高效率。

9.4　工业大数据分析

9.4.1　基于卷积神经网络的轴承故障诊断

1. 轴承故障诊断数据集

工业数据集和代码

轴承故障诊断数据集使用的是美国凯斯西储大学(CWRU)轴承数据集,选择了采集频率为 12 kHz 轴承故障数据作为原始实验数据,见表 9-6。其中轴承故障有四种类型:正常、滚动体故障、内圈故障和外圈故障。每种故障类型分别包含 0.007 in(1 in=25.4 mm)、0.014 in 和 0.021 in 三种尺寸的故障,因此总共有十种类型的故障标签。每个故障标签包含三种类型负载:1 米制马力、2 米制马力和 3 米制马力(电动机速度分别为 1772 r/min、1750 r/min 和 1730 r/min)。在实验中,每个样本都是从两个振动传感器中提取出来的,如图 9-6 所示。我们使用一半的振动信号来生成训练样本,其余的用于生成测试样本。训练样本由宽度为 2048 个数据点的滑动窗口生成,滑动步长为 80。测试样品由相同宽度的滑动窗口和不重叠滑动窗口生成。数据集 A、B 和 C 分别处于不同的工作条件下,负载分别为 1 米制马力、2 米

表 9-6　滚动轴承数据集描述

故障位置		正常	滚 动 体			内 圈			外 圈			负载/米制马力
故障尺寸/in		0	0.007	0.014	0.021	0.007	0.014	0.021	0.007	0.014	0.021	
故障标签		1	2	3	4	5	6	7	8	9	10	
数据集 A	训练	660	660	660	660	660	660	660	660	660	660	1
	测试	25	25	25	25	25	25	25	25	25	25	
数据集 B	训练	660	660	660	660	660	660	660	660	660	660	2
	测试	25	25	25	25	25	25	25	25	25	25	
数据集 C	训练	660	660	660	660	660	660	660	660	660	660	3
	测试	25	25	25	25	25	25	25	25	25	25	
数据集 D	训练	1980	1980	1980	1980	1980	1980	1980	1980	1980	1980	1,2,3
	测试	75	75	75	75	75	75	75	75	75	75	

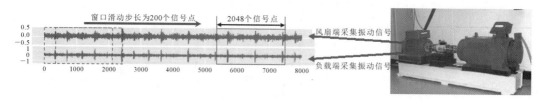

图 9-6　生成样本流程

制马力和 3 米制马力，每个数据集包含 660 个训练样本和 25 个测试样本。数据集 D 处于三种工作条件下，包含 1980 个训练样本和 75 个测试样本。

1）数据预处理

数据预处理包括原始数据加载、训练集和测试集准备、数据样本可视化几个步骤。

原始数据是以 .mat 结尾的 matlab 数据格式，在 Python 中加载读取时可使用 scipy 模块的 loadmat 函数，对训练集和测试集可使用 GitHub 上开源的 cwru 模块来加载原始数据，并将数据划分为训练集与测试集。cwru 模块输入第一个参数用于指定加载数据集，第二个参数用于指定加载数据集对应的转速，第三个参数用于指定滑动窗口大小。以下是使用 cwru 模块对数据进行处理的代码：

```python
import cwru as cwru
window_size=2048
hps=['1772','1750','1730']
window_size=2048
datas={}
indices={}
for i,hp in enumerate(hps):
    datas[hp]=cwru.CWRU(['12DriveEndFault'],[hp],window_size)
    train_classes=list(set(datas[hp].y_train))
indices[hp]=[np.where(datas[hp].y_train==i)[0] for i in train_classes]
```

2）数据样本可视化

对振动信号常进行时域与频域可视化显示，时域可视化显示用 matplotlib 模块可很方便地实现，频域可视化显示涉时频变换操作，如下所示：

```
'''
:param x:输入信号
:param params:{fs:采样频率;
               window:窗。默认为汉明窗。
               nperseg:每个段的长度，默认为 256。
               noverlap:重叠的点数。指定值时需要满足 COLA 约束。默认是窗长的一半。
               nfft:fft 长度，
               detrend:(str、function 或 False)指定如何去趋势，默认为 Flase,不去趋势。
               return_onesided:默认为 True,返回单边谱。
               boundary:默认在时间序列两端添加 0
               padded:是否对时间序列进行填充 0(当长度不够的时候)
               axis:可以不必关心这个参数}
:return:f:采样频率数组;t:时间段数组;Zxx:STFT 结果
'''
```

下面是短时傅里叶变换(STFT)频谱图示例代码。

```
import scipy.signal as signal
import matplotlib.pyplot as plt
fs=12e3
def stft_specgram(x,picname=None,* * params):    # picname 是给图像的名字,为了保存
                                                   图像
    f,t,zxx=signal.stft(x,* * params)
    plt.figure(figsize=(6,4) )
    plt.pcolormesh(t,f,np.abs(zxx))
    plt.colorbar()
    plt.title('STFT Magnitude')
    plt.ylabel('Frequency[Hz]')
    plt.xlabel('Time[sec]')
    plt.tight_layout()
    if picname is not None:
        plt.savefig('..\\picture\\'+str(picname)+'.jpg')        # 保存图像
    plt.show()
    # plt.clf()      # 清除画布
        return t,f,zxx
```

调用短时傅里叶变换作图函数,分故障类别和工况作出频谱图(见图 9-7),示例代码如下。

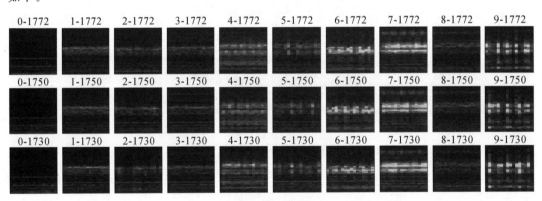

图 9-7　各类别和工况短时傅里叶变换

```
fig,axs=plt.subplots( len(hps),len(train_classes),figsize=(15,5) )
channel=0
z_min=0
z_max=0.1
fori,hp in enumerate(hps):
    for label in train_classes:
        time_series=datas[hp].X_train[indices[hp][label][5]]
        f,t,zxx=signal.stft(time_series[:2048,channel],fs=12000)
        ax=axs[i,label]
```

```
        ax.pcolormesh(t,f,np.abs(zxx),vmin=z_min,vmax=z_max)
        ax.get_xaxis().set_visible(False)
        ax.set_title('%s-%s'%(label,hp))
        ax.get_yaxis().set_visible(False)
    fig.tight_layout()
```

2. 模型定义与训练

本示例使用的模型是基于端到端的卷积神经网络模型（WDCNN），模型定义使用
Keras 框架，以下是模型定义代码：

```
from keras.layers import Input,Conv2D,Conv1D,Lambda,merge,Dense,Flatten,MaxPool-
ing2D,MaxPooling1D,Dropout
from keras.models import Model,Sequential
from keras.regularizers import l2
from keras import backend as K
from keras.optimizers import SGD,Adam
from keras.losses import binary_crossentropy


defload_wdcnn_net(input_shape=(2048,2),nclasses=10):
    convnet =Sequential()
    #  WDCNN
    convnet.add(Conv1D(filters=16,kernel_size=64,strides=16,activation='relu',
padding='same',input_shape=input_shape))
    convnet.add(MaxPooling1D(strides=2) )
    convnet.add(Conv1D(filters=32,kernel_size=3,strides=1,activation='relu',
padding='same'))
    convnet.add(MaxPooling1D(strides=2) )
    convnet.add(Conv1D(filters=64,kernel_size=2,strides=1,activation='relu',
padding='same'))
    convnet.add(MaxPooling1D(strides=2) )
    convnet.add(Conv1D(filters=64,kernel_size=3,strides=1,activation='relu',
padding='same'))
    convnet.add(MaxPooling1D(strides=2) )
    convnet.add(Conv1D(filters=64,kernel_size=3,strides=1,activation='relu'))
  convnet.add(MaxPooling1D(strides=2) )
  convnet.add(Flatten())
  convnet.add(Dense(100,activation='sigmoid'))
  prediction_cnn=Dense(nclasses,activation='softmax')(Dropout(0.5) ( convnet ))
  wdcnn_net=Model(inputs=left_input,outputs=prediction_cnn)

  # optimizer =Adam(0.00006)
  optimizer =Adam()
  wdcnn_net.compile(loss='categorical_crossentropy',optimizer=optimizer,metrics=
['accuracy'])
 print(wdcnn_net.count_params())
 return wdcnn_net
```

以下是模型加载与训练代码,使用 EarlyStopping 模型训练方法来避免模型过拟合,使用 ModelCheckpoint()函数来监控模型准确率,保存验证集准确率最高的模型。

```
# load wdcnn model and training
y_train=keras.utils.to_categorical(y_train,data.nclasses)
y_val=keras.utils.to_categorical(y_val,data.nclasses)
y_test=keras.utils.to_categorical(data.y_test,data.nclasses)

earlyStopping=EarlyStopping(monitor='val_loss',patience=20,verbose=0,mode='min')
filepath="%s/weights-best-10-cnn-low-data.hdf5" %(settings["save_path"])
checkpoint=ModelCheckpoint(filepath,monitor='val_acc',verbose=0,save_best_only=
True,mode='max')
callbacks_list=[earlyStopping,checkpoint]

wdcnn_net=models.load_wdcnn_net()
wdcnn_net.fit(X_train,y_train,
                batch_size=32,
                epochs=300,
                verbose=0,
                callbacks=callbacks_list,
                validation_data=(X_val,y_val))
```

3. 模型测试与评估

通过调用模型的评估函数在测试数据集上测试算法模型性能,代码如下。

```
# test wdcnn
score=wdcnn_net.evaluate(X_test,y_test,verbose=0)
print('wdcnn:',score)
```

对于分类问题,可以通过使用 sklearn 的 metrics 模块获得 F1 值、精准率、正交矩阵等来评估模型在各类上的性能表现。以下是构建正交矩阵的代码。

```
from sklearn.metrics import f1_score,accuracy_score,confusion_matrix

def plot_confusion_matrix(cm,classes=None,
                        normalize=False,
                        title='Confusion matrix',
                        cmap=plt.cm.Blues):
    """
    This function prints and plots the confusion matrix.
    Normalization can be applied by setting 'normalize=True'.
    """
    mpl.rcParams.update(mpl.rcParamsDefault)
    if normalize:
        cm=cm.astype('float')/ cm.sum(axis=1) [:,np.newaxis]
        print("Normalized confusion matrix")
```

```
else:
    print('Confusion matrix,without normalization')

print(cm)
plt.figure(figsize=(4,4) )
plt.imshow(cm,interpolation='nearest',cmap=cmap)
plt.title(title)
plt.colorbar(shrink=0.7)
tick_marks=np.arange(len(list(range(cm.shape[0]))))
# plt.xticks(tick_marks,classes,rotation=45)
plt.xticks(tick_marks,classes)
plt.yticks(tick_marks,classes,rotation=90)

fmt='.2f' if normalize else 'd'
thresh=cm.max()/ 2.
for i,j in itertools.product(range(cm.shape[0]),range(cm.shape[1])):
    plt.text(j,i,format(cm[i,j],fmt),
            horizontalalignment="center",
            color="white" if cm[i,j]>thresh else "black")
plt.ylabel('True label')
plt.xlabel('Predicted label')
plt.tight_layout()
plt.show()
return plt

    pred=np.argmax(wdcnn_net.predict(data.X_test),axis=1) .reshape(-1,1)
plot_confusion_matrix(confusion_matrix(data.y_test,pred),  normalize=False,title=
None)
    plt.savefig("%s/90-cm-wdcnn.pdf" %(settings["save_path"]))
```

常使用 TSNE(高维可视化工具)对神经网络模型提取特征进行可视化(见图 9-8)。使用 TSNE 可评估模型提取特征好坏,采用的代码如下:

```
from keras import backend as K
import numpy as np
try:from sklearn.manifold import TSNE;HAS_SK=True
except:HAS_SK=False;print('Please install sklearn for layer visualization')
intermediate_tensor_function=K.function([siamese_net.layers[2].layers[0].input],
                                    [siamese_net.layers[2].layers[-1].output])
plot_only=len(data.y_test)
intermediate_tensor=intermediate_tensor_function([data.X_test[0:plot_only]])[0]
#Visualization of trained flatten layer(T-SNE)
tsne=TSNE(perplexity=30,n_components=2,init='pca',n_iter=5000)
```

```
low_dim_embs=tsne.fit_transform(intermediate_tensor)
p_data=pd.DataFrame(columns=['x','y','label'])
p_data.x=low_dim_embs[:,0]
p_data.y=low_dim_embs[:,1]
p_data.label=data.y_test[0:plot_only]
utils.plot_with_labels(p_data)
plt.savefig("%s/90-tsne-one-shot.pdf"%(settings["save_path"]))
```

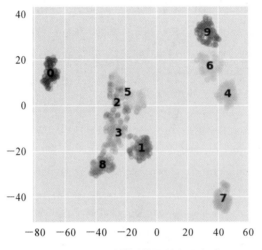

图 9-8　TSNE 对模型提取特征可视化

4. 代码示例小结

本示例主要介绍基于深度学习的轴承故障诊断,包含数据预处理、模型训练、模型测试与评估三大部分。本示例完整代码请参见本书所提供的代码库(扫描本节中二维码获取)中的示例代码,在此示例代码的基础上,本书代码库还会更新算法模型以方便感兴趣的读者学习。

9.4.2　基于卷积神经网络的寿命预测

1. 涡轮发动机寿命预测数据集

涡轮发动机寿命预测数据集采用了美国国家航空航天局(NASA)Ames 预测数据库提供的 C-MAPSS 数据集,它是涡轮风扇发动机从正常运行至失效的全寿命周期的退化模拟数据集。这个数据集包含表 9-7 中给出的四个小数据集。每个子数据集由多个多变量时间序列组成,进一步分为训练集和测试集。训练集中是不同涡轮发动机随着时间推移,设备逐渐失效的模拟传感器数据。测试集中是设备失效之前一段时间的数据。C-MAPSS 数据集中的单周期数据是一个 24 维特征向量,由 3 个操作设置数据和 21 个传感器数据组成。操作设置数据分别是高度、马赫数和油门旋转角度,它们决定了航空发动机的不同飞行条件。子数据集 FD001 基于单一工况条件,发动机的高压压缩机发生故障。子数据集 FD002 基于六种工况条件,发动机的高压压缩机发生故障。子数据集 FD003 基于单一工况条件下,发动机的高压压缩机和风扇发生故障。子数据集 FD004 基于六种工况条件,发动机的高压压缩机和风扇发生故障。

表 9-7　涡轮发动机退化模拟数据集

数据集编号	FD001	FD002	FD003	FD004
训练集个数	100	260	100	249
测试集个数	100	259	100	248
设备最大寿命/周期	362	378	525	543
设备最小寿命/周期	128	128	145	128
设备平均寿命/周期	206	206	247	245
工况条件数目	1	6	1	6
故障数目	1	1	2	2

2. 数据预处理

数据预处理包括原始数据加载、训练集和测试机准备。

原始数据是以 .csv 结尾的 CSV 数据文件，加载此类型文件可使用 pandas 模块中的 read_csv 函数，制作训练集与测试集需要在原始数据集的基础上进行切分。通过定义相关函数达到制作目的。

```
def gen_cuts(data,is_test_data):      //获得每个样本的起始位置和终止位置
    en_diff=0
    window_size=30
    max_cycles=130
    label_name='rul'
    train_validate_split=0.6
    if not is_test_data:
    id_max=data.loc[:,'id'].max()
    random_choise_num=int(10* id_max/100)if 10 else id_max
        np.random.seed(config['random_seed'])
        choise_list=np.random.choice(np.arange(id_max)+ 1,
                            random_choise_num,replace=False)
    train_validate_split=int(random_choise_num* train_validate_split)
        train_list=choise_list[:train_validate_split]
        validate_list=choise_list[train_validate_split:]
nrows=len(data)
start_time=time.time()
print("Gen cut index...",nrows)
cuts=[]
validate_cuts=[]
if(label_name=='rul'):
    for(start,end)in windows(nrows,window_size):
        if(data.loc[start,'id']==data.loc[end-1,'id']):
            if en_diff and data.loc[start,'cycle']==1:
                print("ignore:cycle=1 unitNum=%d start=%d end=%d"%
```

```
                        (data.loc[start,'id'],start,end))
                    continue
                if is_test_data and data.loc[end-1,'rul']<=max_cycles:
                    if end==nrows:
                        cuts.append((start,end))
                        continue
            elif data.loc[end-1,'id']! =data.loc[end,'id']:
                cuts.append((start,end))
                continue
            elif(data.loc[end-1,'rul']<=max_cycles):
                if data.loc[start,'id'] in train_list:
                    cuts.append((start,end))
                    continue
                if data.loc[start,'id'] in validate_list:
                    validate_cuts.append((start,end))
                    continue
    end_time=time.time()
    print(len(cuts),len(validate_cuts),end_time-start_time)
return cuts,validate_cuts
def cut_data(features,labels,cuts)://切分数据集,获得制作好的网络输入数据
    window_size=30
    print('cut feature shape:',features.shape)
    segments=np.empty((len(cuts),features.shape[1],window_size,1))
    segment_labels=np.empty((len(cuts),1))
    start_time=time.time()
    i=0
    for(start,end)in cuts:
        feature=features[start:end].T
        label=labels[end-1]
        segments[i,:,:,0]=feature
        segment_labels[i]=label
        i=i+1
        if(i%5000==0):
            end_time=time.time()
            print(i,end_time-start_time)
            start_time=end_time
    if(i<5000):
        end_time=time.time()
        print(i,end_time -start_time)
    return  segments,segment_labels
```

特征样本剪取过程如图 9-9 所示。

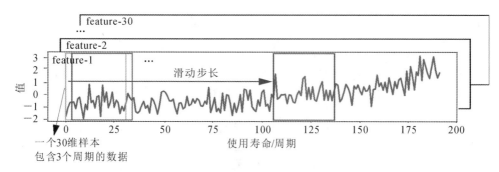

图 9-9　生成样本流程

3. 模型定义与训练

本示例使用的算法是端到端的卷积神经网络算法,模型定义使用 Keras 框架,以下是模型定义代码:

```
from keras.models import Sequential,model_from_json
from keras.layers import Conv2D,MaxPooling2D,Dropout,Flatten,Dense
from keras.callbacks import ModelCheckpoint,TensorBoard,Callback
from keras import regularizers


def cnn_net(train_x,train_y):
    # 设计 CNN 网络
    model =Sequential()
    model.add(Conv2D(filters=64,kernel_size=(train_x[0].shape[0],4),
                     activation='relu',
                     input_shape=train_x[0].shape,
                        name='C1'))
    model.add(Dropout(0.2) )
    model.add(MaxPooling2D(pool_size=(1,2) ))
    model.add(Conv2D(filters=32,kernel_size=(1,3),activation='relu'
        ,name='C2'))
    model.add(MaxPooling2D(pool_size=(1,2) ))
    model.add(Conv2D(filters=16,kernel_size=(1,3),activation='relu',name='C3'))
    model.add(MaxPooling2D(pool_size=(1,2) ))
    model.add(Flatten())
    model.add(Dense(32,kernel_initializer='normal',activation='relu'))
    model.add(Dense(1) )
    return model
```

以下是模型加载与训练代码。使用 EarlyStopping 模型训练回调配置来避免模型过拟合。利用 Kreas 中的 Callbacks(回调)函数来控制正在训练的模型,观察验证集的正确率变化,保存预测误差最小的模型。

```
from keras.callbacks import Callback,EarlyStopping
from keras.models import model_from_json
from keras import backend as K
```

```
class _LossHistory(Callback):
    def __init__(self,fold_index,label):
        self.best=np.inf
        self.fold_index=fold_index
        self.label=label
    de fon_epoch_end(self,epoch,logs=None):
        self.loss=np.mean(logs.get('loss'))
        self.val_loss=np.mean(logs.get('val_loss'))
        filename=''
        if epoch%config['n_epoch_print']==0:
            print("\n%d\t%d\t%d\t%.2f\t%.2f"%(config['random_choise_num'],
                self.fold_index,epoch,self.loss,self.val_loss))
        if self.val_loss<self.best:
            stdout.write('\r')
            stdout.write("%d\t%d\t%d\t%.2f\t%.2f"%(config['random_choise_num'],
                self.fold_index,epoch,self.loss,self.val_loss))
            stdout.flush()
            filename="%s/%d_best_weight%s.h5"%(config['path_model'],self.fold_
                                        index,self.label)
            self.model.save_weights(filename,overwrite=True)
            self.best=self.val_loss
        if epoch==config['epochs']-1:
            stdout.write('\n')
            filename="%s/%d_last_weight%s.h5"%(config['path_model'],self.fold_
                                        index,self.label)
            self.model.save_weights(filename,overwrite=True)


earlystopping=EarlyStopping(monitor='val_loss',min_delta=0,
            patience=50,verbose=1,mode='auto')
history=model.fit(train_x,train_y,
                batch_size=2048,
                    epochs=1000,
                    verbose=0,
                    shuffle=1,
                    validation_data=(test_x,test_y),
                callbacks=[_LossHistory(fold_index,label,
                        earlystopping,checkpoint])
```

4. 模型测试与评估

通过调用模型的评估函数在测试集上测试模型的性能,同时可以将预测的结果可视化并保存,以便更直观地感受真实值与预测值之间的差距。采用以下代码来实现:

```
defpred_and_plot(model,x,y,save_path,label='rul'):
    len_y=len(y)
```

```
        len_y=len_y if len_y<=1000 else 1000
        y=y[0:len_y]
        x=x[0:len_y]
        pred=model.predict(x,verbose=0)
        model_score=model.evaluate(x,y,verbose=0,batch_size=len(y)+1)
        len_y=len(y)
        len_y=len_y if len_y<=1000 else 1000
        y=y[0:len_y]
        pred=pred[0:len_y]
        y_arg=np.argsort(y,axis=0)
        y=y[y_arg]
        pred=pred[y_arg]
        print(y.shape,pred.shape)
        sample=np.arange(1,len_y+1,1)
        plt.figure()
        plt.plot(sample,y[:,0],'o',label='Actual')
        plt.plot(sample,pred[:,0],'rx',label='Prediction')
        plt.legend()
        p =plt.gca()
        p.set_xlabel("Test unit with increasing RUL")
        p.set_ylabel("Remaining useful life")
        p.set_xlim(0,len_y+1)
        p.set_xticks(np.arange(0,len_y+1,10) )
        p.set_xticks(np.arange(0,len_y+1,10) )
        filename="%s_%s_pred.pdf"%(save_path,label)      # 设置预测结果图的保存路径
        plt.savefig(filename)
        plt.close('all')
        if(label=='rul'):
            print(np.abs(pred-y).astype('int').T)
            print(np.max(np.abs(pred-y).astype('int').T))
```

运行代码后得到的模型预测结果可视化效果如图 9-10 所示。

对于回归问题，可以通过均方误差、得分函数等值来评判一个模型的性能表现，以下是得分函数与均方误差的应用示例代码：

```
def score(true_rul,pred_rul):
    h =pred_rul-true_rul
    print(true_rul.shape,pred_rul.shape,h.shape,len(h))
    rul_score=( greater(h[h>0])+less(h[h<=0]))
    rul_score_mean=rul_score/h.shape[0]
    mse=np.sum(np.power(h,2.0)/h.shape[0])
    return rul_score,rul_score_mean,mse
```

本示例完整代码请参见本书代码库对应的章节的示例代码。

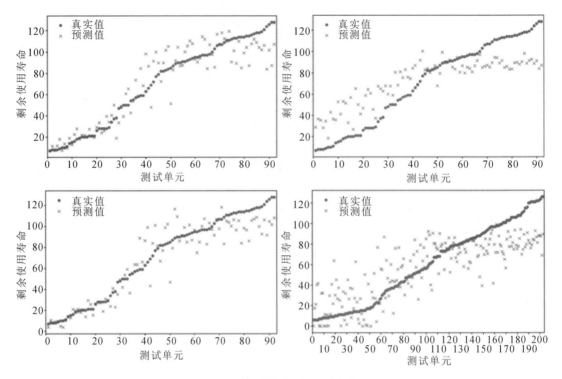

图 9-10　模型预测结果可视化效果

9.4.3　基于 HALCON 的胶囊缺陷轮廓检测

机械产品质量的优劣是衡量一个国家生产力发展水平和现代制造技术水平的重要标准之一,是企业立足于市场的核心竞争力。当今科技迅猛发展,现代工业正朝着高效、大型和集成化方向发展,传统的依赖于人工的质量检测方法具有主观性强、成本高和易产生视觉疲劳的缺点,已不能满足市场对多品种、多规格、高附加值产品的需求。因此,在复杂工业生产过

胶囊数据集

程中,如何采用人工智能、大数据技术,高速度、高精度和高效地进行质量检测,保障制造过程中机械产品的质量逐渐成为制造企业生产领域的首要任务。传统的图像处理方式包括图像平滑、阈值分割、blob 分析等。对于色彩、轮廓、纹理特征明显的图像,通常将图像转为灰度图,通过选取适合图像特征的阈值进行图像阈值分割,待提取图像特征后,再根据特征的不同进行 blob 分析,最终得到想要的处理结果。

1. 环境配置

HALCON 是德国 MVtec 公司开发的一套完善的标准的机器视觉算法包,拥有应用广泛的机器视觉集成开发环境。它节约了产品成本,缩短了软件开发周期,其灵活的架构便于机器视觉、医学图像和图像分析等方面应用软件的快速开发。

HALCON 支持 Windows10、Windows 8、Windows 7 以及 Linux 系统,安装方式简洁。

图 9-11 为 HALCON 主界面,包括图形窗口、变量窗口、程序编辑器窗口以及功能按钮。图形窗口用于显示经过可视化处理的图像与变量信息,变量窗口用于显示图像处理过程中变量的信息,程序编辑器主要用于程序代码的编辑。

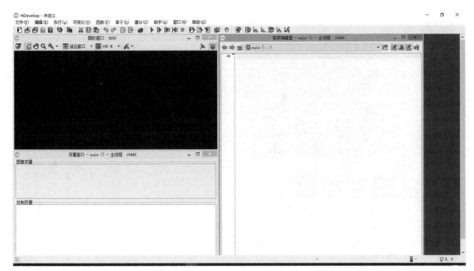

图 9-11　HALCON 主界面

2. 胶囊缺陷轮廓检测代码详解

胶囊缺陷轮廓检测流程如下:

首先将彩色图像转换为更容易处理的灰度图像,在通过直方图均衡化处理之后,灰度图像的特征更为明显,对比度更高。接着,利用阈值分割进行胶囊缺陷轮廓的特征提取,然后通过断开连通区域,选择更适合的区域后将连通区域再次闭合。最后在图形窗口上显示出检测到的胶囊缺陷轮廓。

源代码如下:

```
read_image(Image,'C:/Users/wz/Desktop/test1.jpg')
get_image_size(Image,Width,Height)
rgb1_to_gray(Image,GrayImage)
equ_histo_image(GrayImage,ImageEquHisto)
threshold(ImageEquHisto,Regions,251,255)
connection(Regions,ConnectedRegions)
select_shape(ConnectedRegions,SelectedRegions,'area','and',290.83,628.44)
union2(SelectedRegions,SelectedRegions,RegionUnion)
dev_close_window()
dev_open_window(0,0,Width,Height,'black',WindowID)
dev_display(RegionUnion)
```

1)算子 read_image

算子 read_image 用于读入一张图像,它主要包括两个参数:第一个参数是读入图像后赋予图像的名称,这里图像名称为 Image;第二个参数是读入图像的地址,这里图像地址为 C:/Users/wz/Desktop/test1.jpg。

图 9-12 为读入图像的效果。在图形窗口中已经将读入的图像显示出来,变量窗口中新出现了一个变量,被命名为 Image。接下来使用 get_image_size 算子获取读入图像的大小。

2) 算子 get_image_size

算子 get_image_size 共有 Image、Width、Height 三个参数。参数 Image 为要获取参数

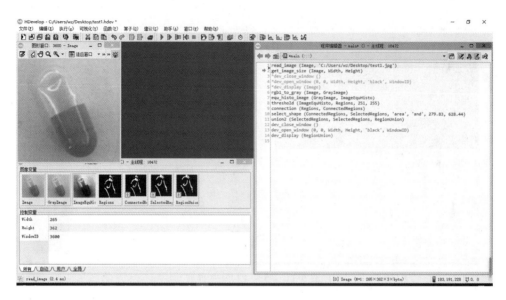

图 9-12　读入图像的效果

图像的名称；参数 Width、Height 为算子的输出参数，分别为输出图像的宽度和高度。

　　3）算子 rgb1_to_gray

　　算子 rgb1_to_gray 的作用是将彩色图像转换为灰度图像。有时为了便于特征提取，对读入的彩色图像进行灰度化转换。rgb1_to_gray 算子共有两个参数：第一个是算子的输入，即待处理的图像名字，为 Image；第二个参数是输出参数 GrayImage，表示一个灰度图像。图像灰度化处理过程如图 9-13 所示。

图 9-13　图像灰度化处理

　　4）算子 equ_histo_image

　　算子 equ_histo_image 实现的是直方图均衡化效果。图像的直方图展示了图像像素的分布特征,在进行色彩、纹理、特征分明图像的处理时,其图像直方图分布较为明显,根据直方图分布进行图像阈值分割。但由于光照等外界条件的影响,常常遇到图像的直方图分布集中的情况(见图 9-14),通过普通的阈值分割不容易将图像特征完全分割开来。

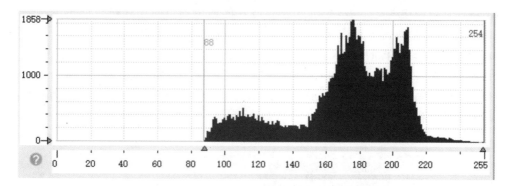

图 9-14　分布集中的直方图

因此,利用算子 equ_histo_image 对图像直方图进行均衡化处理,如图 9-15 所示。直方图经均衡化处理后的图像信息如图 9-16 所示。

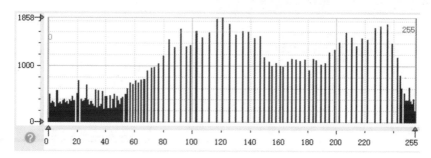

图 9-15　直方图均衡化效果

图 9-16　直方图经均衡化处理后的图像信息

算子 equ_histo_image 有两个参数:第一个参数为输入图像,这里输入之前进行灰度化处理之后的图像 GrayImage;第二个参数为直方图经均衡化的输出图像 ImageEquHisto。

5) 算子 threshold

图像直方图经均衡化之后,要选取较为适合的两个阈值对图像进行阈值分割。算子 threshold 的作用是对待处理图像进行阈值分割。它有四个参数,第一个参数 ImageEquHisto 是输入待处理图像的名称(值得注意的是,这里输入的是直方图均衡化后的图像 ImageEquHisto);第二个参数 Regions 表示阈值分割后的输出图像;后面两个参数分别是阈值分割需要的最小阈值和最大阈值。图 9-17 所示为图像经阈值分割后的效果(表面胶囊的凹陷缺陷轮廓已经找到)。

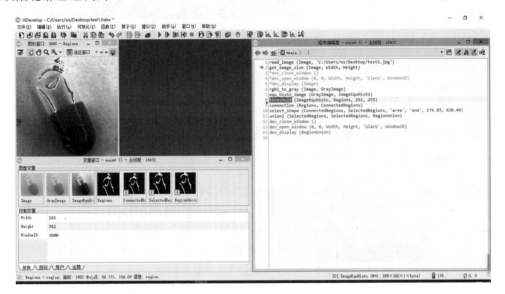

图 9-17　图像经阈值分割后的效果

6) 算子 connection

算子 connection 用于将连通区域分开,它有两个参数:第一个参数表示输入图像,这里输入阈值分割后的图像 Regions;第二个参数为输出变量,是将阈值分割出的部分进行小块划分的结果,将其命名为 ConnectedRegions。图 9-18 中的彩色小块为断开的一个个独立的区域。

7) 算子 select_shape

算子 select_shape 的作用是选择需要连通区域。在上一步将连通区域断开后,利用算子选择需要的区域进行后处理。select_shape 算子共有六个参数:第一个参数 ConnectedRegions 是算子的输入,用于选择上一步断开的连通区域变量图;第二个参数 SelectedRegions 是算子的输出;第三个和第四个参数是选择区域的条件,根据区域大小进行选择,并且是包含关系,因此,分别选择'area'和'and'参数;最后两个参数是区域大小的范围,根据实际情况分别选择 279.83 和 628.44。

8) 算子 union2

算子 union2 的作用是将上一步选择的区域再次进行合并,得到一个新的特征图。它共有三个参数:第一个和第二个是算子的输入,这里都选择之前选择的图像特征 SelectedRegions;第三个参数 RegionUnion 是算子的输出。图 9-19 为合并连通区域之后的结果。

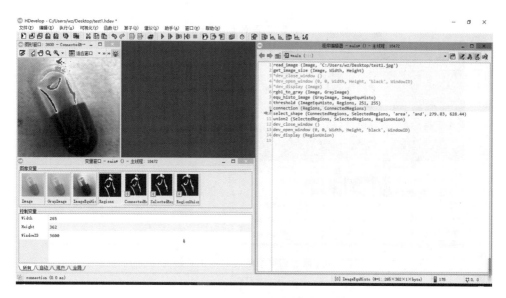

图 9-18　断开连通区域

图 9-19　合并选择的连通区域

9）算子 dev_close_window、dev_open_window、dev_display

算子 dev_close_window、dev_open_window、dev_display 这三个算子用于操作图形显示窗口。首先为了看起来清爽简洁，使用 dev_close_window 算子时把之前的窗口关掉。

接着用 dev_open_window 算子打开一个新的窗口，窗口采用与原图像一样的宽度和高度，窗口内部为黑色。

最后用 dev_display 算子将最后选择出的胶囊缺陷轮廓显示出来，如图 9-20 所示。

3. 实验结果

图 9-21 为胶囊缺陷轮廓检测实验结果。各行源代码对应的实验结果如表 9-8 所示。

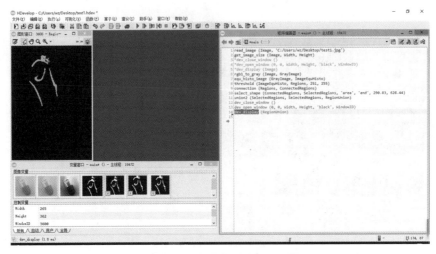

图 9-20　最后选择出的胶囊缺陷轮廓显示

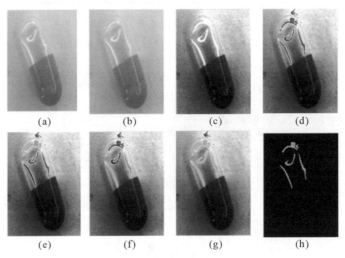

(a)　　　(b)　　　(c)　　　(d)

(e)　　　(f)　　　(g)　　　(h)

图 9-21　胶囊缺陷轮廓检测实验结果

表 9-8　各行源代码对应的实验结果

实验图序号	(a)	(b)	(c)	(d)	(e)	(f)	(g)	(h)
源代码(行)	1	3	4	5	6	7	8	10

9.4.4　基于 YOLOv3 的胶囊缺陷检测

基于深度学习的图像处理技术是目前较为新颖且应用广泛的数字图像处理技术。在实验中,我们通过收集大量的图形图像样本,对搭建的深度神经网络进行针对性模型训练,最终获得一个能较好拟合样本图像特征的深度神经网络模型,利用此模型进行新图像的特征检测与定位。

质量检测数据集

1. 环境配置

YOLOv3 是 YOLO 系列目标检测算法的第三代算法,采用了端到端的卷积神经网络结构。借鉴残差网络结构,形成更深的网络层次和多尺度检测,提升了平均精准率(mAP)及小物体检测效果。如图 9-22 所示,在精确度相当的情况下,YOLOv3 的速度是其他模型的 3～4 倍。

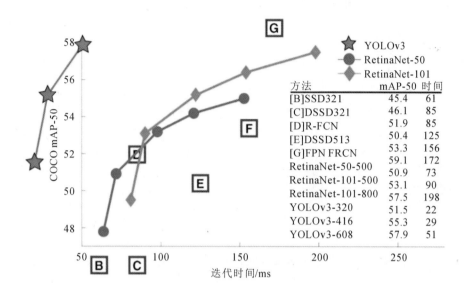

图 9-22　YOLOv3 算法与其他目标检测算法对比

　　YOLOv3 是一个开源的计算机视觉算法(其代码与使用方法获取路径为 https://pjreddie.com/darknet/yolo/)。在使用深度学习工具进行图像目标检测之前,需要获取目标图像的数据集并对其进行数据标注。目前主流的图像标注工具有开源的 labelme、labelimage 等。

　　YOLOv3 的安装环境以 Ubuntu16.04 系统为例。基础环境为 Python3 环境,建议安装 Anaconda 进行 Python 环境管理。在 Python3 环境中采用如下代码安装 labelme:

```
sudo apt-get install python3-pyqt5
sudo pip3 install labelme
```

　　在安装完 labelme 后使用工具进行图像标注,并整理好需要训练的图像数据集。本案例提供部分已经标注好的数据集,仅供读者进行 YOLOv3 实验。

　　首先,下载编译 darknet 深度学习框架学习代码如下:

```
git clone https://github.com/pjreddie/darknet
cd darknet
```

接着修改配置文件 Makefile(如何使用 gpu 可参考):

```
GPU=1       # 如果使用 GPU 设置为 1,如果使用 CPU 则设置为 0
CUDNN=1     # 如果使用 CUDNN 设置为 1,否则设置为 0
OPENCV=0    # 如果调用摄像头,设置 OPENCV 为 1,否则设置为 0
OPENMP=0    # 如果使用 OPENMP 设置为 1,否则设置为 0
DEBUG=0     # 如果使用 DEBUG 设置为 1,否则设置为 0
```

然后,在 darknet 终端目录下开始编译,输入:

```
make
```

下载 YOLOv3 预训练模型,代码为

```
wget https://pjreddie.com/media/files/yolov3.weights
```

下载完成后可以先测试一下是否安装成功,测试代码为

```
./darknet detect cfg/yolov3.cfg yolov3.weights data/dog.jpg
```

2. 实验步骤

(1)创建数据集文件夹。

首先在 darknet 文件夹下创建数据集文件夹,格式与 VOC2007 数据集格式相同,具体格式如下。

```
VOCdevkit
VOC2007
    Annotations
    ImageSets
        Layout
        Main
        Segmentation
    JPEGImages
```

将所有训练图片复制到 JPEGImages 文件夹下,将所有对应的 xml 文件复制到 Annotations 文件夹下。

(2)生成模型训练所需要的数据标签。

在 VOC2007 目录下新建 main.py 文件,会在 Main 文件夹下生成四个 txt 文本文件。main.py 的作用是将所有的数据集分成四份,分别是测试集 test.txt、训练集 train.txt、验证集 val.txt 以及训练集合的验证集 trainval.txt。这四个文本文件中包含着对应图像的名称,在训练时可以根据需要进行训练数据的选择。

接着,在 darknet 文件夹中新建 voc_label.py 文件,其中 classes=["sunk-position","sunk","normal"],classes 变量为要训练的图像中不同类别的名字,这里胶囊共有三种类别,给它们分别命名为"sunk-position","sunk","normal"。

运行 voc_label.py 文件后会在 darknet 文件夹下生成三个文本文件,分别为 2007_test.txt、2007_train.txt 和 2007_val.txt。它们包含着对应图像的名字和存放的路径,以便模型训练、验证与测试时调用图像。同时,在 VOC2007 文件夹中会生成 labels 文件夹,其中包含所有参与训练图像的标注标签。

(3)修改配置文件。

在 darknet/cfg 文件夹中打开 yolov3-voc.cfg 文件,搜索 yolo,总共会搜出三个含有 yolo 的地方,根据自己的分类数修改配置文件,如图 9-23 所示。

这里主要进行修改的有两部分,第一个是[yolo]层上面两行的 filters 变量,根据 filters $=3\times(5+len(classes))$ 进行修改。这里 classes=3,因为实例中只有三类胶囊,因此 filters $=3\times(5+3)=24$。同理,将[yolo]层下面的 classes 变量修改为 3。原版本中 classes=80,这是因为作者的数据集中有着 80 类不同的图像数据。其他变量暂时不需要修改,可根据后期模型训练过程与模型拟合效果进行逐步调参。

在 yolov3-voc.cfg 文件中包含着许多训练过程中的超参数设置,这里简要介绍几个较为常用的超参数设置:

```
[convolutional]
size=1
stride=1
pad=1
filters=24
activation=linear

[yolo]
mask = 6,7,8
anchors = 46,113,  87,68,  25,29,  59,111,  35,39,  81,84,  89,53,  72,101,  190,169
classes=3
num=9
jitter=.3
ignore_thresh = .5
truth_thresh = 1
random=0
```

图 9-23   修改的配置文件

```
[net]
#  Testing                    # 测试模式
#  batch=1                     # 训练模式,每次前向传播的图片数目=batch/subdivisions
#  subdivisions=1
#  Training
batch=64
subdivisions=16
width=416                      # 网络的输入宽、高、通道数
height=416
channels=3                     # 图像通道数
momentum=0.9                   # 动量
decay=0.0005                   # 权重衰减
angle=0                        # 训练过程中对图像做图像增强,随机旋转角度
saturation=1.5                 # 饱和度
exposure=1.5                   # 曝光度
hue=.1                         # 色调
learning_rate=0.001            # 学习率
burn_in=1000                   # 学习率控制的参数
max_batches=50200              # 迭代次数
policy=steps                   # 学习率策略
steps=40000,45000              # 学习率变动步长
```

在 darknet/data 中打开 voc. names 文件,将其中的名字修改为实例中胶囊类别的名字,如图 9-24 所示。

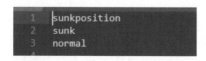

图 9-24   voc. names 文件示意图   图 9-25   voc. data 文件示意图

在 darknet/cfg 中打开 voc. data 文件,如图 9-25 所示,将其中的 train 路径、valid 路径中最后的文件名称分别修改为 2007_train. txt 和 2007_val. txt。同时,将 classes 的值修改

为 3,表示只有三个类别。names 变量是定义的三个胶囊种类的名称,backup 是保存模型权重的文件夹名称。

(4) 开始训练。

在 darknet 文件夹中打开终端,代码为:

```
./darknet detector train cfg/voc.data cfg/yolov3-voc.cfg darknet53.conv.74
```

(5) 进行模型测试,代码为

```
./darknet detect cfg/ yolov3-voc.cfg backup/my_yolov3.weights test.jpg
```

3. 实验结果

图 9-26 为使用 YOLOv3 对胶囊进行缺陷检测的实验结果,在迭代 50200 次之后,模型对胶囊的缺陷有着不错的拟合效果。相比传统的图像处理方法,深度学习方法不需要人为地进行特征提取,模型能更好地自动学习并提取出图像的特征,模型的鲁棒性更强。但深度学习方法比较依赖丰富、多样性的数据集以及硬件计算设备的支持,计算处理速度相对传统算法而言较慢。

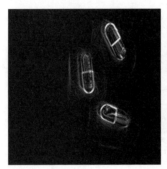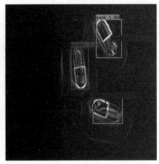

图 9-26　YOLOv3 胶囊缺陷检测实验结果

4. 源代码

基于 YOLOV3 的胶囊检测源代码如下。

```
main.py
import os
import random

trainval_percent=0.3
train_percent=0.7
xmlfilepath='Annotations'
txtsavepath='ImageSets/Main'
total_xml=os.listdir(xmlfilepath)

num=len(total_xml)
list=range(num)
tv=int(num* trainval_percent)
tr=int(tv* train_percent)
trainval=random.sample(list,tv)
train=random.sample(trainval,tr)
```

```
ftrainval=open(txtsavepath+'/trainval.txt','w')
ftest=open(txtsavepath+'/test.txt','w')
ftrain=open(txtsavepath+'/train.txt','w')
fval=open(txtsavepath+'/val.txt','w')
for i in list:
    name=total_xml[i][:-4]+'\n'
    if i in trainval:
        ftrainval.write(name)
        if i in train:
            ftrain.write(name)
        else:
            fval.write(name)
    else:
        ftest.write(name)

ftrainval.close()
ftrain.close()
fval.close()
ftest.close()


voc_label.py
importxml.etree.ElementTree as ET
import pickle
importos
fromos import listdir,getcwd
fromos.path import join


sets=[('2007','train'),('2007','val'),('2007','test')]


classes=["sunk-position","sunk","normal"]


def convert(size,box):
    dw=1./size[0]
    dh=1./size[1]
    x=(box[0]+box[1])/2.0
    y=(box[2]+box[3])/2.0
    w=box[1]- box[0]
    h=box[3]- box[2]
    x=x*dw
    w=w*dw
    y=y*dh
    h=h*dh
    return(x,y,w,h)


def convert_annotation(year,image_id):
```

```
    in_file=open('VOCdevkit/VOC%s/Annotations/%s.xml'%(year,image_id))
    out_file=open('VOCdevkit/VOC%s/labels/%s.txt'%(year,image_id),'w')
    tree=ET.parse(in_file)
    root=tree.getroot()
    size=root.find('size')
    w=int(size.find('width').text)
    h=int(size.find('height').text)

    for obj in root.iter('object'):
        difficult=obj.find('difficult').text
        cls=obj.find('name').text
        if cls not in classes or int(difficult)==1:
            continue
        cls_id=classes.index(cls)
        xmlbox=obj.find('bndbox')
        b=(float(xmlbox.find('xmin').text),float(xmlbox.find('xmax').text),float
(xmlbox.find('ymin').text),float(xmlbox.find('ymax').text))
        bb=convert((w,h),b)
        out_file.write(str(cls_id)+" "+" ".join([str(a)for a in bb])+'\n')

wd =getcwd()

for year,image_set in sets:
    if notos.path.exists('VOCdevkit/VOC%s/labels/'%(year)):
        os.makedirs('VOCdevkit/VOC%s/labels/'%(year))
    image_ids=open('VOCdevkit/VOC%s/ImageSets/Main/%s.txt'%(year,image_set)).read
().strip().split()
    list_file=open('%s_%s.txt'%(year,image_set),'w')
    for image_id in image_ids:
        list_file.write('%s/VOCdevkit/VOC%s/JPEGImages/%s.jpg\n'%(wd,year,image_id))
        convert_annotation(year,image_id)
list_file.close()
```

9.4.5　模型部署及可视化

1. TensorFlow Serving 安装

Google 在 2016 年 2 月开源了 TensorFlow Serving,这个组件可以将 TensorFlow 训练好的模型导出,并部署成可以对外提供预测服务的 RESTful/RPC 接口。有了这个组件,TensorFlow 就可以实现应用机器学习的全流程——从训练模型、调试参数,到打包模型,最后到部署服务。TensorFlow Serving 是一个为生产环境而设计的高性能的机器学习服务系统,在这个系统中可以同时运行多个大规模深度学习模型。该系统支持模型生命周期管理、算法实验,并可以高效地利用 GPU 资源,让 TensorFlow 训练好的模型更快捷方便地投入到实际生产环境中。

目前 TensorFlow Serving 有三种部署模式,包括用 Docker、APT 和源码编译部署三种方式。但考虑实际的生产环境项目部署和简单性,推荐使用 Docker 部署。这也是让 TensorFlow 服务支持图形处理器(GPU)的最简单方法,因此这里首先介绍 Docker 的安装方法。

1) nvidia-docker[①] 安装

Docker 升级到 19.03 版以后,nvidia 将提供原生的显卡支持,只需要安装 nvidia-container-toolkit 工具包即可。安装代码如下。

```
crul-s-L https://nvidia.github.io/nvidia-docker/gpgkey | sudo apt-key add -
distribution= $ (./etc/os-release;echo $ ID$VERSION_ID)

curl-s-L https://nvidia.github.io/nvidia-docker/$distribution/nvidia-docker.list | \
sudo tee /etc/apt/sources.list.d/nvidia-docker.list

sudo apt-get update

sudo apt-get install-y nvidia-container-toolkit

sudo systemctl restart docker
```

系统默认 Docker 需要 Sudo 权限才能运行,为了让当前用户可以运行 Docker,需要把当前用户加到 Docker 组里:

```
sudo gpasswd -a $ USER docker

newgrp docker
```

2) 下载 TFS 镜像文件

在 docker hub 中下载 TFS 镜像(镜像列表)文件,镜像文件后缀有如下四种:

(1) :latest:安装 TensorFlow Serving 二进制文件的最小镜像。

(2) :latest-gpu:安装了 TensorFlow Serving 二进制文件并可以在 GPU 上使用的最小镜像。

(3) :latest-devel:包括要开发的所有源代码、依赖项、工具链,以及在 CPU 上运行的已编译二进制文件。

(4) :latest-devel-gpu:包括要开发的所有源代码、依赖项、工具链(cuda9 / cudnn7),以及可在 NVIDIA GPU 上运行的已编译二进制文件。

因为要在 GPU 服务器上运行,所以这里选择支持 GPU 的 TFS 镜像。可以指定版本(包括 CPU 版、GPU 版、稳定版、开发版四种)。注意选择的时候要查看支持的 CUDA 版本及驱动版本与自己的显卡是否一致。下载镜像文件的代码如下:

```
docker pull tensorflow/serving:1.12.3-gpu
```

3) 用 RESTfull API 调用

首先下载示例程序,代码如下:

```
mkdir -p /tmp/tfserving

cd /tmp/tfserving

git clone https://github.com/tensorflow/serving
```

运行 TensorFlow Serving 容器,使该容器指向 TensorFlow 服务模型并打开 REST

---

① Docker 是一个开源的应用容器引擎,nvidia-docker 是一个简单的数据包,能实现对 Docker 的封装,并能提供一些必要的组件,以便在容器中用 GPU 资源执行代码。

API 端口(8501),代码如下:

```
docker run --runtime= nvidia -p 8501:8501 --mount type= bind,source= $(pwd)/serving/
tensorflow_serving/servables/tensorflow/testdata/saved_model_half_plus_two_gpu,
target= /models/half_plus_two -e MODEL_NAME= half_plus_two -t tensorflow/serving:1.
12.3-gpu &
```

如果让 TensorFlow Serving 容器以服务方式运行,可以加上参数 restart always 让其自动重启。

```
docker run --runtime= nvidia --restart always -p 8501:8501 --mount type= bind,source=
$ (pwd)/serving/tensorflow_serving/servables/tensorflow/testdata/saved_model_half_
plus_two_gpu,target= /models/half_plus_two -e MODEL_NAME= half_plus_two -t tensorflow/
serving:1.12.3-gpu &
```

运行 docker 容器,并指定用 nvidia-docker 容器,表示调用 GPU。启动 TensorFlow 服务模型,绑定 REST API 端口 8501,并映射到宿主机的 8501 端口,使外部可以访问;当然也可以设置成其他端口,如 1234 端口,只需要指定"-restart always"参数值为"-p 1234:8501"即可。利用 mount 命令将我们所需的模型从主机(source)映射到容器中预期模型的位置(target)。我们还要将模型的名称作为环境变量进行传递,这在查询模型时非常重要。在查询模型之前,需要等待系统给出如下消息提示,表明服务器已准备好接收请求:

```
2018-07-27 00:07:20.773693: I tensorflow_serving/model_servers/main.cc:333]
Exporting HTTP/REST API at:localhost:8501 ...
```

新打开一个终端,模拟客户端查询,代码如下:

```
curl -d '{"instances": [1.0, 2.0, 5.0]}' \
-X POST http://localhost:8501/v1/models/half_plus_two:predict
```

返回值:

```
{ "predictions": [2.5, 3.0, 4.5] }
```

如果是在没有 GPU 的计算机上运行,系统将会报错:

```
cannot assign a device for operation 'a': Operation was explicitly assigned to /device:GPU:0
```

2. 自定义 Keras 模型的部署

首先生成 pb 格式的模型,利用 tfserving 加载 pb 模型,提供 http 请求,以便调用或访问模型。

(1) 将 Keras 模型保存成 pb 模型,代码如下。

```
//转 pb
import shutil
import tensorflow as tf
tf.keras.backend.clear_session()
tf.keras.backend.set_learning_phase(0)
model=tf.keras.models.load_model('./mini_test_model.h5')

if os.path.exists('./model/1'):
    shutil.rmtree('./model/1')


export_path='./model/1'
```

```
//获取 Keras 会话并保存模型
with tf.keras.backend.get_session() as sess:
    tf.saved_model.simple_save(
        sess,
        export_path,
        inputs={'inputs': model.input},
        outputs={t.name:t for t in model.outputs})
//生成之后目录结构
//.
// └── 1
//     ├── saved_model.pb
//     └── variables
//         ├── variables.data-00000-of-00001
//         └── variables.index
```

如果有自定义的方法，必须使用 F1-Score 等函数。

例如采用以下代码编译模型时：

```
model.compile(loss='binary_crossentropy', optimizer='adam', metrics=['acc',f1_m,
precision_m, recall_m])
```

那么在加载的时候需要指定 custom_objects，如果没有自定义方法可以忽略。用 F1-Score 函数对模型进行自定义的代码如下：

```
from keras.models import Sequential, load_model
model=load_model('build/category.h5',custom_objects={'f1_m':f1_m,'precision_m':preci-
sion_m,'recall_m':recall_m})
model.load_weights('build/category-weight.h5')
model.compile(loss=binary_crossentropy', optimizer='adam', metrics=['acc',f1_m,
precision_m, recall_m])
```

（2）生成 pb 模型后，开始搭建 tfserving 服务（使用 Docker）。

首先利用代码"docker pull tensorflow/serving"拉取 Docker 镜像。如果 Docker 系统支持 GPU 可以使用 gpu 版本的 Docker 镜像，此时使用的代码为"docker pull tensorflow/serving:latest-gpu"。

搭建 tfserving 服务的指令格式如下：

```
docker run -p 8501:8501 -v <模型路径>:/models/<模型名> -e MODEL_NAME=<模型名> -t tensor-
flow/serving &
```

实例如下：

```
.docker run -p 8501:8501 -v /mnt/build/model/:/models/mini -e MODEL_NAME=mini -t tensor-
flow/serving &
```

之后可利用 docker ps 指令查看运行中的镜像，利用 docker stop 指令停止某个镜像的运行。

最后测试模型运行效果，代码如下：

```
curl -d '{"instances": [{"inputs":[0,0,0,0,0,0,0,0,0,0,0,0,0,0,0,0,0,0,0,0,0,0,0,0,0,0,
0,0,0,0,0,0,0,0,0,0,0,0,0,0,0,0,0,0,0,0,0,0,0,0,0,0,0,0,0,0,0,0,0,0,0,0,0,0,0,0,0,0,0,0,0,
0,0,0,0,0,0,0,0,0,0,0,0,0,0,0,0,0,0,0,0,0,0,0,0,0,0,0,0,0,0,0,0,0,0,0,0,0,0,1]}]}' -X POST  "
http://localhost:8501/v1/models/mini:predict"
```

返回的结果为:

```
{
#"predictions": [[0.548769891]
#]
#}
```

3. 基于 Node-RED 的轴承振动信号可视化

判断轴承故障,需要搭建服务器端口,服务器里建有算法数据库。我们把测量得来的数据处理后上传到服务器,服务器会给我们一个反馈,判断该轴承是否处于故障状态,并判断故障类型和故障程度。

以下介绍基于 Node-RED 的轴承振动信号可视化方法。Node-RED 是一种编程工具,可将硬件设备、API 和在线服务连接在一起。

1) 页面搭建

通过 Node-RED 建模之后,得到数据以及诊断结果。我们需要将结果以图形的方式呈现出来,以便于理解。首先就是利用 button 节点触发轴承设备的诊断流程。在 Node-RED 编程工具界面左侧工具栏中找到 button 组件,将其拖到界面中间。这里拖入十个 button 节点,分别标注为 1~10 号轴承。将页面标签(tab)设置为"滚动轴承",组(group)命名为"轴承设备",如图 9-27 所示。

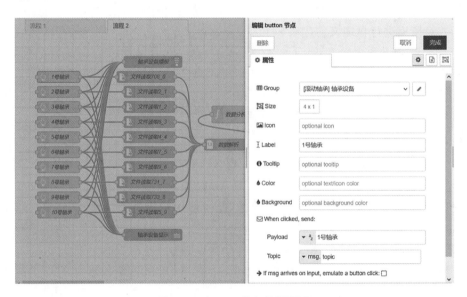

图 9-27　button 节点编辑页面

拖入两个 chart 节点,分别用于显示风扇端与驱动端的轴承振动信号波形图。图的类型采用线形,即"Line chart"。横坐标时间设为 3 min 或者 3000 个点,纵坐标不限制。将页面标签设置为"滚动轴承",组命名为"振动信号",如图 9-28 所示。

拖入两个 text 节点,第一个用来显示轴承设备,第二种用来显示轴承的十种故障状态。将页面标签设置为"滚动轴承",组命名为"状态显示",如图 9-29 所示。

创建两个 audio out 节点,第一个用来播报轴承设备,第二个用来播报轴承状态。将页面标签设置为"滚动轴承",组命名为"状态显示",如图 9-30 所示。

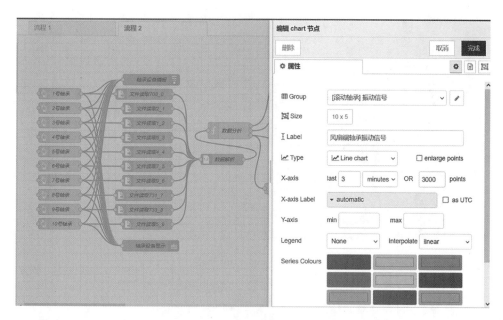

图 9-28　chart 节点编辑页面

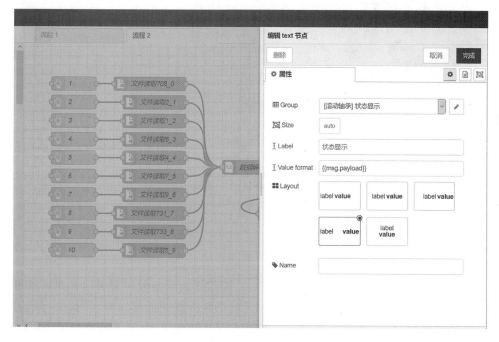

图 9-29　text 节点编辑页面

　　创建 colour picker 节点，设置故障颜色提示。设置四种不同的颜色，绿色代表轴承正常，黄色代表轴承有轻微故障，橙色代表轴承有中度故障，红色代表轴承有高度故障。将页面标签设置为"滚动轴承"，组命名为"状态显示"，如图 9-31 所示。

　　通过创建这些节点，我们可以在可视化界面查看数据处理的结果。

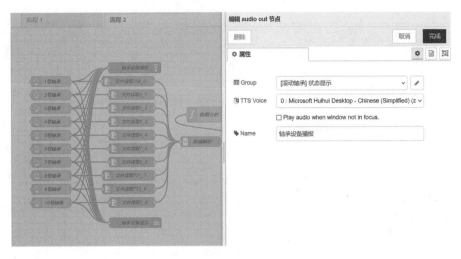

图 9-30　audio out 节点

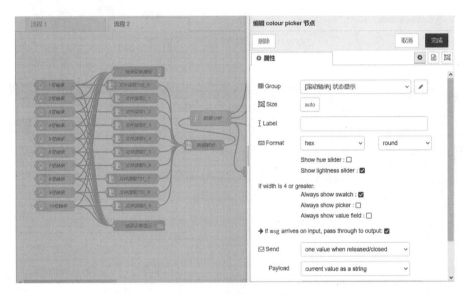

图 9-31　colour picker 节点

2）可视化

通过环境搭建,启动流程之后,我们在 Node-RED Dashboard 界面可以看到风扇端与驱动端的轴承故障振动信号,如图 9-32 所示。该图是以折线图的形式显示的。由图 9-32 我们可以看出风扇端与驱动端轴承振动信号的折线图相差很大。(这里只给出了一组数据的振动信号图,实际上有 750 组数据,并且每组数据都对应着一个振动信号图)。

由图 9-33 我们可以知道,建模时设立的节点现在都显示出来了,左边轴承设备的十个节点按钮,中间的风扇端和驱动端轴承振动信号波形图,右边是轴承的编号以及状态显示,还有轴承故障程度颜色提示和流程开关。我们随机抽取左边的十个轴承设备,其对应的波形图都不一样,故障也不一样。此刻显示的是 8 号轴承的状态,该轴承的外圈存在轻微故障。

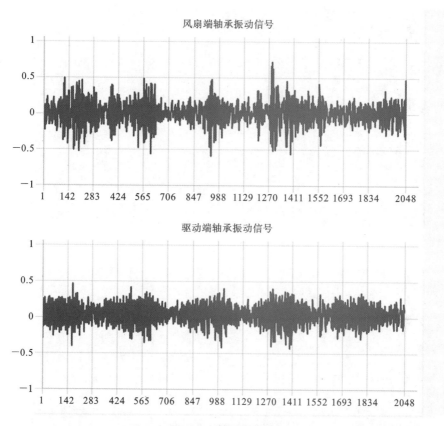

图 9-32　轴承振动信号

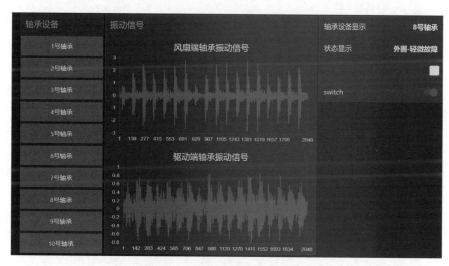

图 9-33　8 号轴承诊断可视化界面

图 9-34 所示为 4 号轴承诊断可视化界面。该轴承的内圈出现了高度故障,系统以红色警示。

图 9-35 所示为 9 号轴承诊断可视化界面。该轴承的外圈出现了中度故障,系统以橙色警示。

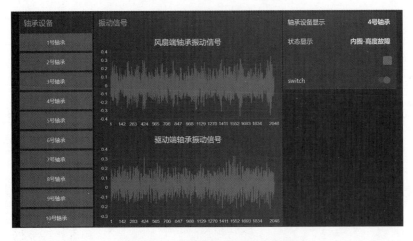

图 9-34　4 号轴承诊断可视化界面

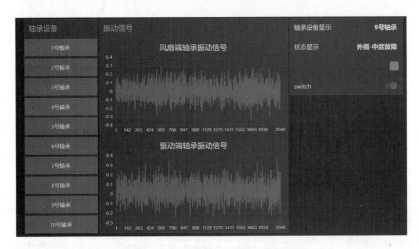

图 9-35　9 号轴承诊断可视化界面

图 9-36 所示为 10 号轴承诊断可视化界面。该轴承的外圈出现了高度故障,系统以红色颜色警示。

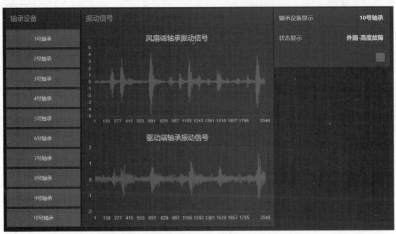

图 9-36　10 号轴承诊断可视化界面

9.5　产品创新大数据分析

生成式对抗网络(GAN)是 2014 年被提出的一种生成式模型,其核心思想源于博弈论中的二人零和博弈。二人零和博弈是指二人的利益之和为零,一方的所得正是另一方的所失。GAN 的优化过程是一个极小极大博弈问题,优化目标是达到纳什均衡。如图 9-37 所示,GAN 由生成器模型 G 和判别式模型 D 组成,任意可微分的函数都可以用来表示 G 和 D,它们的输入分别为真实数据 x 和随机变量 z。$G(z)$ 为生成式模型 G 生成的服从真实数据分布 $\text{Pdata}(x)$ 的样本。若判别器的输入为真实数据,则标注为 1;若输入样本为 $G(z)$,则标注为 0。判别器模型 D 是一个二分类器,其目的是判别数据来源,即来源于真实数据 x 的分布(真)或者来源于生成器的伪数据 $G(z)$(伪),而生成器模型的目标是使自己生成的伪数据 $G(z)$ 在判别器模型上的表现和真实数据 x 在判别器模型上的表现一致,即使 $D(G(z)) = D(x)$。判别数据来源的过程和生成伪数据的过程相互对抗,实现迭代优化,使得 D 和 G 的性能不断提升。当

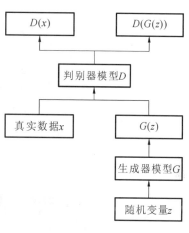

图 9-37　GAN 基本流程

最终 D 的判别能力提升到一定程度,并且无法正确判别数据来源时,可认为这个生成器 G 已经学习到了真实数据的分布。

9.5.1　自动生成新对象

图 9-38(a)是自动生成新的动漫人物头像案例的结果,该案例要求从 20 万张动漫头像中学习动漫人物头像的特征分布,利用程序自动生成数据集中没有的新的动漫人物头像。

(a)自动生成的动漫人物头像

(b)自动生成的猫脸

图 9-38　自动生成新图像

图 9-38(b)是将猫脸数据集用于训练后得到的适用于生成猫脸图像的生成器生成的猫脸。

9.5.2　涂鸦生成对象

通过生成器,用户只需进行简单的涂鸦即可绘制出近乎真实的图像。图 9-39(a)为由用户涂鸦生成的鞋子,图 9-39(b)为由用户涂鸦生成的风景照,从图中可以看出图 9-39(b)的生成效果更逼真。GAN 图像生成并不是像在 Photoshop 里贴一个图层那样,简单地把图形贴上去,而是根据相邻两个图层之间的对应关系对边缘进行调整。

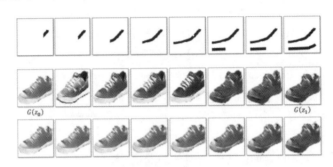

(a) 涂鸦生成的鞋子

(b) 涂鸦改变图像

图 9-39　涂鸦生成对象

9.5.3　产品形状和颜色的改变

图 9-40 是平底鞋和高跟鞋之间的转换案例,包括鞋形状的转变和颜色的转变。在转换

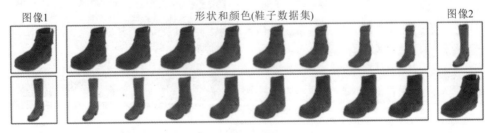

图 9-40　改变对象形状和颜色

过程中会生成一系列的中间迭代鞋,这些新生成的鞋可以供用户挑选。

9.5.4 草图着色

图 9-41 是为产品草图自动着色的示例。基于 GAN 的产品草图自动着色提高了产品设计的效率,使产品设计向着自动化和智能化方向发展。

图 9-41 草图自动着色示例

9.5.5 风格迁移

图 9-42 是通过生成器自动生成具有内容图产品造型特征和风格图风格特征的图像示例。其中,图像产品造型特征指产品的轮廓特征,风格特征包括图像的颜色特征和纹理特征。基于 GAN 的风格迁移还可以应用于产品个性化定制,它允许用户选择自己喜好的风

图 9-42 自动风格迁移示例

格图,使生成的产品满足用户喜好。

接下来将以风格迁移为案例,详细介绍设计方案的生成。

1. 环境配置

神经风格迁移模型是风格迁移的核心,本章使用 Python 编程语言构建该模型,实验在带有 Intel i9-7900X 和 Nvidia Tian Xp 的 Dell Precision 工作站上运行。

(1)硬件硬件配置如下。

CPU:Intel® Core™i9-7900X(3.30GHz x 10 cores,20 threads)

GPU:NVIDIA® Titan Xp(Architecture:Pascal,Frame buffer:12GB)

Memory:32GB DDR4

(2)操作系统　操作系统采用 Ubuntu 16.04.03 LTS。

(3)软件实验用计算机配置软件包括 Python 3.6.2、Numpy 1.11.1、TensorFlow 1.3.0、Scipy 0.18.1、CUDA 8.0.61、cuDNN 6.0.21。

2. 风格迁移代码详解

风格迁移代码如下。

```python
# 模块导入
from __future__ import print_function
import numpy as np
import tensorflow as tf
from style_transfer_net import StyleTransferNet
from utils import get_train_images
STYLE_LAYERS=('relu1_1','relu2_1','relu3_1','relu4_1')
# 参数设置
TRAINING_IMAGE_SHAPE=(256,256,3)        # 图像大小和色彩通道
EPOCHS=16      # 迭代次数
EPSILON=1e-5
BS=8     # 批尺寸
LEARNING_RATE=1e-4       # 学习率
# 训练模型定义
    def train(style_weight,content_imgs_path,style_imgs_path,encoder_path,save_
path,debug=False,logging_period=100):
# 确保内容图和风格图大小是批尺寸的整数倍
    num_imgs=min(len(content_imgs_path),len(style_imgs_path))
    content_imgs_path=content_imgs_path[:num_imgs]
    style_imgs_path=style_imgs_path[:num_imgs]
    mod =num_imgs%BS
    if mod>0:
        content_imgs_path=content_imgs_path[:-mod]
        style_imgs_path=style_imgs_path[:-mod]   # 获取图像大小
    H,W,C=TRAINING_IMAGE_SHAPE
    INPUT_SHAPE=(BS,H,W,C)
    withtf.Graph().as_default(),tf.Session()as sess:
```

```
        content =tf.placeholder(tf.float32,shape=INPUT_SHAPE,name='content')
        style =tf.placeholder(tf.float32,shape=INPUT_SHAPE,name='style')
# 创建神经风格迁移网络
        stn=StyleTransferNet(encoder_path)
# 将内容和风格传递给神经风格迁移网络,生成图像
        generated_img=stn.transform(content,style)
# 得到目标特征图
        target_features=stn.target_features
# 将生成的图像传递给编码器,并计算损失
        generated_img=tf.reverse(generated_img,axis=[-1])
        generated_img=stn.encoder.preprocess(generated_img)
        enc_gen,enc_gen_layers=stn.encoder.encode(generated_img)
# 计算内容损失
        content_loss=tf.reduce_sum(tf.reduce_mean(tf.square(enc_gen-target_
features),axis=[1,2]))
# 计算风格损失
        style_layer_loss=[]
        for layer in STYLE_LAYERS:
            enc_style_feat=stn.encoded_style_layers[layer]
            enc_gen_feat=enc_gen_layers[layer]
            meanS,varS=tf.nn.moments(enc_style_feat,[1,2])
            meanG,varG=tf.nn.moments(enc_gen_feat,[1,2])
            sigmaS=tf.sqrt(varS+EPSILON)
            sigmaG=tf.sqrt(varG+EPSILON)
            l2_mean =tf.reduce_sum(tf.square(meanG-meanS))
            l2_sigma =tf.reduce_sum(tf.square(sigmaG -sigmaS))
            style_layer_loss.append(l2_mean+l2_sigma)
            style_loss=tf.reduce_sum(style_layer_loss)
# 计算总损失
        loss =content_loss+style_weight*style_loss
# 模型训练
        train_op=tf.train.AdamOptimizer(LEARNING_RATE).minimize(loss)
        sess.run(tf.global_variables_initializer())
        saver =tf.train.Saver(keep_checkpoint_every_n_hours=1)
        step=0
        n_batches=int(len(content_imgs_path) // BS)
        try:
            for epoch inrange(EPOCHS):
              np.random.shuffle(content_imgs_path)
              np.random.shuffle(style_imgs_path)
              for batch in range(n_batches):
# 取 Batchsize 的内容图和风格图
                    content_batch_path=content_imgs_path[batch*BS:(batch*BS+BS)]
                    style_batch_path=style_imgs_path[batch*BS:(batch*BS+BS)]
```

```
                content_batch=get_train_images(content_batch_path,crop_height
=H,crop_width=W)
                style_batch=get_train_images(style_batch_path,crop_height=H,
crop_width=W)
                sess.run(train_op,feed_dict={content:content_batch,style:style
_batch})

            step+=1
            if step%1000 ==0:
              saver.save(sess,save_path,global_step=step)
            if debug:
              is_last_step=(epoch ==EPOCHS-1) and(batch ==n_batches-1)
                if is_last_step or step%logging_period ==0:
                  _content_loss,_style_loss,_loss=sess.run([content_loss,
style_loss,loss]
                  feed_dict={content:content_batch,style:style_batch})
```

3. 实验结果

随机选取 6 款女装外套图像作为内容图输入(图 9-43 中的 content image 1, content image 2、content image 3、content image 4、content image 5、content image 6),选取的 6 张彩色图像作为风格图输入(图 9-43 中的 style image 1、style image 2、style image 3、stylet

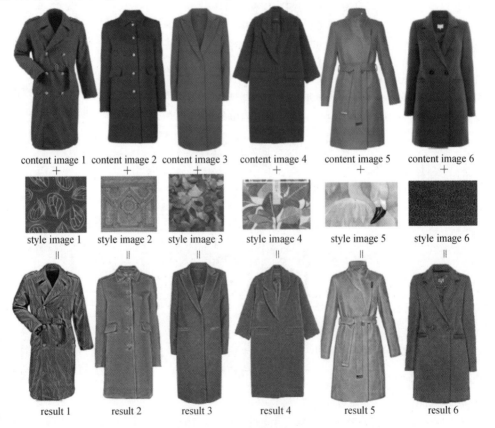

图 9-43　女装外套风格迁移

image 4、style image 5、style image 6)。6 张内容图和 6 张风格图像构成了 6 组"内容图-风格图"图组,将"内容图-风格图"图组输入训练好的神经风格迁移模型,得到图 9-43 中的迁移结果 result 1、result 2、result 3、result 4、result 5、result 6。

9.6 基于医药网站数据的医疗知识图谱

9.6.1 知识图谱简介

在现实世界中存在各种各样的实体,比如人、物,这些实体之间是相互联系的,知识图谱就是对这个真实世界的符号表达。知识图谱由节点和边构成,每个节点表示一个"实体",每条边为实体之间的"关系"。知识图谱可定义成通过连接现实世界中大量实体概念及其属性形成的网状知识库。知识图谱以三元组为通用表示方式,其三组成要素为实体、关系和属性。知识图谱三元组的基本形式有〈实体 1,关系,实体 2〉和〈概念,属性,属性值〉。它可以将数据粒度(数据粒度是指数据仓库中保存数据的细化或综合程度)从 document(文件)级别降到 data 级别,从而聚合大量知识,实现知识的快速响应和推理。

如图 9-44 所示,在知识图谱中,各个节点(现实世界中的事件、数据、信息)不再是孤立的,它们通过特定的关系(边)连接在一起,形成结构化的知识表示。这种图数据结构很容易被人们理解和接受,并且也很容易被计算机识别和处理。

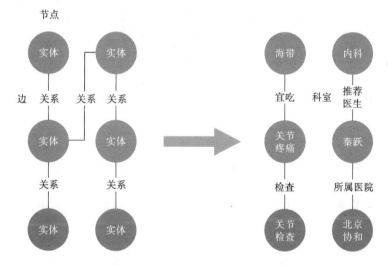

图 9-44 知识图谱基本结构和示例

知识图谱的逻辑架构分为模式层和数据层。模式层通常规定的是该知识图谱中包含哪些对象,以及实体之间的关系和实体的属性,通常使用本体库来管理。数据层用来存储基本事实,通过存储三元组,将数据之间联系起来,组成数据网络。知识图谱的构建有自顶向下和自底向上两种方式,一般构建流程如图 9-45 所示。

自顶向下构建知识图谱时,通常是先确定好知识图谱中的模式层,再通过多种自然语言处理技术将事实以模式层规定的方式进行存储。这种方式更加适合一些结构化和半结构化

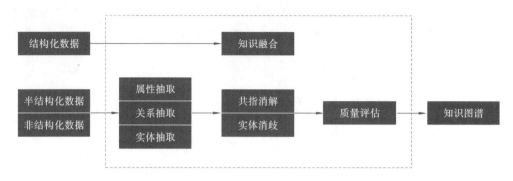

图 9-45　知识图谱构建流程

数据源,通过数据源可以分析出该知识图谱对应的模式层,定义实体之间的关系。经过处理后,将解析好的事实存储至知识库中。自底向上的构建方式则是将数据收集起来后,根据已有的数据内容形成顶层。该方式更加适合用于非结构化文本数据,通过信息提取等多种技术从数据中抽取出实体、关系和属性等内容,并将其存入知识库。当前主流的知识图谱构建方式是将原始数据通过知识抽取过程转化为本体化的知识表达,通过知识融合对得到的新知识进行消歧和对齐等处理,提高知识库的准确性。最后是质量评估过程,通过质量评估后将形成的新知识加入知识库。

知识图谱可应用于智能搜索、文本分析、机器阅读理解(MRC)、异常监控、风险控制等场景。在医疗领域,随着医学信息化水平的逐步深入,积累了大量医疗数据,医疗数据的有效使用对实现精准医疗、疾病防控、研发新药、医疗费用控制、攻克顽疾、健康管理等工作都有着重要的意义。知识图谱提供了一种从海量医学文本和图像中抽取结构化知识的手段,具有广阔的应用前景。目前医疗知识图谱技术主要用于临床决策支持系统、医疗智能语义搜索引擎、医疗问答系统、慢病管理系统、疾病风险评估、智能辅助诊疗、医疗质量控制等智慧医疗领域。

9.6.2　医疗知识图谱构建案例

本案例立足医药领域,以垂直型医药网站为数据来源,参考了中科院软件所刘焕勇老师的开源项目——基于知识图谱的医药领域问答项目。

本案例配置要求:Ubuntu20.04、neo4j 数据库、MongoDB 数据库、Python3.6、JDK11.0.12。Python 依赖包有 OS、JSON、Py2neo、Urllib、Lxml、PyMongo、RE。

1. 环境配置构建流程

(1) 创建实验环境,指定环境名和 Python 版本,代码如下。

```
conda create -n medicalKG python= 3.6
```

(2) 进入环境,代码如下。

```
conda activate medicalKG
```

(3) 下载 medical_KG 文件夹,进入 medical_KG 文件夹中运行如下指令,安装所需依赖包:

```
cd medical_KG
pip install os json py2neo urllib lxml pymongo re
```

（4）安装和配置 Neo4j 数据库。

到 Neo4j 官网（https://neo4j.com/download-center/♯community）下载 Linux 社区版本的 Neo4j，如图 9-46 所示。

Neo4j Community Edition 4.3.7

9 November 2021 Release Notes | Read More

OS	Download
Linux/Mac	Neo4j 4.3.7 (tar) SHA-256
Windows	Neo4j 4.3.7 (zip) SHA-256

图 9-46　Neo4j 官网安装

这里需要注意一个情况，如果服务器上已经有 JDK 软件，需要通过 java-version 查看一下其版本，如果是 1.8.xx 版，下载 3.xx 版本的 Neo4j。Neo4j 4.xx 版本需要 JDK 的版本号是 11。

将下载的文件解压到当前目录：

```
tar -axvf neo4j-community-4.3.7-unix.tar.gz
```

或解压到指定目录，如：

```
tar zxvf  /root/xx/neo4j-community-4.3.7-unix.tar_2.gz -C /root/ xx / medical_kG
```

目录地址可自己更换。

解压后得到 neo4j-community-4.3.7 文件夹，打开后进入 bin 文件夹，点击"./neo4j start"文件即可运行 Neo4j。根据 Neo4j 运行时给出的提示信息可知，此时已经可以在浏览器上通过"http://localhost:7474"访问数据库了。若将该地址中的"localhost"换成服务器的 ip 地址，并将网址输入浏览器，显示"无法访问此网站"，无法打开服务器界面，则需要进行环境配置。

（5）环境配置。

首先在 cmd 中输入以下代码：

```
export JAVA_HOME=/usr/lib/jvm/jdk-11.0.12
export CLASSPATH=.:${JAVA_HOME}/lib
export PATH=$PATH:${JAVA_HOME}/bin
```

修改 neo4j-community-4.3.7\conf 下的 neo4j.conf 配置文件：

```
export NEO4J_HOME =/home/robot/xx/neo4j-community-4.3.7
export PATH=$PATH:${NEO4J_HOME}/bin
```

使用 source 命令刷新文件，使配置文件生效：

```
source /etc/profile
```

再次运行 neo4j，即可启动。此时系统提示：

```
neo4j start
```

2. 数据准备

（1）采用爬虫软件获取数据，然后将数据存储至 MongoDB（存放地址可自行修改）：

```
mongod -dbpath/root/home/xxx/MongoDB
```

（2）运行 data_spider. py 程序,进行数据采集:

```
python data_spider.py
```

（3）处理数据,清洗收集的数据中存在的一些无关符号:

```
python dataprocess.py
```

3. 创建知识图谱

运行 build_medicalgraph. py 程序,创建知识图谱并写入 neo4j 数据库中。

```
python build_medicalgraph.py
```

根据启动时的提示,在浏览器中打开"http://localhost:7474/",出现图 9-47 所示界面则说明启动成功。

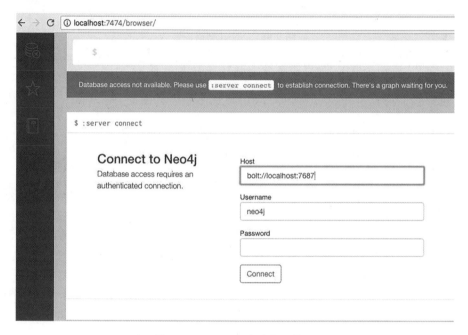

图 9-47　Neo4j 启动后显示界面

图 9-47 所示界面中,输入用户名（Username）和密码（Password）（二者均默认为"neo4j"）。输入后会显示图 9-48 所示界面,表示已经进入 Neo4j 数据库。该界面中,左边栏显示节点类型、关系类型和属性类型,右边栏为具体知识关联示意图。

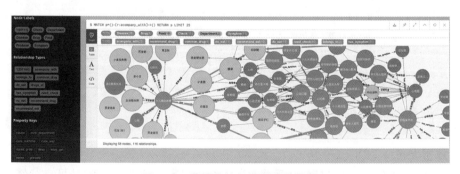

图 9-48　可视化的知识图谱效果图

9.6.3　医疗知识图谱构建过程

1. 医疗数据采集

本案例中知识图谱数据主要来源于垂直医疗网站中已有的公开信息,通过构建规则和策略的方式从数据源中提取相关的内容,并对数据进行清洗,完成原始数据收集。新建 medical 数据库,执行 use medical 程序。在 data_spider.py 程序的 init 文件中加入配置信息:

```python
def __init__(self):
    self.headers={
        'Connection': 'keep-alive',
        'Cache-Control': 'max-age=0',
        'Upgrade-Insecure-Requests': '1',
        'User-Agent': 'Mozilla/5.0 (Windows NT 10.0; Win64; x64) AppleWebKit/537.36
(KHTML, like Gecko) Chrome/92.0.4515.159 Safari/537.36',
        'Accept': 'text/html,application/xhtml+ xml,application/xml;q=0.9,image/
avif,image/webp,image/apng,*/*;q=0.8,application/signed-exchange;v=b3;q=0.9',
        'Referer': 'http://jib.xywy.com/',
        'Accept-Language': 'zh-CN,zh;q=0.9',
    }
    self.start_urls=['http://jib.xywy.com/html/%s.html' % chr(zm).lower() for zm in
range(65, 91)]
    self.textWriter=open('data.txt', 'a', encoding='utf-8')
```

通过 Request.get()方法获取 HTPP 网页的 url ,为避免反爬虫机制的干扰,设置请求 Headers 的方法:

```python
def send_get(self, url, try_count=3):
    while try_count:
        try:
            response=requests.get(url, headers=self.headers, timeout=60)
            if response.status_code==200:
                return response.content.decode('gbk')
            else:
                return True
        except Exception as e:
            print(e)
            try_count -=1
    return None
```

以下是用于收集网页的代码。

```python
def run_spider(self):
    exists_sii=[json.loads(line.strip('\n'))['illness'] for line in
                open('data.txt', 'r', encoding='utf-8').readlines()]
    print(exists_sii)
    sii_ids=[]
    # 获取各种疾病详情页
```

```python
    for illness_list_url in self.start_urls:
        print(illness_list_url)
        start_content=self.send_get(illness_list_url)
        sii_ids+=self.parse_sii_page_ids(start_content)
    print(len(sii_ids) - len(exists_sii))

    for sii_id in set(sii_ids):
        sii_page_url='http://jib.xywy.com/il_sii/gaishu/%s.htm' % sii_id
        sii_page_content=self.send_get(sii_page_url)
        illness_dict=self.parse_sii(sii_page_content)
        print(illness_dict)
        if illness_dict['illness'] in exists_sii:
            continue

        # 常用检查
        inspect_page_url='http://jib.xywy.com/il_sii/inspect/%s.htm' % sii_id
        inspect_page_content=self.send_get(inspect_page_url)
        illness_dict['inspect']=self.parse_prevent_page(inspect_page_content)
        # 症状表现
        symptom_page_url='http://jib.xywy.com/il_sii/symptom/%s.htm' % sii_id
        symptom_page_content=self.send_get(symptom_page_url)
        illness_dict['symptom']=self.parse_prevent_page(symptom_page_content)
        # 病因
        cause_page_url='http://jib.xywy.com/il_sii/cause/%s.htm' % sii_id
        cause_page=self.send_get(cause_page_url)
        illness_dict['cause']=self.parse_cause_page(cause_page)
        print(illness_dict['cause'])
        # 预防
        prevent_page_url='http://jib.xywy.com/il_sii/prevent/%s.htm' % sii_id
        prevent_page=self.send_get(prevent_page_url)
        illness_dict['prevent']=self.parse_prevent_page(prevent_page)
        print(illness_dict['prevent'])
        # 饮食保健
        food_page_url='http://jib.xywy.com/il_sii/food/%s.htm' % sii_id
        food_page=self.send_get(food_page_url)
        illness_dict['food']=self.parse_food_page(food_page)
        print(illness_dict['food'])

    self.textWriter.flush()
```

部分数据爬取结果如图 9-49 所示。

图 9-49　数据爬取结果(部分)

2. 数据处理

采用以下代码进行数据处理：

```python
new_list =[]
with open(data_path, 'r+', encoding='utf-8') as f:
    for line in f.readlines():
        data_json=json.loads(line)
        category=data_json['category']
        category=re.split('>', category)    # 将'大科室> 小科室'字符串处理成['大科室',
                                                          '小科室']的列表格式
        del category[0]    #  删除疾病百科字段
        data_json['category']=category

        if type(data_json['baseKnowledge'])==dict:
            if '并发症' in data_json['baseKnowledge'].keys():
                acompany=data_json['baseKnowledge']['并发症']
                acompany=re.split(';', acompany)    # 以分号为标志分开并发症并写入列表
                data_json['baseKnowledge']['并发症']=acompany

        if type(data_json['nousKnowLedge'])==dict:
            if '治疗方式' in data_json['nousKnowLedge'].keys():
                cure_way=data_json['nousKnowLedge']['治疗方式']
                symbol='[,;\s;、]'
                cure_way=re.split(symbol,cure_way) # 以空格为标志分开治疗方式并写入列表

                data_json['nousKnowLedge']['治疗方式']=cure_way

        if type(data_json['nousKnowLedge'])==dict:
            if '常用药品' not in data_json['nousKnowLedge'].keys():
                                                            # 常用药品为空时记录原字段
                new_list.append(data_json)
            else:
                drug=data_json['nousKnowLedge']['常用药品']
                drug=re.split(' ', drug)    # 以空格为标志分开常用药品并写入列表
                data_json['nousKnowLedge']['常用药品']=drug

                new_list.append(data_json)
```

3. 医疗知识抽取

知识抽取是从得到的原始数据中抽取出相关医疗实体、关系和属性信息。根据数据源的特点，可以通过数据观察发现，医疗信息网站中小标题本身就是关系表述。

以下是用于疾病症状节点抽取和疾病与症状之间关系抽取的代码：

```python
if 'symptom' in data_json:  # 把读取到的新症状加入建立的空列表
    symptoms +=data_json['symptom']
    for symptom in data_json['symptom']:  # 遍历所有症状
        rels_symptom.append([disease, symptom])  # 和疾病有关系的,加入对应的列表
```

4. 医疗知识图谱存储

将知识抽取后的结果存储至图数据库 Neo4j,支持多种方式的数据写入,要通过 Python 来操作 Neo4j。首先需要安装 py2neo,可以直接使用 pip 安装:

```
pip install py2neo
```

在完成安装之后,在 Python 中调用 py2neo 即可(Graph 图和 Node 图为常用的两种图模型):

```
from py2neo import Graph, Node
```

5. 医疗知识图谱构建

该脚本构建了一个 MedicalExtractor 类,定义了类的成员变量 graph。init 初始化函数中搭建了到 Neo4j 数据库的访问通道,Neo4j 的服务器装好了之后,默认的端口号是 7474,所以本地的主机地址就是"http://localhost:7474"。默认的用户名密码都是 neo4j,不过也可以在浏览器中输入"http://localhost:7474"进入,首次进入系统会提示用户修改密码。

```python
def __init__(self):
    cur_dir='\\'.join(os.path.abspath(__file__).split('\\')[:-1])  # 获取当前文件的绝对路径
    self.data_path=os.path.join(cur_dir, 'graph_data/new_dataset.json')  # 拼接路径


    self.g=Graph(
        host="127.0.0.1",  # neo4j 搭载服务器的 ip 地址
        http_port=7474,  # neo4j 服务器监听的端口号
        user="neo4j",  # 初始账号密码均为 neo4j
        password="neo4j")
```

使用 write_nodes、write_edges 和 set_attributes 函数向知识图谱中写入节点、关系和属性,代码如下:

```python
def write_nodes(self, entitys, entity_type):
    print('写入{0}实体'.format(entity_type))
    for node in tqdm(set(entitys), ncols=80):
        cql='''MERGE(n:{label}{{name:'{entity_name}'}})'''.format(
            label=entity_type, entity_name=node.replace("'", ""))  # .replace(old,new)
        try:
            self.graph.run(cql)
        except Exception as e:
            print(e)
            print(cql)


def write_edges(self, triples, head_type, tail_type):
    print('写入{0}关系'.format(triples[0][1]))
    for head, relation, tail in tqdm(triples, ncols=80):
        cql='''MATCH(p:{head_type}),(q:{tail_type})
                WHERE p.name='{head}' AND q.name='{tail}'
                MERGE (p)-[r:{relation}]->(q)'''.format(
            head_type=head_type, tail_type=tail_type, head=head.replace("'", ""),
```

```
                    tail=tail.replace("'", ""), relation=relation)
            try:
                self.graph.run(cql)
            except Exception as e:
                print(e)
                print(cql)



    def set_attributes(self, entity_infos, etype):
        print('写入{0}实体的属性'.format(etype))
        for e_dict in tqdm(entity_infos, ncols= 80):
            name=e_dict['name']
            del e_dict['name']
            for k, v in e_dict.items():
                if type(v)==list:
                    cql="""MATCH (n:{label})          # 修改指定节点属性
                        WHERE n.name='{name}'
                        set n.{k}='{v}'""".format(label=etype, name=name.replace("'", ""),
                        k=k, v=v)
                else:
                    cql="""MATCH (n:{label})
                        WHERE n.name='{name}'
                        set n.{k}='{v}'""".format(label=etype, name=name.replace("'", ""), k=k,
                                            v=v.replace("'", "").replace("\n", ""))
                try:
                    self.graph.run(cql)
                except Exception as e:
                    print(e)
                    print(cql)
```

使用 create_entitys、create_relations 和 set_illness-attributes 函数分别创建实体、关系和属性。

```
    def create_entitys(self):
        self.write_nodes(self.illness, '疾病')
        self.write_nodes(self.department, '科室')
        self.write_nodes(self.cure_way, '治疗方式')
        self.write_nodes(self.drug, '药品')
    def create_relations(self):
        self.write_edges(self.illness_illness, '疾病', '疾病')
        self.write_edges(self.illness_category, '疾病', '科室')
        self.write_edges(self.category_department, '科室', '科室')
        self.write_edges(self.illness_cure_way, '疾病', '治疗方式')
        self.write_edges(self.illness_drug, '疾病', '药品')
```

```
def set_illness_attributes(self):
    #  self.set_attributes(self.illness_info,'疾病')
    t=threading.Thread(target=self.set_attributes, args=(self.illness_info, "疾病"))
    t.setDaemon(False)
    t.start()
```

export_data 函数的功能用于导出数据。

```
def export_data(self, data, path):
    if isinstance(data[0], str):  # 判断数据类型是否为字符串
        data=sorted([d.strip('') for d in set(data)])
    with codecs.open(path, 'w', encoding='utf-8') as f:  # 用 codecs.open()保证读写时
不会出现编码问题
        json.dump(data, f, indent=4, ensure_ascii=False)
#  引用导出函数,导出去重排序后的实体和关系文件
def export_entitys_relations(self):
    self.export_data(self.illness, './graph_data/illness.json')
    self.export_data(self.department, './graph_data/department.json')
    self.export_data(self.cure_way, './graph_data/cure_way.json')
    self.export_data(self.drug, './graph_data/drug.json')
    self.export_data(self.illness_illness, './graph_data/illness_illness.json')
    self.export_data(self.illness_category, './graph_data/illness_category.json')
    self.export_data(self.category_department, './graph_data/category_department.json')
    self.export_data(self.illness_cure_way, './graph_data/illness_cure_way.json')
    self.export_data(self.illness_drug, './graph_data/illness_drug.json')
```

9.7　车间生产安全监测

9.7.1　需求背景

据国家统计局发布的 2020 年国民经济和社会发展统计公报:全年各类生产安全事故共死亡 27412 人。工业生产是国民经济的重要组成部分,安全生产事关人民群众安全,事关改革开放、经济发展和社会稳定大局。我国正处于工业化快速发展过程中,安全生产基础仍然比较薄弱,安全生产责任不落实、安全防范和监督管理不到位、违法生产经营建设行为等问题层出不穷。其中安全生产监管问题尤为突出:各级负有安全生产监督管理职责的部门基础设施建设滞后,技术支撑能力不足,部分工作人员专业化水平不高,传统监管方式和手段难以适应工作需要。2020 年,国家提出了《工业和信息化部关于进一步加强工业行业安全生产管理的指导意见》,进一步提高了工业生产对智能化管理的要求。传统的工厂监管工作已经普遍采用视频监控系统,传统的视频监控系统具有操作简单的优点,但一旦出现异常情况或者可疑情况,就需要利用视频回放取证,无法做到真正的实时监控,也无法对事故实现立即报警或预警。更为重要的是,依靠人眼巡查监控视频的方式效率极其低下,难以做到对整个工厂大多数十个监控画面的即时反馈。综上所述,传统监控系统难以满足当下"智慧工

厂"的智慧监管要求,用智能化手段提升企业安全监管的能力尤为重要。

企业的生产安全是保证员工人身安全与健康,避免设备设施遭受破坏和损失,保证正常生产经营活动的重要前提。传统车间生产安全规范检查一直依赖于低效率的人工巡检方式,无法及时发现潜在的事故风险,生产员工的人身安全无法得到充分的保障。为此,我们以铝材工厂为试点,设计了一款数据驱动的铝材加工车间安全生产监测与预警平台,对车间生产安全进行全过程的实时监护、危险感知与风险预警。本监测基于深度学习技术,对车间实况视频流进行采集、分析与处理,对生产过程中不规范生产环境和操作行为进行实时检测和辨识,可广泛应用于装备制造、能源生产、制药、化工等行业,使车间实时、有针对性地减少因不规范的生产环境和操作行为导致的事故,减少企业运营损失,保障员工的人身安全,建立具有预警能力的安全生产规范系统,打造企业核心竞争力。

9.7.2　数据收集与处理

为了使深度学习模型能够识别生产车间危险数据源,首先需要定义车间中的安全生产环境和员工安全操作行为规范。制作生产车间危险源数据集定义的主要过程包括数据采集与数据标注。

1. 数据采集

1)明确采集目标

在数据采集工作开始之前,首先要明确目标。根据工厂车间安全生产手册,生产车间存在大量规范操作的情况,如:操作机床时,正确佩戴了安全帽、手套;人员进入车间时规范着工作服;日常使用的工具规范放置于黄色区域等。这些规范操作可以通过视觉智能监控的方式实时监测。

2)工厂车间部署视觉采集设备

确定好采集目标后,接下来便要进行硬件设备的部署。重点的位置要重点监控,尽量避免检测范围的死角。为了尽可能地避免出现视觉漏检现象,在生产车间的高空中安装视觉采集传感设备。在车间天花板角落处安装视觉监控摄像头能够保证数据采集的全面性,以及摄像机自身的隐蔽性和安全性。

3)基于摄像头采集图片数据并保存

根据设定的目标,采集车间生产日常场景图片并打包保存,用作深度模型的数据集。为了增强模型的泛化能力,需要尽量提高数据的多样性,如采集的数据中应该包含同一类操作在不同光照、不同角度下的情景。

2. 数据标注

在数据标注中,信息越准确,质量越高,那么相应的算法模型的训练效果就会越好。换句话说,数据标注的质量也是制约模型和算法性能的关键性指标。

一般使用 LabelImg 软件对数据集进行手工标注。LabelImg 是由 Github 用户 tzutalin 开发的一个窗口交互式的开源标注工具。LabelImg 基于 Python 语言编写,并结合 Qt 开发了图形界面,所以具有极好的兼容性,可以运行在 Windows、macOS 和 Ubuntu Linux 系统中,其界面如图 9-50 所示。

LabelImg 软件虽小,功能却较为齐全。在标注功能方面,它支持以 PASCAL VOC 格式保存的 XML 文件和 YOLO 格式的 TXT 文件。在使用的便捷性方面,它支持单张片标

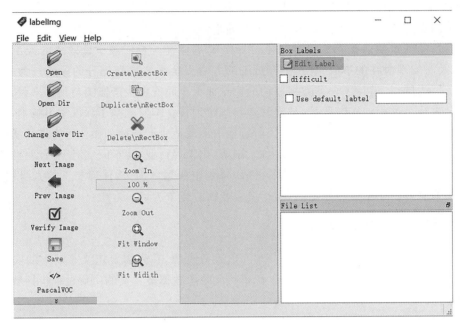

图 9-50　LabelImg 标注工具

记和文件夹多张图片标记,并且支持快捷键翻页,可以说是在极大程度上方便了标注人员。LabelImg 标注过程中可使用的快捷键如表 9-9 所示。

表 9-9　LabelImg 标注过程中可使用的快捷键

Ctrl+u	加载目录中的所有图像,效果等同于用鼠标点击 Opendir
Ctrl+r	更改默认注释保存的目录,也就是标签类别文件
Ctrl+s	保存
Ctrl+d	复制当前标签和矩形框
Ctrl+Shift+d	删除当前图像
Space	将当前图像标记为已验证
w	创建一个矩形框
d	切换下一张图片
a	切换上一张图片
del	删除选择的矩形框
Ctrl++	图像放大
Ctrl--	图像缩小
↑、→、↓、←	移动选定的矩形框

　　随着深度学习技术的发展,逐渐出现了基于主动学习技术的智能标注技术,比如京东众智、百度智能标注、阿里云智能标注等技术。基于数据平台提供的预标注数据和主动学习能力进行智能标注,能够较大限度地减少标注的工作量。在传统的数据标注过程中,往往需要对每一张图片都进行标注。借助于智能标注方法,系统能自动识别特征并进行数据标注,从而提高工作效率和标注的质量。

　　如图 9-51 所示,智能标注过程主要包括:

　　(1) 上传待标注的数据集至云平台,启动智能标注任务。

　　(2) 平台根据已有的标注特征,针对待标注的数据集进行难例筛选。难例是指自动标记置信度较低的样本。针对平台自动筛选出来的难例进行人工辅助标注,进一步增强待标注样本的特征的辨识度。

　　(3) 平台自动执行标注任务。

　　(4) 针对低置信度的数据样本,进一步进行人工校验。

　　(5) 保存智能标注结果。

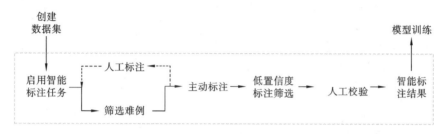

图 9-51　智能标注流程

　　智能标注方法除了自动标注外,一般还能实现分布式标注。标注任务的发布者可以将任务分批次分配给众多标注人员,从而实现协同标注。发布人员可以实时看到各位标注人员的标注进度和标注的效果。

　　无论采取传统人工标注的方式还是基于智能标注平台进行标注,均生成 YOLOV5 标签文件(TXT 格式的文件),文件名跟对应的图片名一样,具体格式如下:

```
class_num  x_center  y_center width height
```

其中 class_num 取值为 0 至 total_class-1。x_center、y_center 表示边框的中心位置,width、height 表示边框的宽度和高度,它们都是相对于图片分辨率大小正则化、处于 0~1 之间的数。

　　将标注完成后的数据和对应的标签分别放置到文件夹[project]/datasets/img 和[project]/datasets/label 中。

　　经典的 yolo(You Only Look Once)系列目标检测最新算法 YOLOv5 是目前综合评估结果较好的深度学习模型,有一群视觉爱好者在 github 开源网站(https://github.com/ultralytics/yolov5)上对其进行持续更新维护。其预训练模型如表 9-10 所示。

　　其中,n、s、m、l 代表模型大小。以 6 结尾的为 P6 架构,不以 6 结尾的为 P5 架构,两种架构最主要的区别在于 P5 架构中三个输出层 P3、P4、P5 的步幅分别为 8、16、32,训练图片的尺寸为 640 像素×640 像素,P5 架构中四个输出层 P3、P4、P5、P6 的步幅分别为 8、16、32、64,训练图片的尺寸为 1280 像素。需要注意的是,P6 架构也适用于 P5 架构训练图片的尺寸,也就是 640 像素的。

表 9-10 YOLOv5 预训练模型列表

模型	尺寸(像素)	mAPval 0.5:0.95	mAPval 0.5	Speed CPU b1 /ms	Speed V100 b1 /ms	Speed V100 b32 /ms	模型参数量 /M	每秒浮点计算速度 /B
YOLOv5n	640	28.4	46.0	45	6.3	0.6	1.9	4.5
YOLOv5s	640	37.2	56.0	98	6.4	0.9	7.2	16.5
YOLOv5m	640	45.2	63.9	224	8.2	1.7	21.2	49.0
YOLOv5l	640	48.8	67.2	430	10.1	2.7	46.5	109.1
YOLOv5x	640	50.7	68.9	766	12.1	4.8	86.7	205.7
YOLOv5n6	1280	34.0	50.7	153	8.1	2.1	3.2	4.6
YOLOv5s6	1280	44.5	63.0	385	8.2	3.6	16.8	12.6
YOLOv5m6	1280	51.0	69.0	887	11.1	6.8	35.7	50.0
YOLOv5l6	1280	53.6	71.6	1784	15.8	10.5	76.8	111.4
YOLOv5x6 +TTA	1280 1536	54.7 55.4	72.4 72.3	3136 —	26.2 —	19.4 —	140.7 —	209.8 —

为了训练工厂安全监测模型,首先复制 GitHub 上 YOLOv5 的工程代码。切换至工作目录,然后执行如下命令复制代码:

```
git clone https://github.com/ultralytics/yolov5.git
```

下载完成后,在运行目录下得到文件夹 YOLOv5,进入目录可以看到所有的文件。根据项目工程提供的依赖组件文件 requirements.txt 安装运行所需的依赖库:

```
pip install -r requirements.txt
```

至此,项目基本的依赖环境已经搭建完成。接下来将更改训练数据集为前文中采集的数据,并进行项目工程代码的讲解。

模型训练过程中数据的路径是通过'-data'参数指定的,因此新建文件"mydata.yaml",并将如下内容复制到文件中(如果要训练自己的数据集,那么需要更改各个参数的值):

```
path: datasets
train: train_img_list.txt
val: val_img_list.txt
test: test_img_list.txt
nc: 19
names: ['cigarette', 'paper_scraps', 'bucket', 'cleaning_tool', 'fire_fighting',
        'no_uniform', 'no_hardhat', 'head_hat', 'hard_hat', 'no_glove',
        'staff_only', 'exit', 'danger_electric', 'overhead_load', 'no_entry',
        'emergency_shelter', 'noise_harmful', 'high_voltage', 'no_outsiders']
```

以上代码中:path 表示文件放置的文件夹,项目中设置为 datasets 文件夹;train 表示训练集的路径;val 表示验证集的路径;test 表示测试集的路径;nc 表示类别数量;names 表示各个类别的名称。

　　mydata.yaml 文件中定义了训练集中所需要的所有参数，需要谨记并且理解其中参数的含义。

　　如果需要预训练权重，可以从 YOLOv5 的 gitbub 工程文件包中下载。为简单起见，首先使项目运行起来（最小化运行），然后再循序渐进理解其中参数的含义。最小化运行代码的指令如下。

```
$ python train.py --img 640 --batch 128 --epochs 880 --data mydata.yaml --weights yolov5s.pt
```

通过上述步骤，在控制台终端观察到模型实时训练的输出日志，等待训练结束即可获得用于后续应用测试的特征模型。

　　下面详细介绍 train.py 文件的主要工作逻辑详情。

　　（1）创建参数对象。

　　进入程序开始运行。首先创建 opt 对象，解析一些参数（如 weights）。用于创建 opt 对象的代码如下：

```
def parse_opt(known=False):
parser=argparse.ArgumentParser()
parser.add_argument('--weights',type=str,default='yolov5s.pt',help='initial weights path')
parser.add_argument('--cfg', type=str, default='', help='model.yaml path')
parser.add_argument('--data', type=str, default='data/coco128.yaml', help='dataset.yaml path')
parser.add_argument('--hyp', type=str, default='data/hyps/hyp.scratch.yaml', help='hyperparameters path')
parser.add_argument('--epochs', type=int, default=300)
parser.add_argument('--batch-size', type=int, default=16, help='total batch size for all GPUs')
parser.add_argument('--imgsz', '--img', '--img-size', type=int, default=640, help='train, val image size (pixels)')
parser.add_argument('--rect', action='store_true', help='rectangular training')
parser.add_argument('--resume', nargs='?', const=True, default=False, help='resume most recent training')
parser.add_argument('--nosave', action='store_true', help='only save final checkpoint')
parser.add_argument('--noval', action='store_true', help='only validate final epoch')
parser.add_argument('--noautoanchor', action='store_true', help='disable autoanchor check')
parser.add_argument('--evolve', type=int, nargs='?', const=300, help='evolve hyperparameters for x generations')
parser.add_argument('--bucket', type=str, default='', help='gsutil bucket')
parser.add_argument('--cache', type=str, nargs='?', const='ram', help='--cache images in "ram" (default) or "disk"')
parser.add_argument('--image-weights', action='store_true', help='use weighted image selection for training')
parser.add_argument('--device', default='', help='cuda device, i.e. 0 or 0,1,2,3 or cpu')
parser.add_argument('--multi-scale', action='store_true', help='vary img-size +/- 50%%')
parser.add_argument('--single-cls', action='store_true', help='train multi-class data as single-class')
```

```
    parser.add_argument('--adam', action='store_true', help='use torch.optim.Adam() optimizer')
    parser.add_argument('--sync-bn', action='store_true', help='use SyncBatchNorm, only
available in DDP mode')
    parser.add_argument('--workers', type=int, default=8, help='maximum number of dataloader
workers')
    parser.add_argument('--project', default='runs/train', help='save to project/name')
    parser.add_argument('--entity', default=None, help='W&B entity')
    parser.add_argument('--name', default='exp', help='save to project/name')
    parser.add_argument('--exist-ok', action='store_true', help='existing project/name ok, do
not increment')
    parser.add_argument('--quad', action='store_true', help='quad dataloader')
    parser.add_argument('--linear-lr', action='store_true', help='linear LR')
    parser.add_argument('--label-smoothing', type=float, default=0.0, help='Label smoothing ep-
silon')
    parser.add_argument('--upload_dataset', action='store_true', help='Upload dataset as W&B
artifact table')
    parser.add_argument('--bbox_interval', type=int, default=-1, help='Set bounding-box image
logging interval for W&B')
    parser.add_argument('--save_period', type=int, default=-1, help='Log model after every "save
_period" epoch')
    parser.add_argument('--artifact_alias', type=str, default="latest", help='version of data-
set artifact to be used')
    parser.add_argument('--local_rank', type=int, default=-1, help='DDP parameter, do not
modify')
    parser.add_argument('--freeze', type=int, default=0, help='Number of layers to
freeze. backbone=10, all=24')
    opt=parser.parse_known_args()[0] if known else parser.parse_args()
    return opt
```

以上代码中各参数的含义分别如下：

● weights：选择训练时的预训练权重文件路径，默认为"/yolov5s. pt"。

● cfg：模型配置文件，默认为空。

● data：数据集配置文件，包括训练集、验证集和测试集等，默认为"data/coco128. yaml"。

● hyp：初始超参数文件，默认为"data/hyps/hyp. scratch. yaml"。

● epochs：训练轮次，默认为 300 轮。

● batch-size：训练批次大小，默认为 16，如果代码执行过程中提升内存不够，可适当降低(最小为 1)。

● imgsz：训练图片分辨率大小，默认为 640 像素。

● rect：只要加上'-rect'程序就会将 rect 设为 true，训练时启用矩形训练，目的是将不同尺寸的图片大小统一调整为 32 的倍数，加快训练时间。需要注意的是，此参数在多 GPU 训练时会出现不兼容的问题。

● resume：重新开始新一轮的训练，一般不需要。

- nosave：用于确定是否仅仅保存最后一个检查点。
- noval：用于确定中间训练过程是否进行验证。
- noautoanchor：不自动调整 anchor，默认参数值为 False(自动调整 anchor)。
- evolve：是否进行超参数进化，默认参数值为 False。
- bucket：谷歌云盘，通过这个参数可以从谷歌云盘上下载资料。
- cache：是否提前缓存图片到内存，以加快训练速度，默认参数值为 False。
- image-weights：使用加权图像选择进行训练。
- device：选择训练网络时用的设备。
- multi-scale：是否进行多尺度训练，默认参数值为 False。
- single-cls：数据集是否只有一个类别，默认参数值为 False。
- adam：是否使用 adam 优化器，默认参数值为 False(使用 SGD)。
- sync-bn：是否使用跨卡同步 BN，在 DDP 模式下使用时默认参数值为 False。
- workers：载入数据用到的线程数。
- project：保存结果的路径，默认参数值为 runs/train。
- entity：与 wandb 库对应，作用不大，不必考虑。
- name：设定保存的模型文件名。
- exist-ok：设定预测结果的保存位置。
- quad：进行数据加载相关设置。
- linear-lr：是否使用 linear-lr 线性学习率。
- label-smoothing：标签平滑增强，默认为 0.0，即不增强。
- upload_dataset：用于确认是否上传数据集到 wandb 库，默认为 False，启用后将数据集作为交互式 dusiz 表在浏览器中进行查看、筛选和分析。
- bbox_interval：用于设置界框图像记录间隔，默认参数值为 -1。
- save_period：用于记录训练日志信息，默认参数值为 -1。
- artifact_alias：要使用的数据集 artifact 的版本。
- local_rank：设置单机多卡训练，一般不做更改。
- freeze：冻结的层数。

(2) 进入 main 函数，分模块进行数据准备。

main 函数一般作为入口函数，通过载入终端运行传递的参数，调动相应的模块处理数据，相应的代码精简后如下：

```python
def main(opt):
    # Checks
    set_logging(RANK)
    if RANK in [-1, 0]:
        ...
    # Resume
    if opt.resume and not check_wandb_resume(opt) and not opt.evolve:  # resume an inter-
rupted run
        ...
    # DDP mode
```

```
device=select_device(opt.device, batch_size=opt.batch_size)
if LOCAL_RANK ! =-1:
    ...
#  Train
if not opt.evolve:
    ...
#  Evolve hyperparameters (optional) 演化超参数
else:
    ...
```

其流程大致为指定运算的线程、判断是否继续以前的训练、调用训练模块。

（3）加载模型。

根据参数 weights 判断是否使用适用于 PyTorch 的预训练模型，通过 Model( )函数载入模型网络结构。具体代码如下：

```
pretrained=weights.endswith('.pt')
if pretrained:
    with torch_distributed_zero_first(RANK):
        weights=attempt_download(weights)   # 如果本地没有发现则下载权重文件
    ckpt=torch.load(weights, map_location=device)   # 下载每次训练后保存的模型文件
    model=Model(cfg or ckpt['model'].yaml, ch=3, nc=nc, anchors=hyp.get('anchors')).to
(device)  # 创建锚框
    exclude=['anchor'] if (cfg or hyp.get('anchors')) and not resume else []  # 筛选字
典中的键值对
    csd=ckpt['model'].float().state_dict()  # 用 4 字节保存状态字典
    csd=intersect_dicts(csd, model.state_dict(), exclude=exclude)  # 拼接
    model.load_state_dict(csd, strict=False)  # 下载模型
     LOGGER.info (f'Transferred {len(csd)}/{len(model.state_dict())} items from
{weights}')  # 打印
  else:
    model=Model(cfg, ch=3, nc=nc, anchors=hyp.get('anchors')).to(device)  # 创建模
型文件
```

（4）加载训练数据。

具体代码实现如下：

```
train_loader, dataset=create_dataloader(train_path, imgsz, batch_size
            hyp=hyp, augment=True, cache=opt.cache, rect=opt.rect, rank=RANK,
            workers=workers, image_weights=opt.image_weights, quad=opt.quad,
            prefix=colorstr('train: '))
```

（5）训练模块。

训练数据的过程是逐轮遍历，按照每个批次进行训练。首先初始化损失，然后前向传播计算每个批次的损失，并反向传播梯度更新模型参数。具体代码实现如下。

```
for epoch in range(start_epoch, epochs):
    model.train()
    mloss=torch.zeros(3, device=device)  # 简写 mloss
```

```
        for i, (imgs, targets, paths, _) in pbar:
            ni=i+nb* epoch
            imgs=imgs.to(device, non_blocking=True).float() / 255.0
            if ni<=nw:
                xi=[0, nw]   # 对应需要插值的 x 点
                accumulate=max(1, np.interp(ni, xi, [1, nbs / batch_size]).round())
                for j, x in enumerate(optimizer.param_groups):
                    x['lr']=np.interp(ni, xi, [hyp['warmup_bias_lr'] if j==2 else 0.0,
x['initial_lr']*lf(epoch)])
                    if 'momentum' in x:
                        x['momentum']=np.interp(ni, xi, [hyp['warmup_momentum'], hyp['mo-
mentum']])
            # 向前
            with amp.autocast(enabled=cuda):
                pred=model(imgs)   # 向前
                loss, loss_items=compute_loss(pred, targets.to(device))
                if RANK ! =- 1:
                    loss * =WORLD_SIZE
                if opt.quad:
                    loss *=4.
            scaler.scale(loss).backward()
            if ni - last_opt_step>=accumulate:
                scaler.step(optimizer)   # optimizer.step
                scaler.update()
                optimizer.zero_grad()
                if ema:
                    ema.update(model)
                last_opt_step=ni
            if RANK in [-1, 0]:
                mloss=(mloss* i+ loss_items) / (i+1)   # 更新 mloss
                mem=f'{torch.cuda.memory_reserved()/1E9 if torch.cuda.is_available()
else 0:.3g}G'
                pbar.set_description(('%10s'* 2+'%10.4g'*5) %  (
                    f'{epoch}/{epochs -1}', mem, * mloss, targets.shape[0], imgs.shape[-1]))
                callbacks.on_train_batch_end(ni, model, imgs, targets, paths, plots)
        scheduler.step()
```

（6）查看模型训练效果。

　　TensorBoard 是一个将训练过程可视化的工具，它可以将运行过程中输出的日志文件可视化。由上文可知，通过训练生成的结果输出文件路径为"runs/train/exp"，打开该文件夹，可以看到在程序运行过程中保存的日志文件。

　　events. out. tfevents. * 文件保存的是 tensorboard 可读的日志信息，通过在终端中调

用 tensorboard 生成可在线查看的训练日志信息(需要指定日志文件的路径):

```
tensorboard --logdir ./runs/train/exp
```

运行成功后,在终端中可以看到发布的网页地址,默认情况下为:http://localhost:6006/。打开浏览器,输入地址,可看到如图 9-52 所示界面。

图 9-52　通过 tensorboard 展示训练过程信息

results.csv 文件是训练过程中保存的数据文件,包括训练数据的损失值、验证数据的损失值和综合评价信息,可以根据这些信息,利用 excel 软件绘制折线图,如图 9-53 至图 9-55 所示。

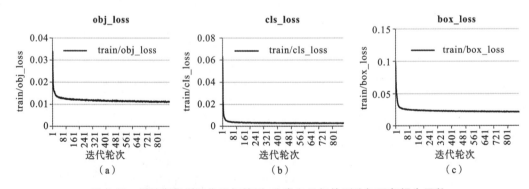

图 9-53　训练期间训练集目标检测、分类和目标检测边框回归损失函数

注:obj-loss 表示计算网络的置信度;cls-loss 表示计算锚框对应分类正确度;box-loss 表示预测框与标定框之间的误差。

如图 9-53 所示,随着训练中迭代的进行,目标检测、分类和标定的回归框的损失都在逐渐降低,并且逐渐趋于平缓,说明网络是在收敛,并且模型也渐渐地达到了比较不错的训练效果。

如图 9-54 所示,随着迭代的进行,不参与训练的验证数据集参与验证模型性能,损失值也都在逐渐降低,说明模型训练取得了一定效果。值得注意的是,在大约迭代 400 轮次之后

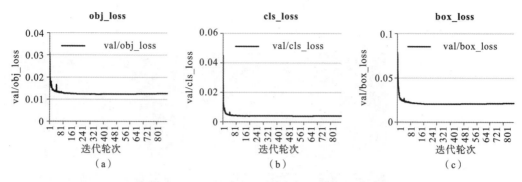

图 9-54　训练期间验证集目标检测、分类和目标检测边框回归的损失变化

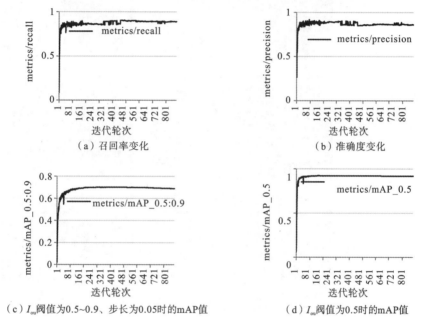

图 9-55　训练期间验证集召回率、精准率、mAP＝0.5 和 mAP＝0.5～0.9 时的精准率变化
注：mAP 表示所计算的每一类图片的平均精度。

损失值有微微上升的趋势，说明模型已达到最优状态，如果继续训练，效果提升不大并且会有过拟合的风险。

如图 9-55 所示，随着训练的迭代，召回率（recall）、精准率（precision）、mAP 值逐渐增长并且逐渐变得平稳。

9.7.3　模型测试

训练完成后，打开终端输入以下代码查看模型对图片的识别效果（训练后图片识别结果路径为"runs/test /exp"。

```
python detect.py -source ./datasets/test/ --weights ./weights/yolov5s.pt
```

模型测试的图片及识别效果如表 9-11 所示。

表 9-11　图片识别效果

输入数据名称	输入数据示例	识 别 效 果
img_00438_0_1.jpg		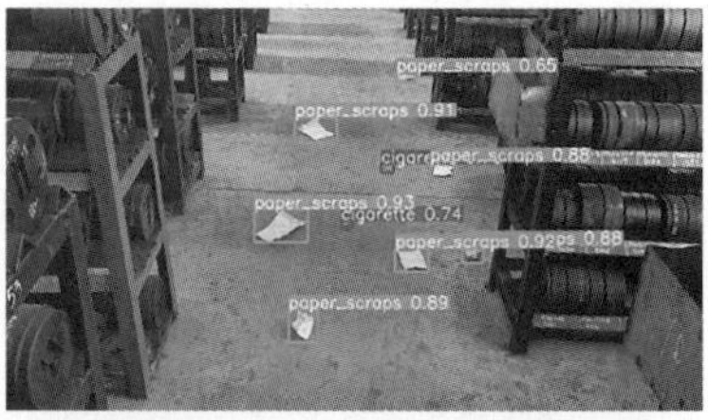
img_00078_8_5_0_1.jpg		
img_00134_6_5_0.jpg		
img_00352_5_3_11_7.jpg		

9.8　人工智能安全案例

过去 10 年,深度学习技术已经在很多不同的领域获得了令人瞩目的成功,也已经深入到各行各业和我们的生活。不过,科学界和工业界随后也发现,深度学习模型展现出了令人不安的脆弱性。例如,在图片分类任务中,只需要给一张图片加一点人类难以注意的噪声,就能让深度学习模型完全误判图片的内容。如图 9-56 所示,在向一张熊猫的照片加入少许噪声后,模型会错误地将其判别为长臂猿,尽管人类仍然能轻松地看出修改后的图片仍然是一只熊猫。

令人不安的原因不仅仅在于图像识别问题,还在于识别错误后带来的危险,特别是在安全和安全关键应用领域(如自动驾驶汽车、监视、恶意软件检测、无人机和机器人、语音命令识别等领域)。例如目前的无人驾驶系统有时在识别重要交通标记时,会因微小的变化出现

 $+0.007\times$  $=$

x
"panda"
57.7% confidence

$\text{sign}(\nabla_x J(\theta, x, y))$
"nematode"
8.2% confidence

$x+$
$\varepsilon\, \text{sign}(\nabla_x J(\theta, x, y))$
"gibbon"
99.3% confidence

图 9-56　制作对抗样本原理

严重的误判,这就有可能会对交通安全造成严重的后果。这种对图像添加微小扰动来影响模型识别结果的技术称为对抗攻击。此外,还有研究团队发现,在佩戴了一副含有对抗样本图片的眼镜后,攻击者可以破解很多手机的人脸识别解锁功能。因此,如何提升深度学习模型的稳定性,让模型能抵御外界天然和人为的攻击,成为目前人工智能安全领域学术界和产业界都极为关注的问题。

9.8.1　基于卷积神经网络的对抗攻击案例

1. 箱约束(box-constrained) L-BFGS

Szegedy 等人首次证明了给图像添加小扰动可以欺骗深度学习模型,导致错误分类。设 $I_c \in \mathbf{R}$ 表示向量化干净的图像,下标 c 表示图片是干净的,在干净的图像上添加扰动 ρ(它会使图片产生轻微的畸变从而欺骗网络),按下式来生成对抗样本:

$$\min_{\rho} \|\rho\|_2 \text{ s.t. } C(I_c + \rho) = l, \quad I_c + \rho \in [0, 1]^m \tag{9-7}$$

式中:l 为图像的标签,$C(\cdot)$ 为深度神经网络的分类器。在干净的图像 I_c 上添加扰动 ρ 之后,经深度学习分类器的识别生成错误的类 l,可以达到攻击目的。此方法能够计算添加到干净图像上欺骗神经网络的扰动,但在人类视觉系统看来,对抗图像与干净图像相似。

2. 快速梯度符号法

深度神经网络对对抗性例子的鲁棒性可以通过对抗性训练来提高。为了实现有效的对抗训练,Goodfellowet 开发了一种方法,通过解决以下问题,有效地计算给定图像的对抗扰动:

$$\rho = \varepsilon\, \text{sign}(\nabla J(\theta, I_c, l) \tag{9-8}$$

式中:$\nabla J(\cdot, \cdot, \cdot)$ 用于计算代价函数围绕模型参数当前值的梯度;$\text{sign}(\cdot)$ 表示符号函数;ε 是一个限制扰动范数的小标量值。求解的方法被称为快速梯度符号法(fast gradient sign method,FGSM)。

在图 9-57 示例子中,我们用同样的一个图片识别模型(Letnet)对两幅看起来一模一样的图像进行识别,但是得到了完全不同的两个识别结果。其原因是右图的图像区域被加上了人眼无法察觉的恶意噪声,专门用于欺骗人脸识别模型。加入噪声后的样本称为对抗样本,即针对某种特定的模型(例如图像分类模型 ResNet),在正常样本(例如 2D 图像、3D 点云等)上加入微小的噪声,使得模型原来的结果发生改变。

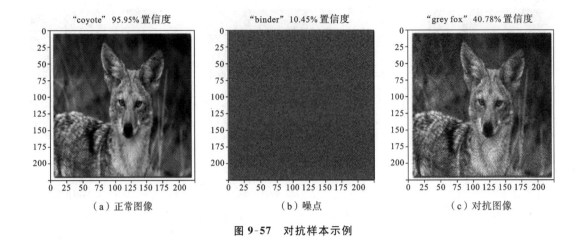

（a）正常图像　　　　　　　（b）噪点　　　　　　　（c）对抗图像

图 9-57　对抗样本示例

实现代码方法如下：

```
"""adversary.py"""
from pathlib import Path
import torch
import torch.optim as optim
import torch.nn.functional as F
from torch.autograd import Variable
from torchvision.utils import save_image

from models.toynet import ToyNet
from datasets.datasets import return_data
from utils.utils import rm_dir, cuda, where


class Attack(object):
    def __init__(self, net, criterion):
        self.net=net
        self.criterion=criterion

    def fgsm(self,x,y,targeted=False,eps=0.03,x_val_min=-1,x_val_max=1): # FGSM攻击
        x_adv=Variable(x.data, requires_grad= True)
        h_adv=self.net(x_adv)
        if targeted:
            cost=self.criterion(h_adv, y)
        else:
            cost=-self.criterion(h_adv, y)

        self.net.zero_grad()
        if x_adv.grad is not None:
```

```
            x_adv.grad.data.fill_(0)
        cost.backward()

        x_adv.grad.sign_()
        x_adv=x_adv - eps* x_adv.grad
        x_adv=torch.clamp(x_adv, x_val_min, x_val_max)


        h=self.net(x)
        h_adv=self.net(x_adv)


        return x_adv, h_adv, h

    def i_fgsm(self,x,y,targeted=False,eps=0.03,alpha=1,iteration=1,x_val_min=-1,
x_val_max=1):  # I-FGSM攻击
        x_adv=Variable(x.data, requires_grad=True)
        for i in range(iteration):
            h_adv=self.net(x_adv)
            if targeted:
                cost=self.criterion(h_adv, y)
            else:
                cost=-self.criterion(h_adv, y)

            self.net.zero_grad()
            if x_adv.grad is not None:
                x_adv.grad.data.fill_(0)
            cost.backward()

            x_adv.grad.sign_()
            x_adv=x_adv - alpha* x_adv.grad
            x_adv=where(x_adv>x+eps, x+eps, x_adv)
            x_adv=where(x_adv<x-eps, x-eps, x_adv)
            x_adv=torch.clamp(x_adv, x_val_min, x_val_max)
            x_adv=Variable(x_adv.data, requires_grad=True)

        h=self.net(x)
        h_adv=self.net(x_adv)


        return x_adv, h_adv, h

    def universal(self, args):
        self.set_mode('eval')
```

```
            init=False

            correct=0
            cost=0
            total=0

            data_loader=self.data_loader['test']
            for e in range(100000):
                for batch_idx, (images, labels) in enumerate(data_loader):

                    x=Variable(cuda(images, self.cuda))
                    y=Variable(cuda(labels, self.cuda))

                    if not init:
                        sz=x.size()[1:]
                        r=torch.zeros(sz)
                        r=Variable(cuda(r, self.cuda), requires_grad=True)
                        init=True

                    logit=self.net(x+r)
                    p_ygx=F.softmax(logit, dim=1)
                    H_ygx=(-p_ygx*torch.log(self.eps+p_ygx)).sum(1).mean(0)
                    prediction_cost=H_ygx
                    #prediction_cost=F.cross_entropy(logit,y)
                    #perceptual_cost=-F.l1_loss(x+r,x)
                    #perceptual_cost=-F.mse_loss(x+r,x)
                    #perceptual_cost=-F.mse_loss(x+r,x) -r.norm()
                    perceptual_cost=-F.mse_loss(x+r, x) -F.relu(r.norm()-5)
                    #perceptual_cost=-F.relu(r.norm()-5.)
                    #if perceptual_cost.data[0]<10: perceptual_cost.data.fill_(0)
                    cost=prediction_cost+perceptual_cost
                    #cost=prediction_cost

                    self.net.zero_grad()
                    if r.grad:
                        r.grad.fill_(0)
                    cost.backward()

                    #r=r+args.eps*r.grad.sign()
                    r=r+r.grad*1e-1
                    r=Variable(cuda(r.data, self.cuda), requires_grad=True)

                    prediction=logit.max(1)[1]
```

```
        correct=torch.eq(prediction, y).float().mean().data[0]
        if batch_idx % 100==0:
            if self.visdom:
                self.vf.imshow_multi(x.add(r).data)
                # self.vf.imshow_multi(r.unsqueeze(0).data,factor=4)
                print(correct*100,prediction_cost.data[0],perceptual_cost.data[0],\
                    r.norm().data[0])

    self.set_mode('train')
```

9.8.2　基于可见光的对抗攻击案例

　　Shen 等人针对 FR 系统引入了一种基于可见光的攻击(VLA)方法,在该方法中,基于可见光的对抗扰动被制作成图像并投射到人脸上。针对每个对抗的例子生成一个扰动帧和一个隐藏帧,将这两帧投影到用户的脸上。扰动帧包含将输入用户的面部特征改变为目标用户或非目标用户的特征的信息;而隐藏帧旨在隐藏扰动帧中的扰动,使人眼看不到。

　　对于扰动帧的生成,该方法将像素级的图像修改扩展到区域级,以避免物理场景中可能的扰动损失。据此,根据包含颜色值的相似度对扰动帧划分专属范围。采用 MeanShift 聚类方法对所有颜色进行划分,将附近相似的颜色划分为相同的区域,并将图像中每一组附近具有相同颜色的像素视为一个扰动区域。然后进行区域滤波,确保摄像机能够成功捕获扰动帧中的所有投影细节,并且小的彩色区域不会在捕获的物理场景图像中丢失。定义 $n=x'-x$ 为扰动坐标,n 的聚类过滤结果表示为 $C_{x,x'}$,定义如下:

$$C_{x,x'} = \{G_i(p), R_i \mid 0 \leqslant i \leqslant m\} \tag{9-9}$$

式中:$G_i(p)$ 表示是否将一个像素 p 的颜色设置为 R_i;m 为颜色区域的总数。对于图像中的每个像素 p,$C_{x,x'}=1$,如果 p 在 R_i 之内,则 $C_{x,x'}=0$。然后定义生成函数 $H(\cdot)$,将聚类结果 $C_{x,x'}$ 转化为扰动框架 n:

$$n = H(C_{x,x'}) = [R_i, \text{if}, G_i(p)=1] \tag{9-10}$$

　　美国普渡大学有学者提出 OPAD 攻击算法,研究利用人为刻意构造的光照分布对目标分类器进行攻击,通过光照对图像进行干扰,从而改变智能驾驶图像识别设备对交通标志的识别结果,如图 9-58 所示。

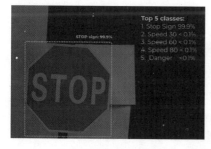 

　　　　　(a)正常交通标志图像　　　　　　　　　　(b)对抗交通标志图像

图 9-58　基于可见光的对抗攻击示例

9.8.3　基于物理干扰对抗攻击方法

华为莫斯科研究院发表一篇论文,介绍了用一张纸"破解"顶级的人脸识别模型 FaceID 的方法。这是一种可重复的对抗性攻击生成方法,称为 AdvHat 方法。该方法通过在标准彩色打印机上打印一张矩形贴纸,进行离面变换后将其贴在帽子上来实施对抗攻击,取得了显著的效果,如图 9-59 所示。

图 9-59　AdvHat 攻击

该方法的基本框架如图 9-60 所示。用 Arcface 的模型替换生成式对抗网络(GAN)框架中的判别器,将损失函数替换成总变差损失(TV loss)和余弦相似度(cosine similarity loss)之和。该方法分为四个步骤。

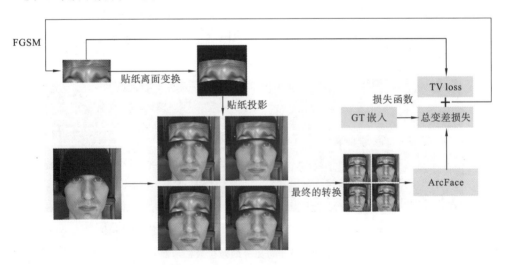

图 9-60　AdvHat 基本框架

（1）贴纸的离面弯曲和俯仰旋转。因为需要将图片贴在头顶，图片必然不能保持为刚性平面，所以要对矩形图像进行缩放和扭曲，然后与原图融合，作为输入。该方法通过模拟 3D 空间中的抛物线变换，将贴纸的每个点映射至抛物线圆柱上的新点，然后将 3D 仿射变换应用于获得的新点。如图 9-61 所示。

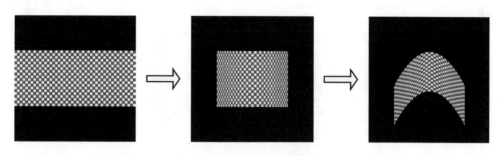

图 9-61　离面弯曲和俯仰旋转

（2）为了提高贴纸扰动效果的鲁棒性，在生成贴纸图像的时候，对投射参数进行微小的扰动，模拟真实世界的贴图情况。

（3）将贴纸图像转换为 ArcFace 标准模板。

（4）迭代训练，逐渐降低总变差损失和余弦相似度之和。

关于迭代训练步骤，两个参数的总和（总变差损失和余弦相似度）最小化公式如下（该公式用于修改贴纸图像）：

$$L_{\mathrm{T}}(x,a) = L_{\mathrm{sim}}(x,a) + \lambda \cdot \mathrm{TV}(x) \tag{9-11}$$

式中：x 是贴纸图像；λ 是总变差损失的权重。

总变差损失的作用主要是使图融合地更加平滑。其表达式为：

$$\mathrm{TV}(x) = \sum_{i,j} \left[(x_{i,j} - x_{i+1,j})^2 + (x_{i,j} - x_{i,j+1})^2 \right]^{\frac{1}{2}} \tag{9-12}$$

相似度损失用于衡量两个样本的相似度。其表达式为：

$$L_{\mathrm{sim}}(x,a) = \cos(e_x, e_a) \tag{9-13}$$

实现 Advhat 攻击的代码如下：

```
attack. py
import argparse
mport sys
import os
import tensorflow as tf
import numpy as np
import skimage.io as io
from skimage.transform import rescale
from tqdm import tqdm
from stn import spatial_transformer_network as stn
from utils import TVloss, projector
from sklearn.linear_model import LinearRegression as LR
from time import time
import datetime
```

```
import matplotlib.pyplot as plt

# Prepare image to network input format　(图像输入模型之前进行格式化)
def prep(im):
    if len(im.shape)==3:
        return np.transpose(im,[2,0,1]).reshape((1,3,112,112))*2-1
    elif len(im.shape)==4:
        return np.transpose(im,[0,3,1,2]).reshape((im.shape[0],3,112,112))*2-1


def main(args):
    print(args)
    now=str(datetime.datetime.now())


    sess=tf.Session()

    #Off-plane sticker projection　(离面贴纸投影)
    logo=tf.placeholder(tf.float32,shape=[None,400,900,3],name='logo_input')
    param=tf.placeholder(tf.float32,shape=[None,1],name='param_input')
    ph=tf.placeholder(tf.float32,shape=[None,1],name='ph_input')
    result=projector(param,ph,logo)

    #Union of the sticker and face image　(将贴纸和面部图像融合)
    mask_input=tf.placeholder(tf.float32,shape=[None,900,900,3],name='mask_input')
    face_input=tf.placeholder(tf.float32,shape=[None,600,600,3],name='face_input')
    theta=tf.placeholder(tf.float32,shape=[None,6],name='theta_input')
    prepared=stn(result,theta)

   #Transformation to ArcFace template　(转换为 ArcFace 模板)
    theta2=tf.placeholder(tf.float32,shape=[None,6],name='theta2_input')
    united=prepared[:,300:,150:750]*mask_input[:,300:,150:750]+\
                              face_input*(1-mask_input[:,300:,150:750])
    final_crop=tf.clip_by_value(stn(united,theta2,(112,112)),0.,1.)

    #TV loss and gradients　(总变差损失函数和梯度)
    w_tv=tf.placeholder(tf.float32,name='w_tv_input')
    tv_loss=TVloss(logo,w_tv)

    grads_tv=tf.gradients(tv_loss,logo)
    grads_input=tf.placeholder(tf.float32,shape=[None,112,112,3],name='grads_input')
    grads1=tf.gradients(final_crop,logo,grad_ys=grads_input)

    #Varios images generator　(各种图像生成器)
    class Imgen(object):
```

```python
    def __init__(self):
        self.fdict={ph:[[args.ph]],\
                logo:np.ones((1,400,900,3)),\
                param:[[args.param]],\
                theta:1./args.scale* np.array(
                    [[1.,0.,-args.x/450.,0.,1.,-args.y/450.]]),\
                theta2:[[1.,0.,0.,0.,1.,0.]],\
                w_tv:args.w_tv}
        mask=sess.run(prepared,feed_dict=self.fdict)
        self.fdict[mask_input]=mask


    def gen_fixed(self,im,advhat):
        self.fdict[face_input]=np.expand_dims(im,0)
        self.fdict[logo]=np.expand_dims(advhat,0)
        return self.fdict, sess.run(final_crop,feed_dict=self.fdict)


    def gen_random(self,im,advhat,batch=args.batch_size):
        alpha1=np.random.uniform(-1.,1.,size=(batch,1))/180.*np.pi
        scale1=np.random.uniform(
args.scale-0.02,args.scale+0.02,size=(batch,1))
        y1=np.random.uniform(
args.y-600./112.,args.y+600./112.,size=(batch,1))
        x1=np.random.uniform(
args.x-600./112.,args.x+ 600./112.,size=(batch,1))
        alpha2=np.random.uniform(-1.,1.,size=(batch,1))/180.*np.pi
        scale2=np.random.uniform(1./1.04,1.04,size=(batch,1))
        y2=np.random.uniform(-1.,1.,size=(batch,1))/66.
        angle=np.random.uniform(args.ph-2.,args.ph+2.,size=(batch,1))
        parab=np.random.uniform(
args.param-0.0002,args.param+0.0002,size=(batch,1))
        fdict={ph:angle,param:parab,w_tv:args.w_tv,\
theta:1./scale1*np.hstack([np.cos(alpha1),np.sin(alpha1),
-x1/450.,\
-np.sin(alpha1),np.cos(alpha1),-y1/450.]),\
theta2:scale2*np.hstack([np.cos(alpha2),np.sin(alpha2),
np.zeros((batch,1)
-np.sin(alpha2),np.cos(alpha2),y2]),\
                logo:np.ones((batch,400,900,3)),\
face_input:np.tile(np.expand_dims(im,0),[batch,1,1,1])}
        mask=sess.run(prepared,feed_dict=fdict)
        fdict[mask_input]=mask
        fdict[logo]=np.tile(np.expand_dims(advhat,0),[batch,1,1,1])
        return fdict, sess.run(final_crop,feed_dict=fdict)
```

```
gener=Imgen()

# Initialization of the sticker    (初始化贴纸)
init_logo=np.ones((400,900,3))*127./255.
if args.init_face!=None:
        init_face=io.imread(args.init_face)/255.
        init_loss=tv_loss+ tf.reduce_sum(tf.abs(init_face-united[0]))
        init_grads=tf.gradients(init_loss,logo)
        init_logo=np.ones((400,900,3))*127./255.
        fdict,_=gener.gen_fixed(init_face,init_logo)
        moments=np.zeros((400,900,3))
        print('Initialization from face, step 1/2')
        for i in tqdm(range(500)):
                fdict[logo]=np.expand_dims(init_logo,0)
                grads=moments*0.9+sess.run(init_grads,feed_dict=fdict)[0][0]
                moments=moments*0.9+grads*0.1
                init_logo=np.clip(init_logo-1./51.*np.sign(grads),0.,1.)
        print('Initialization from face, step 2/2')
        for i in tqdm(range(500)):
                fdict[logo]=np.expand_dims(init_logo,0)
                grads=moments*0.9+sess.run(init_grads,feed_dict=fdict)[0][0]
                moments=moments* 0.9+grads*0.1
                init_logo=np.clip(init_logo-1./255.*np.sign(grads),0.,1.)
        io.imsave(now+'_init_logo.png',init_logo)
elif args.init_logo!=None:
        init_logo[:]=io.imread(args.init_logo)/255.


# Embedding model   (嵌入模型)
with tf.gfile.GFile(args.model, "rb") as f:
        graph_def=tf.GraphDef()
        graph_def.ParseFromString(f.read())
tf.import_graph_def(graph_def,
                input_map=None,
                return_elements=None,
                name="")
image_input=tf.get_default_graph().get_tensor_by_name('image_input:0')
keep_prob=tf.get_default_graph().get_tensor_by_name('keep_prob:0')
is_train=tf.get_default_graph().get_tensor_by_name('training_mode:0')
embedding=tf.get_default_graph().get_tensor_by_name('embedding:0')

orig_emb=tf.placeholder(tf.float32,shape=[None,512],name='orig_emb_input')
cos_loss=tf.reduce_sum(tf.multiply(embedding,orig_emb),axis=1)
```

```
grads2=tf.gradients(cos_loss,image_input)

fdict2={keep_prob:1.0,is_train:False}

#Anchor embedding calculation  (锚点的嵌入计算)
if args.anchor_face!=None:
        anch_im=rescale(io.imread(args.anchor_face)/255.,112./600.,order=5)
        fdict2[image_input]=prep(anch_im)
        fdict2[orig_emb]=sess.run(embedding,feed_dict=fdict2)
elif args.anchor_emb!=None:
        fdict2[orig_emb]=np.load(args.anchor_emb)[-1:]
else:
        anch_im=rescale(io.imread(args.image)/255.,112./600.,order=5)
        fdict2[image_input]=prep(anch_im)
        fdict2[orig_emb]=sess.run(embedding,feed_dict=fdict2)

#Attack constants  (攻击参数设置)
im0=io.imread(args.image)/255.
regr=LR(n_jobs=4)
regr_len=100
regr_coef=-1.
moments=np.zeros((400,900,3))
moment_val=0.9
step_val=1./51.
stage=1
step=0
lr_thresh=100
ls=[]
t=time()
while True:
        #Projecting sticker to the face and feeding it to the embedding model
          (将贴纸投影到人脸上并输入嵌入模型)
        fdict,ims=gener.gen_random(im0,init_logo)
        fdict2[image_input]=prep(ims)
        grad_tmp=sess.run(grads2,feed_dict=fdict2)

        fdict_val, im_val=gener.gen_fixed(im0,init_logo)
        fdict2[image_input]=prep(im_val)
        ls.append(sess.run(cos_loss,feed_dict=fdict2)[0])

        #Gradients to the original sticker image
        fdict[grads_input]=np.transpose(grad_tmp[0],[0,2,3,1])
        grads_on_logo=np.mean(sess.run(grads1,feed_dict=fdict)[0],0)
```

```
        grads_on_logo+=sess.run(grads_tv,feed_dict=fdict)[0][0]
        moments=moments*moment_val+grads_on_logo*(1.-moment_val)
        init_logo -= step_val* np.sign(moments)
        init_logo=np.clip(init_logo,0.,1.)


        #Logging   (记录攻击过程)
        step +=1
        if step%20==0:
                print('Stage:',stage,'Step:',step,'Av.time:',round(
(time()-t)/step,2),'Loss:',round(ls[-1],2),'Coef:',regr_coef)


        #Switching to the second stage   (选择第二个阶段)
        if step>lr_thresh:
                regr.fit(np.expand_dims(np.arange(100),1),np.hstack(ls[-100:]))
                regr_coef=regr.coef_[0]
                if regr_coef>=0:
                        if stage==1:
                                stage=2
                                moment_val=0.995
                                step_val=1./255.
                                step=0
                                regr_coef=-1.
                                lr_thresh=200
                                t=time()
                        else:
                                break

    plt.plot(range(len(ls)),ls)
    plt.savefig(now+'_cosine.png')
    io.imsave(now+'_advhat.png',init_logo)


def parse_arguments(argv):
    parser=argparse.ArgumentParser()

    parser.add_argument('image', type=str, help='Path to the image for attack.')
    parser.add_argument('model', type=str, help='Path to the model for attack.')
    parser.add_argument('--init_face', type=str, default=None, help='Path to the face
for sticker inititalization.')
    parser.add_argument('--init_logo', type=str, default=None, help='Path to the im-
age for inititalization.')
    parser.add_argument('--anchor_face', type=str, default=None, help='Path to the
anchor face.')
    parser.add_argument('--anchor_emb', type=str, default=None, help='Path to the an-
chor emb (the last will be used)')
```

```
    parser.add_argument('--w_tv', type=float, default=1e-4, help='Weight of the TV
loss')
    parser.add_argument('--ph', type=float, default=17., help='Angle of the off-plane
rotation')
    parser.add_argument('--param', type=float, default=0.0013, help='Parabola rate
for the off-plane parabolic transformation')
    parser.add_argument('--scale', type=float, default=0.465, help='Scaling parame-
ter for the sticker')
    parser.add_argument('--x', type=float, default=0., help='Translation of the
sticker along x-axis')
    parser.add_argument('--y', type=float, default=-15, help='Translation of the
sticker along y-axis')
    parser.add_argument('--batch_size', type=int, default=20, help='Batch size for
attack')

    return parser.parse_args(argv)


# 主函数
if __name__=='__main__':
    main(parse_arguments(sys.argv[1:]))
            fdict2[orig_emb]=sess.run(embedding,feed_dict=fdict2)

        # Attack constants  (攻击参数的设定)
        im0=io.imread(args.image)/255.
        regr=LR(n_jobs=4)
        regr_len=100
        regr_coef=-1.
        moments=np.zeros((400,900,3))
        moment_val=0.9
        step_val=1/51
        stage=1
        step=0
        lr_thresh=100
        ls=[]
        t=time()
        while True:
            # Projecting sticker to the face and feeding it to the embedding model
            (将贴纸投影到人脸上并输入嵌入模型)
            fdict,ims=gener.gen_random(im0,init_logo)
            fdict2[image_input]=prep(ims)
            grad_tmp=sess.run(grads2,feed_dict=fdict2)

            fdict_val, im_val=gener.gen_fixed(im0,init_logo)
```

```
                fdict2[image_input]=prep(im_val)
                ls.append(sess.run(cos_loss,feed_dict=fdict2)[0])

                #Gradients to the original sticker image
                fdict[grads_input]=np.transpose(grad_tmp[0],[0,2,3,1])
                grads_on_logo=np.mean(sess.run(grads1,feed_dict=fdict)[0],0)
                grads_on_logo += sess.run(grads_tv,feed_dict=fdict)[0][0]
                moments=moments*moment_val + grads_on_logo* (1.-moment_val)
                init_logo -= step_val*np.sign(moments)
                init_logo=np.clip(init_logo,0.,1.)

                #Logging(登录)
                step +=1
                if step%20==0:
                        print('Stage:',stage,'Step:',step,'Av. time:',round(
        (time()-t)/step,2),'Loss:',round(ls[-1],2),'Coef:',regr_coef)

                #Switching to the second stage  (选择第二个阶段)
                if step>lr_thresh:
                        regr.fit(np.expand_dims(np.arange(100),1),np.hstack(ls[-100:]))
                        regr_coef=regr.coef_[0]
                        if regr_coef>=0:
                                if stage==1:
                                        stage=2
                                        moment_val=0.995
                                        step_val=1/255
                                        step=0
                                        regr_coef=-1
                                        lr_thresh=200
                                        t=time()
                                else:
                                        break

        plt.plot(range(len(ls)),ls)
        plt.savefig(now+'_cosine.png')
        io.imsave(now+'_advhat.png',init_logo)

    def parse_arguments(argv):
        parser=argparse.ArgumentParser()

        parser.add_argument('image', type=str, help='Path to the image for attack.')
        parser.add_argument('model', type=str, help='Path to the model for attack.')
        parser.add_argument('--init_face', type=str, default=None, help='Path to the face
    for sticker inititalization.')
```

```
        parser.add_argument('--init_logo', type=str, default=None, help='Path to the im-
age for inititalization.')
        parser.add_argument('--anchor_face', type=str, default=None, help='Path to the
anchor face.')
        parser.add_argument('--anchor_emb', type=str, default=None, help='Path to the an-
chor emb (the last will be used)')
        parser.add_argument('--w_tv', type=float, default=1e-4, help='Weight of the TV
loss')
        parser.add_argument('--ph', type=float, default=17., help='Angle of the off-plane
rotation')
        parser.add_argument('--param', type=float, default=0.0013, help='Parabola rate
for the off-plane parabolic transformation')
        parser.add_argument('--scale', type=float, default=0.465, help='Scaling parame-
ter for the sticker')
        parser.add_argument('--x', type=float, default=0., help='Translation of the
sticker along x-axis')
        parser.add_argument('--y', type=float, default=-15., help='Translation of the
sticker along y-axis')
        parser.add_argument('--batch_size', type=int, default=20, help='Batch size for
attack')

        return parser.parse_args(argv)

if __name__=='__main__':
    main(parse_arguments(sys.argv[1:]))
```

9.8.4　对抗攻击防御措施

目前在对抗攻击防御措施方面存在三个主要研究方向。

1）修改模型输入数据

包括在训练阶段修改训练数据和在测试阶段修改输入样本两种方法。对抗训练（AT）是将各种对抗攻击方法产生的对抗样本放入原始模型网络中进行训练。Dziugaite 等人发现 JPG 压缩算法能够以大概率去除 FGSM 攻击构造扰动对模型分类的影响。

2）修改模型网络结构

主要包括增加网络层数、改变损失函数和激活函数等方法。大多数对抗攻击都是基于梯度的，因此一种自然的防御方法是掩盖模型的梯度。Hinton 等人提出了防御蒸馏方法，该方法可以提高模型的鲁棒性。Grosse 等人提出在分类网络中增加一个额外的类别标签，以确定输入样本是否对抗样本。

3）增加外部模块

这类方法的核心是在不影响原有模型的正常工作的前提下，通过增加前置模块或后置模块来增强整个系统的鲁棒性。Akhtar 等人提出了一种针对全局扰动的防御方法。Xu 等人提出了一种特征压缩方法。

9.8.5　小结

尽管深度神经网络对于各种各样的计算机视觉任务都具有很高的精确度，但人们发现它们容易受到细微的输入扰动的影响，从而完全改变输出。由于深度学习技术是当前机器学习和人工智能技术发展的核心，因此我们需要对 AI 安全性进行更多的研究，以提高人工智能的鲁棒性。

9.9　司法大数据分析

9.9.1　基于知识图谱的涉毒案件法条预测

本示例主要介绍基于知识图谱的涉毒案件法条预测方法，包含数据预处理、知识图谱构建、核方法模型构建、模型测试与评估三大部分。

1. 涉毒案件法条预测数据集

实验数据集来源于贵州省高级人民法院 2010—2019 年共 16480 条有关单被告人多犯罪类型的涉毒数据。为了聚焦涉毒法条的预测，只对《刑法》中有关涉毒的法条（第 347 条至第 357 条）进行预测。

由于部分法条对应的案件个数过少，不能达到深度学习训练效果（见图 9-62，可以看出数据分布是极其不均衡的，最高与最低数量差可以达到上百倍），为了权衡法条数量和考虑训练效果的平衡性，选取法条对应案件个数大于 100 的作为预测标签。另外，由于毒品再犯（第 356 条）并不能由犯罪文本提供，最终确定法条预测标签和数量如表 9-12 所示，训练集

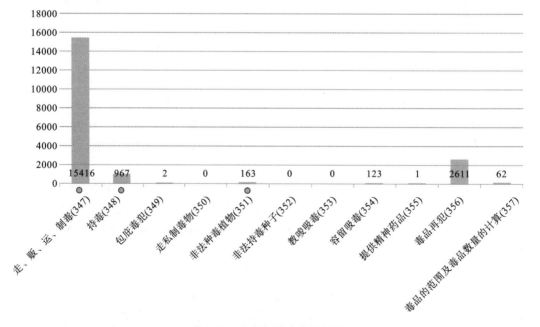

图 9-62　法条数量分布柱状图

和测试集比例为 7.5∶2.5。

表 9-12　法条预测标签和数量

标　　签	数　　量			
数据集	347	348	351	354
训练集	11562	725	122	92
测试集	3854	242	41	31

2. 数据预处理

数据预处理包括原始数据加载、数据格式规则化、相关犯罪类型图谱构建。

原始数据是以 .json 结尾的 JSON 数据文件，加载此类型文件可使用 JSON 模块中的 JSON. load()方法，构建相关犯罪类型图谱需要用到哈尔滨工业大学的 LTP（Linux test project，Linux 测试项目）工具进行辅助。通过定义相关函数达到制作目的。

```python
##规则化数据格式
def extract_case_content(loc_path, dump_path):
    case_json=[]
    count=0
    pattern_case_court=re.compile(r'贵州省((.|\n)*?)人民法院')
    sentence_pattern=re.compile(r'(?<=判决如下:)((.|\n)*?)(?=如不服本判决)')
    pattern_charge=re.compile(r'被告人(.*?)犯(.*?)罪,判处(.*?),')
    pattern_clause=re.compile(r'(?<=依照《中华人民共和国刑法》)(.*?)(?=判决)')
    pattern_content_1=re.compile(r'(?<=指控[:,])((.|\n)*?)(?=事实|指控)')
    pattern_content_2=re.compile(r'(?<=查明[:,])((.|\n)*?)(?=事实)')
    ##包含静态属性的内容
    pattern_content_3=re.compile(r'(?<=本院认为[:,])((.|\n)*?)(?=如下)')
    pattern_clean=re.compile(r'(?<=\d),(?=\d)')
    with open(loc_path, encoding='utf8') as fp:
        load_json=json.load(fp)
        for i, each_case in enumerate(load_json):
            content=translate_symbol(each_case['pjswb']) #将文中的英文字符都改
                为中文字符
            content_1=pattern_content_1.search(content) ##抽取指控信息
            content_2=pattern_content_2.search(content) ##抽取查明信息
            content_3=pattern_content_3.search(content) ##抽取包含静态属性的信息
            sentence=sentence_pattern.search(content)  ##抽取判决信息
            court=pattern_case_court.search(content)  ##抽取法院信息
            clause=pattern_clause.findall(content)
            if sentence and court and clause:
                content1=content_1.group(0) if content_1 else ''
                content2=content_2.group(0) if content_2 else ''
                content3=content_3.group(0) if content_3 else ''
                court=court.group(0)
                clause=cluause_revice(clause)
```

```
                        d_name=[i.group(1) for i in pattern_charge.finditer(sentence.group(0))]

                        charge=[i.group(2) for i in pattern_charge.finditer(sentence.group(0))]

                        term=[i.group(3) for i in pattern_charge.finditer(sentence.group(0))]

                        data=dump_case(i, each_case['_id'], each_case['ah'], court, d_
                        name, content1, content2, content3, clause, charge, term)

                        case_json.append(data)

                        count+=1

                else:
                        none_list.append(each_case['ah'])


##利用规则模板抽取犯罪类型的图谱(以容留吸食毒品为例)
def Accommodation_model(sentences,poss,deps,evoke_index,word_i,defendant):
    ##定义容留案件的要素
    accommodate_dict={

        "defendent": None,

        "location": None,

        "action": "容留",

        "recipient": None,

        "action_taget": "吸食毒品",

        "drug_name": None

    }

    if word_i !=None:

        #找施事者

        accommodate_dict["defendent"]=defendant

        #找受事者

        peoples=[]

        for pos_index,pos in enumerate(poss[evoke_index][word_i:]):

            if pos=='nh':

                peoples.append(sentences[evoke_index][pos_index+ word_i])

        accommodate_dict["recipient"]=peoples

        #找容留的地点

        i=0

        if '租' or '房' or '家' in ''.join(sentences[evoke_index]):

            accommodate_dict["location"]='房内'

        elif (()) in ''.join(sentences[evoke_index])):

            accommodate_dict["location"]='酒店'

        while (accommodate_dict["location"]==None):

            i=i+1

            sen_pre=sentences[evoke_index - i]

            if '租' or '房' or '家' in ''.join(sen_pre[evoke_index]):

                accommodate_dict["location"]='房内'

            elif ('酒店' or '宾馆' in ''.join(sen_pre[evoke_index])):

                accommodate_dict["location"]='酒店'
```

```
    #找吸食的毒品名称
    drug_=[]
    for i in rongliu_names_dict:
        if i in ''.join(sentences[evoke_index]):
            drug_.append(i)
    accommodate_dict["drug_name"]='、'.join(drug_)
    if accommodate_dict["drug_name"]==(None or ''):
        accommodate_dict["drug_name"]="毒品"
else:  #没有容留关键词触发的容留事件
    if len(defendant)>1:   #如果有多个被告,暂时将所有被告都作为施事人和受事人
        accommodate_dict["defendent"]=defendant
        accommodate_dict["recipient"]=defendant
    else: #如果只有一个被告,则被告为施事人,其他非被告为受事人
        accommodate_dict["defendent"]=defendant
        peoples=[]
        for pos_index, pos in enumerate(poss[evoke_index]):
            if pos=='nh' and sentences[evoke_index][pos_index-1] !='被告':
                peoples.append(sentences[evoke_index][pos_index])
        i=0
        while(peoples==''):     #如果在当前句子找不到受事人,就去前一个句子找,直到
                                找到为止
            i=i+1
            for pos_index, pos in enumerate(poss[evoke_index-i]):
                if pos=='nh' and sentences[evoke_index-i][pos_index-1]!='被告':

                    peoples.append(sentences[evoke_index-i][pos_index])
        accommodate_dict["recipient"]=peoples
#找到容留地点
i=0
if '租' or '房' or '家' in ''.join(sentences[evoke_index]):
    accommodate_dict["location"]='房内'
elif (('酒店' or '宾馆') in ''.join(sentences[evoke_index])):
    accommodate_dict["location"]='酒店'
while (accommodate_dict["location"]==None):
    i=i+1
    sen_pre=sentences[evoke_index - i]
    if '租' or '房' or '家' in ''.join(sen_pre[evoke_index]):
        accommodate_dict["location"]='房内'
    elif ('酒店' or '宾馆' in ''.join(sen_pre[evoke_index])):
        accommodate_dict["location"]='酒店'
#  找到吸食的毒品名称
drug_=[]
for i in rongliu_names_dict:
    if i in ''.join(sentences[evoke_index]):
```

```
        drug_.append(i)
    accommodate_dict["drug_name"]='、'.join(drug_)
    if accommodate_dict["drug_name"]==(None or ''):
        accommodate_dict["drug_name"]="毒品"
return accommodate_dict
```

构建图谱示例如图 9-63 所示。

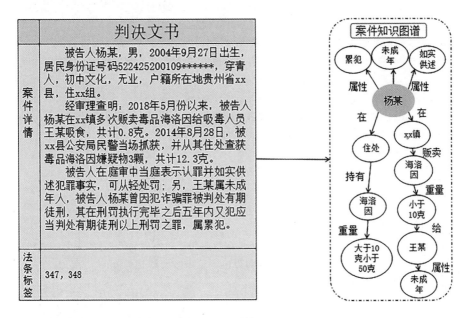

图 9-63　图谱构建示例

3. 模型定义与训练

本示例使用的算法是核方法,使用 sklearn 框架的 SWM(支持向量机)开发,以下是模型定义代码:

```
###核函数定义与计算相关函数
class node(object):
    def __init__(self, Type, Text=""):
        self.Type=Type.upper()    #小写字母转大写字母
        self.Text=Text.upper()    #小写字母转大写字母
        self.Orig=None
        self.Parent=None


def t(R1, R2, i, j):
    if (R1[0])[i].Type==(R2[0])[j].Type and (R1[2])[i]==(R2[2])[j]:
        return 1
    else:
        return 0
def k(R1, R2, i, j):
    if (R1[0])[i].Text==(R2[0])[j].Text:
```

```
            return 1
        #  return 0.2
    else:
        return 0
def Kstart(R1, R2, i, j, lambdaVal):
    if t(R1, R2, i, j)==0:
        return 0
    else:
        return k(R1, R2, i, j)+Kc(R1, R2, i, j, lambdaVal)
def K(R1, R2, i, j, lambdaVal):
    if t(R1, R2, i, j)==0:
        return 0
    else:
        return k(R1, R2, i, j)+Kc(R1, R2, i, j, lambdaVal)
def Kc(R1, R2, i, j, lambdaVal):
    ans=0
    for length in range(len(R1[1][i])):
        for ci in range(len(R1[1][i])):
            for cj in range(len(R2[1][j])):
                if(ci+length<len(R1[1][i]) and cj+length<len(R2[1][j])):
                    prod=1
                    for it in range(length+1):
                        prod=prod*t(R1, R2, R1[1][i][ci+it], R2[1][j][cj+it])
                    for it in range(length+1):
                        ans+= (lambdaVal**(length+1))*prod*K(R1, R2, R1[1][i][ci+
it], R2[1][j][cj+it], lambdaVal)
    return ans


###将犯罪知识图谱结构转化为核方法使用的树形结构,方便计算
def build_tree():
    path1='案情的初步原图.json'
    with open(path1,'r',encoding='utf-8')as f:
        cases=json.load(f)
        cases_tree=[]
        for case in cases:
            keys=[key for key in case.keys()]
            if case[keys[0]]!=[]:   #保证从贩毒案件中提取,这里只有贩卖
                #for case_one in case[keys[0]]:
                if case[keys[0]]:  #动态节点
                    need_go=['action','drug_name','drug_quantity']
                    for i in case[keys[0]]:
                        dynamic_node=[]  #存储静态属性生成的节点
                        dynamic_trees=[]  #存储静态属性生成的树
```

```
        for dynamic in need_go:
            if dynamic=='drug_quantity':
                if '鸦片' in i['drug_name']:
                    dynamic_node.append(node2(dynamic, i[dynamic],'
                        鸦片'))
                else:
                    dynamic_node.append(node2(dynamic, i[dynamic], '
                        海洛因'))
            else:
                dynamic_node.append(node2(dynamic, ''.join(i[dynam-
                    ic]),'drug_name'))   #每个静态属性构成节点
        #defendant_node=node2('defendent', i['defendent'][0])
                                                    #被告节点
        defendant_node=node2('defendent', '被告人')   #被告节点
        #每个案件暂定一棵树
        tree=([defendant_node, dynamic_node[0],dynamic_node[1],dy-
            namic_node[2]], [[1], [2],[3],[]], ["head","none","none","
            tail"])
        dynamic_trees.append(tree)   #得到静态属性的每棵树
        cases_tree.append(tree)
    if case['static_o']:
        #构建一个受事人是未成年人的案例提取模块
        if '未成年人 2' in case['static_o']:
            dynamic_node=[]
            print("have 2")
            static_need_go=['action', 'static_o']
            AAA=['贩卖', '未成年人']
            for i,dynamic in enumerate(static_need_go):
                dynamic_node.append(node2(dynamic, AAA[i]))
                                        #由每个静态属性生成节点

            tree=([defendant_node, dynamic_node[0], dynamic_node[1]],
                [[1], [2], []], ["head", "none", "tail"])
            cases_tree.append(tree)
            lable_y.append(pre_lable2['贩卖对象为未成年人'])
            dynamic_node=[]
            BBB=['容留', '未成年人']
            for i, dynamic in enumerate(static_need_go):
                dynamic_node.append(node2(dynamic, BBB[i]))
                                        #由每个静态属性生成节点
            tree=([defendant_node, dynamic_node[0], dynamic_node[1]],
                [[1], [2], []], ["head", "none", "tail"])
            cases_tree.append(tree)
```

```
                        lable_y.append(pre_lable2['容留对象为未成年人'])
                        case['static_o'].remove('未成年人 2')
                        ##下面适合直接与被告相连接的静态属性
                static_node=[] #存储静态属性生成的节点
                static_trees=[] #存储静态属性结合被告生成的树
                for static in case['static_o']:
                        lable_y.append(pre_lable1[static])            #每个树都有标签

                        static_node.append(node2('static',static))
                                                            #由每个静态属性生成节点
                defendant_node= defendant_node   #被告节点
                for i in static_node:
                        tree= ([defendant_node,i],[[1],[]],["head", "tail"])
                        static_trees.append(tree)   #得到静态属性的每棵树
                        cases_tree.append(tree)
    return cases_tree


###定义核矩阵
def makeKernelMatrix(tuples, lambdaVal):
    mat=[[0 for i in range(len(tuples))] for i in range(len(tuples))]
    for i in range(len(tuples)):
            NODE1=[ tuples[i][0], tuples[i][1], tuples[i][2] ]
            # LCA1=tuples[i][3]
            LCA1=0
            if(i%100==0):
                        print(i)
        for j in range(i,len(tuples)):
                NODE2=[ tuples[j][0], tuples[j][1], tuples[j][2] ]
                LCA2=0
                mat[i][j]=Kstart(NODE1, NODE2, LCA1, LCA2, lambdaVal)
                mat[j][i]=mat[i][j]
    return mat
```

4）模型测试与评估

通过调用 sklearn 中的 cross_val_score()函数进行准确率的计算。

```
def cross_fold_validation(datas, C_list=[1], cross_fold=2):
    Acc=[]
    for j, c in enumerate(C_list):
        svc=svm.SVC(C=c, kernel='precomputed')
        acc_l=[]
        for i in range(len(datas)):
            data=datas[i]
            test_acc=cross_val_score(svc, data, Y_mat, cv=cross_fold, n_jobs=-1)
            acc_l.append(test_acc.mean())
        Acc.append(acc_l.mean())
    return Acc
```

模型在超参数 $C=1$ 时,精确度为 0.977。

9.9.2　基于机器阅读理解模型的证据实体抽取

1. 证据实体抽取数据集

证据实体抽取数据集使用的是贵州省人民法院提供的裁判文书数据集。这个数据集包含表 9-13 中给出的两种类型案由,其中包括:民事文书 597 篇,相应证据实体 4280 个;刑事文书 1696 篇,相应证据实体 17418 个。将该数据集按 8∶2 的比例进一步划分为训练集和测试集,其中:训练集 1834 篇,证据实体 15188 个;测试集 459 篇,证据实体 6510 个。训练集和测试集由(问题信息、案情文本、答案文本标签)三元组组成,其中问题信息内容的不同对模型最后产生的结果也有一定的影响。这里问题信息我们采用两种形式的方法生成:问句和标注指南。其中标注指南表示为概念的描述,该描述应尽可能通用、精准且没有歧义。两种问题生成方式如表 9-14 所示。

表 9-13　证据抽取数据集描述

数 据 集	文 书 数 量	证据实体数量
民事文书	597	4280
刑事文书	1696	17418
训练集	1834	15188
测试集	459	6510

表 9-14　问题生成方式

形 式	问题构建内容
问句	在这篇裁判文书中证据有哪些?
标注指南	证据是指法院用以作为审判依据,确定诉讼当事人之主张为真实的证明。

2. 数据预处理

数据预处理包括原始数据加载、训练集和测试集准备。

原始数据是以 .json 结尾的 JSON 数据文件,加载此类型文件可使用 json 模块中的 json.load 或 read 方法,制作训练集与测试集需要在原始数据集的基础上进行切分。通过定义相关函数达到制作目的。本项目用于数据预处理的代码如下:

```
def read_context(file_path, file):  #读取原始数据集
    for file in file_list:
        filepath=os.path.join(file_path, file)
        with open(filepath, 'r', encoding='utf-8') as f:
            data=f.read().splitlines()
            file_contents.append(data)
    #将每篇文书的证据段和案情部分抽取出来
    result=deal_data(file_contents)
    #打乱数据集
    random.shuffle(result)
    random.shuffle(file_contents2)
    #将数据集按 8:2 划分
```

```
    index=int(len(result)*0.8)
    train_data=result[:index]
dev_data=result[index:]
#将每篇抽取出来的文书处理成问答形式,划分训练集和测试集
    query_train=generate_query(train_data, "train")
    query_dev=generate_query(dev_data, "dev")
def generate_query(contexts,sign):
    query_result=[]
    for i, context in enumerate(contexts):
        tmp={}
        context=re.sub(r'<H>|</H>', "", context)
        #先制作一个不带任何标签的副本,因为原数据集中太多格式不规范的内容需要去掉
        copy_content=re.sub(r'<D>|</D>|<H>|</H>|<M>|</M>|\xe8|\xa0|\t|\u200b|\
u3000|\u00A0|\u0020|<P>|</P>', "", context)
        copy_content=re.sub(' ', '', copy_content)

        #从文书中抽取实体并查明开始和结束下标
        start_position, end_position, span_position=find_entity(context, copy_content)
        #初始化 query
        if -1 in start_position or -1 in end_position:
            continue
        tmp["context"]=copy_content
        tmp["end_position"]=end_position
        tmp["entity_label"]="Evidence"
        tmp["qas_id"]=str(i)
        # tmp["query"]="证据是指法院用以作为审判依据,确定诉讼当事人之主张为真实的证明。"
        tmp["query"]="在这篇裁判文书中证据有哪些?"
        tmp["span_position"]=span_position
        tmp["start_position"]=start_position
        tmp["impossible"]=False
        query_result.append(tmp)
    return query_result
```

3. 模型定义与训练

本示例使用的算法是基于端到端的机器阅读理解模型的算法,模型定义使用 PyTorch 框架,以下是模型定义代码:

```
import torch
import torch.nn as nn
from torch.nn import CrossEntropyLoss
import torch.nn.functional as F
from torch.autograd import Variable
from layer.classifier import MultiNonLinearClassifier
from layer.bert_basic_model import BertModel, BertConfig
```

```
class BertQueryNER(nn.Module):  #MRC 模型函数
    def __init__(self, config):      #初始化参数
        super(BertQueryNER, self).__init__()
        bert_config=BertConfig.from_dict(config.bert_config.to_dict())
        self.bert=BertModel(bert_config)

        self.start_outputs=nn.Linear(config.hidden_size, 2)
        self.end_outputs=nn.Linear(config.hidden_size, 2)

        self.span_embedding=MultiNonLinearClassifier(config.hidden_size*2, 1, con-
fig.dropout)
        self.hidden_size=config.hidden_size
        self.bert=self.bert.from_pretrained(config.bert_model)
        self.loss_wb=config.weight_start
        self.loss_we=config.weight_end
        self.loss_ws=config.weight_span


    def forward(self, input_ids, token_type_ids=None, attention_mask=None,
        start_positions=None, end_positions=None, span_positions=None):
        sequence_output, pooled_output, _=self.bert(input_ids, token_type_ids, at-
tention_mask, output_all_encoded_layers=False)  #向 bert 编码器输入得到输出特征向量 E
        sequence_heatmap=sequence_output #batch x seq_len x hidden
        batch_size, seq_len, hid_size=sequence_heatmap.size()

        #解析由 bert 输出的特征向量,得到 start 和 end 矩阵
        start_logits=self.start_outputs(sequence_heatmap)
        end_logits=self.end_outputs(sequence_heatmap)

        #对特征向量 E 进行操作,得到 E_start、E_end
        start_extend=sequence_heatmap.unsqueeze(2).expand(-1,-1, seq_len,-1)
        end_extend=sequence_heatmap.unsqueeze(1).expand(-1, seq_len, -1, -1)

        #拼接 E_start、E_end 得到 span 概率范围矩阵
        span_matrix=torch.cat([start_extend, end_extend], 3) #batch x seq_len x seq_
len x 2*hidden
        span_logits=self.span_embedding(span_matrix)   #batch x seq_len x seq_len x 1
        span_logits=torch.squeeze(span_logits)   #batch x seq_len x seq_len

        #计算 start、end、span 三个损失函数和
        if start_positions is not None and end_positions is not None:
            loss_fct=CrossEntropyLoss()
```

```
            start_loss=loss_fct(start_logits.view(-1, 2), start_positions.view(-1))
            end_loss=loss_fct(end_logits.view(-1, 2), end_positions.view(-1))
            span_loss_fct=nn.BCEWithLogitsLoss()
            span_loss=span_loss_fct(span_logits.view(batch_size,-1), span_
positions.view(batch_size, -1).float())
            total_loss=self.loss_wb*start_loss+self.loss_we*end_loss+self.loss_ws
  *span_loss
            return total_loss
        else:  #归一化
            span_logits=torch.sigmoid(span_logits)
            start_logits=torch.argmax(start_logits, dim=2)
            end_logits=torch.argmax(end_logits, dim=2)
            return start_logits, end_logits, span_logits
```

以下是模型加载与训练代码。通过加载以上代码中定义的 BertQueryNER 模型，通过 loss 函数来反向调节模型以更新参数，观察验证集的指标变化，保存性能最优的模型。

```
def train(config):
    model, optimizer, sheduler, device, n_gpu=load_model(config)
    nb_tr_steps=0
    tr_loss=0
    dev_best_acc=0
    dev_best_precision=0
    dev_best_recall=0
    dev_best_f1=0
    dev_best_loss=10000000000000
model.train()


# 加载数据
    train_dataloader, dev_dataloader, num_train_steps, label_list, test_dataloader=
load_data(config)
    doc=open(config.data_dir, 'w', encoding='utf-8')
    for idx in range(int(config.num_train_epochs)):
        tr_loss=0
        nb_tr_examples, nb_tr_steps=0, 0
        print("#######"*10)
        print("EPOCH: ", str(idx))
        if idx !=0:
            lr_linear_decay(optimizer)
        for step, batch in enumerate(train_dataloader):
            batch=tuple(t.to(device) for t in batch)
            input_ids, input_mask, segment_ids, start_pos, end_pos, span_pos, ner_cate
=batch
            #模型开始训练,获得 loss
```

```
            loss=model(input_ids, token_type_ids=segment_ids, attention_mask=input_
mask, start_positions=start_pos, end_positions=end_pos, span_positions=span_pos)
              if n_gpu>1:
                  loss=loss.mean()
              model.zero_grad()
              loss.backward()      #loss反向传播调节模型参数
              nn.utils.clip_grad_norm_(parameters=model.parameters(), max_norm=con-
fig.clip_grad)
              optimizer.step()
              tr_loss+=loss.item()
              nb_tr_examples+=input_ids.size(0)
              nb_tr_steps+=1

              #训练config.checkpoint次测试验证集,并保存最优模型
              if nb_tr_steps%config.checkpoint==0:
                  print("-*-"*15)
                  print("current training loss is:")
                  print(loss.item())
                  tmp_dev_loss, tmp_dev_acc, tmp_dev_prec, tmp_dev_rec, tmp_dev_f1=eval_
checkpoint(model, dev_dataloader, config, device, n_gpu, label_list, eval_sign="dev")
                  print("......"*10)
                  print("DEV: loss, acc, precision, recall, f1")
                  print(tmp_dev_loss, tmp_dev_acc, tmp_dev_prec, tmp_dev_rec, tmp_dev_f1)
                  print(tmp_dev_f1, file=doc)
                  if tmp_dev_f1>dev_best_f1 :
                      dev_best_acc=tmp_dev_acc
                      dev_best_loss=tmp_dev_loss
                      dev_best_precision=tmp_dev_prec
                      dev_best_recall=tmp_dev_rec
                      dev_best_f1=tmp_dev_f1
 if config.export_model:
                      model_to_save=model.module if hasattr(model, "module") else model
                       output_model_file=os.path.join(config.output_dir, "bert_fine-
tune_model_{}_{}.bin".format(str(idx),str(nb_tr_steps)))
                      torch.save(model_to_save.state_dict(), output_model_file)
                      print("SAVED model path is :")
                      print(output_model_file)
```

4. 模型测试与评估

以下是通过调用模型的评估函数在测试数据集上测试算法模型的性能的代码。

```
  #测试集预测结果
  tmp_test_loss, tmp_test_acc, tmp_test_prec, tmp_test_rec, tmp_test_f1=eval_check-
point(model, dev_dataloader, config, device, n_gpu, label_list, eval_sign="test")
```

```python
    print("TEST: loss, acc, precision, recall, f1")
    print(tmp_test_loss, tmp_test_acc, tmp_test_prec, tmp_test_rec, tmp_test_f1)
    test_acc_when_dev_best=tmp_test_acc
    test_pre_when_dev_best=tmp_test_prec
    test_rec_when_dev_best=tmp_test_rec
    test_f1_when_dev_best=tmp_test_f1
    test_loss_when_dev_best=tmp_test_loss

    def eval_checkpoint(model_object, eval_dataloader, config, device, n_gpu, label_list,
eval_sign="dev"):
        model_object.eval()
        eval_loss=0
        start_pred_lst=[]
        end_pred_lst=[]
        span_pred_lst=[]
        mask_lst=[]
        start_gold_lst=[]
        span_gold_lst=[]
        end_gold_lst=[]
        eval_steps=0
        ner_cate_lst=[]
    print(len(eval_dataloader))

    #加载测试集
        for input_ids, input_mask, segment_ids, start_pos, end_pos, span_pos, ner_cate in
eval_dataloader:
            input_ids=input_ids.to(device)
            input_mask=input_mask.to(device)
            segment_ids=segment_ids.to(device)
            start_pos=start_pos.to(device)
            end_pos=end_pos.to(device)
            span_pos=span_pos.to(device)

    #将测试集输入模型中获得预测结果
            with torch.no_grad():
                tmp_eval_loss=model_object(input_ids, segment_ids, input_mask, start_
pos, end_pos, span_pos)
                start_logits, end_logits, span_logits=model_object(input_ids, segment_
ids, input_mask)
            start_pos=start_pos.to("cpu").numpy().tolist()
            end_pos=end_pos.to("cpu").numpy().tolist()
            span_pos=span_pos.to("cpu").numpy().tolist()

            start_label=start_logits.detach().cpu().numpy().tolist()
```

```
    end_label=end_logits.detach().cpu().numpy().tolist()
    span_logits=span_logits.detach().cpu().numpy().tolist()
    span_label=span_logits
    input_mask=input_mask.to("cpu").detach().numpy().tolist()

    ner_cate_lst +=ner_cate.numpy().tolist()
    eval_loss +=tmp_eval_loss.mean().item()
    mask_lst +=input_mask
    eval_steps +=1

    start_pred_lst +=start_label
    end_pred_lst +=end_label
    span_pred_lst +=span_label

    start_gold_lst +=start_pos
    end_gold_lst +=end_pos
    span_gold_lst +=span_pos

# 对预测结果进行评估
if config.entity_sign =="flat":
    eval_accuracy, eval_precision, eval_recall, eval_f1, pred_bmes_label_lst=
flat_ner_performance(start_pred_lst, end_pred_lst, span_pred_lst, start_gold_lst, end_
gold_lst, span_gold_lst, ner_cate_lst, label_list, threshold=config.entity_threshold,
dims=2)
    else:
    eval_accuracy, eval_precision, eval_recall, eval_f1, pred_bmes_label_lst=
nested_ner_performance(start_pred_lst, end_pred_lst, span_pred_lst, start_gold_lst, end
_gold_lst, span_gold_lst, ner_cate_lst, label_list, threshold=config.entity_threshold,
dims=2)

    average_loss=round(eval_loss / eval_steps, 4)
    eval_f1=round(eval_f1 , 4)
    eval_precision=round(eval_precision , 4)
    eval_recall=round(eval_recall , 4)
    eval_accuracy=round(eval_accuracy , 4)

    return average_loss, eval_accuracy, eval_precision, eval_recall, eval_f1
```

表 9-15 是采用不同模型进行预测所得结果。

表 9-15　模型预测结果对比

模　型	精　准　率	召　回　率	F1
BiLSTM	83.80	81.89	82.83

模　　　型	精　准　率	召　回　率	F1
BiLSTM-CRF	84.13	86.66	85.39
ATT-BiLSTM-CRF	84.95	87.41	86.16
Boundary Assembling（边界装配）	89.37	87.03	88.19
BERT-MRC	88.72	89.52	89.12

5. 小结

本实例主要介绍基于机器阅读理解模型的证据实体抽取，包含数据集描述、数据预处理、模型训练、模型测试与评估四大部分。本实例的完整代码请参见本书代码库对应的示例代码。

9.9.3 基于机器阅读理解的案件要素识别

1. 案件要素识别数据集

案件要素识别数据集来自贵州省最高人民法院提供的贵州省盗窃案件裁判文书，选用其中的 917 篇盗窃案裁判文书作为实验数据集。表 9-16 详细描述了相关案件要素的统计信息，其中包含 8 种案件要素标签类别：young（未成年盗窃）、indoor（入户盗窃）、theft（扒窃）、no_damage（退赔）、forgive（取得谅解）、again（累犯）、surrender（自首）、attitude（认罪）。在预处理阶段，以裁判文书为单位按 6∶2∶2 的比例进行训练集、验证集、测试集的划分。

表 9-16　数据集相关信息

案件要素标签类别	数 量 统 计
young	111
indoor	288
theft	251
no_damage	589
forgive	218
again	1273
surrender	133
attitude	1700
sum	4563

2. 实验设置

本实验模型采用 Python 平台、PyTorch 框架实现，在 NVIDIA Tesla P40 GPU 平台上进行实验。批处理大小为 batch_size=16，训练轮次数为 epoch=10，学习率为 learning_rate=2e−5，权重衰减指数为 weight_decay=0.01，最大总输入序列长度 max_seq_length

设为512,问题最大长度 max_question_length 设为 64,答案最大长度 max_answer_length
设为55,优化器使用 AdamW 优化器。

3. 数据预处理

通过数据预处理构建适合机器阅读理解的输入形式。使用案件要素标签的定义构建问
题,如表 9-17 所示。将带标签的数据集转换为三元组(问题、答案、上下文)的形式,数据集
样例如图 9-64 所示。

表 9-17　问题构建表

案件要素标签类别	问 题 构 建
young	未成年盗窃
indoor	入户盗窃
theft	扒窃
no_damage	盗窃前后有赔偿、退还情节
forgive	取得谅解
again	累犯
surrender	自首
attitude	认罪

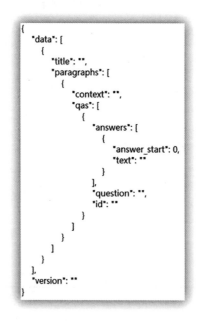

图 9-64　机器阅读理解数据集构造样例

数据预处理部分代码如下:

```python
    def create_examples(self, data, set_type):   #创建样本
examples=[]
for entry in data:
    paragraphs=entry['paragraphs']
    for paragraph in paragraphs:
        context=paragraph['context']
        doc_tokens=[]
        char_to_word_offset=[]

        for c in context:
            doc_tokens.append(c)
            char_to_word_offset.append(len(doc_tokens) - 1)

        qas=paragraph['qas']
        for qa in qas:
            qa_id=qa['id']   #问题 id
            question_text=qa['question']      #问题
            is_impossible=qa['is_impossible']
            answers=qa['answers']    #答案
            answer_text=None
            answer_type=None
            start_position=None
            end_position=None
            if set_type in ["train", 'dev']:
                if is_impossible=='false':
                    answer=answers[0]
                    answer_text=answer['text']
                    if answer_text=="YES":      #答案存在为 YES
                        answer_type="answer_yes"
                        start_position=0
                        end_position=0
                    else:
                        answer_type="answer_words"
                        start_position=answer['answer_start']
                        end_position=start_position+ len(answer_text) - 1
                else:
                    answer_text=""
                    answer_type="answer_empty"
                    start_position=0
                    end_position=0
            examples.append(
                CailSquadExample(
                    qa_id=qa_id,
```

```
                    question_text=question_text,
                    doc_tokens=doc_tokens,
                    answer_type=answer_type,
                    answer_text=answer_text,
                    start_position=start_position,
                    end_position=end_position
                )
            )
    return examples    #保存在 examples 列表中
```

4. 模型训练

实验使用的模型为 RoBERTa 预训练模型,模型训练主要代码如下:

```
def train(args, train_dataset: TensorDataset, model: nn.Module, tokenizer):    #开始训练
args.train_batch_size=args.batch_size    #batch_size 批处理参数
train_sampler=RandomSampler(train_dataset)    #随机采样
train_dataloader=DataLoader(train_dataset, sampler=train_sampler, batch_size=
args.train_batch_size)
t_total=len(train_dataloader) //args.gradient_accumulation_steps * args.num_train
_epochs
    no_decay=["bias", "LayerNorm.weight"]
    optimizer_grouped_parameters=[
        {
            "params": [p for n, p in model.named_parameters() if not any(nd in n for nd
in no_decay)],
            "weight_decay": args.weight_decay,    #权重衰减
        },
        {"params": [p for n, p in model.named_parameters() if any(nd in n for nd in no_
decay)], "weight_decay": 0.0},    #参数
    ]
    optimizer=AdamW(optimizer_grouped_parameters, lr=args.learning_rate, eps=
args.adam_epsilon)    #使用 AdamW 优化器
    scheduler=get_linear_schedule_with_warmup(
        optimizer, num_warmup_steps=args.warmup_steps, num_training_steps=t_total
    )

    global_step=1
    epochs_trained=0
    tr_loss, logging_loss=0.0, 0.0
    model.zero_grad()
    train_iterator=trange(
        epochs_trained, int(args.num_train_epochs), desc="Epoch",
    )
    set_seed(args)
```

```
    for _ in train_iterator:  #训练迭代
        epoch_iterator=tqdm(train_dataloader, desc="Iteration", disable=True)
        for step, batch in enumerate(epoch_iterator):
            model.train()
            batch=tuple(t.to(args.device) for t in batch)
            inputs={
                "input_ids": batch[0],
                "attention_mask": batch[1],
                "token_type_ids": batch[2],
                "start_labels": batch[3],
                "end_labels": batch[4],
            }
            outputs=model(**inputs)
            loss=outputs[0]   #计算损失
            if args.gradient_accumulation_steps>1:
                loss=loss/args.gradient_accumulation_steps
            loss.backward()
            tr_loss+=loss.item()
            logging_loss+=loss.item()

            if (step+1) % args.gradient_accumulation_steps==0:
                torch.nn.utils.clip_grad_norm_(model.parameters(), args.max_grad_norm)
                optimizer.step()
                scheduler.step()
                model.zero_grad()
                global_step+=1
                if args.logging_steps>0 and global_step % args.logging_steps==0:
                    logging.info(f"Current global step: {global_step}, start evaluating! ")
                    logging.info(f"average loss of batch: {logging_loss/args.logging_steps}")
                    logging_loss=0
                    results=evaluate(args, model, tokenizer, prefix=f"{global_step}-dev",
eval_data_dir=args.eval_data_dir, ground_truth_file=args.ground_truth_file, multi_
span_predict=True)   #评估结果
                    logging.info(f"Evaluation result in dev-set at global step {global_
step}: {results}")
                if args.save_steps>0 and global_step % args.save_steps==0:
                    output_dir=os.path.join(args.output_dir, "checkpoint-{}".format
(global_step))
                    if not os.path.exists(output_dir):
                        os.makedirs(output_dir)      #保存模型
                    model_to_save=model.module if hasattr(model, "module") else model
                    torch.save(model_to_save, os.path.join(output_dir, "checkpoint.bin"))
                    tokenizer.save_pretrained(output_dir)
                    torch.save(args, os.path.join(output_dir, "training_args.bin"))
                    logging.info("Saving model checkpoint to %s", output_dir)
    return global_step, tr_loss / global_step
```

使用对抗训练 FGM 法(快速梯度法)提高模型的鲁棒性,模型使用的对抗训练算法代码如下:

```
class FGM():#FGM算法
def __init__(self, model):
        self.model=model
        self.backup={}

def attack(self, epsilon=1., emb_name='word_embeddings'):   #在词嵌入内容上添加对抗
扰动,emb_name 参数为模型中 embedding 的参数名
        for name, param in self.model.named_parameters():
            if param.requires_grad and emb_name in name:
                self.backup[name]=param.data.clone()
                norm=torch.norm(param.grad)
                if norm != 0:
                    r_at= epsilon*param.grad/norm
                    param.data.add_(r_at)

    def restore(self, emb_name='word_embeddings'):   #恢复 embedding 参数
        for name, param in self.model.named_parameters():
            if param.requires_grad and emb_name in name:
                assert name in self.backup
                param.data=self.backup[name]
        self.backup={}
```

5. 模型测试与评估

调用模型的评估函数,在测试集上测试模型的性能。模型测试与评估主要代码如下:

```
def compute_f1(a_gold, a_pred):   #模型的评估函数,用 F1 值进行评估
gold_toks=CJRCEvaluator.get_tokens(a_gold)
pred_toks=CJRCEvaluator.get_tokens(a_pred)
common=Counter(gold_toks) & Counter(pred_toks)
num_same=sum(common.values())
if len(gold_toks)==0 or len(pred_toks)==0:
    #If either is no-answer, then F1 is 1 if they agree, 0 otherwise
    return int(gold_toks==pred_toks)
if num_same==0:
    return 0
precision=1.0*num_same/len(pred_toks)
recall=1.0*num_same/len(gold_toks)
f1= (2*precision*recall)/(precision+recall)
return f1

def evaluate(args, model, tokenizer, prefix, eval_data_dir: str,ground_truth_file:
str=None, multi_span_predict=True):   #加载数据进行评估
logging.info(f"Loading data for evaluation from {eval_data_dir}!")
examples=load_data(join(args.eval_data_dir, "dev_examples.pkl.gz"))
features=load_data(join(args.eval_data_dir, "dev_features.pkl.gz"))
```

```
        dataset=convert_features_to_dataset(features, is_training=False)    #将特征转换为数据集
        logging.info("Complete Loading! ")
        args.eval_batch_size=args.batch_size
        eval_sampler=SequentialSampler(dataset)
        eval_dataloader=DataLoader(dataset, sampler=eval_sampler, batch_size=args.eval_
    batch_size)

        all_results=[]
        start_time=timeit.default_timer()

    for batch in tqdm(eval_dataloader, desc="Evaluating", disable=True):
        model.eval()    #验证模式
        batch=tuple(t.to(args.device) for t in batch)
        with torch.no_grad():    #关闭梯度计算
        #构建模型输入字典形式
            inputs={
                "input_ids": batch[0],
                "attention_mask": batch[1],
                "token_type_ids": batch[2],
                }
                features_indexes=batch[6]
                outputs=model(**inputs)    #获得模型输出

            for i, feature_index in enumerate(features_indexes):    #遍历每一条数据
                eval_feature=features[feature_index.item()]
                unique_id=int(eval_feature.unique_id)
                output=[to_list(o[i]) for o in outputs]
                start_logits, end_logits=output
                result=CAILResult(
                    unique_id=unique_id,
                    start_logits=start_logits,
                    end_logits=end_logits,
                )
                all_results.append(result)
        evalTime=timeit.default_timer() - start_time

        #计算 predictions
        output_prediction_file=os.path.join(args.output_dir, "predictions_{}.json".
    format(prefix))
        output_nbest_file=os.path.join(args.output_dir, "nbest_predictions_{}.json".
    format(prefix))
        #用相关指标计算结果,保存
        compute_predictions(
```

```
        examples,
        features,
        all_results,
        args.n_best_size,
        args.max_answer_length,
        args.do_lower_case,
        output_prediction_file,
        output_nbest_file,
        False,
        args.null_score_diff_threshold,
        tokenizer,
        args,
        multi_span_predict=multi_span_predict
    )
    if ground_truth_file is not None:
        evaluator=CJRCEvaluator(ground_truth_file)
        pred_data=CJRCEvaluator.preds_to_dict(output_prediction_file)
        res=evaluator.model_performance(pred_data)
        return res
```

6. 实验结果

选用 F1 值作为模型的评价指标，具体的计算公式如下所示：

$$F1 = \frac{2 \cdot recall \cdot precision}{recall + precision} \tag{9-14}$$

为了证明我们的机器阅读理解模型在案件要素识别上的优势，我们将模型与 TextC-NN、TextRNN、BiLSTM_Att、TextRCNN、FastText、DPCNN(深度金字塔神经网络)、BERT(基于变压器的双向编码器表示)、ERNIE(使用信息实体增强的语义表示)、MRC_RoBERTa 9 种模型进行比较，实验结果选取 3 次实验的平均值，如表 9-18 所示。

表 9-18　模型性能对比

模　　　型	F1
TextCNN	0.778
TextRNN	0.749
BiLSTM_Att	0.767
TextRCNN	0.806
FastText	0.801
DPCNN	0.795
BERT	0.869
ERNIE	0.873
MRC_RoBERTa	0.906
本模型	0.919

从表 9-17 可以看出，本模型结果优于其他模型结果。本模型使用机器阅读理解方法，融入了先验知识，并使用对抗训练算法增强鲁棒性。

9.9.4　基于反绎学习框架的盗窃案件刑期预测

1. 盗窃案件刑期预测数据集

盗窃案件刑期预测数据集使用的是由贵州省高级人民法院提供的近十年来的盗窃案件裁判文书，选择了其中单被告人初审案件作为原始实验数据。该实验数据集包含三种标签，分别为盗窃金额标签、案情要素标签、审判结果标签。其中案情要素标签包含 23 种案情要素，各个要素占已标注案件的比例如表 9-19 所示。

表 9-19　盗窃案件刑期预测数据集相关信息

案情要素	解释	数量	占比
hospital_loc	在医院盗窃	153	0.026
recover_goods	退还物品,赔偿	3542	0.590
frank	坦白	3699	0.617
in_home	入户	1392	0.232
surrender	自首	688	0.115
young_16	未成年	858	0.143
criminal_record	具有前科	1177	0.196
theft	扒窃	848	0.141
voluntary	当庭认罪	2298	0.383
forgive	受到被害人原谅	605	0.101
offend	初犯,偶犯	454	0.076
again	累犯	2083	0.347
principal	主犯	172	0.029
drug_mot	为吸毒盗窃	152	0.025
accessory	从犯	165	0.028
disability	残疾人盗窃	69	0.012

2. 数据预处理

数据预处理包含数据清洗、训练集和测试集划分。

原始数据是 JSON 文件形式的字典数据，包含案号、案件 id、案件文本三方面内容。可以直接使用 Python 中的 JSON 模块进行读取。在对原始数据进行处理后，将数据集划分为三个部分，分别是有标签数据训练集、无标签数据训练集、测试集，分别使用 10%、50%、100% 的有标签数据，对模型进行验证。数据集划分可直接使用 sklearn 中相应方法进行划分。

JSON 文件读取代码：

```
def getJson(JsonPath, ah):
    fin=open(JsonPath, 'r', encoding='utf-8')
    for line in fin.readlines():
        judgement=json.loads(line)
      # "ah"为裁判文书的案号
        if ah==judgement[0]["ah"]:
            return judgement
    print("Not find judgement in json file according to ah")
    return None
```

3. 模型定义与训练

本实例使用的模型是基于反绎学习框架的半监督盗窃案刑期预测模型(SS-ABL 模型)。该模型以周志华老师提出的反绎学习框架为基础,并结合法律领域的相应逻辑知识进行训练。本预测主要分为两部分,第一部分为盗窃案案情要素预测,第二部分为刑期预测。

其中案情要素预测为多标签分类任务,预测模型使用近年来自然语言处理领域流行的 BERT 模型,关于 BERT 模型的代码可以在 GitHub 网站上下载(https://github.com/google-research/bert)。与原始的 BERT 模型相比,改变之处在于添加了全连接层和 sigmoid 激活函数。代码如下:

```
# 首先构建 BERT 的模型
    model=modeling.BertModel()
# 获取 BERT 模型的输出
    output_layer=model.get_pooled_output()
    hidden_size=output_layer.shape[-1].value
    output_weights=tf.get_variable(
        "output_weights", [num_labels, hidden_size],
        initializer=tf.truncated_normal_initializer(stddev=0.02))
    output_bias=tf.get_variable(
        "output_bias", [num_labels], initializer=tf.zeros_initializer())
    with tf.variable_scope("loss"):
#添加全连接层和激活函数层,并添加 loss 函数为交叉熵
    if is_training:
        output_layer=tf.nn.dropout(output_layer, keep_prob=0.9)
        logits=tf.matmul(output_layer, output_weights, transpose_b=True)
        logits=tf.nn.bias_add(logits, output_bias)
        probabilities=tf.nn.sigmoid(logits)
        labels=tf.cast(labels, tf.float32)
        per_example_loss=tf.nn.sigmoid_cross_entropy_with_logits(labels=labels,
logits=logits)
        loss=tf.reduce_mean(per_example_loss)
    return (loss, per_example_loss, logits, probabilities)
```

另外,本实例中逻辑推理部分在实验中起到了提高实验性能的作用,但该部分牵涉到相关的逻辑推理知识和法律相关的知识,不再给出详细代码。

刑期预测部分的任务是利用案情要素预测的结果,结合涉案金额,构建一个两层的线性回归模型,相当于分别构建金额和基准刑期,以及案情要素和最终刑期的线性回归模型。核心代码如下:

```python
from sklearn import linear_model
import numpy as np
class SentenceModel:
    def __init__(self):
      #第一层线性回归模型为基准刑期模型
        self.baseline_model=linear_model.LinearRegression()
        # 第二层为要素标签和最终刑期的线性回归模型
        self.rate_model=linear_model.LinearRegression(fit_intercept=False)
    def fit_baseline(self, moneys, months):
        self.baseline_model.fit(moneys, months)
    def fit_rate(self, moneys, attrs, months):
        rates=[]
        for money, month in zip(moneys, months):
            baseline=self.predict_baseline([money])
            rates.append((month - baseline) / baseline)
        self.rate_model.fit(attrs, rates)
```

4. 模型测试与评估

模型使用平均绝对值误差(MAE)和均方误差(MSE)进行评估,另外把刑期误差以 1、2、3、6 为界限进行划分。

```python
    def test(self, moneys, attrs, months, filenames_test=None, ahs_test=None):
        assert len(moneys)==len(attrs)
        assert len(attrs)==len(months)
        test_num=float(len(moneys))
        # 分为四个误差界限
        err_less_month=[1, 2, 3, 6]
        err_less_than_num=[0]* (max(err_less_month)+1)
        perc_cnt=[0]*11
        percent=0
        mae=0
        mse=0
        # 预测刑期并将预测刑期和真实刑期做对比
        for idx, (money, attr, month) in enumerate(zip(moneys, attrs, months)):
            month_hat=self.predict([money], [attr])
            if abs(month-month_hat)>5:
                if filenames_test !=None:
                    debug_print("\nFilename:", filenames_test[idx])
                if ahs_test !=None:
                    debug_print("ah:", ahs_test[idx])
                debug_print("Money:", money)
```

```
            debug_print("Attrs:", attr)
            debug_print("Predict:", month_hat)
            debug_print("Actual:", month)
        absolutly_error=abs(month-month_hat)
        for month in err_less_month:
            if absolutly_error<=month:
                err_less_than_num[month]+=1
        mae+=(absolutly_error)/test_num
        mse+=(absolutly_error*absolutly_error)/test_num
        percentage=absolutly_error/month
        percent+=(percentage)/test_num
        perc_cnt[min(int(percentage*100/5), 10)] +=1
    for month in err_less_month:
        print("Error<=%d month percentage:"%(month), err_less_than_num[month] /
test_num*100)
    print('MSE:',mse)
    print('MAE:',mae)
    print('Average error percent:',percent)
    print('Percentage distribution:',perc_cnt)
    return mae, mse, percent, perc_cnt
```

本实例主要介绍基于反绎学习框架的盗窃案刑期预测模型 SS-ABL,包含数据读取、模型训练和模型评估三个部分,本实例完整代码可至 GitHub 网站下载,下载地址为 https://github.com/AbductiveLearning/SS-ABL。

本 章 小 结

在当前各个领域的行业中,大数据分析技术的应用已十分广泛。大数据分析技术在预测企业的发展、行业的未来走向方面发挥了智能化的决策和指导作用,可以帮助企业在全行业激烈的竞争中脱颖而出。目前,越来越多的企业对数据分析有了全新的认识和前所未有的重视。本章介绍了大数据分析技术在材料、旅游、交通、工业以及产品创新方面的实际应用案例,各个案例都包含了相应的代码讲解,可供学生学习如何将大数据分析技术应用到实际生活中。

习 题

1. 什么是网络爬虫?
2. 通过网络爬虫获取的网络评论往往需要过滤哪些噪声信息?
3. 请用基于 HowNet 字典的情感分析技术分析如下句子的情感倾向:
(1) 酒店住宿环境很好。

（2）这里景色很美，但门票有些偏贵。

（3）万里长城不能不说是历史上的一个伟大奇迹。

4．若句中存在否定副词，词块情感值的计算有哪几种情况？

5．试用 Python 编写程序，利用 word2vec 工具，计算"价格"的 10 个最相似词。

6．RGB 颜色空间和 HSV 颜色空间有什么不同？

7．造成交通拥堵的原因有哪些？

8．与交通相关的属性有哪些？

参 考 文 献

［1］阿里云基础产品事业部存储团队.阿里云云存储产品及应用白皮书［R］.阿里云基础产品事业部,2020.

［2］黄合水,彭丽霞.基于新闻大数据的中国城市时尚形象研究［J］.厦门大学学报(哲学社会科学版),2019(04):131-140.

［3］楼旭明,徐菲.基于 SVM 的动态物流大数据有效信息提取算法［J］.统计与决策,2019(14):79-82.

［4］佘维,陈建森,刘琦,等.一种面向医疗大数据安全共享的新型区块链技术［J］.小型微型计算机系统,2019,40(7):1449-1454.

［5］李傲,王娅.智慧法院建设中的"战略合作"问题剖判［J］.安徽大学学报(哲学社会科学版),2019,43(4):68-74.

［6］刘军,冷芳玲,李世奇,等.基于 HDFS 的分布式文件系统［J］.东北大学学报(自然科学版),2019,40(6):795-800.

［7］刘丹,黄海涛,王保兴,等.基于数字孪生的再制造车间作业模式［J］.计算机集成制造系统,2019,25(6):1515-1527.

［8］胡小强,吴翾,闻立杰,等.基于 Spark 的并行分布式过程挖掘算法［J］.计算机集成制造系统,2019,25(4):791-797.

［9］张良均,樊哲,位文超.Hadoop 与大数据挖掘［M］.北京:机械工业出版社,2017.

［10］林子雨.大数据技术原理与应用［M］.2 版.北京:人民邮电出版社,2017.

［11］黄宏程,舒毅,欧阳春.大数据之美:挖掘、Hadoop、构架,更精准地发现业务与营销［M］.北京:电子工业出版社,2016.

［12］戴伟.云环境下大数据分析平台关键技术研究［M］.北京:中国水利水电出版社,2017.

［13］朱洁,罗华霖.大数据架构详解:从数据获取到深度学习［M］.北京:电子工业出版社,2016.

［14］朱凯.企业级大数据平台构建:架构与实现［M］.北京:机械工业出版社,2016.

［15］梅雅鑫.阿里云面向 5G,云数据库势在必行［J］.通信世界,2019(19):31.

［16］佚名.腾讯云新一代数据库 GynosDB［J］.网络安全和信息化,2018(12):15.

［17］CASSOU-NOGUES P. The unity of events:Whitehead and two critics,russell and bergson［J］. The Southern Journal of Philosophy,2005,48(4):545-559.

［18］SANDERSON M,CROFT W B. The history of information retrieval research［J］. Proceedings of the IEEE,2012,100(13):1444-1451.

［19］SALTON G,WONG A,YANG C S. A vector space model for automatic indexing［J］.

Communications of the ACM,1975,18(11):613-620.

[20] SALTON G,YANG C S. On the specification of term values in automatic indexing [J]. Journal of Documentation,1973,29(4):351-372.

[21] NALLAPATI R,FENG A,PENG F,et al. Event threading within news topics[DB/ OL]. [2020-04-05]. http://www. cs. cmu. edu/~nmramesh/p425-nallapati. pdf.

[22] MASTERMAN M. Semantic message detection for machine translation,using an interlingua[DB/OL]. [2020-04-05]. http://www. mt-archive. info/50/NPL-1961-Masterman. pdf.

[23] MCCALLUM A. Information extraction:Distilling structured data from unstructured text[J]. Queue,2005,3(9):48-57.

[24] DODDINGTON G,MITCHELL A,PRZYBOCKI M,et al. The automatic content extraction(ACE)program tasks,data,and evaluation[DB/OL]. [2020-03-12]. http:// www. lrec-conf. org/proceedings/lrec2004/pdf/5. pdf.

[25] AHN D. The stages of event extraction[DB/OL]. [2020-03-12]. https://www. aclweb. org/anthology/W06-0901. pdf.

[26] JI H,GRISHMAN R. Knowledge base population:Successful approaches and challenges[DB/OL]. [2020-03-12]. https://www. aclweb. org/anthology/P11-1115. pdf.

[27] ANGEL A,KOUDAS N,SARKAS N,et al. Dense subgraph maintenance under streaming edge weight updates for real-time story identification[J]. The VLDB Journal,2014,23:175-199.

[28] PISKORSKI J,TANEV H,ATKINSON M,et al. Online news event extraction for global crisis surveillance[J]. Transactions on computational collective intelligence V,2011:182-212.

[29] RAMAKRISHNAN N,BUTLER P,MUTHIAH S,et al. 'Beating the news' with EMBERS:Forecasting civil unrest using open source indicators[DB/OL]. [2020-04-02]. http://www. cs. umd. edu/~srin/PDF/2014/embers-conf. pdf.

[30] SINGHAL A. Modern information retrieval:A brief overview[J]. IEEE Data Engneering Bulletin,24(4):35-43,2001.

[31] BAEZA-YATES R,RIBEIRO-NETO B,et al. Modern information retrieval[M]. UPPER SADDLE RIVER,NEW JERSEY:Addision Wesley,1999.

[32] ELIOT S, ROSE J. A companion to the history of the book[M]. Hoboken,New Jersey:John Wiley & Sons,2009.

[33] HARMAN D. Overview of the firsttrec conference[DB/OL]. [2020-02-23]. https:// www. deepdyve. com/lp/association-for-computing-machinery/overview-of-the-first-trec-conference-58ObOaYj1v.

[34] GREENGRASS E. Information retrieval:A survey[DB/OL]. [2020-02-23]. https:// www. ixueshu. com/document/0317bdd5dd0ad7f0318947a18e7f9386. html.

[35] MANNING C D,RAGHAVAN P,SCHÜTZE H. Introduction to information retrieval[M]. Cambridge:Cambridge university press,2008.

[36] CARPINETO C,ROMANO G. A survey of automatic query expansion in information

retrieval[DB/OL]. [2020-02-23]. http://www. iro. umontreal. ca/～nie/IFT6255/carpineto-Survey-QE. pdf.

[37] GREIFF W R,CROFT W B,TURTLE H. Computationally tractable probabilistic modeling of boolean operators[C]//ACM. ACM SIGIR Forum. New York:The ACM Press,1997:119-128.

[38] LIDDY E D. Enhanced text retrieval using natural language processing[J]. Bulletin of the American Society for Information Science and Technology,1998,24(4):14-16.

[39] LEE D,CHUANG H,SEAMONS K. Document ranking and the vector space model [J]. IEEE Software,IEEE,1997,14(2):67-75.

[40] COWIE J,LEHNERT W. Information extraction[J]. Communications of the ACM, 1996,39(1):80-91.

[41] GAIZAUSKAS R,YORICK W. Information extraction:Beyond document retrieval [J]. Journal of documentation,1998,54(1):70-105.

[42] GRISHMAN R. Information extraction:Techniques and challenges[C]// PAZIENZA M T. SCIE '97:International Summer School on Information Extraction: A Multidisciplinary Approach to an Emerging Information Technology. Berlin:Springer,1997: 10-27.

[43] MOENS M F. Information extraction:Algorithms and prospects in a retrieval context [M]. Berlin:Springer,2006.

[44] SCHANK R C. Conceptual dependency:A theory of natural language understanding [J]. Cognitive psychology,1972,3(4):552-631.

[45] DE JONG GERALD. Skimming newspaper stories by computer[C]//Anon. Proceedings of the 5th international joint conference on Artificial intelligence-Volume 1. San Francisco:Morgan Kaufmann Publishers Inc. ,1977:16.

[46] LEHNERT W G. Plot units and narrative summarization[J]. Cognitive Science,1981, 5(4):293-331.

[47] RUMELHART D E. Notes on a schema for stories[M]//BOBROW D G,COLLINS A. Representation and understanding:Studies in cognitive science. Orlando:Academic Press,1975:211-236.

[48] HAHN U. Making understanders out of parsers:Semantically driven parsing as a key concept for realistic text understanding applications[J]. International Journal of Intelligent Systems,1989,4(3):345-393.

[49] 埃尔,哈塔克,布勒. 大数据导论[M].彭智勇,杨先娣,译. 北京:机械工业出版社,2017.

[50] 马惠芳. 非结构化数据采集和检索技术的研究和应用[D].上海:东华大学,2013.

[51] 陈明. 大数据概论[M].北京:科学出版社,2015.

[52] 高明,陆宏治,梁雪青. 电力系统非结构化数据处理方法研究[J].现代信息科技.2019, 3(17):9-11,14.

[53] 唐玉. 基于.NET 技术的楼盘销售管理系统的设计与开发[D].天津:天津大学,2012.

［54］ 张尧学,胡春明. 大数据导论［M］. 北京:机械工业出版社,2018.

［55］ 王静远,李超,熊璋,等. 以数据为中心的智慧城市研究综述［J］. 计算机研究与发展.
2014,51(2):239-259.

［56］ 李光亚,张鹏翥,孙景乐,等. 智慧城市大数据［M］. 上海:上海科学技术出版社,2015.

［57］ 沈国江,张伟. 城市道路智能交通控制技术［M］. 北京:科学出版社,2015.

［58］ 刘默,张田. 工业互联网产业发展综述［J］. 电信网技术. 2017(11):26-29.

［59］ 孙书琼. 基于 JSON 的异构数据集成的研究［D］. 云南:云南大学,2017.

［60］ 黄洋. 基于 SSH 架构与本体的异构数据集成技术研究［D］. 北京:北京邮电大学,2015.

［61］ HAN J,MICHELING K. 数据挖掘:概念与技术［M］. 3 版. 北京:机械工业出版
社,2012.

［62］ 舒娜,刘波,林伟伟,等. 分布式机器学习平台与算法综述［J］. 计算机科学,2019,46
(3):15-24.

［63］ 张超. 基于云平台的个性化电影推荐算法研究［D］. 贵州:贵州大学,2015.

［64］ 王骏,王士同,邓赵红. 聚类分析研究中的若干问题［J］. 控制与决策,2012,27(3):
321-328.

［65］ ANIL R,OWEN S,DUNNING T,et al. Mahout in action［M］. Greenwich:Manning
Publications,2011.

［66］ KUMAR T S,PANDEY S. Costomization of recommendation system using collabora-
tive filtering algorithm on cloud using mahout［J］. Advances in Intelligent Systems &
Computing,2015,3(19):39-43.

［67］ BAGCHI S. Performance and quality assessment of similarity measures in collabora-
tive filtering using Mahout［J］. Procedia Computer Science,2015,50:229-234.

［68］ YU J Y. Design of distributed recommendation engine based on Hadoop and Mahout
［J］. Applied Mechanics and Materials,2014,641-642:1284-1286.

［69］ RAJARAMAN A,ULLMAN J D. 大数据:互联网大规模数据挖掘与分布式处理
［M］. 北京:人民邮电出版社,2012.

［70］ WITTEN I H,FRANK E,HALL M A. Data mining:Practical machine learning tools
and techniques［M］. 3rd ed. San Francisco:Morgan Kaufmann Publishers,2005.

［71］ MENG X,BRADLEY J,YAVUZ B,et al. MLlib:Machine learning in apache spark
［J］. Journal of Machine Learning Research,2015,17(1):1235-1241.

［72］ 李彦广. 基于 Spark+MLlib 分布式学习算法的研究［J］. 商洛学院学报,2015,29(2):
16-19.

［73］ 王雪萍. 基于聚类的协同过滤算法在网站推荐中的应用［D］. 北京:北京大学,2012.

［74］ 杨传辉. 大规模分布式存储系统:原理解析与架构实战［M］. 北京:机械工业出版
社,2013.

［75］ 刘军,林文辉,方澄. Spark 大数据处理:原理、算法与实例［M］. 北京:清华大学出版
社,2016.

［76］ D'HONDT E,VERBERNE S. Patent classification on subgroup level using Bal-
anced Winnow［M］//LUPU M,MAYER K,KANDO N,et al. Current Challenges in

Patent Information Retrieval. Berlin:Springer,2017:299-324.

[77] SHAMSI F A, AUNG Z. Automatic patent classification by a three-phase model with document frequency matrix and boosted tree[C]//IEEE. 2016 5th International Conference on Electronic Devices, Systems and Applications (ICEDSA). Piscataway: IEEE,2016:1-4.

[78] STUTZKI J, SCHUBERT M. Geodata supported classification of patent applications [C]//Anon. Proceedings of the Third International ACM SIGMOD Workshop on Managing and Mining Enriched Geo-Spatial Data. New York:The:ACM Press,2016: 1-6.

[79] LIM S, KWON Y. IPC multi-label classification based on the field functionality of patent documents[C]//LI J Y,WANG S L,SHENG Q Z. Advanced Data Mining and Applications:12th International Conference, ADMA 2016, Gold Coast, QLD, Australia, December 12-15,2016,Proceedings. Berlin:Springer,2016:677-691.

[80] PARK Y J,YOON J. Application technology opportunity discovery from technology portfolios:Use of patent classification and collaborative filtering[J]. Technological Forecasting and Social Change,2017,118:170-183.

[81] CONG H,TONG L H. Grouping of TRIZ inventive principles to facilitate automatic patent classification[J]. Expert Systems with Applications,2008,34(1):788-795.

[82] WU J L,CHANG P C,TSCA C C,et al. A patent quality analysis and classification system using self organizing maps with support vector machine[J]. Applied Soft Computing,2016,41:305-316.

[83] D'HONDT E,VERBERNE S,KOSTER C,et al. Text representations for patent classification[J]. Computational Linguistics,2013,39(3):775.

[84] NOH H Y,JO Y R,LEE S J. Keyword selection and processing strategy for applying text mining to patent analysis[J]. Expert Systems with Applications,2015,42(9):4348-4360.

[85] JOUNG J,KIM K. Monitoring emerging technologies for technology planning using technical keyword based analysis from patent data[J]. Technological Forecasting & Social Change,2017,114:281-292.

[86] ROH T,JEONG Y J,YOON B G. Developing a methodology of structuring and layering technological information in patent documents through natural language processing[J]. Sustainability,2017,9(11):2117.

[87] KIM G,LEE J,JANG D,et al. Technology clusters exploration for patent portfolio through patent abstract analysis[J]. Sustainability,2016,8(12):1-13.

[88] KUANG S,DAVISION B D. Learning word embeddings with chi-square weights for healthcare tweet classification[J]. Applied Sciences,2017,7(8):846.

[89] ZENG Y,YANG H H,FENG Y S. A convolution BiLSTM neural network model for Chinese event extraction[C]//LIN C Y,XUE N W,ZHAO D Y,et al. Natural Language Understanding and Intelligent Applications. Berlin:Springer,2016.

[90] KIPERWASSER E,GOLDBERG Y. Simple and accurate dependency parsing using

bidirectional LSTM feature representations[J]. Transactions of the Association for Comutational Liguistics,2016,4:313-327.

[91] KIM Y. Convolutional neural networks for sentence classification[DB/OL]. [2020-03-21]. http://cslt. riit. tsinghua. edu. cn/mediawiki/images/f/fe/Convolutional_Neural_Networks _for_Sentence_Classi％EF％AC％81cation. pdf.

[92] CEDER G,MORGAN C,FISCHER K,et al. Data-mining-driven quantum mechanics for the prediction of structure[J]. MRS bulletin,2006,31,981-985.

[93] SAAD Y,GAO D,NGO T,et al. Data mining for materials:Computational experiments with AB compounds[J]. Physical Review B,2012,85:1041.

[94] GAULTOIS M W,OLIYNYK A O,MAR A,et al. Perspective:Web-based machine learning models for real-time screening of thermoelectric materials properties[J]. APL Materials,2016,4(5):053213.

[95] 王卓,王礞,雍歧龙,等. 材料信息学及其在材料研究中的应用[J]. 中国材料进展,2017,36(2):132-140.

[96] DE LUNA P,JENNIFER W,BENGIO Y,et al. Use machine learning to find energy materials[J]. Nature,2017,552(7683):23-27.

[97] FERGUSON A L. Machine learning and data science in soft materials engineering [J]. Journal of Physics Condensed Matter,2017,30(4):3002.

[98] MANNODI-KANAKKITHODI A,TRAN H,RAMPRASAD R. Mining materials design rules from data:the example of polymer dielectrics[J]. Chemistry of Materials,2017,29(21):9001-9010.

[99] PILANIA G, MANNODI-KANAKKITHODI A, UBERUAGA B, et al. Machine learning bandgaps of double perovskites[J]. Scientific Reports 2016,6:19375.

[100] KIM C,HUAN T D,KRISHNAN S,et al. A hybrid organic-inorganic perovskite dataset[J]. Scientific Data,2017(5):170057.

[101] LEGRAIN F,CARRETE J,VAN ROEKEGHEM A,et al. How chemical composition alone can predict vibrational free energies and entropies of solids[J]. Chemistry of Materials,2017,29(15):6220-6227.

[102] KIM C,PILANIA G,RAMPRASAD R. Machine learning assisted predictions of intrinsic dielectric breakdown strength of ABX3 perovskites[J]. The Journal of Physical Chemistry C,2016,120(27):14575-14580.

[103] XUE D,BALACHANDRAN P V,YUAN R,et al. Accelerated search for $BaTiO_3$ based piezoelectrics with vertical morphotropic phase boundary using Bayesian learning[J]. Proceedings of the National Academy of Sciences,2016,22(113):13301-13306.

[104] PANKAJAKSHAN P,SANYAL S,DE NOORD O E,et al. Machine learning and statistical analysis for materials science:Stability and transferability of fingerprint descriptors and chemical insights [J]. Chemistry of Materials 2017, 29 (10), 4190-4201.

[105] RACCUGLIA P,ELBERT K C,ADLER P D F,et al. Machine-learning-assisted materials discovery using failed experiments[J]. Nature,2016,533(7601):73-76.

[106] SEKO A,TAKAHASHI A,TANAKA I. First-principles interatomic potentials for ten elemental metals via compressed sensing[J]. Physical Review B,2015,92(5):054113.

[107] DEML A. M,O'HAYRE R,WOLVERTON C,et al. Predicting density functional theory total energies and enthalpies of formation of metal nonmetal compounds by linear regression[J]. Physical Review B,2016,93:085142.

[108] LEE J,SEKO A,SHITARA K,et al. Prediction model of band-gap for AX binary compounds by combination of density functional theory calculations and machine learning techniques[DB/OL]. [2020-01-13]. https://arxiv. org/ftp/arxiv/papers/1509/1509.00973.pdf.

[109] GREELEY J,JARAMILLO T F,BONDE J L,et al. Computational high-throughput screening of electrocatalytic materials for hydrogen evolution[J]. Nature materials,2006,5(11):909-913.

[110] JAIN A,ONG S P,HAUTIER G,et al. Commentary:The Materials Project:A materials genome approach to accelerating materials innovation[DB/OL]. [2020-02-21]. https://www. researchgate. net/publication/252930979_Commentary_The_Materials_Project_A_materials_genome_approach_to_accelerating_materials_innovation.

[111] HSU K L,GUPTA H V,SOROOSHIAN S. Artificial neural network modeling of the rainfall-runoff process[J]. Water Resources Research,1995,31,2517-2530.

[112] 蔡鲲鹏. 基于 Flink 平台的应用研究[J]. 现代工业经济和信息化,2017(12):99-101,103.

[113] 代名竹,高嵩峰. 基于 Hadoop、Spark 及 Flink 大规模数据分析的性能评价[J]. 中国电子科学研究院学报,2018(2):149-155.

[114] 朱奕健,张正卿. 基于通信运营商数据的大数据实时流式处理系统[J]. 中国新通信,2016(3):100-103.

[115] 吴海建,吕军. 物联网大数据处理中实时流计算系统的实践[J]. 电子技术与软件工程,2018(17):170.

[116] 蔡鲲鹏,马莉娟. 基于 Flink on YARN 平台的应用研究[J]. 科技创新与应用,2020(16):171-175,178.

[117] 王胜利. 基于大数据的认识与分析[J]. 电子世界,2017(14):64.

[118] 龙中华. Flink 实战派[M]. 北京:电子工业出版社,2021.

[119] KARAU H,KONWINSKI A,WENDELL P,et al. Spark 快速大数据分析[M]. 王道远,译. 北京:人民邮电出版社,2021.

[120] ZARINDAST A,SHARMA A. Big Data application in congestion detection and classification using Apache spark[DB/OL]. [2022-10-11]. http://www. xueshufan. com/publication/3/22326267.

[121] 李艳红.基于 Spark 平台的大数据挖掘技术分析[J].科技资讯,2018(27):7-8.

[122] ZAHARIA M,CHOWDHURY M,FRANKLIN M J,et al. Spark:Cluster computing with working sets[DB/OL].[2022-10-12]. http://www1. ece. neu. edu/-ning fang/simpaper/hotcloud. spark. pdf.

[123] STROHBACH M,DAUBERT J,RAVKIN H,et al. Big Data Storage[M]//CAVANILLAS J M,CURRY E,WAHLSTER W. New Horizons for a Data-Driven Economy. Berlin:Springer International Publishing,2016.

[124] IMRAN M,GÉVAY G E,MARKL V. Distributed graph analytics with datalog queries in Flink[J]. Software Foundations for Data Interoperability and Large Scale Graph Data Analytics,2020:70-83.

[125] HU C,YE F. Research and implementation of efficient connection middleware between Flink and MongoDB[J]. Computer Engineering and Applications,2019,55(23):64-69.

[126] 黄诗贤,唐敏,赖建华.一种基于 Flink 流式引擎的 CEP 规则更新方法.中国:CN112506939A[P].2012-03-16.

[127] 庆骁.面向 FLINK 流式处理框架的容错策略优化研究[D].哈尔滨:哈尔滨工业大学,2019.

[128] 冯登国,等,大数据安全与隐私保护[M].北京:清华大学出版社,2018.

[129] 杨波,现代密码学[M].4 版.北京:清华大学出版社,2017.

[130] 杨义先,钮心忻.安全简史:从隐私保护到量子密码[M].北京:电子工业出版社,2017.

[131] 中国通信学会.科技民生报告丛书——大数据时代的隐私保护[M].北京:中国科学技术出版社,2019.

[132] 冯登国,张敏,李昊.大数据安全与隐私保护[J].计算机学报,2014,37(1):246-258.

[133] 刘睿瑄,陈红,郭若杨,等.机器学习中的隐私攻击与防御[J].软件学报,2020,31(3):866-892.

[134] SWEENEY L. k-Anonymity:a model for protecting privacy[J]. International Journal of Uncertainty, Fuzziness and Knowledge-Based Systems,2002,10(5):557-570.

[135] CHATTERJEE D,NATH J,DASGUPTA S,et al. A new symmetric key cryptography algorithm using extended MSA method:DJSA Symmetric Key Algorithm[C]//IEEE. Procdings of the 2011 international conference on comuaication systems and Network Technologies. Piscataway:IEEE,2011:89-94.

[136] JAKOBSSON M. On quorum controlled asymmetric proxy re-encryption[C]//IMAI H,ZHENG Y. Proceedings of the Second International Workshop on Practice and Theory in Public Key Cryptography. Berlin:Springer-Uerlag,1999:112-121.

[137] XIAO X,TAO Y F. M-invariance:towards privacy preserving re-publication of dynamic datasets[C]//CHAN C Y,OOI B C,ZHOU A Y. Proceedings of the 2007 ACM SIGMOD International Conference on Managemut of Data. New York:ACM,2007:689-700.

[138] FERRAIOLO D F,COGINI J A,KUHN D R. Role Based Access-Control (RBAC): features and motivations[DB/DL]. [2022-12-11]. https://tsapps. nist. gov/publication/get_pdf. cfm? pub_id=916537.

[139] OUADDAH A , MOUSANNIF H, ELKAKLAM A A , et al. Access control in the Internet of Things: Big challenges and new opportunities[J]. Computer Networks, 2017, 112(6):237-262.

[140] AGRAWAL R, SRIKANT R. Fast algorithms for mining association rules in Large databases[C]//Anon. Proceedings of the 20th international conference on Very Large Data Bases. [S. L.]:ACM,1994: 487-499.

[141] HAN J, PEI J, YIN Y, et al. Mining frequent patterns without candidate generation: A frequent-pattern tree approach[J]. Data mining and knowledge discovery, 2004, 8(1): 53-87.

[142] SINTHUJA M, ARUNA P, PUVIARASAN N. Experimental evaluation of Apriori and equivalence class clustering and bottom up lattice traversal (ECLAT) algorithms[J]. Pakistan Journal of Biotechnology, 2016, 13(special issue Ⅱ): 77-82.

[143] FRIEDMAN N, GEIGER D, GOLDSZMIDT M. Bayesian network classifiers[J]. Machine learning, 1997, 29(2): 131-163.

[144] COYNE E, WEIL T R. ABAC and RBAC: Scalable, flexible, and auditable access management[J]. IT professional, 2013, 15(3): 14-16.

[145] SZEGEDY C, ZAREMBA W, SUTSKEVER I,et al. Intriguing properties of neural networks[DB/OL]. [2023-2-12]. https://arxiv. org/pdf/1312. 6199. pdf.

[146] GOODFELLOW I J ,SHLENS J, SZEGEDY C. Explaining and harnessing adversarial examples[DB/OL]. [2022-2-12]. https://arxiv. org/pdf/1412. 6572. pdf.

[147] SHEN M, LIAO Z, ZHU L, et al. Vla: A practical visible light-based attack on face recognition systems in physical world[J]. Proceedings of the ACM on Interactive, Mobile, Wearable and Ubiquitous Technologies, 2019, 3(3): 1-19.

[148] AHONEN T, HADID A, PIETIKÄINEN M. Face recognition with local binary patterns[C]//PAJDLA T, MATAS J. Proceedings of the 8th European Conference on Computer Vision. Berlin: Springer, 2004: 469-481.

[149] GNANASAMBANDAM A, SHERMAN A M, CHAN S H. Optical adversarial attack[C]//IEEE. Proceedings of the IEEE/CVF International Conference on Computer Vision. Piscataway:IEEE,2021: 92-101.

[150] KOMKOV S, PETIUSHKO A. Advhat: Real-world adversarial attack on arcface face id system[DB/OL]. [2022-2-15]. https://www. researchgate. net/publication/335395203_AdvHat_Real-world_adversarial_attack_on_ArcFace_Face_ID_system.

[151] DZIUGAITE G K, GHAHRAMANI Z, ROY D M. A study of the effect of JPG compression on adversarial images[DB/OL]. [2022-02-15]. https://arxiv. org/pdf/1608. 00853. pdf.

[152] TRAMÈR F、KURAKIN A, PAPERNOT N, et al. Ensemble adversarial training: At-

tacks and defenses[DB/OL]. [2022-02-16]. https：//www. doc88. com/p-0716357594321. html.

[153] HINTON G，VINYALS O，DEAN J. Distilling the knowledge in a neural network[DB/OL]. [2022-02-16]. https：//doc. mbalib. com/view/3d3f37ff76e5d1890259467157de7877. html.

[154] GROSSE K，MANOHARAN P，PAPERNOT N，et al. On the (statistical) detection of adversarial examples[DB/OL]. [2023-02-18]. https：//arxiv. org/pdf/1702. 06280. pdf.

[155] AKHTAR N，LIU J，MIAN A. Defense against universal adversarial perturbations [C]//IEEE. Proceedings of 2018 IEEE/CVF Conference on Computer Vision and Pattern Recognition. Piscataway：IEEE,2018：3389-3398.

[156] XU W L，EVANS D，QI Y J. Feature squeezing：Detecting adversarial examples in deep neural networks [DB/OL]. [2023-02-28]. https：//arxiv. org/pdf/1704. 01155. pdf.